Untersuchungen
zu
Struktur und Reaktionsverhalten
hochkoordinierter
Organosiliciumverbindungen

DISSERTATION
zur Erlangung des Doktorgrades
der Mathematisch-Naturwissenschaftlichen Fachbereiche
der Georg-August-Universität zu Göttingen

vorgelegt von
Dirk Schär
aus Rotenburg a. d. Fulda

Göttingen 1995

Die Deutsche Bibliothek - CIP-Einheitsaufnahme

Schär, Dirk:
Untersuchungen zu Struktur und Reaktionsverhalten
hochkoordinierter Organosiliciumverbindungen / vorgelegt von
Dirk Schär. - Göttingen : Cuvillier, 1996
  Zugl.: Göttingen, Univ., Diss., 1995
  ISBN 3-89588-545-2

D7

Referent:	Prof. A. de Meijere
Korreferent:	Prof. H. Lackner
Tag der mündlichen Prüfung:	31. Januar 1996

© CUVILLIER VERLAG, Göttingen 1996
  Nonnenstieg 8, 37075 Göttingen
   Telefon: 0551-54724-0
   Telefax: 0551-54724-21

Alle Rechte vorbehalten. Ohne ausdrückliche Genehmigung
des Verlages ist es nicht gestattet, das Buch oder Teile
daraus auf fotomechanischem Weg (Fotokopie, Mikrokopie)
zu vervielfältigen.
1. Auflage, 1996
Gedruckt auf säurefreiem Papier

ISBN 3-89588-545-2

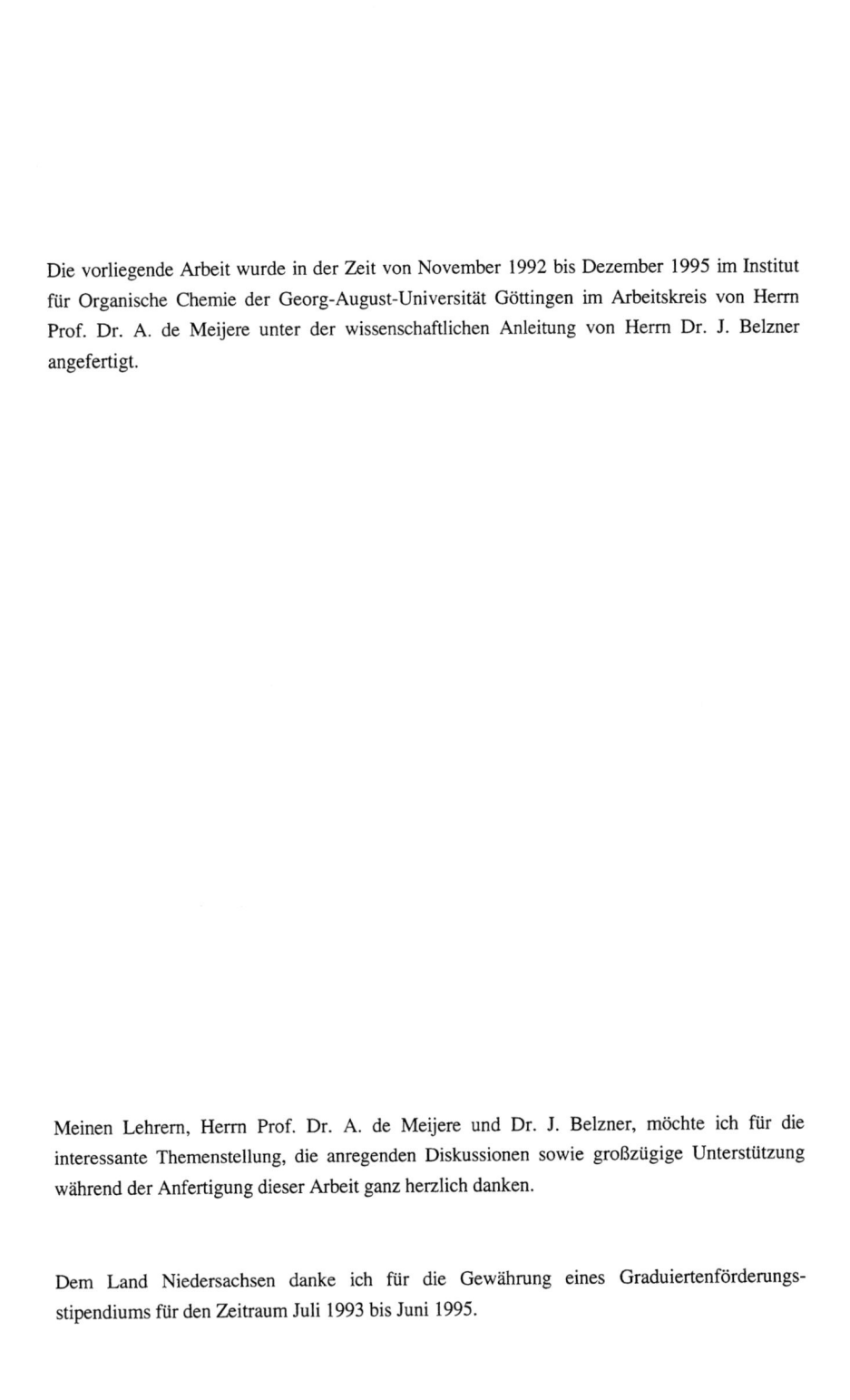

Die vorliegende Arbeit wurde in der Zeit von November 1992 bis Dezember 1995 im Institut für Organische Chemie der Georg-August-Universität Göttingen im Arbeitskreis von Herrn Prof. Dr. A. de Meijere unter der wissenschaftlichen Anleitung von Herrn Dr. J. Belzner angefertigt.

Meinen Lehrern, Herrn Prof. Dr. A. de Meijere und Dr. J. Belzner, möchte ich für die interessante Themenstellung, die anregenden Diskussionen sowie großzügige Unterstützung während der Anfertigung dieser Arbeit ganz herzlich danken.

Dem Land Niedersachsen danke ich für die Gewährung eines Graduiertenförderungsstipendiums für den Zeitraum Juli 1993 bis Juni 1995.

für Katrin

Sie dachte, daß es keinen Unterschied machte, ob man das Leben nach einem selbstgestalteten Plan zu verbringen versuchte oder die Zutaten für ein Rezept im Supermarkt kaufen wollte. Man bekam einen dieser Einkaufswagen, die sich schlicht und ergreifend weigerten, in die Richtung zu rollen, in die man sie schubste, und mußte dann letztlich ganz andere Dinge kaufen als die, die man gewollt hatte. Was sollte man damit machen? Was sollte man mit dem Rezept machen? Sie wußte es nicht.

                                            Douglas Adams

Inhaltsverzeichnis

I.	Einleitung	1
II.	Hauptteil	7
1.	**Trimethylphenylhydrazino(PTMH)-substituierte Silane**	7
1.1	*Untersuchung von 2-(Trimethylhydrazino)phenyllithium (15)*	7
1.2	*Untersuchungen zu PTMH-substituierten Silanen*	15
1.2.1	Synthese von PTMH-substituierten Silanen	15
1.2.2	Untersuchungen zur Koordination von PTMH-substituierten Silanen	19
1.2.3	Untersuchungen zur Kupplung von **16**	26
1.2.4	Darstellung PTMH-substituierter kationischer Komplexe	29
1.2.5	Versuche zur Darstellung anionischer PTMH-substituierter Siliciumverbindungen	36
1.3	*Zusammenfassung der Ergebnisse*	39
2.	**Untersuchungen der S_N-Reaktion am Silicium**	40
2.1	*Untersuchungen zu zweifach 2-(Dimethylaminomethyl)phenyl(DMBA)- und einfach wasserstoffsubstituierten Siliciumverbindungen*	40
2.1.1	Synthese der (DMBA)$_2$SiHX-Verbindungen	40
2.1.2	Spektroskopische Untersuchung der (DMBA)$_2$SiHX-Verbindungen	44
2.1.3	Untersuchungen zum Gleichgewicht zwischen den beiden Modifikationen A und B von **83**	49
2.1.4	Zusammenfassung der Ergebnisse	62
2.2	*Versuche zur Darstellung von tetrakoordinierten kationischen Komplexen*	66
2.2.1	Darstellung von [2-(Dimethylaminomethyl)phenyl]phenylsilyltriflat (**94-OTf**)	66
2.2.2	Darstellung von Bis[2-(dimethylaminomethyl)phenyl]alkylsilyltriflaten	71
2.3	*Reaktionen der kationischen Komplexe*	79
2.3.1	Fluorierungsreaktionen von Silyltriflaten	80
2.3.2	Darstellung potentiell hochkoordinierter polyarylierter Silane	83
3.	**Reaktionen des Cyclotrisilans 11 mit halogenierten Verbindungen**	89
3.1	*Reaktionen des Cyclotrisilans **11** mit Halogenen*	89
3.2	*Reaktionen des Cyclotrisilans **11** mit Alkylhalogeniden*	92
3.2.1	Reaktionen des Cyclotrisilans **11** mit monohalogenierten Alkylverbindungen	92

3.2.2	Reaktionen des Cyclotrisilans **11** mit Dihalogeniden	95
3.2.3	Reaktionen des Cyclotrisilans **11** mit polychlorierten Alkanen	97
3.2.4	Mechanistische Untersuchungen der Reaktionen des Cyclotrisilans **11** mit halogenierten Verbindungen	98
3.2.5	Reaktionen des Cyclotrisilans **11** mit Vinylbromiden	102
3.2.6	Reaktionen des Cyclotrisilans **11** mit Säurechloriden	109
3.3	*Reaktionen des Cyclotrisilans* **11** *mit Silanen*	112
3.3.1	Reaktionen des Cyclotrisilans **11** mit Methylchlorsilanen	113
3.3.2	Reaktionen des Cyclotrisilans **11** mit Phenylsilanen	117
3.3.3	Reaktionen des Cyclotrisilans **11** mit Tetrachlorsilan und Trichlorsilan	120
3.3.4	Reaktionen des Cyclotrisilans **11** mit DMBA-substituierten Silanen	121
3.3.5	Mechanistische Untersuchungen der Reaktion des Cyclotrisilans **11** mit Silanen	125
3.3.6	Orientierungsexperimente zu weiterführenden Reaktionen des Cyclotrisilans **11** mit Silanen	131
3.4	*Reaktionen des Cyclotrisilans* **11** *mit Stannanen*	134
3.5	*Reaktionen des Cyclotrisilans* **11** *mit nucleophilen Carbenen und Heterocyclen*	135

III.	**Experimenteller Teil**	138
1.	**Allgemeines**	138
2.	**Darstellung der Verbindungen**	139
2.1	*2-(Trimethylhydrazino)phenyl(PTMH)-substituierte Verbindungen*	139
2.1.1	Ausschließlich 2-(Trimethylhydrazino)phenyl-substituierte Silane	139
2.1.2	Sowohl 2-(Dimethylaminomethyl)phenyl(DMBA)- als auch 2-(Trimethylhydrazino)phenyl(PTMH- substituierte Silane	146
2.2	*Bis[2-(dimethylaminomethyl)phenyl]hydridosilane*	150
2.3	*Hochkoordinierte Silyltriflate, Edukte und Folgeprodukte*	157
2.3.1	[2-(Dimethylaminomethyl)phenyl]phenylsilane	157
2.3.2	Bis-[2-(dimethylaminomethyl)phenyl]methylsilane	159
2.3.3	Bis-[2-(dimethylaminomethyl)phenyl]-*n*-butylsilane	161
2.3.4	Bis-[2-(dimethylaminomethyl)phenyl]-*tert*-butylsilane	163
2.3.5	Andere hochkoordinierte Silyltriflate und ihre Folgeprodukte	165
2.4	*Reaktionen des Cyclotrisilans* **11** *mit Halogenen und halogenierten Kohlenstoffverbindungen*	168
2.4.1	Reaktionen von **11** mit Halogenen	168
2.4.2	Reaktionen von **11** mit Alkylmonohalogeniden	170

2.4.3	Reaktionen von **11** mit polyhalogenierten Verbindungen	174
2.4.4	Mechanistische Untersuchungen zur Reaktion von **11** mit halogenierten Verbindungen	176
2.4.5	Reaktionen von **11** mit Vinylbromiden	178
2.4.6	Reaktionen von **11** mit Säurechloriden	182
2.5	*Reaktionen des Cyclotrisilans* **11** *mit Silanen*	183
2.5.1	Reaktionen von **11** mit Methylsilanen	183
2.5.2	Reaktionen von **11** mit Phenylsilanen	186
2.5.3	Reaktionen von **11** mit Tetra- und Trichlorsilan	190
2.5.4	Reaktionen von **11** mit hochkoordinierten Silanen	191
2.5.5	Konkurrenzreaktionen und mechanistische Untersuchungen	193
2.6	*Reaktionen des Cyclotrisilans* **11** *mit Stannanen*	199
2.7	*Reaktionen des Cyclotrisilans* **11** *mit nucleophilen Carbenen und Heterocyclen*	200
IV.	**Zusammenfassung**	202
V.	**Literatur und Anmerkungen**	206
VI.	**Kritallographischer Teil**	217

I. Einleitung

Das von F. S. Kipping[1] bereits Ende der dreißiger Jahre totgesagte Silicium hat auf breiter Front Einzug in die organische Synthesechemie gehalten[2]; jedoch beschränkt sich dessen Anwendung oft nur auf die Chemie der Schutzgruppen[3]. In der Natur findet man Silicium z. B. in nicht unerheblichen Mengen im menschlichen Körper[4], so wird es teilweise statt Phosphor in Nucleinsäuren eingebaut: In der DNA findet man dabei ein Silicium/Phosphor Verhältnis von 1 : 20-30 und in der RNA von 1 : 25-46. In einigen Pflanzen hat man mittlerweile auch Enzyme entdeckt, die anorganisches Silicium in organische Siliciumverbindungen umwandeln. Jedoch ist die Rolle, die Silicium in Pflanzen bzw. für den Menschen spielt, noch wenig verstanden.

Nach den ersten Hinweisen[5] auf eine biologische Wirksamkeit von siliciumorganischen Verbindungen wurde begonnen, gezielt solche Verbindungen darzustellen und sie auf ihre biologische Wirksamkeit hin zu untersuchen[6]. Ein frühes Beispiel sind die Arbeiten von M. G. Voronkov an den Silatranen **1**[7]. In neuerer Zeit ist man auch dazu übergegangen, biologisch wirksame Kohlenstoffverbindungen durch Einbau von Silicium zu modifizieren und so zu neuen biologisch wirksamen Verbindungen zu gelangen[8].

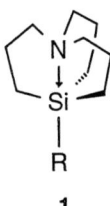

1

R = H, Alkyl, Aryl, OAlkyl, OAryl, Vinyl

Neben diesen auf pharmakologische und biologische Wirksamkeit ausgerichteten Arbeiten ist auch eine große Anzahl von Arbeitsgruppen damit beschäftigt, die Reaktivität siliciumorganischer Verbindungen eingehender zu untersuchen[9]. Diese Grundlagenforschung ist der angewandten Synthesechemie einerseits als Basis und andererseits als Lieferant neuer und effizenterer Werkzeuge gleichberechtigt an die Seite gestellt. So ist neben der Stabilisierung von negativen Ladungen in α-Stellung zum Silicium (α-Effekt) und der von positiven Ladungen in β-Stellung (β-Effekt) die Eigenschaft des Siliciums, stabile höher koordinierte Verbindungen (Koordinationszahl > 4) auszubilden, Thema zahlreicher Untersuchungen[10]. Stabile hochkoordinierte Verbindungen sind zwar bei Kohlenstoffverbindungen mittlerweile auch bekannt[11], sie sind im Fall von Silicium jedoch wesentlich stabiler und bilden sich bereitwillig aus zahlreichen

Siliciumverbindungen und Lewis-Basen. Dabei entstehen je nach Art der Reaktionspartner ionische[12,13] oder neutrale Komplexe[14]. Diese Eigenschaft des Siliciums, Koordinationszahlen, die größer als vier sind, auszubilden, wird oft durch die Einbeziehung der energetisch niedrig liegenden d-Orbitale erklärt[15]. Jedoch zeigen ab-initio Rechnungen[16], daß man die Bindungsverhältnisse am Silicium auch bei Vernachlässigung der d-Orbitale hinreichend genau beschreiben kann. Die "hypervalente" Siliciumbindung ist durch Einbeziehung antibindender σ^*-Molekülorbitale der Silicium-Nucleofug-Bindungen erklärbar. Es kommt dabei zu einer HOMO-LUMO Wechselwirkung eines freien Elektronenpaares des Nucleophils mit dem antibindenden σ^*-Molekülorbital der Silicium-Nucleofug-Bindung. Dies führt zur Ausbildung neuer Molekülorbitale und einer 3-Zentren-4-Elektronen-Bindung für die Bindung zwischen Nucleophil, Siliciumzentrum und Nucleofug. Derartige Verbindungen stellen somit die Stabilisierung der S_N2-Zwischenstufe am Silicium dar, was dem Übergangszustand einer S_N2-Reaktion am Kohlenstoff entspricht. Durch Variation von Nucleophil und/oder Nucleofug ist es möglich, die unterschiedlichen Stadien der S_N2-Reaktion am Silicium "schnappschußartig" festzuhalten[17].

Einerseits erhofft man sich von den Untersuchungen hochkoordinierter Siliciumverbindungen ein besseres Verständnis der Reaktivität und Reaktionsmechanismen des Siliciums[18], andererseits hat sich daraus aber auch eine eigenständige Chemie entwickelt, die sich mit der Stabilisierbarkeit von ansonsten für das Silicium unüblichen und instabilen Ladungs- und Valenzzuständen und der modifizierten Reaktivität derartiger Verbindungen beschäftigt[10].

So ist es z. B. zur Isolierung von Silicium-Element-Doppelbindungen normalerweise nötig, die Verbindung durch große Substituenten an den reaktiven Zentren kinetisch zu stabilisieren. Auf diesem Wege konnte von Brook[19] das erste bei Raumtemperatur stabile Silen **2** bzw. von West[20] das erste ebenfalls bei Raumtemperatur stabile Disilen **3** isoliert worden.

2   **3**

Diese Ergebnisse widerlegten die klassische Doppelbindungsregel, die besagt, daß nur die Elemente der zweiten Periode in der Lage sind, Doppelbindungen auszubilden[21].

Mittlerweile sind auch zahlreiche weitere Silicium-Element-Doppelbindungssysteme wie Silaallene[22], Silaimine (z. B. 4)[23], Silathione (z. B. 5)[24], Silaphosphene[25] und Silaarsene[26] auf diese Art stabilisiert worden. Gleiches gilt für die Stabilisierung von gespannten Ringsystemen des Siliciums[27]. Hier gelang es Cyclotrisilane[28], Tetrasilatetrahedran[29], Hexasilapriman[30] und Octasilacubane[31] durch sperrige Substituenten kinetisch zu stabilisieren.

Es hat sich hiebei gezeigt, daß ungesättigte Siliciumverbindungen eine starke Tendenz zur Koordination von Lewis-Basen aufweisen. Addukte dieser Art wurde bis jetzt von Silenen[32], Silaiminen (z. B. 6)[23a,33], Silaphosphenen[33], Silathionen (z. B. 7)[34] und Silandiyl-Übergangsmetallkomplexen[35] isoliert. Die Koordination führt zu einer geringeren Reaktivität und so zu einer Stabilisierung derartiger Systeme, so daß auf die sperrigen Substituenten teilweise verzichtet werden konnte.

Abb. 1. Stabilisierung von Si=Element-Doppelbindungssystemen durch Koordination von Lewis-Basen am Beispiel von Si=N- und Si=S-Doppelbindungssystemen

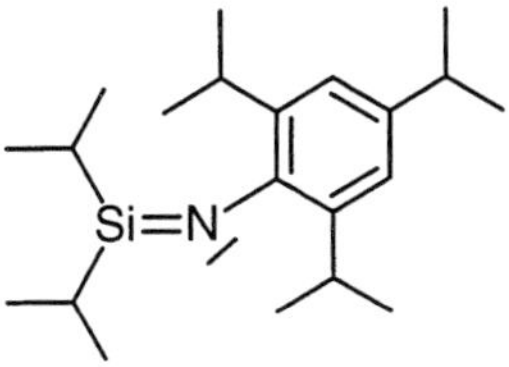

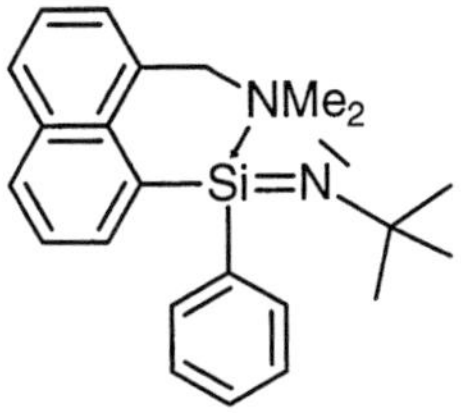

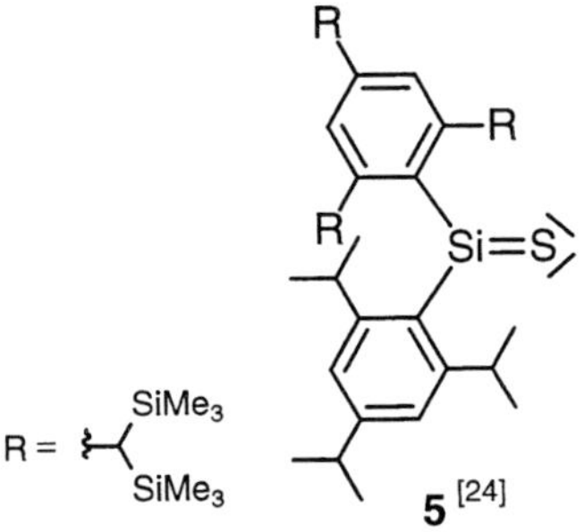

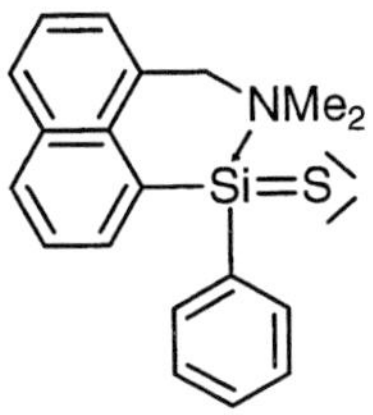

Neben der Stabilisierung von Silicium-Element-Doppelbindungen sollten sich auf diese Art auch positive Ladungen am Silicium oder Silandiyle stabilisieren lassen. Als Siliciumanaloga der

Carbene ähneln Silandiyle diesen in ihrer ebenfalls extrem hohen Reaktivität[36]. Eine Ausnahme stellt dabei das von West isolierte Silandiyl **8** dar[37], welches sowohl sterisch als auch elektronisch stabilisiert ist. Dieses Silandiyl ist zu den ebenfalls stabilen nucleophilen, sogenannten Arduengo-Carbenen **9**[38] analog, die Imidazolderivate sind.

8   **9**

R, R' = Alkyl, Aryl

Eine andere Möglichkeit der elektronischen Stabilisierung von Silandiylen bietet sich, wie die Arbeiten von Weber[39] vermuten lassen, durch die Koordination einer Lewis-Base an das Siliciumzentrum. Die Untersuchung von Weber gibt zwar nur einen ersten Hinweis zur Reaktivität Lewis-Basen-stabilisierter Silandiyle, jedoch stützen Rechnungen die Stabilisierung von Silandiylen durch Lewis-Basen-Koordination[40]. Bislang bekannte Silandiyle befinden sich im Gegensatz zu den Carbenen[41] im Singulett-Zustand[42]. Außerdem scheinen sie (außer **8**[43]) einen ausgeprägten elektrophilen Charakter zu besitzen[42]. Von Silandiylen die durch Lewis-Basen koordiniert sind, ist zu erwarten, daß ihre elektrophilen Eigenschaften[44] abgeschwächt sind und dadurch die nucleophilen Eigenschaften verstärkt zutage treten.

Erst kürzlich wurde ein neuer Zugang zu einem potentiell Lewis-Basen koordinierten Silandiyl eröffnet[45]. Bei der Kupplung des Diaryldichlorsilan **10** mittels Magnesium erhält man das Cyclotrisilan **11** (Schema 1). Der Aryl-Substituent dieses Cyclotrisilans besitzt eine Dimethylaminomethyl-Seitenfunktion, die in der Lage ist, eine intramolekulare Koordination an das Siliciumzentrum einzugehen. Dieser Aryl-Substituent ist der 2-(Dimethylaminomethyl)-phenyl(DMBA)-Substituent, der schon in zahlreichen anderen Siliciumverbindungen seine guten koordinativen Eigenschaften bewiesen hat[46]. Das Cyclotrisilan **11** reagiert nun im Gegensatz zu bekannten Cyclotrisilanen[28] nicht unter dem Bruch einer Si-Si-Bindung[47] oder zweier Si-Si-Bindungen[48], sondern unter Bruch aller drei Si-Si-Bindungen und der Übertragung dreier Silandiyleinheiten auf seine Reaktionpartner.

Schema 1. Darstellung des Cyclotrisilanes **11**

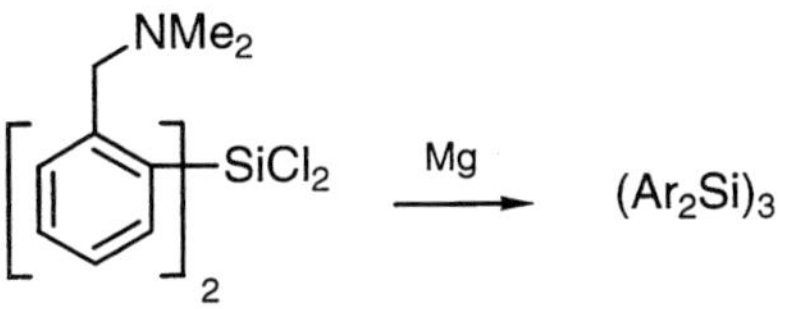

$$[\text{2-(Me}_2\text{NCH}_2)\text{C}_6\text{H}_4\text{-SiCl}_2]_2 \xrightarrow{\text{Mg}} (\text{Ar}_2\text{Si})_3$$

10   **11**

Ar = 2-(Me$_2$NCH$_2$)C$_6$H$_4$

Dabei kann das Auftreten freier Silandiyle **13**[49] als reaktive Teilchen mittlerweile als gesichert angesehen werden[50], obwohl diese spektroskopisch nicht nachweisbar sind[51]: Durch die Reversibilität der Reaktion von **11** mit einigen Olefinen konnte gezeigt werden, daß das Silandiyl **13** und das Cyclotrisilan **11** im Gleichgewicht stehen (Schema 2)[50]. Ob dieses Silandiyl **13** durch eine intramolekulare Koordination zu einem nucleophilen Teilchen wird, ist hierbei noch nicht mit Sicherheit geklärt.

Schema 2. Gleichgewichtsreaktion des Cyclotrisilans **11** mit Olefinen

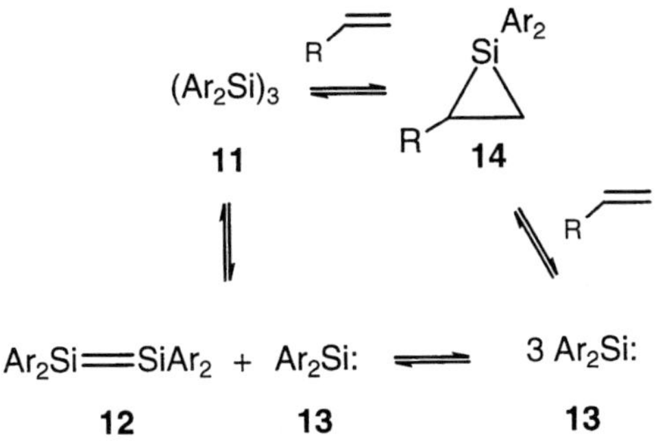

$$(\text{Ar}_2\text{Si})_3 \rightleftharpoons \underset{\textbf{14}}{\triangle}$$

11

$$\text{Ar}_2\text{Si}=\text{SiAr}_2 + \text{Ar}_2\text{Si}: \rightleftharpoons 3\ \text{Ar}_2\text{Si}:$$

12   **13**   **13**

Ar = 2-(Me$_2$NCH$_2$)C$_6$H$_4$
R = *n*-Pr, *n*-Bu

Die vorliegende Arbeit setzt sich im wesentlichen aus vier zum Themenbereich der hochkoordinierten Verbindungen gehörenden Projekten zusammen: Im ersten Teil werden die früheren Arbeiten[52] zum 2-(Trimethylhydrazino)phenyl(PTMH)-Substituent fortgesetzt. Dieser Substituent sollte aufgrund der größeren Nucleophilie[53] seiner Hydrazinofunktion bessere Koordinationseigenschaften als bislang untersuchte Amino-funktionalisierte Arylsubstituenten besitzen. Es soll dabei die Struktur PTMH-substituierter Siliciumverbindungen und die Eignung dieses Substituenten zur Stabilisierung von ungewöhnlichen Ladungs- und Valenzzuständen am Silicium untersucht werden. Der zweite und der dritte Teil wird sich mit 2-(Dimethylaminomethyl)phenyl(DMBA)-substituierten Siliciumverbindungen beschäftigen. Die Stabilität, Reaktivität und Strukturaufklärung steht dabei im Vordergrund. Im vierten Teil soll die Reaktivität des Cyclotrisilans **11** gegenüber halogenierten Verbindungen untersucht werden. Abschließend soll versucht werden, eine Aussage über den nucleophilen bzw. elektrophilen Charakter des Silandiyls **13** zu machen.

DMBA   **PTMH**

II. Hauptteil

1. Trimethylphenylhydrazino(PTMH)-substituierte Silane

In früheren Arbeiten[52] ist es gelungen, durch die Umsetzung von 2-Trimethylhydrazinophenyllithium (**15**) mit Chlorsilanen zu 2-Trimethylhydrazinophenyl(PTMH)-substituierten Siliciumverbindungen zu gelangen. Bei diesen Verbindungen handelt es sich aufgrund von Si$\cdots$N-Wechselwirkungen um hochkoordinierte Siliciumverbindungen. Die Ergebnisse erster Untersuchungen über die Art dieser Si$\cdots$N-Wechselwirkungen zeigen eindeutig, daß dabei nur die terminale NMe$_2$-Gruppe an das Siliciumzentrum koordiniert. Während der Untersuchungen über das Reaktionsverhalten PTMH-substituierter Siliciumverbindungen wurden erste orientierende Experimente zur Darstellung von Oligosilanen aus dem zweifach PTMH-substituierten Dichlorsilan **16** unternommen, die jedoch zu keinem eindeutigen Ergebnis führten. Zuerst wurden nun Untersuchungen über die Struktur der Schlüsselverbindung **15** durchgeführt, sowie die Untersuchungen von PTMH-substituierten Silanen vervollständigt. Ein weiteres Ziel der Untersuchungen war die Frage, ob PTMH-substituierte Oligosilane ähnliche strukturelle und chemische Eigenschaften wie DMBA-substituierte Siliciumverbindungen besitzen[45,54]. Abschließend sollte untersucht werden, ob der PTMH-Substituent in der Lage ist, positve oder negative Ladungen am Siliciumzentrum zu stabilisieren.

*1.1 Untersuchung von 2-Trimethylhydrazinophenyllithium (**15**)*

Aryllithiumverbindungen sind oft leicht aus den Arylverbindungen durch Umsetzung mit Lithiumorganylen in α-Stellung zur funktionellen Gruppe metallierbar. Dieser Effekt wird auch als *ortho*-Effekt[55] bezeichnet. Zahlreiche funktionelle Gruppen besitzen einen *ortho*-Effekt[56], wie z. B. Aminofunktionalitäten. Im Gegensatz dazu ist über die *ortho*-dirigierende Wirkung von Hydazino-Gruppen nichts bekannt, obwohl diese Verbindungen aufgrund ihrer stärkeren Nucleophilie[53] gegenüber den Aminen eigentlich recht aussichtsreiche Kandidaten darstellen sollten. Der einzige Substituent mit benachbarten Stickstoffzentren, dessen *ortho*-dirigierende Wirkung bereits untersucht wurde, ist der 3,5-Dimethylpyrazol-Substituent[57] (Schema 1). Die Arbeitsgruppe von Tanaka konnte zeigen, daß sich 1-Phenyl-3,5-dimethylpyrazol (**17**) mittels 3 eq. *n*-BuLi in THF glatt *ortho*-lithiieren ließ, was durch Umsetzung mit Trimethylchlorsilan (TMSCl) zur *ortho*-silylierten Verbindung **19** untermauert werden konnte (Schema 3).

Schema 3. ortho-Lithiierung von 1-Phenyl-3,5-dimethylpyrazol

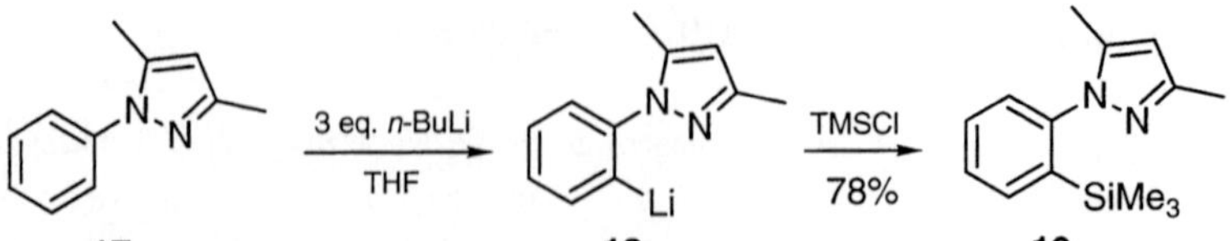

17 → (3 eq. *n*-BuLi, THF) → **18** → (TMSCl, 78%) → **19**

Behandelt man Trimethylphenylhydrazin in Hexan oder Pentan mit der starken Base *n*-Butyllithium (*n*-BuLi)/Tetramethyethylendiamin (TMEDA), so erhält man in ca. 50% Ausbeute die lithiierte Verbindung **15**, als weißen Niederschlag. Aus der organischen Phase läßt sich nach Einengen weiteres **15** (10–30%) isolieren; dabei kristallisiert **15** aus Pentan in für eine Röntgenstrukturanalyse geeigneten Kristallen.

Schema 4. ortho-Lithiierung von Trimethylphenylhydrazin

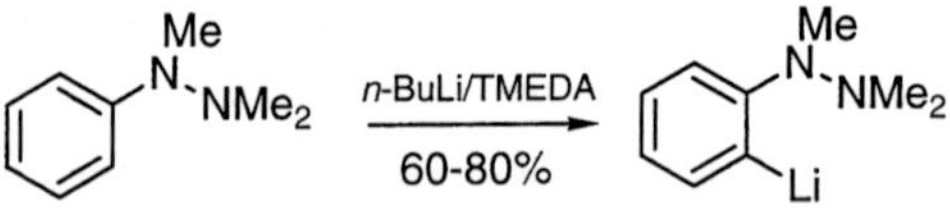

20 → (*n*-BuLi/TMEDA, 60-80%) → **15**

Das ^{1}H-NMR-Spektrum von **15** zeigt das typische Signalmuster eines 1,2-disubstituierten Aromaten, was zeigt, daß die erwartete *ortho*-Substitution eingetreten ist. Daneben sind pro PTMH-Formeleinheit 0.5 Äquiv. TMEDA mit eingebaut worden. Die Signale des TMEDA-Moleküls und der NMe-Gruppen sind auffallend breit; dies deutet auf dynamische Prozesse hin. Im ^{13}C-NMR-Spektrum wird der zum Lithium *ipso*-ständige Kohlenstoff am Aromaten bei δ = 176.6 als Septett mit einer Kopplungskonstante von 20 Hz beobachtet. Das Aufspaltungsmuster dieses Kohlenstoffatomes ist durch Kopplung mit zwei äquivalenten ^{7}Li-Kernen, die jeweils einen Kernspin von 3/2 besitzen, zu erklären (Abb. 2).

Abb. 2. Signal des *ipso*-Kohlenstoffs von **15**

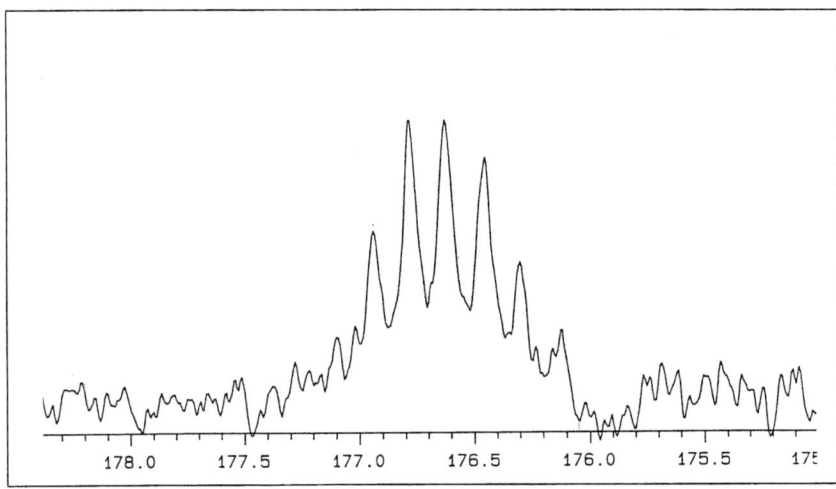

Daraus ergeben sich mehrere mögliche Aggregate in Lösung: Einerseits ist eine dimere Struktur denkbar, wie sie schon für zahlreiche andere Aryl- und Alkyllithiumverbindungen beobachtet wurde[58], andererseits jedoch auch eine trimere Struktur, wie sie für [2-(4',4'-Dimethyl-2'-oxazolinyl)phenyl]lithium[59] postuliert wurde und für [2,6-Bis(dimethylamino)-phenyl]lithium im Festkörper gefunden wurde[60].

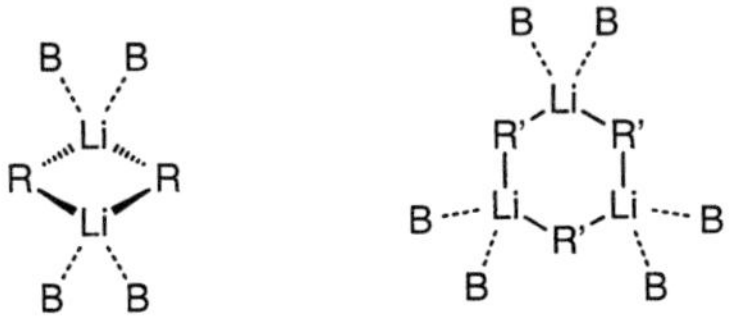

Dimer   Trimer

R' = Aryl
R = Aryl, Alkyl
B = OR'$_2$, NR'$_3$

Tetramere, bei denen nur zwei Li-C-Kontakte pro Kohlenstoffatom auftreten, die also eine cyclooctanartige Struktur besitzen würden, sind nicht bekannt. Die ermittelte Kopplungskonstante von $^1J_{^7Li^{13}C} = 20$ Hz liegt im Rahmen der bis her ermittelten Kopplungskonstanten für dimere Komplexe, die alle Werte von $^1J_{^7Li^{13}C} = 19\text{--}22$ Hz besitzen[61]. Für trimeren Komplexe ist es nicht gelungen, diese $^1J_{^7Li^{13}C}$-Kopplungskonstante zu ermitteln, jedoch sollte sich der Wert auch im Rahmen der für die Dimere ermittelten Werte bewegen, da die Kopplungskonstanten nicht spezifisch für einen Aggregationsgrad sondern für die Anzahl der koppelnden Kerne sind. So sind im Fall der Organolithiumverbindungen Werte von ca. $^1J_{^7Li^{13}C}$ = 20 Hz typisch für eine 2-Elektronen-3-Zentren-Bindung. Im Vergleich dazu besitzt eine 2-Elektronen-4-Zentren-Bindung nur eine ^{7}Li-^{13}C-Kopplungskonstante von etwa 11–14 Hz[61]. Es liegen jedoch im Dimer und im Trimer 2-Elektronen-3-Zentren-Bindungen vor, so daß keine Differenzierung zwischen beiden Aggregationsgraden möglich ist.

Leider ist auch der absolute ^{7}Li-NMR-Verschiebungswert nicht aussagekräftig, da die Verschiebungswerte zu stark von den Substituenten beeinflußt werden[62]. Es ist zwar möglich, ein Dimer und ein Tetramer einer Verbindung aufgrund ihrer relativen Differenzen der ^{7}Li-NMR-Verschiebungen voneinander zu unterscheiden, da beim Übergang vom Tetramer zum Dimer im ^{7}Li-NMR-Spektrum ein Hochfeldshift von 0.5–1 ppm beobachtet wird[60]; es ist jedoch nicht möglich, aufgrund einer absoluten ^{7}Li-NMR-Verschiebung alleine zu entscheiden, ob eine neue Verbindung als Dimer, Trimer, Tetramer oder gar Polymer vorliegt, da alle Verschiebungen im Bereich zwischen 1 und 4 ppm liegen (Tabelle 1). Auch der ^{7}Li-NMR-Verschiebungswert von **15** liegt mit δ = 2.91 in diesem Bereich.

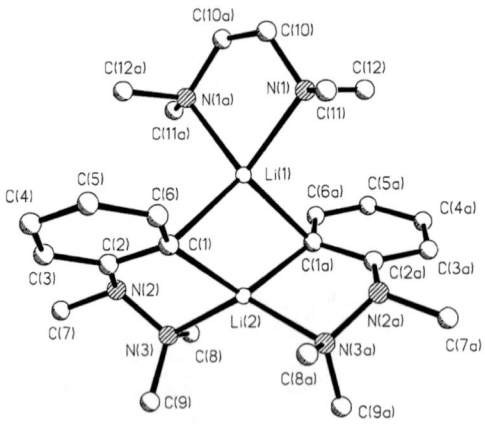

Abb. 3. Struktur von **15** im Festkörper. Ausgewählte Abstände [pm] und Bindungswinkel [°]: Li(1)-N(1) 217.2(5), Li(2)-N(3) 207.4(3), Li(1)-C(1) 228.4(4), Li(2)-C(1) 211.4(4), Li(1)-Li(2) 239.3(9); N(1a)-Li(1)-N(1) 84.0(2), N(1)-Li(1)-C(1) 129.7(1), N(1)-Li(1)-C(1a) 104.0(1), C(1a)-Li(1)-C(1) 107.4(3), N(3a)-Li(2)-N(3) 130.7(3), N(3)-Li(2)-C(1) 84.2(1), C(1a)-Li(2)-N(3) 120.8(1), C(1a)-Li(2)-C(1) 121.0(3), Li(1)-C(1)-Li(2) 65.8(2).

Tabelle 1. Strukturdaten und ^{13}C-NMR- sowie ^{7}Li-NMR-Daten von ausgewählten dimeren Aryllithiumverbindungen

Verb.	Li–Li (pm)	Li–C (pm)	Li–N (pm)	Li–O (pm)	C–Li–C	Li–C–Li	C_{ipso}–C_{ortho} (pm)	C_2–C_1–C_6	^{13}C-NMR C_{ipso}	^{7}Li-NMR	$^1J_{Li,^{13}C}$ (Hz)
21[63]	236.6(5)	223.2(4) 222.4(4)	213.6(4)	196.9(4)	115.8(2)°	64.2(1)°			185.9	3.54	20
22[64]		213.8(6) 213.8(6) 226.3(5) 212.0(6)	203.7(5) 202.14(4)	189.7(5)	107.7(2) 121.2(2)					3.1	
23[65]	237.0(6)	225.6(5) 214.4(5) 217.0(5) 221.6(5)	207.1(5) 205.7(5)	196.1(5)	117.9(2)° 111.9(2)°	64.7(2)° 65.8(2)°	140.9(4) 141.7(4) 141.1(3) 141.5(4)	114.4(2)° 114.0(2)°		3.00	
15	239.5(9)	228.5(5) 211.3(4)	217.1(5) 207.3(3)		121.0(3)° 107.2(3)°	65.9(3)°	140.5(4) 142.1(4)	113.4(2)°	176.6	2.91	20
24[66]	240.1(6)	220.9(3)	210.9(3)		114.1(2)°	65.9(2)°	141.1(2)	115.1(2)°	—	—	—
25[61b]	—	—	—		—	—	—	—	189.3	2.41	—
26[67]	244(2)	228(1) 218(1)	215(1) 213(1)	—	111.3(5)° 112.3(5)° 105.6(2)°	66.3(5)° 66.6(5)° 67.4(1)°	141(1)	110.8(7)°		2.08	20.5
27[68]	249.0(6)	220.8(6) 227.8(6)	217.7(4) 220.8(4)				140.1(3) 139.9(4)	111.8(3)°	186.8	1.83	19.5
28[69]	249.0(5)	227.9(3)		203.6(3) 204.4(3)	113.6(1)°	66.4(1)°	142.4(2) 143.1(2)	113.1(1)°	—	—	—
29[61b]	—	—	—	—	—	—	—	—	183.0	1.18	20

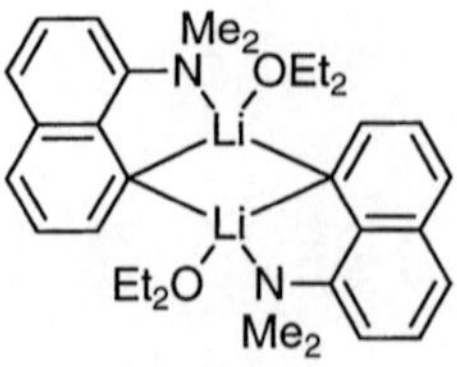

21

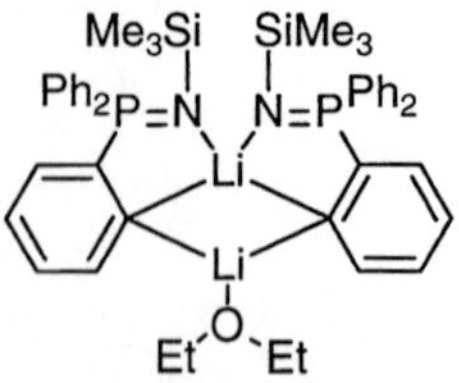

22

23

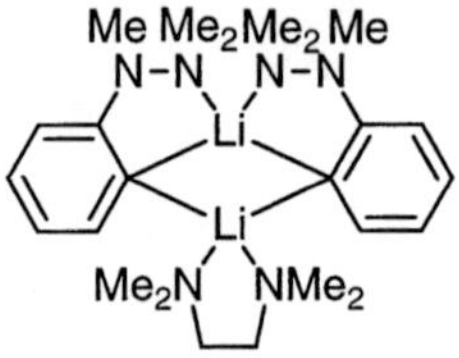

15

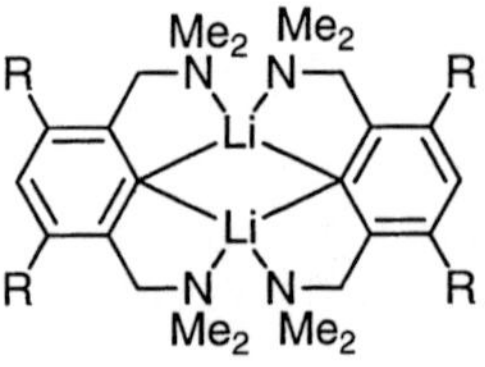

R = CH$_2$NMe$_2$ **24**
R = H **25**

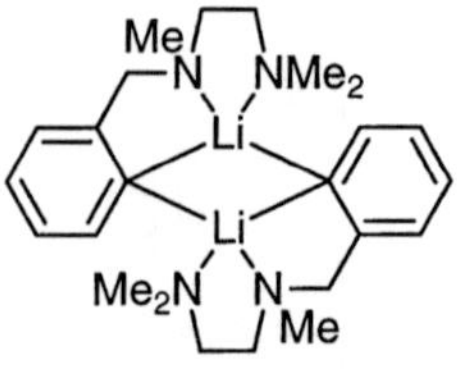

26

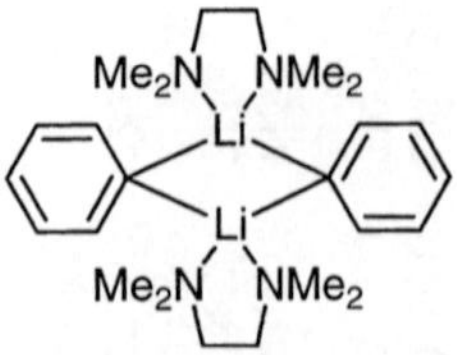

27

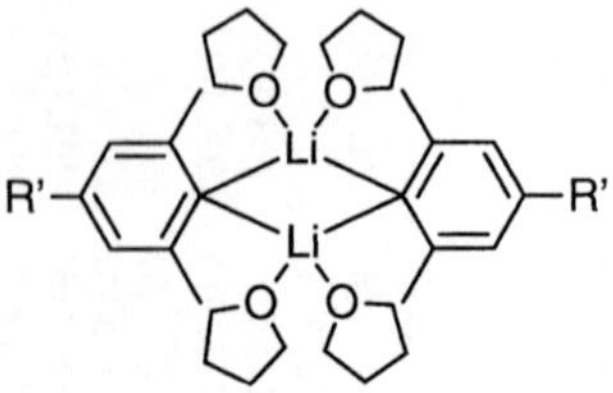

R' = Me **28**
R' = H **29**

Im Festkörper besitzt **15** eine C_2-symmetrische, dimere Struktur. Die beiden Lithiumatome sind dabei inäquivalent, was dadurch bedingt wird, daß Li(1) durch die beiden Aminstickstoffe eines TMEDA-Moleküls und Li(2) durch die Aminstickstoffe der terminalen NMe_2-Gruppen der Hydrazinosubstituenten koordiniert wird. Dies führt zur Ausbildung eines Drachenvierecks. Die Kantenlängen betragen dabei 211.3(4) pm für C_{ipso}-Li(2) und 228.5(5) pm für C_{ipso}-Li(1), wobei C_{ipso}-Li(2) der kürzeste in zweikernigen Aryllithiumclustern bekannte C_{ipso}-Li-Abstand ist[63–69]. Der C_{ipso}-Li(1)-Abstand bewegt sich im Rahmen bekannter dimerer Aryllithium-TMEDA-Komplexe[67,68]. Gleiches gilt auch für den Winkel C(1)–Li(1)–C(1a), der mit 107.2(3)° ähnlich dem Winkel von **27** (105.6(2)°)[68] ist. Im Gegensatz zu dieser Struktur ist der Winkel Li(1)–C(1)–Li(2) mit 65.9(3)° jedoch wesentlich kleiner[63-69]. Komplettiert werden die Winkel im zentralen Ring durch den Winkel C(1)–Li(2)–C(1a), der mit 121.0(3)° nahezu genauso groß wie der entsprechende Winkel der Iminophosphan-koordinierten Aryllithiumverbindung **22** (121.2(2)°) ist[64]. Die Winkel dieser beiden Verbindungen sind um mehr als 3° größer als der größte analoge Winkel in bisher bekannten Dimeren (117.9(2)° in **23**[65]).

Die Li–N Abstände sind ebenfalls ungewöhnlich. Zwar sind die Abstände auf der TMEDA-Seite wiederum nahezu identisch mit der bereits bekannten TMEDA-koordinierten Struktur **27**[68]; auf der Hydrazin-Seite findet man jedoch sehr kurze Li-N-Kontakte, die in diesem Fall nur von den noch kürzeren Abständen des Iminophosphan-Komplexes **22**[64] und von **23**[65] unterboten werden. Die Geometrie an beiden Lithiumatomen ist nahezu tetraedrisch.

Die Bindungslängen und -winkel am und um den zentralen Ring können durch die gesteigerte Nucleophilie des Hydrazinosubstituenten im Vergleich zu den bisher untersuchten Amin- bzw. Ether- koordinierten Lithiumverbindungen erklärt werden. Diese höhere Nucleophilie dokumentiert sich in den sehr kurzen Li–N(3)-Abständen und bewirkt die Verzerrung des zentralen Ringes in der beschriebenen Art und Weise.

Abb. 5. Torsionswinkel am Hydrazin sowie Bindungslängen und -winkel des aromatischen Ringes

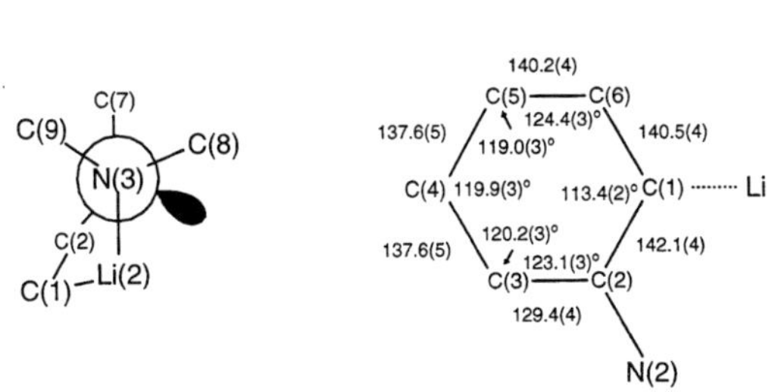

Der aromatische Ring zeigt die typische Verzerrung von Arylsubstituenten in Arylmetallverbindungen mit Mehrfachzentrenbindungen[63–70]. Der C(2)–C$_{ipso}$–C(6)-Winkel ist mit 113.4(2)° deutlich kleiner als der erwartete Winkel für aromatische Kohlenstoffe von 120°, liegt aber im Bereich dimerer Arylmetallverbindungen (zwischen 110.8(7)°[66] und 115.9(6)°[70b]). Diese Winkelverzerrung wird begleitet durch die Verlängerung der C$_{ipso}$–C$_{ortho}$ Bindungslängen (C(1)–C(2): 142.1(4) und C(1)–C(6): 140.5(4)) und einer Verkürzung der C$_{para}$–C$_{meta}$ Bindungslängen (C(3)–C(4) und C(4)–C(5): 137.6(5)). Der Torsionswinkel C(7)-N(2)-N(3)-C(8) beträgt 71.4° und zwischen C(7)-N(2)-N(3)-Li(2) 177.1°. Damit findet man für die Hydrazingruppe eine geringfügig verzerrte, gestaffelte Anordung, die von der gauche-Konformation mit einem Torsionswinkel von ~100° freier Hydrazine[71] abweicht (z. B.: H$_2$NNMe$_2$ = 109°[72]). Diese Anordnung wird dem Molekül durch die Verknüpfung von C(2) mit Li(2) über C(1) aufgezwungen. Die Methylgruppe von C(7) nimmt dabei die sterisch weniger belastete Position zwischen C(8) und C(9) ein und das freie Elektronenpaar von N(2) kommt in Nachbarschaft zur koordinativen N(3)-Li(2)-Bindung. Die N(2)-N(3) Bindungslänge ist mit 144.7(3) pm im Vergleich zu durch Elektronenbeugung bestimmten Werten von Hydrazinen (z. B.: NH$_2$NMe$_2$: 145(3) pm[72]) nicht signifikant verändert.

Wenn man ^{7}Li-NMR-Verschiebung und die Li–Li-Abstände aller bisher bekannten dimeren Aryllithiumfestkörperstrukturen betrachtet (Tabelle 1), fällt auf, daß mit abnehmendem Li–Li-Abstand im Festkörper ein Tieffeldshift in Lösung einhergeht. Zwar ist die Übertragbarkeit der Konformation aus Festkörperstrukturen auf die Struktur in Lösung sehr fragwürdig, jedoch sollten kurzer Li–Li-Abstand und Tieffeldshift dieselbe Ursache haben, nämlich die Elektronendichte am Lithiumzentrum. Leider ist es aufgrund fehlender theoretischer Daten (z. B. durch Rechnungen) nicht möglich, diese Korrelation zweifelsfrei zu erklären. Vielleicht bietet diese Arbeit jedoch den Anstoß zu weitergehenden theoretischen Untersuchungen über die Veränderung der Elektronendichte am Lithumzentrum, sowie der Gesamtladung des Lithiumkerns bei der Koordination von Lewis-Basen, welches die beiden Parameter sein sollten, die für die unterschiedlichen Effekte verantwortlich sind.

Abschließend ist zu sagen, daß der 2-(Trimethylhydrazino)phenyl-Substituent sehr effektiv an das Lewis-saure Lithiumzentrum koordiniert, was aus den gefundenen Winkeln und Bindungslängen überzeugend abgelesen werden kann. Dies läßt auf die gute Eignung dieses Substituenten zur Stabilisierung anderer Lewis-saurer Zentren hoffen.

1.2 Untersuchungen zu PTMH-substituierten Silanen

1.2.1 Synthese von PTMH-substituierten Silanen

Durch Umsetzung von **15** mit Siliciumtetrachlorid gelangt man, in Abhängigkeit von Lösungsmittel, Reaktionstemperatur und Stöchiometrie entweder zum Trichlorsilan **30** oder zum Dichlorsilan **16** (Schema 5)[52]. Durch Reduktion sind aus diesen Verbindungen die entsprechenden Silane **31** und **32** zugänglich. Die Umsetzung mit Natriummethanolat führte zu **33** und **34**.

Schema 5. Synthese von PTMH-substituierten Silanen

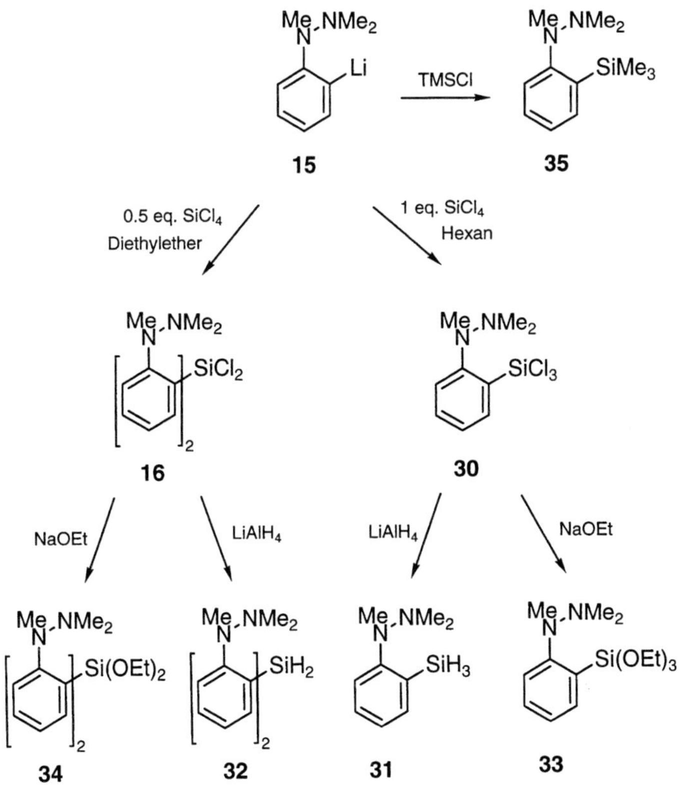

Um bei den nachfolgenden Versuchen mit PTMH-substituierten Siliciumverbindungen die Hydrolyseprodukte Siloxandiol **36** bzw. Silandiol **37**, die beim Arbeiten mit hydrolyseempfindlichen Verbindungen immer leicht entstehen können, einfach erkennen zu können, sollte **16** gezielt hydrolisiert werden. Die Hydrolyse von **16** führte jedoch unter den verschiedensten Bedingungen nicht zu den gewünschten Produkten, sondern immer nur zu Produktgemischen, wobei das aromatische System vollständig abgebaut wurde.

Schema 6. Hydrolyse von PTMH- und DMBA-substituierten Silanen

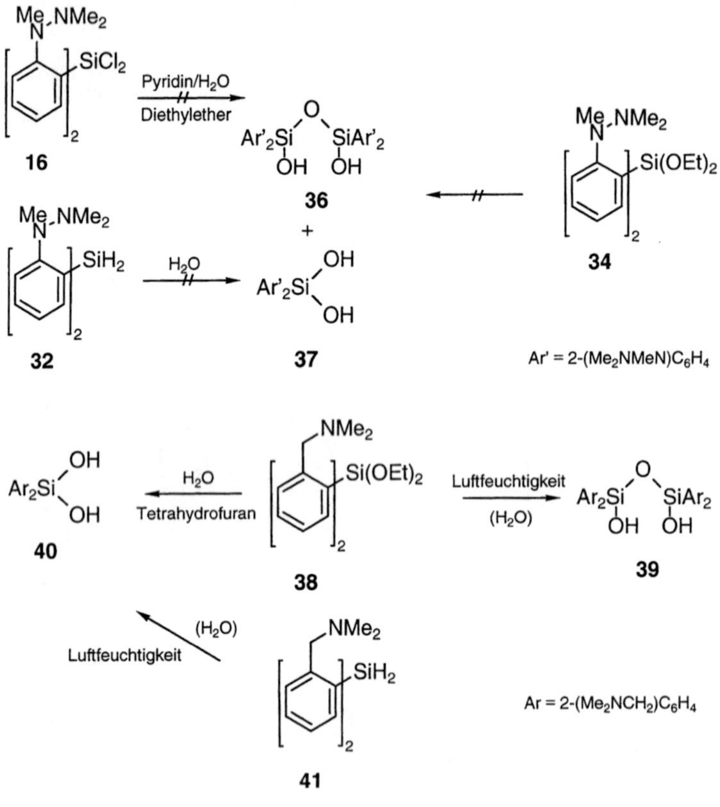

Aus diesem Grund wurde versucht, **34** unter milden, schwach basischen oder schwach sauren Bedingungen zu hydrolisieren. Jedoch erwies sich **34** als hydrolysestabil unter basischen Bedingungen und führte unter sauren Bedingungen ebenfalls zum Abbau des PTMH-Substituenten. Die Tatsache, daß **34** in basischen und neutralen Medien hydrolysestabil ist, ist sehr erstaunlich, hydrolysiert **38** doch bereitwillig zu **39** bzw. **40**. Gleiches gilt für die Silane **41** und **32**: Während **41** hydrolyseempfindlich ist, ist **32** stabil. Ein Grund für dieses Verhalten konnte an diesem Punkt der Untersuchungen noch nicht gefunden werden.

Um das Koordinationsverhalten des PTMH-Substituenten besser mit dem bereits gut untersuchten DMBA-Substituenten[73] vergleichen zu können, sollten Verbindungen synthetisiert werden, die sowohl einen PTMH- als auch einen DMBA-Substituenten tragen. Dazu wurde anfangs versucht, das Trichlorsilan **30** selektiv mit **43**[74] in das Dichlorsilan **47** zu überführen. Es gelang jedoch auch nach gründlichen Optimierungsversuchen nicht, die Reaktion so selektiv durchzuführen, daß keine Mehrfachsubstitution auftrat. Aus den erhaltenen Gemischen ließ sich kein sauberes Produkt kristallisieren.

Aus diesem Grund wurde zunächst der DMBA-Substituent am Siliciumzentrum eingeführt (Schema 7). Das Trichlorsilan **44**[75] ist in einer Ausbeute von 68% aus **43** und Tetrachlorsilan zugänglich. **44** konnte nun in einer wesentlichen saubereren Reaktion in das gemischt substituierte Dichlorsilan **47** überführt werden. Nach Destillation des Rohgemisches konnte **47** in 46% Ausbeute spektroskopisch rein isoliert werden. Durch Rekristalisation aus Ether erfolgte eine weitere Reinigung. Diese Verbindung ließ sich nun mittels Standardreaktionen[46] in eine Vielzahl von Derivaten überführen. So konnten durch Umsetzung mit Ethanolat bzw. Benzylalkoholat die entsprechenden Alkoxyverbindungen **48** und **49** dargestellt werden. Diese erwiesen sich als ebenfalls hydrolysestabil, jedoch war es im Fall von **47** möglich, die Dichlorverbindung in Gegenwart von Triethylamin zu hydrolysieren und das Silandiol **51** zu isolieren. Auch die Reduktion von **47** zu **50** gelang unter Standardbedingungen[46].

Zur Synthese des gemischt substituierten Dimethylsilanes **45** sollte das 2-(Dimethylaminomethyl)phenyldimethylchlorsilan **42** analog zu **44** dargestellt werden. Jedoch scheiterten die Versuche, **42** darzustellen und führten stattdessen in guten Ausbeuten zum zweifach DMBA-substituierten Produkt **46**.

Schema 7. Darstellung sowohl PTMH- als auch DMBA-subtituierter Silane

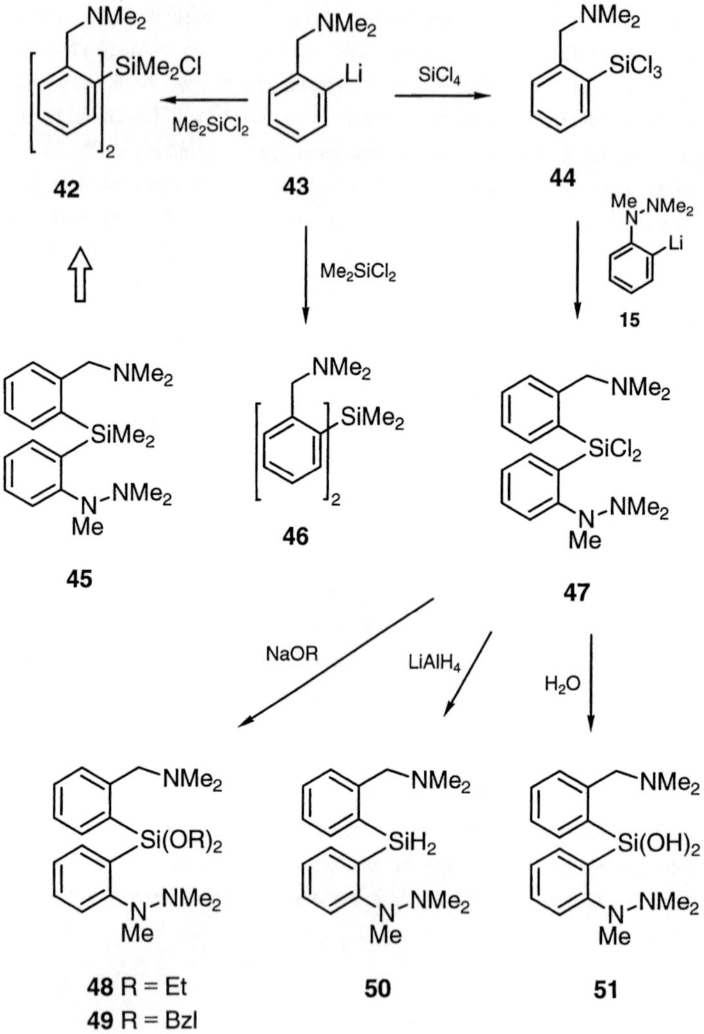

1.2.2 Untersuchungen zur Koordination von PTMH-substituierten Silanen

Erste Hinweise über die koordinativen Eigenschaften von Substituenten kann man aus der ^{29}Si-NMR-Verschiebung einer potentiell hochkoordinierten Verbindung gewinnen, da es beim Auftreten einer Koordination zu einem Hochfeldshift im Vergleich zur unkoordinierten Verbindung kommt[76,77]. In Tabelle 2 sind die ^{29}Si-NMR-Verschiebungen aller bekannten ausschließlich PTMH-substituierten Silane aufgeführt und werden den analogen Phenylsilanen bzw. DMBA-substituierten Silanen gegenübergestellt. Dabei fällt auf, daß alle PTMH-substituierten Silane einen Hochfeldshift im Vergleich zu den analogen Phenylsilanen aufweisen.

Tabelle 2. Vergleich der ^{29}Si-NMR-Daten von 2-(trimethylhydrazino)phenyl, phenyl- und 2-(dimethylaminomethyl)phenyl-substituierten Silanen

	δ_{PTMH}[a,b]	$\Delta\delta$[c]	δ_{Ph}[a,d,e]	$\Delta\delta$[f]	δ_{DMBA}[a,g]
RSiCl$_3$ (**30**)[h]	–44.9	–44.1	–0.8	–60.9	–61.7
RSiH$_3$ (**31**)	–68.8 (196)	–8.7	–60.1 (200)	–10.9	–71.0 (199)[78]
RSiOEt$_3$ (**33**)	–62.9	–5.3	–57.6	+0.4	–57.2[79]
RSiMe$_3$ (**52**)	–9.2	–4.1	–5.1	+0.2	–4.9[77]
R$_2$SiCl$_2$ (**16**)	–28.7	–34.9	+6.2	–35.8	–29.6[80]
R$_2$SiH$_2$ (**32**)	–43.8 (213)	–10.0	–33.8 (198)	–11.2	–45.0 (209)[45]
R$_2$SiOEt$_2$ (**34**)	–47.6	–13.1	–34.5	–1.1	–35.6

[a] Die Werte in Klammern geben $^1J_{SiH}$ [Hz] an. – [b] δ_{PTMH} für R = 2-(Me$_2$NMeN)C$_6$H$_4$. – [c] $\Delta\delta$ = δ_{PTMH} – δ_{Ph}. – [d] δ_{ph} für R = C$_6$H$_5$. – [e] Die Werte sind, sofern nicht anders angegeben, der Referenz [81] entnommen. [f] $\Delta\delta$ = δ_{DMBA} – δ_{Ph}. – [g] δ_{DMBA} für R = 2-(Me$_2$NCH$_2$)C$_6$H$_4$. – [h] Die Bezifferung bezieht sich jeweils auf das Molekül mit R = 2-(Me$_2$NMeN)C$_6$H$_4$.

Die Größe des jeweiligen Hochfeldshifts ist abhängig von den übrigen Substituenten am Silicium[77] und nimmt im Fall der einfach PTMH-substituierten Silane in der Reihenfolge Me<OEt<H<Cl zu. Die gefundene Reihenfolge deckt sich mit den Ergebnissen von Corriu und West[77], die für potentiell pentakoordinierte DMBA-substituierte Silane keine Koordination in den Ethoxysilanen, eine schwache Koordination in den Wasserstoff-substituierten Siliciumverbindungen und eine starke Si···N-Wechselwirkung für die Chlorsilane gefunden haben. Für die zweifach PTMH-substituierten Silane findet man eine Reihenfolge der ^{29}Si-NMR-Hochfeldshifts von H<OEt<Cl. Vergleicht man nun die PTMH- mit den DMBA-substituierten Silanen, so fällt auf, daß außer in den Ethoxysilanen der Hochfeldshift von allen

DMBA-substituierten Silanen größer als der der analogen PTMH-substituierten Silane ist. Dies entspricht nicht der aufgrund der Ergebnisse der Strukturanalyse von **15** und der größeren Nucleophilie der Hydrazine im Vergleich zu den Aminen[53] erwarteten besseren Koordination an das Siliciumzentrum. Dies sollte zu einem stärkeren Hochfeldshift im Vergleich zu den DMBA-substituierten Silanen führen.

Die ^{1}H-NMR-Spektren von **16** und **34** erweisen sich als stark temperaturabhängig. So spaltet bei beiden Verbindungen das Signal der terminalen NMe$_2$-Gruppe, das bei Raumtemperatur als Singulett beobachtet wird, bei tiefen Temperaturen in zwei Singuletts mit einem Intensitätsverhältnis von 1:1 auf. Die Koaleszenz tritt dabei in CD$_2$Cl$_2$ und bei einer Messfrequenz von 500 MHz für **16** bei einer Temperatur von T_K = 253 K bzw. für **34** bei T_K = 213 K ein. Die übrigen Teile des Spektrums verändern sich bis auf geringe Shiftdifferenzen auch bis zu einer Temperatur von 193 K nicht.

Schema 8. Dynamischer Prozeß von **16** und **34**

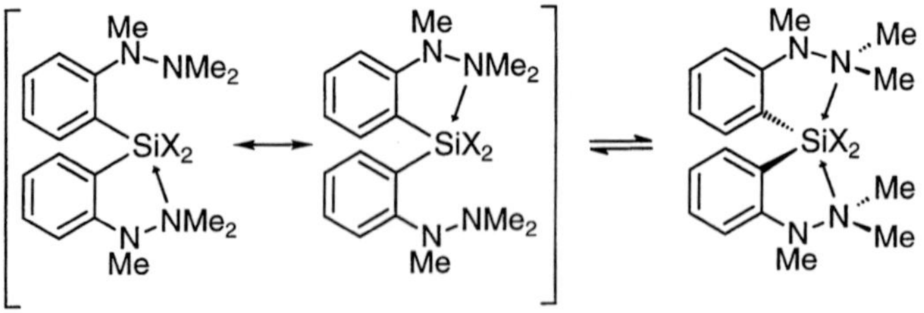

X = Cl, OEt

Man kann aus diesem Ergebnis ableiten, daß **16** und **34** bei Raumtemperatur analog zu **10**[80] dynamisch pentakoordiniert sind, aber bei tiefen Temperaturen im Gegensatz zu **10** nicht in eine starr penta-, sondern in eine starr hexakoordinierte Form übergehen; dabei werden die beiden terminalen NMe-Gruppen diasterotop und es bilden sich zwei Singuletts aus. Die Aktivierungsenergie für diesen Prozeß beträgt für **16** $\Delta G^{\#}$ = 48.2 ± 0.2 kJ mol^{-1} und ist damit nur wenig größer als die Energie für den ähnlichen Prozeß von **10** ($\Delta G^{\#}$ = 46.5 ± 0.5 kJ mol^{-1})[80]. Erwartungsgemäß führt der Ersatz von Chlor durch eine Ethoxygruppe zu einer Erniedrigung der Aktivierungsenergie (**34**: $\Delta G^{\#}$ = 41.0 ± 0.4 kJ mol^{-1}), wie dies auch schon aus den $\Delta\delta$-Werten dieser Verbindungen vermutet wurde, und bestätigt somit auch frühere Beobachtungen, daß die leichtere Polarisierbarkeit der Si-Cl-Bindung im Vergleich zu Si-O-Bindung zu einer stärkeren Si$\cdots$N-Wechselwirkung führt[82].

Die Vermutung, daß PTMH-substituierte Siliciumverbindungen im Gegensatz zu den DMBA-substituierten Vertretern hexakoordinierte Strukturen ausbilden, konnte durch die Festkörperstruktur von **34** bestätigt werden. Die Koordinationsgeometrie am Siliciumzentrum kann als zweifach überkapptes Tetraeder (bicapped tetrahedron) bezeichnet werden. Dabei sind die freien Elektronenpaare der terminalen NMe$_2$-Gruppe auf das Siliciumzentrum ausgerichtet und führen zu einer koordinativen Si$\cdots$N-Wechselwirkung mit Si$\cdots$N-Abständen von 277.2(4) und 268.9(2) pm. Damit ist der Si-N-Abstand deutlich kürzer als die Summe der van der Waals-Radien (365 bzw. 355 pm[83]) aber immer noch deutlich länger als eine kovalente Si-N-Bindung (175 pm[84]). Der Angriff der NMe$_2$-Gruppe erfolgt auf der gegenüberliegenden Seite der Si-O-Bindung, wie es für eine S$_N$2-Reaktion zu erwarten wäre. Jedoch führt dies zu keiner signifikanten Verlängerung der Si-O-Bindung im Vergleich zur "normalen" Si-O-Bindung (161–174 pm[85]). Im Fall des gleichzeitigen zweifachen nucleophilen Angriffs spricht man von der Zwischenstufe einer (S$_N$2)^2- bzw. S$_N$3-Reaktion[86]. Dieser zweifache Angriff bewirkt eine Verzerrung der tetraedrischen Struktur am Zentralatom, was sich am deutlichsten an der starken Aufweitung des C(3b)-Si(1)-C(3a)-Winkels auf 137.8(1)° dokumentiert. Die Hydrazinogruppe ist durch die Koordination ebenfalls verzerrt. Zwar sind die Torsionswinkel der Bindung N(1)-N(2) mit 90.5° und 102.9° dem berechneten Energieminimum für Hydrazin sehr ähnlich (~100°)[71] (das Hydrazin nimmt damit eine *gauche*-Konformation ein), jedoch ist der Winkel C(4)-N(1)-C(9) mit 154.1° bzw. 143.5° sehr stark aufgeweitet. Dies resultiert daraus, daß durch die Verknüpfung von C(4) über C(3) mit Si(1) die beiden Atome C(4) und Si(1) viel stärker als in **15** in eine nahezu ekliptische Anordnung gezwungen werden, was wiederum zu einer ekliptischen, energetischen ungünstigen Stellung von C(9) und C(11) führen würde. Das System weicht diesem Druck durch die Aufweitung des C(4)-N(1)-C(9)-Winkels in der beschriebenen Art und Weise aus.

Zweifach DMBA-substituierte Silane bilden zwar nur pentakoordinierte Verbindungen aus, wie es am Beispiel von **10** im Festkörper und in Lösung gezeigt werden konnte, doch ist diese koordinative Bindung (Si$\cdots$N 229.3(2) pm)[80] wesentlich kürzer als die koordinativen Bindungen in der hexakoordinierten Struktur von **34** (Si$\cdots$N 268.9(2), 277.2(4) pm).

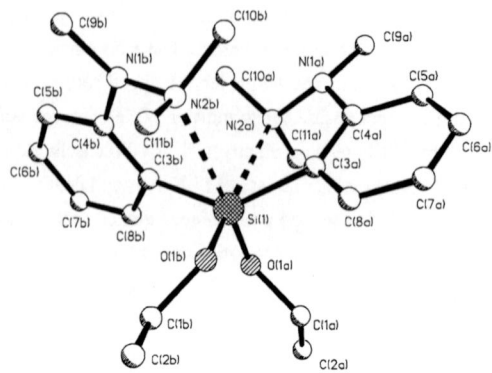

Abb. 6. Struktur von **34** im Festkörper. Ausgewählte Abstände [pm] und Bindungswinkel [°]: Si(1)···N(2a) 277.2(4), Si(1)···N(2b) 268.9(2), Si(1)-O(1a) 166.3(2), Si(1)-O(1b) 166.2(2), Si(1)-C(3a) 189.2(3), Si(1)-C(3b) 188.4(3); N(2a)···Si(1)-O(1b) 169.5(2), N(2b)···Si(1)-O(1a) 169.7(2), C(3b)-Si(1)-C(3a) 137.8(1), O(1a)-Si(1)-C(3a) 104.8(1), O(1a)-Si(1)-C(3a) 100.4(1), O(1a)-Si(1)-C(3b) 98.7(1), O(1b)-Si(1)-C(3a) 100.4(1), O(1b)-Si(1)-O(1a) 104.6(1).

Es wurde auch untersucht, ob **30** eine vergleichbare Temperaturabhängigkeit wie die Diarylverbindungen **16** und **34** zeigt, jedoch war in CD_2Cl_2 auch bei 223 K keine signifikante Verbreiterung der Signale zu erkennen. In der Literatur sind einige Beispiele bekannt, in denen die Festkörperstruktur Amino-substituierter Trichlorsilane untersucht wurden[87], aus dem klar hervorgeht, daß Trichlorsilane stabile pentakoordinierte Verbindungen ausbilden. Auch der Hochfeldshift von **30** im Vergleich zum Phenyltrichlorsilan ($\Delta\delta$ = –44.7) spricht für das Vorliegen einer starken koordinativen Bindung. Daß man keine Temperaturabhängigkeit im ^{1}H-NMR-Spektrum beobachtet, kann daran liegen, daß **30** bereits bei Raumtemperatur starr pentakoordiniert vorliegt, wobei die Methylgruppen der terminalen NMe_2-Gruppe chemisch äquivalent sind.

30

Wie schon für die rein PTMH-substituierten Verbindungen gezeigt, kann man auch bei den gemischt PTMH/DMBA-substituierten Siliciumverbindungen aufgrund des ^{29}Si-NMR-Hochfeldshifts erkennen, daß diese Verbindungen hochkoordinierte Siliciumzentren besitzen sollten. Hierbei findet man wiederum dieselbe Tendenz der Hochfeldshifts in Abhängigkeit der Substituenten wie bei den einfach PTMH-substituierten Silanen (OEt<H<Cl), welche sich mit der Tendenz bei den zweifach DMBA-subtituierten Silanen deckt.

Tabelle 3. Vergleich der ^{29}Si-NMR-Daten von [2-(trimethylhydrazino)phenyl]-[2-(dimethylaminomethyl)phenyl]-substituierten Silanen mit phenyl- und 2-(dimethylaminomethyl)phenyl-substituierten Silanen

	δ_{gem}[a,b]	$\Delta\delta$[c]	δ_{Ph}[a,d,e]	$\Delta\delta$[f]	δ_{DMBA}[a,g]
RR'SiCl$_2$ (**47**)[h]	−31.0	−37.2	+6.2	−35.8	−29.6[80]
RR'H$_2$ (**50**)	−46.1 (212)	−12.3	−33.8 (198)	−11.2	−45.0 (209)[45]
RR'OEt$_2$ (**48**)	−42.1	−7.6	−34.5	−1.1	−35.6
RR'OBzl$_2$(**49**)	−41.2	—	—	—	—
RR'Si(OH)$_2$ (**51**)	−30.2	+4.0	−34.2	+6.7	−27.5[45]

[a] Die Werte in Klammern geben $^1J_{SiH}$ [Hz] an. − [b] δ_{gem} für R = 2-(Me$_2$NMeN)C$_6$H$_4$; R' = 2-(Me$_2$NCH$_2$)C$_6$H$_4$. − [c] $\Delta\delta = \delta_{PTMH} - \delta_{Ph}$. − [d] δ_{Ph} für R = R' = C$_6$H$_5$. − [e] Die Werte sind, sofern nicht anders angegeben, der Referenz [81] entnommen. [f] $\Delta\delta = \delta_{DMBA} - \delta_{Ph}$. − [g] δ_{DMBA} für R = R' = 2-(Me$_2$NCH$_2$)C$_6$H$_4$. − [h] Die Bezifferung bezieht sich jeweils auf das Molekül mit R = 2-(Me$_2$NMeN)C$_6$H$_4$ und R' = 2-(Me$_2$NCH$_2$)C$_6$H$_4$.

Die Hochkoordination der PTMH- und DMBA-substituierten Silane konnte durch eine ^{29}Si-NMR-Untersuchung bei variabler Temperatur untermauert werden. Die Silane **32**, **50** und **41** zeigen dabei im Gegensatz zu **41**, dessen Aminogruppen durch BH$_3$ komplexiert wurden und so zur Koordination an das Silicium nicht mehr fähig sind, beim Absenken der Temperatur einen Hochfeldshift[77] (Tabelle 4).

53

Die Größe der Shiftdifferenz fällt dabei in der Reihe **41>50>32**, also mit abnehmender Anzahl der DMBA-Substituenten. Dieses Ergebnis deckt sich mit der Beobachtung, daß rein PTMH-substituierte Siliciumverbindungen einen geringeren Hochfeldshift im Vergleich zu analogen Phenylsilanen als DMBA-substituierte Siliciumverbindungen aufweisen. Dies bedeutet für die Koordinationseigenschaften des PTMH-Substituenten, daß sie im Vergleich zur DMBA-Substituent schwächer ausfallen.

Die Si-H-Kopplungskonstanten der Silane **41**, **50** und **32** sind größer als die des Diphenylsilans und nehmen mit fallender Temperatur noch weiter zu. Die Si-H-Kopplungskonstante scheint damit auch ein diagnostischer Wert für eine Si$\cdots$N-Koordination zu sein[88]. Erklärbar ist die Vergrößerung der Si-H-Kopplungskonstante bei der Koordination durch eine Umhybridisierung des Siliciumzentrums ($sp^3 > sp^2$), die zu einer Zunahme des s-Charakters der Si-H-Bindung führt.

Tabelle 4. ^{29}Si-NMR-Daten der Silane **32**, **50** und **41** bei variabler Temperatur

Ar$_2$SiH$_2$[b]	296 K[a] δ ($^1J_{SiH}$ [Hz])	223 K[a] δ ($^1J_{SiH}$ [Hz])	Δδ[c]	Δ$^1J_{SiH}$[d]
Ar$^1{}_2$SiH$_2$*BH$_3$ (**53**)[89]	–37.5 (204)	–37.3 (204)	+0.2	±0
Ar$^1{}_2$SiH$_2$ (**41**)[27]	–45.6 (209)	–48.6 (214)	–3.0	+5
Ar^{1}Ar^{2}SiH$_2$ (**50**)	–47.5 (212)	–49.9 (217)	–2.4	+5
Ar$^2{}_2$SiH$_2$ (**32**)	–45.4 (212)	–47.5 (214)	–2.1	+2

[a] Lösungsmittel CDCl$_3$. – [b] Ar^1 = 2-(Me$_2$NCH$_2$)C$_6$H$_4$, Ar^2 = 2-(Me$_2$NMeN)C$_6$H$_4$ – [c] Δδ = δ$_{223\,K}$ – δ$_{296\,K}$. – [d] Δ$^1J_{SiH}$ = $^1J_{SiH}$(223 K) – $^1J_{SiH}$(296 K).

Von den elektronischen Eigenschaften aus betrachtet, sollten sich das gemischt substituierte Silanol **51** und die gemischt substituierte Ethoxyverbindung **48** nicht wesentlich unterscheiden, jedoch zeigt der Silanol **51** erstaunlicherweise keinen Hochfeldshift. Man findet im Vergleich zum analogen Phenylsilan sogar einen Tieffeldshift, damit verhält sich **51** analog zu **40**[45]. Der Grund für dieses Verhalten ist, daß diese Verbindungen nicht hochkoordiniert vorliegen. Es kommt stattdessen zur Ausbildung von Wasserstoffbrücken zwischen dem Lewis-basischen Aminostickstoff und den OH-Gruppen. Dies konnte auch durch Strukturanalysen an ähnlichen Verbindungen gezeigt werden[90].

Im Gegensatz zu den rein PTMH-substituierten Siliciumverbindungen weisen die gemischt PTMH/DMBA-substituierten Verbindungen alle einen größeren Hochfeldshift im Vergleich zu den DMBA-substituierten Verbindungen auf, was auf eine geringfügig stärkere Si$\cdots$N-Wechselwirkung hindeutet. Es ist gelungen, von **47** einen Festkörperstrukturanalyse durchzuführen (Abb. 7). Die Koordinationssphäre um das Siliciumzentrum kann als verzerrt trigonal bipyramidal beschrieben werden, wobei nur die Hydrazinogruppe an das Siliciumzentrum koordiniert ist (Si$\cdots$N(22) 256.4(2)). Der Si$\cdots$N(11)-Abstand der NMe$_2$-Gruppe des DMBA-Substituenten ist mit 315.9(2) pm zwar auch noch kürzer als die Summe der van der Waals-Radien, doch ist das freie Elektronenpaar nicht auf das Siliciumzentrum ausgerichtet und die Winkel am Siliciumzentrum werden auf der Seite, von der NMe$_2$-Gruppe angreifen würde, nicht merklich beeinflußt (C(11)-Si(1)-Cl(2) 110.13(8)°, C(21)-Si(1)-Cl(2) 109.47(8)°).

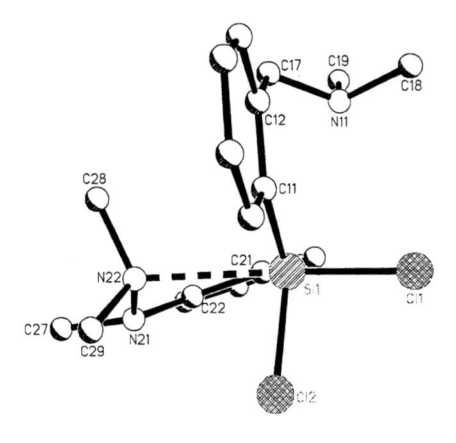

Abb. 7. Struktur von **47** im Festkörper. Ausgewählte Abstände [pm] und Bindungswinkel [°]: Si(1)$\cdots$N(22) 256.4(2), Si(1),N(11) 315.9(2), Si(1)-Cl(1) 211.8(1), Si(1)-Cl(2) 207.8(1), Si(1)-C(11) 187.3(2), Si(1)-C(21) 186.1(2); N(22)$\cdots$Si(1)-Cl(1) 177.1(1), C(11)-Si(1)-Cl(2) 110.1(1), Cl(2)-Si(1)-C(21) 109.5(1), C(21)-Si(1)-C(11) 129.8(1), Cl(1)-Si(1)-C(11) 101.4(1), Cl(1)-Si(1)-C(21) 104.2(1), Cl(1)-Si(1)-Cl(2) 95.6(1).

Die trigonale Ebene wird durch C(11), C(12) und Cl(2) definiert, wobei die Auslenkung von Si(1) aus dieser Ebene 36.0 pm beträgt. Die axialen Positionen werden von N(22) und Cl(1) besetzt. Diese bilden mit Si(1) einen Winkel von 177.08(6)°. Man kann die Struktur von **47** als Modell für eine S_N-Reaktion am Siliciumatom betrachten. N(22) repräsentiert dabei das angreifende Nucleophil und Cl(1) das austretende Nucleofug. Die axiale Si(1)-Cl(1)-Bindung (211.8(1) pm) ist dabei erwartungsgemäß im Vergleich zur äquatorialen Si(1)-Cl(2)-Bindung (207.8(1) pm) verlängert.

Vergleicht man die Struktur von **47** mit der ebenfalls pentakoordinierten Struktur von **10**, so stellt man fest, daß die dative Bindung bei **10** stärker ausgeprägt (256.4 pm gegenüber 229.3 pm) und die kovalente Bindung vom Siliciumzentrum zum axialen Chlorid bereits stärker verlängert ist (211.8(1) pm gegenüber 218.6(1) pm). Betrachtet man **10** und **47** als Punkte auf der Reaktionskoordinate eines nucleophilen Angriffs eines Stickstoff-Nucleophiles an das Siliciumzentrum, so ist im Fall von **10** die Reaktion schon weiter fortgeschritten.

Ähnlich wie bei **34** findet auch in **47** eine Verzerrung der Bindungswinkel am nicht koordinierenden Hydrazin-Stickstoff N(21) statt, die zu einer Abflachung der pyramidalen Struktur um ca. 20° führt. Höchstwahrscheinlich wird diese Verzerrung wiederum durch die starke Wechselwirkung der Substituenten an den Hydrazinstickstoffen hervorgerufen. Eine andere mögliche Erklärung ist, daß es zu einer mesomeren Wechselwirkung des freien Elektronenpaars von N(21) mit dem aromatischen System kommt, was durch eine signifikante N(21)-C(22)-Bindungsverkürzung um 6 pm[91] im Vergleich zu den nach modifizierter Schomaker-Stevenson-Gleichung[92] berechneten Werten unterstützt wird.

Die Ergebnisse zeigen, daß ein Siliciumzentrum das sowohl einen PTMH-Substituenten als auch einen DMBA-Substituenten trägt, bevorzugt mit der terminalen NMe_2-Gruppe des PTMH-Substituenten in Wechselwirkung tritt. Die dabei ausgebildete dative Si⋯N-Bindung ist jedoch schwächer als die dative Si⋯N-Bindung in analogen nur DMBA-substituierten Siliciumverbindungen. Am Beispiel von **34** konnte gezeigt werden, daß im Gegensatz zu zweifach DMBA-substituierten Silanen zweifach PTMH-substituierte Silane im Festkörper hexakoordinierte Siliciumzentren besitzten.

1.2.3 Untersuchungen zur Kupplung von 16

Im vorhergehenden Kapitel wurde gezeigt, daß der PTMH-Substituent in der Lage ist, hochkoordinierte Siliciumverbindungen auszubilden. Es soll nun untersucht werden, ob sich aus **16** ähnlich wie aus dem DMBA-substituierten Dichlorsilan **10**[45] ein Cyclotrisilan oder ein anderes Oligosilan darstellen läßt, das in seinen Reaktionen ähnlich wie **11** Silandiyleinheiten auf seine Reaktionspartner überträgt. Die Tatsache, daß der PTMH-Substituent offensichtlich in der Lage ist, höher koordinierte Verbindungen auszubilden als DMBA, könnte sogar zu einer thermodynamischen Stabilisierung eines Silandiyls führen.

Schema 9. Kupplung von **16**

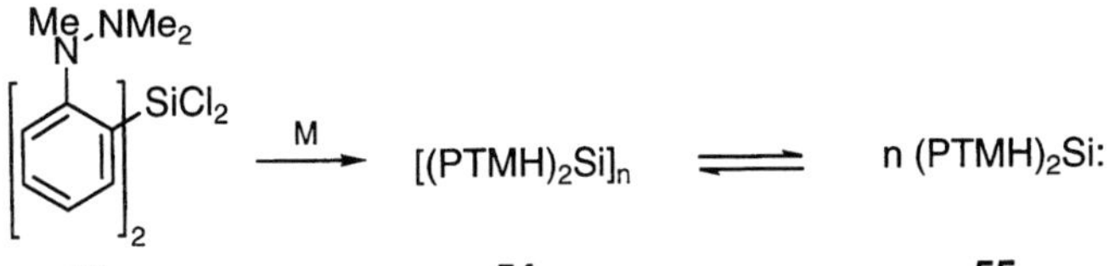

$$\underset{\mathbf{16}}{\left[\begin{array}{c}\text{Me}_{\underset{|}{\text{N}}}\text{NMe}_2\\ \diagdown\\ \text{C}_6\text{H}_4\text{-SiCl}_2\end{array}\right]_2} \quad\xrightarrow{\text{M}}\quad \underset{\mathbf{54}}{[(\text{PTMH})_2\text{Si}]_n} \;\rightleftharpoons\; \underset{\mathbf{55}}{n\,(\text{PTMH})_2\text{Si:}}$$

M = Mg, Zn, Li, Na, K
n = 2, 3, ...
PTMH = 2-(Me$_2$NMeN)C$_6$H$_4$

Das Dichlorsilan **16** sollte sich analog zu **52** mittels Metallen reduktiv enthalogenieren lassen. In früheren Arbeiten[52] wurden bereits die Metalle Magnesium, Zink und Natrium zur Dehalogenierung eingesetzt. Dabei wurden im Falle von Magnesium und Zink in THF untrennbare Gemische erhalten. Der Umsatz von **16** mit Natrium in Toluol führte nach achtstündiger Behandlung im Ultraschallbad ebenfalls zu einem Gemisch, aus dem in 6% Ausbeute eine Verbindung isoliert wurde, der aufgrund der massenspektrometrischen Untersuchung die Struktur eines 1,3-Disiladioxetans **56** zugeordnet wurde. Auch der zwar wenig aussagekräftige[81] ^{29}Si-NMR-Verschiebungswert ($\delta = -43.5$), der im Vergleich zu nicht hochkoordinierten Disiladioxetanen (**57**: $\delta = -3.4$; **58**: $\delta = -3.3$)[93] erheblich ins Hochfeld verschoben ist, korreliert gut mit dem hochkoordinierten Disiladioxetan **59** ($\delta = -45.4$)[94].

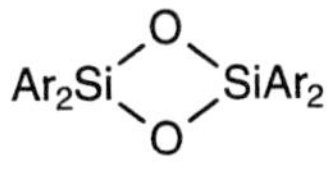

$$\text{Ar}_2\text{Si}\underset{\text{O}}{\overset{\text{O}}{\diamond}}\text{SiAr}_2$$

56 Ar = 2-(Me$_2$NMeN)C$_6$H$_4$
57 Ar = 2,4,6-Me$_3$C$_6$H$_2$
58 Ar = 2,6-Me$_2$C$_6$H$_3$
59 Ar = 2-(Me$_2$CH$_2$)C$_6$H$_4$

Alle derzeit bekannten 1,3-Disiladioxetane[95] außer **59** wurden durch Reaktion von Disilen mit Sauerstoff dargestellt. Diese Reaktion könnte in der Reaktionslösung der Reaktion von **16** und Natrium in Toluol mit Sauerstoffspuren stattgefunden haben. Das Auftreten von **56** könnte als ein erster Hinweis darauf gewertet werden, daß die reduktive Kupplung von **16** zu Oligosilanen führen kann. Ein potentielles Disilen ließ sich jedoch aus dem Produktgemisch der Reaktion von **16** mit Natrium nicht isolieren und auch nicht im Gemisch ^{29}Si-NMR-spektroskopisch nachweisen. Versuche, die Bildung von **56** zu reproduzieren oder das vermeintliche Disilen auf andere Art abzufangen (z. B. mit Anthracen), scheiterten.

Es sollte nun untersucht werden, ob unter anderen Kupplungsbedingungen die Isolation eines Oligosilanes möglich ist. Bei den meisten Versuchen fand jedoch keine Reaktion statt. So läßt sich **16** mit Magnesium in Et$_2$O, Lithium in Toluol, Lithium in Hexan, Lithium in Hexan/Et$_2$O und Lithium in Et$_2$O nicht dehalogenieren. Auch beim Rühren von **16** mit Kalium in Toluol bei Raumtemperatur tritt keine Reaktion ein. Erst beim Erhitzen auf dem Ultraschallbad reagiert **16** ab, jedoch entsteht hierbei ein untrennbares Produktgemisch. Die Bildung von **56** war in diesem Fall nicht nachweisbar. Unter Verwendung von Lithium in THF reagiert **16** innerhalb von 6 h bei Raumtemperatur vollständig ab. Jedoch entsteht auch in diesem Fall ein Produktgemisch, aus dem sich keine der Komponenten herauskristallisieren ließ. Erst nach der Hydrolyse des Ansatzes konnte **60** in 22% Ausbeute isoliert werden.

Schema 10. Kupplungsversuch von **16** mit Lithium in Tetrahydrofuran

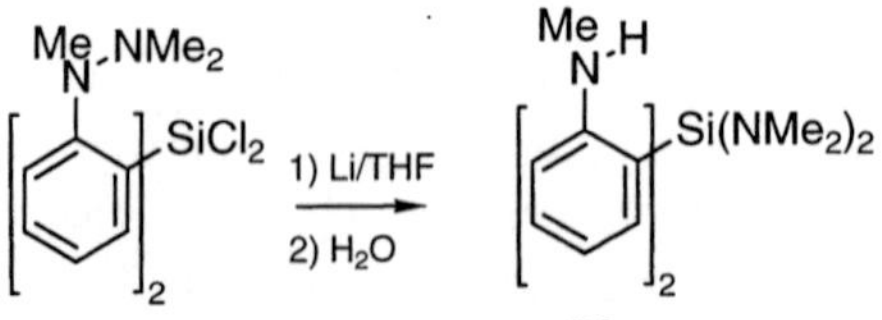

Die Bildung von **60** ist durch die reduktive Spaltung der N-N-Bindung des Hydrazinsubstituenten und nachfolgenden nucleophilen Angriff des Dimethylamides an das Siliciumatom zu erklären.

Schema 11. Kontrollexperiment: Reaktion von **20** mit Lithium

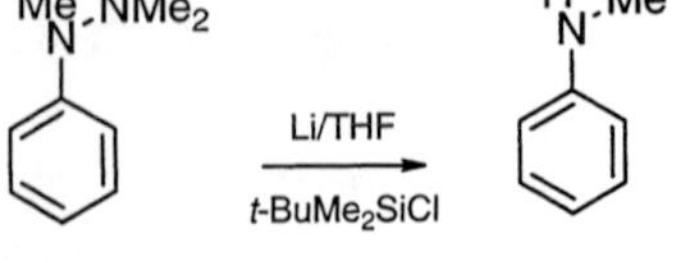

Das freie PTMH reagiert ebenfalls mit Lithium, jedoch mit einer wesentlich langsameren Reaktionsgeschwindigkeit. Ein intermediär gebildetes Lithiumdimethylamid ließ sich bei der Reaktion von PTMH mit Lithium nicht mit t-Bu(Me)$_2$SiCl abfangen. Das heißt, daß im **16** die N-N-Bindung weitaus anfälliger für eine reduktive Spaltung ist als in freien Hydrazin. Diese leichte Spaltbarkeit der N-N-Bindung von **16** führt wahrscheinlich auch immer wieder zu der Bildung von Gemischen in den Kupplungsreaktionen, womit sich der PTMH-Substituent in dieser Art von Reaktionen als zu labil erwiesen hat.

Tabelle 5. Kupplungsversuche des Dichlorids **16**

Metall	Lösungsmittel	Bedingungen	Ergebnisse
Mg	Et$_2$O	RT	kein Umsatz
Mg	THF	RT	Gemisch
Zn	THF	RT	Gemisch
Na	Toluol	RT	kein Umsatz
Na	Toluol	60 °C,))), 8 h	Gemisch (6% **56**)
K	Toluol	RT	kein Umsatz
K	Toluol	55 °C,))), 5 h	Gemisch
Li	Toluol	RT, 5 d	kein Umsatz
Li	Toluol	58 °C,))), 6 3/4 h	kein Umsatz
Li	Hexan	RT, 1 d	kein Umsatz
Li	Hexan	58 °C,))); 6 1/2 h	kein Umsatz
Li	Hexan/Et$_2$O (3:2)	RT, 1 d	kein Umsatz
Li	Hexan/Et$_2$O (3:2)	60 °C,))), 1 d	kein Umsatz
Li	Et$_2$O	RT, 1d	kein Umsatz
Li	THF	RT, 6 1/2 h	Gemisch (22% **60**)

))) = Ultraschall, RT = Raumtemperatur

1.2.4 Darstellung PTMH-substituierter kationischer Komplexe

Die Festkörperstrukturen PTMH-substituierter Silane deuten bereits an, daß sich dieser Substituent auch zur Stabilisierung von sp^2-hybridisierten positiven Siliciumzentren eignen sollte. Im Fall von Kohlenstoff sind trivalente positve Verbindungen in Form von Carbeniumionen ohne Probleme stabilisier- und isolierbar[96]. Alle Versuche, trivalente

Silylkationen im Festkörper oder in Lösung auch für das Silicium zu isolieren, sind bis jetzt gescheitert[97]. Zwar sind trivalente Silylkationen in Gasphasenreaktionen nachgewiesen worden[98], doch treten sie in Lösung mit dem Nucleofug oder mit dem Lösungsmittel in Wechselwirkung. So gelang es Lambert zum Beispiel bei dem Versuch, ein Triethylsilylkation darzustellen nur, den Toluolkomplex dieser Verbindung (**62**) zu isolieren[99], der zwischen reinem π-Komplex und σ-Komplex vom Wheland-Typ[100] einzuordnen ist[101]. Die größte Annäherung an das trivalente Silylkation gelang Reed[102] mit einem bromierten *closo*-Carboran-Gegenion **63**. Er findet im Festkörper für diese Verbindung eine Winkelsumme der Si-C-Winkel von 346.7°, womit er sich "auf halbem Weg" vom sp^3- (328.5°) zum sp^2-hybridisierten Siliciumzentrum (360°) befindet. Auch der Si-Br-Abstand von 246(1) pm ist gegenüber dem für Me_3SiBr gefundenen Si-Br-Abstand (224 pm)[103] beträchtlich verlängert (22 pm).

62   **63**

Im Gegensatz zum trivalenten Silylkation sind durch Lewis-Basen koordinierte Silylkationen schon seit langem bekannt[104]. So wird z. B. bei der Umsetzung von Trimethyliodsilan mit Pyridin das Iodid von der Stickstoffbase verdrängt, wodurch sich ein Ionenpaar **66** ausbildet, was auch durch eine Kristallstrukturanalyse gezeigt werden konnte[105].
Auf diese Art ist es durch Verwendung stärker nucleophiler Basen wie z. B. N-Methylimidazol möglich, ein pentakoordiniertes 1 : 2 Addukt **69** zu erhalten[106]. Mit dem N-Methylimidazol ist es sogar möglich, aus dem Dimethyldichlorsilan zwei Chloridionen abzuspalten und unter Koordination von drei N-Methylimidazol-Einheiten ein pentakoordiniertes Dikation **71** zu stabilisieren[106]. In den Lewis-Basen-koordinierten Verbindungen ist die positive Ladung nicht am Siliciumzentrum lokalisiert, sondern befindet sich am Lewis-basischen Zentrum. Dies zeigen ^{15}N-NMR-Messungen von Corriu[107] an kationischen Komplexen, der einen Tieffeldshift für die an das positive Siliciumzentrum koordinierten NMe_2-Gruppen findet. Derartige Tieffeldshifts sind typisch für den Übergang von Aminen zu Ammoniumverbindungen[108].

Schema 12. Umsetzung von Halogensilanen mit Stickstoffbasen

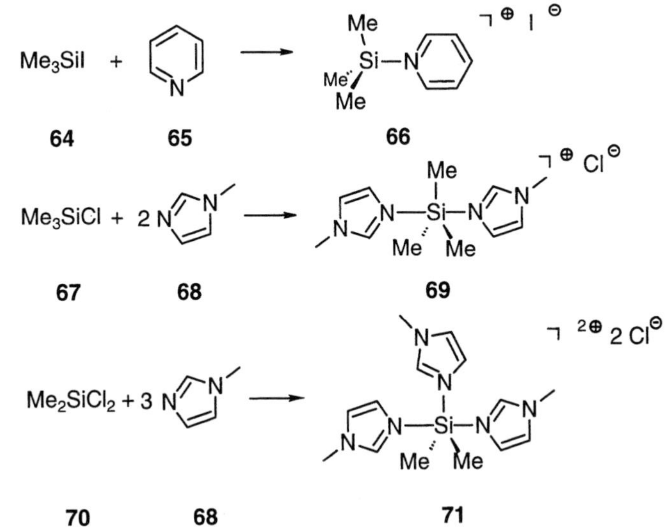

Me$_3$SiI + [pyridine] ⟶ [Me$_3$Si-N(pyridine)]$^{\oplus}$ I$^{\ominus}$

64   65   66

Me$_3$SiCl + 2 [imidazole] ⟶ [Me$_2$Si(imidazole)$_2$]$^{\oplus}$ Cl$^{\ominus}$

67   68   69

Me$_2$SiCl$_2$ + 3 [imidazole] ⟶ [Me$_2$Si(imidazole)$_3$]$^{2\oplus}$ 2 Cl$^{\ominus}$

70   68   71

Das Konzept der *intra*molekularen Koordination kationischer Zentren, wie es schon seit langem aus Arbeiten von van Koten in der Zinnchemie bekannt ist[109], wurde von Corriu[110] auf die Siliciumchemie übertragen. Sowohl van Koten als auch Corriu verwenden dabei den potentiell dreizähnigen Bis-2,6-(dimethylaminomethyl)phenyl-(BDMBA)-Liganden. Van Koten gelang es, sowohl für den Festkörper als auch für die Lösung zu beweisen, daß dabei pentakoordinierte kationische Komplexe ausgebildet werden. Corriu konnte die ionische Struktur seiner Verbindungen durch Leitfähigkeitsmessungen untermauern. Er ordnet seinen Verbindungen aufgrund der NMR-Daten ebenfalls eine pentakoordinierte Struktur zu. Im Gegensatz dazu findet Willcott[111], der einen geringfügig veränderten Substituenten verwendet hat, nur ein tetrakoordiniertes Siliciumzentrum.

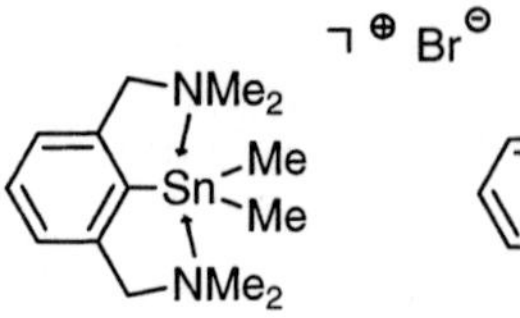

72

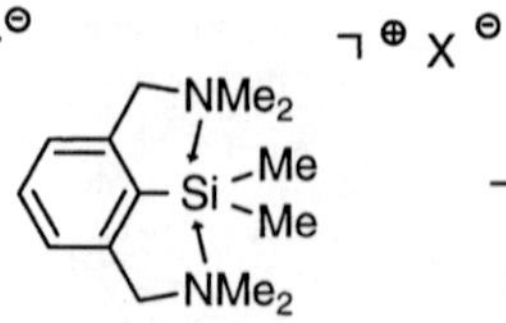

73-X X = Cl, Br, I, BF$_4$, OTf

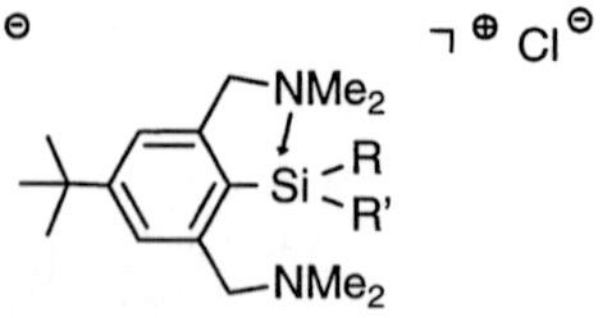

74 R, R' = Me, Vinyl

Es soll nun untersucht werden, ob sich nach der Strategie von Corriu aus den Wasserstoff-substituierten Silanen durch Umsetzung mit Trimethylsilyltriflat (TMSOTf) auch PTMH-substituierte kationische Komplexe darstellen lassen. Versetzt man **32** mit einem Äquivalent TMSOTf in Diethylether, so bildet sich beim Zutropfen des Triflates ein weißer Niederschlag, der sich nach Waschen mit Hexan als spektroskopisch sauberes **75** erwies. Das ^{1}H-NMR-Spektrum zeigt für die terminale NMe$_2$-Gruppe zwei Signale und für die NMe-Gruppe ein Signal mit einem Intensitätsverhältnis von 1 : 1 : 1. Dies zeigt, daß beide Hydrazino-Gruppen äquivalent sind. Das Auftreten zweier Signale für die terminalen NMe$_2$-Gruppe spricht für die Ausbildung einer stabilen Si···N-Bindung, wodurch die freie Drehbarkeit um die N–N-Bindung verhindert wird und die terminalen NMe-Gruppen aufgrund ihrer unterschiedlichen Umgebung diastereotop werden.

Schema 13. Darstellung kationischer PTMH-substituierter Komplexe

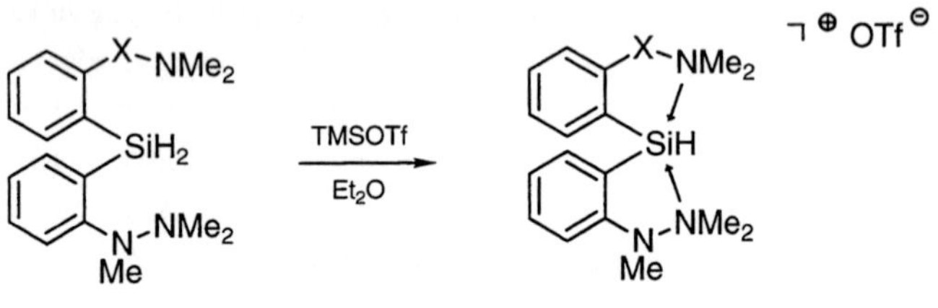

32 X = NMe
50 X = CH$_2$

75 X = NMe
76 X = CH$_2$

Auf die gleiche Art konnte aus **50** das Triflat **76** hergestellt werden. Auch hier bilden sich stabile Si···N-Bindungen aus, was sich aufgrund der unterschiedlichen Arylsubstituenten durch das Auftreten von fünf Singuletts gleicher Intensität für die NMe-Gruppen äußert. Die starre

Koordination bewirkt auch, daß die benzylischen Protonen als AB-System bei 3.81 und 4.43 beobachtet werden.

Abb. 8. ^{1}H-NMR-Spektrum von **76** in CDCl$_3$

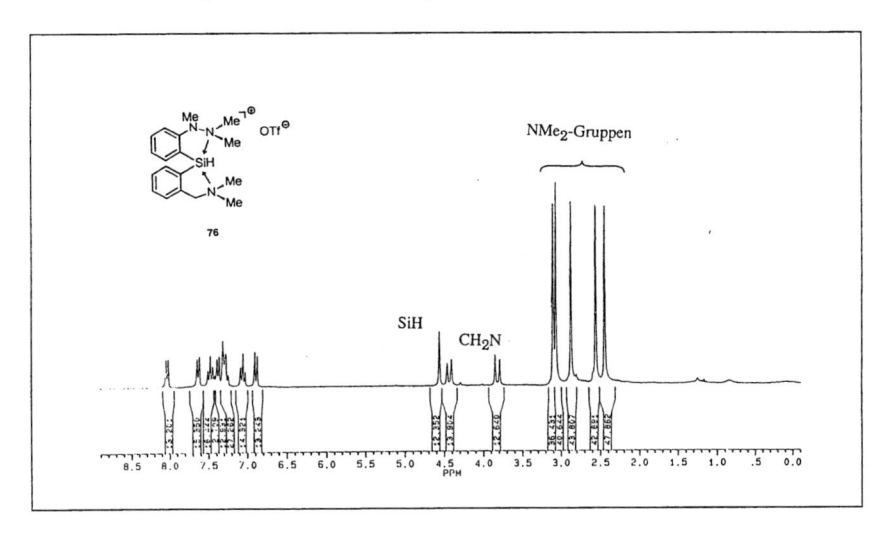

Die starken Si···N-Koordinationen in **76** ließen sich auch nicht beim Aufheizen einer Lösung in CDCl$_3$ auf 60 °C brechen. Die dative Bindung ist sogar so stabil, daß unter diesen Bedingungen noch nicht einmal eine Linienverbreiterung im ^{1}H-NMR-Spektrum feststellbar war, welche auf die Annäherung an die Koaleszenztemperatur hindeuten würde.

Schema 14. Versuch des Aufbrechens der starr pentakoordinierten Konformation

Die ^{29}Si-NMR-Signale von **75** bzw. **76** sind im Vergleich zu **32** bzw. **50** zu hohem Feld verschoben und die Si-H-Kopplungskonstanten um 70 Hz bzw. 79 Hz stark vergrößert. Der Trend der Vergrößerung der Si-H-Kopplungskonstanten im Vergleich zu den Verbindungen, in denen der Triflatrest durch ein Wasserstoffatom ersetzt ist, wurde bereits von Corriu[110] bei den kationischen Komplexen, die den BDMBA-Substituenten tragen, beobachtet. Auch Jutzi[112], der kürzlich einen neuartigen kationischen Komplex **77** ausgehend von Decamethylsilicocen isolieren konnte, berichtet über eine derartige Zunahme der Si-H-Kopplungskonstante.

77

Diese Vergrößerung der Si-H-Kopplungskonstante spricht für die Vergrößerung des s-Anteils der Si-H-Bindung. Vergleicht man die Si-H-Kopplungskonstante von kovalentem Diphenylsilyltriflat mit Diphenylsilan so stellt man fest, daß zwar die Kopplungskonstante des Diphenylsilyltriflats[113] ebenfalls erhöht ist, jedoch nicht in dem Maße wie dies bei den kationischen Komplexen der Fall ist. Diese große Zunahme der Si-H-Kopplungskonstante in den kationischen Komplexen ist ein Indiz dafür, daß keine oder nur noch eine schwache Bindung zwischen Siliciumatom und dem Triflatrest besteht.

Der beobachtete Hochfeldshift von **75** und **76** in Relation zu den Ausgangssilanen erweist sich im Vergleich zu den bekannten kationischen Komplexen als ungewöhnlich. Vielmehr ist beim Übergang einer neutralen zu einer kationischen Siliciumverbindung ein Tieffeldshift der zu erwartende Effekt. Berechnungen zeigen zum Beispiel, daß für trivalentes Me$_3$Si$^+$ eine Verschiebung von $\delta = 356$ zu erwarten ist[114] (Me$_3$SiH: $\delta = -18.5$[81]).

Tabelle 6. Vergleich der ^{29}Si-NMR-Daten und $^1J_{SiH}$-Werte unterschiedlicher Diarylsilane und der davon abgeleiteten Diarylsilyltriflate

	δ	$^1J_{SiH}$	Δδ[a]	$Δ^1J_{SiH}$[b]	Δδ'[c]	$Δ^1J'_{SiH}$[d]
Ph$_2$SiH$_2$[81]	−35.8	198 Hz				
Ph$_2$SiHOTf[113]	−6.2	257 Hz	+29.6	59 Hz		
(PTMH)$_2$SiH$_2$[e] (32)	−43.8	213 Hz				
(PTMH)$_2$SiH$^+$OTf$^-$[e] (75)	−54.5	283 Hz	−10.7	70 Hz	−48.3	+26 Hz
(PTMH)(DMBA)SiH$_2$[e,f] (50)	−46.1	212 Hz				
(PTMH)(DMBA)SiH$^+$OTf$^-$[e,f] (76)	−53.6	291 Hz	−7.5	79 Hz	−47.4	+34 Hz
(BDMBA)PhSiH$_2$[110a] [g]	−51.5	200 Hz				
(BDMBA)PhSiH$^+$OTf$^-$[110a] [g] (73-OTf)	−29.7	280 Hz	+21.6	80 Hz	−23.5	+23 Hz
(Cp*)$_2$SiH$_2$[115] [h,i]	−12.3	194 Hz				
(Cp*)$_2$SiH$^+$X$^-$[112] [h,j,k] (77)	−12.1	302 Hz	+0.2	104 Hz	−5.9	+45 Hz

[a] Δδ = δ(Ar$_2$SiHOTf) − δ(Ar$_2$SiH$_2$). − [b] $Δ^1J_{SiH}$ = $^1J_{SiH}$(Ar$_2$SiHOTf) − $^1J_{SiH}$(Ar$_2$SiH$_2$). − [c] Δδ' = δ(Ar$_2$SiHOTf) − δ(Ph$_2$SiHOTf). − [d] $Δ^1J'_{SiH}$ = $^1J_{SiH}$(Ar$_2$SiHOTf) − $^1J_{SiH}$(Ph$_2$SiHOTf). − [e] PTMH = 2-(Me$_2$NMeN)C$_6$H$_4$. − [f] DMBA = 2-(Me$_2$NCH$_2$)C$_6$H$_4$. − [g] BDMBA = 2,6-(Me$_2$NCH$_2$)$_2$C$_6$H$_3$. − [h] Cp* = Me$_5$C$_5$. − [i] η^1-gebundener Cp*-Substituent. − [j] X$^-$ = H$_4$C$_6$O$_2$H$_3$O$_2$C$_6$H$_4^-$. − [k] η^5-gebundener Cp*-Substituent.

Für die ^{29}Si-NMR-Verschiebungswerte von kationischen Komplexen muß man berücksichtigen, daß mehrere Effekte in unterschiedliche Richtungen auf die ^{29}Si-NMR-Verschiebung einwirken. Die Einführung eines kovalent gebundenen Triflatrestes wie im Diphenylsilyltriflat führt bedingt durch den Elektronenzug des Triflatrestes einen ^{29}Si-NMR-Tieffeldshift im Vergleich zum Ausgangssilan. Gleiches gilt wenn der Triflatrest nicht mehr kovalent gebunden ist. Dies sollte zu einem wesentlich stärkeren ^{29}Si-NMR-Tieffeldshift führen (siehe Me$_3$Si$^+$). Einen gegenläufigen Effekt hat die Koordination von Lewis-Basen an das Siliciumzentrum, die einen Hochfeldshift der ^{29}Si-NMR-Verschiebung bewirkt. Betrachtet man nun die ^{29}Si-NMR-Shifts bisher bekannter kationischer Komplexe (z. B. (73-OTf) im Vergleich zu den Silanen, in denen der Triflatrest gegen ein Wasserstoffatom ausgetauscht ist, so findet man einen Tieffeldshift, d. h. die koordinativen Si-N-Wechselwirkungen sind nicht in der Lage, die Abnahme der Elektronendichte am Siliciumzentrum vollständig zu kompensieren. Jedoch ist der ^{29}Si-NMR-Tieffeldshift bei den kationischen Komplexen weniger stark ausgeprägt als beim kovalenten Diphenylsilyltriflat. Die kationischen Komplexen **75** und **76** zeigen einen ^{29}Si-NMR-Hochfeldshift. Dieser Shift ist ein Indiz dafür, daß in diesen Komplexen die positve Ladung weit besser als beim **73-OTf** kompensiert wird. Die unterschiedlichen Tendenz der ^{29}Si-NMR-Shiftdifferenzen von **73-OTf**, **75** und **76** ist damit erklärbar, daß bei **73-OTf** nur ein dynamisch pentakoordinierter kationischer Komplex ausgebildet wird. Diese dynamische Pentakoordination steht auch durchaus in Einklang mit den beschriebenen NMR-Daten und deckt sich mit den Ergebnissen von Willcott[111] an den kationischen Komplexen, die den geringfügig modifizierten BDMBA-Substituenten tragen. Dagegen bilden sich mit PTMH- und DMBA-Substituenten am Silicium starr pentakoordinierte kationische Komplexe aus.

Nichts desto trotz ist das Löslichkeitsverhalten von **75** und **76** mit dem der von Corriu[110] isolierten Verbindungen nahezu identisch (unlöslich in Hexan und Diethylether, löslich in Dichlormethan und Chloroform). Die kationischen Komplexe **75** und **76** erweisen sich jedoch im Gegensatz zu den von Corriu synthetisierten Verbindungen als nicht stabil. So zersetzt sich **76** in Lösung innerhalb von zwei Tagen vollständig. **75** erweist sich als noch instabiler und hat sich nach einem Tag schon vollständig zersetzt. Auch als Feststoff sind **75** und **76** nicht stabil. Verständlich ist bei dieser Instabilität auch, daß keine verwertbaren Massenspektren erhalten werden konnten.

Auch in Reaktionen erweisen sich die kationischen Komplexe **75** und **76** als ungeeignete Substrate. Bei dem Versuch, **76** mittels NaF in THF zu fluorieren, zersetzte sich das Edukt vollständig. Auch bei dem Versuch, den Triflatrest durch einen Arylrest zu ersetzen, scheiterte. Es ließ sich wiederum kein Produkt isolieren, und auch das Triflat **76** war nicht zurückgewinnbar.

Abschließend ist zu sagen, daß der PTMH-Substituent in der Lage ist, positive Siliciumzentren unter Ausbildung starr pentakoordinierter kationischer Komplexe zu stabilisieren. Diese Komplexe erweisen sich jedoch als instabil und sind, auch wenn sie direkt nach der Herstellung weiter umgesetzt werden, in synthetischer Hinsicht unbrauchbar.

1.2.5 Versuch zur Darstellung anionischer PTMH-substituierter Siliciumverbindungen

Die kürzlich veröffentlichten Arbeiten von Belzner[116] zeigen, das die intramolekulare Koordination von Stickstoffbasen maßgeblich an der Stabilisierung von 1,2-Dilithiodisilan und 1,3-Dilithiotrisilan beteiligt ist. Erwartungsgemäß koordiniert dabei der Stickstoff nicht an das Siliciumzentrum, sondern an die stark Lewis-sauren Lithiumzentren unter Ausbildung sechsgliedriger Chelatringe. Dies verdeutlichten die beiden Röntgenstrukturanalysen für den Festkörper.

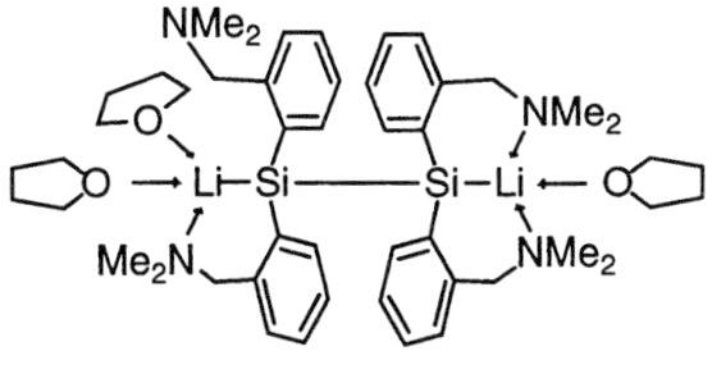

78

Es soll nun untersucht werden, ob sich dieses Konzept auch zur Darstellung und Stabilisierung von PTMH-substituierten Silylanionen eignet. Da es bisher nicht möglich war, ein PTMH-substituiertes Oligosilan herzustellen, welches man durch Umsetzung mit Metallen hätte spalten können[117] und es sich gezeigt hat, daß bei der Behandlung von **16** mit Metallen kein einheitliches Produkt erhalten werden konnte[118], scheiden diese beiden klassischen Wege zur Darstellung von Silylanionen aus.

Ein anderer Weg zu Silylanionen könnte durch die Deprotonierung von Silanen eröffnet werden. Es hat sich gezeigt, daß die Silane im Vergleich zu analogen Kohlenstoff-verbindungen stärker azide sind[119]. Diese Azidität sollte man sich zunutze machen können. Aus einigen Vorarbeiten, die von Detomi[89] am Silan **41** durchgeführt wurden, konnte gezeigt werden, daß sowohl MeLi als auch *n*-BuLi keine geeigneten Basen sind, da ihr nucleophiler Charkter zu groß ist und es deshalb zur Substitution und nicht zur Deprotonierung kommt. Aus diesem Grund wurde auf die weniger nucleophilen Basen *t*-BuLi (Schema 15, Tabelle 7) und Lithiumdi-*iso*-propylamid (LDA) (Schema 16, Tabelle 8) ausgewichen.

Schema 15. Umsetzung von **31** mit *t*-BuLi

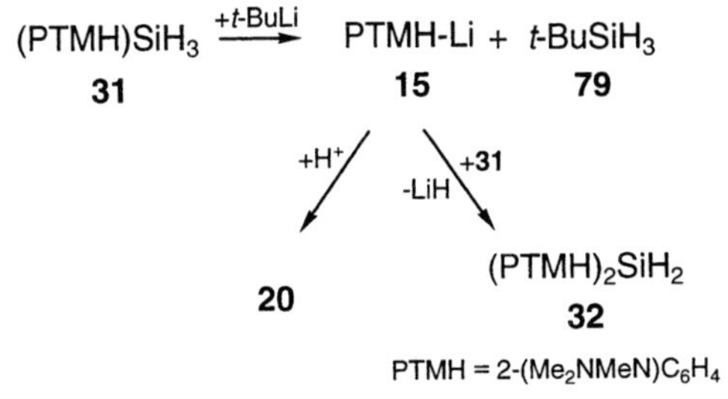

$$(PTMH)SiH_3 \xrightarrow{+t\text{-BuLi}} PTMH\text{-Li} + t\text{-BuSiH}_3$$
$$\textbf{31} \qquad\qquad\qquad \textbf{15} \qquad \textbf{79}$$

+H⁺ / −LiH → **20**

+**31** → (PTMH)$_2$SiH$_2$ **32**

PTMH = 2-(Me$_2$NMeN)C$_6$H$_4$

Eine Lösung von **31** und Trimethylchlorsilan (TMSCl), welches ein intermediär gebildetes Anion abfangen sollte, in Hexan wurde bei −100 °C mit einer *t*-BuLi/Hexan-Lösung versetzt und langsam auf Raumtemperatur erwärmt. Nach der Aufarbeitung konnte jedoch kein Produkt, welches eine TMS-Gruppe enthielt, isoliert werden. Stattdessen waren nur Edukt, **32**, und Phenylhydrazin (**20**) im Reaktionsgemisch enthalten. Das *tert.*-Butylsilan (**78**), was nach dem vorgeschlagenen Mechanismus (Schema 15) ebenfalls gebildet worden sein sollte, konnte nicht nachgewiesen werden. Es wurde höchstwahrscheinlich bei der Aufarbeitung des Produktgemisches mit dem Lösungsmittel abgetrennt.

Tabelle 7. Deprotonierungsversuch von **31** mit *t*-BuLi

Substanz	Nr.	% in Bezug auf eingesetztes **31**
(PTMH)SiH$_3$	**31**	26
(PTMH)$_2$SiH$_2$	**32**	2
PTMH	**20**	72

Auch bei der Verwendung von LDA in Diethylether konnte kein TMS-haltiges Produkt isoliert werden. Es bildete sich ein komplexes Gemisch aus dem, neben Edukt, **32** und freiem Substituenten **20** noch Bis(di-*iso*-propylamino)silan (**81**) sowie Bis(di-*iso*-propylamino)-2-(trimethylhydrazino)phenylsilan (**81**) durch ^{1}H-NMR-Spektroskopie und GCMS-Analyse nachweisbar waren. Schema 15 zeigt einen möglichen Ablauf der Reaktion, der von einem nucleophilen Angriff von LDA an das Siliciumzentrum ausgeht, wobei sowohl der PTMH- als auch der Wasserstoff-Substituent als Abgangsgruppen fungieren können.

Schema 16. Möglicher Mechanismus der Umsetzung von **31** mit LDA

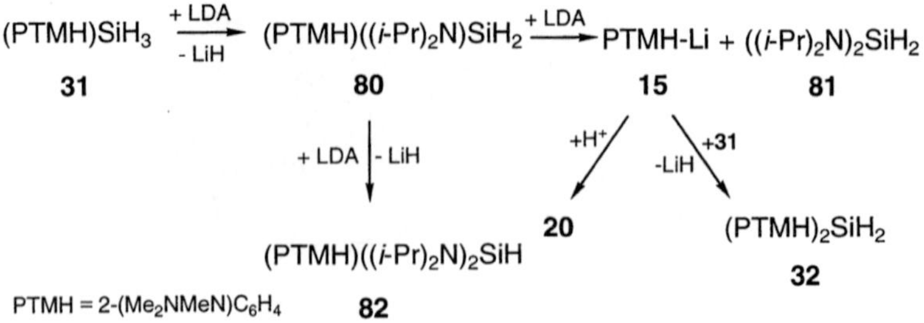

$$(PTMH)SiH_3 \xrightarrow[-LiH]{+LDA} (PTMH)((i\text{-}Pr)_2N)SiH_2 \xrightarrow{+LDA} PTMH\text{-}Li + ((i\text{-}Pr)_2N)_2SiH_2$$

31   **80**   **15**   **81**

+ LDA | - LiH   +H$^+$ /   +31 / -LiH

              20   (PTMH)$_2$SiH$_2$

(PTMH)((i-Pr)$_2$N)$_2$SiH   **32**

PTMH = 2-(Me$_2$NMeN)C$_6$H$_4$ **82**

Tabelle 8. Deprotonierungsversuch von **31** mit LDA

Substanz	Nr.	% in Bezug auf eingesetztes **31**
(PTMH)SiH$_3$	**31**	50
(PTMH)$_2$SiH$_2$	**32**	3
((i-Pr)$_2$N)$_2$(PTMH)SiH	**81**	10
((i-Pr)$_2$N)$_2$SiH$_2$	**80**	27
PTMH	**20**	20

1.3 Zusammenfassung der Ergebnisse

Es konnte sowohl für den Festkörper als auch für die Lösung gezeigt werden, daß der PTMH-Substituent an Lewis-saure Zentren koordiniert. Dabei werden im Gegensatz zum DMBA-Substituenten im Fall der Diarylsilane hexakoordinierte Verbindungen ausgebildet. In Verbindungen, die sowohl den DMBA- als auch den PTMH-Substituenten tragen, wird die Koordination des PTMH-Substituenten bevorzugt. Dies deutet an, daß der PTMH-Substituent zur Darstellung hochkoordinierter Verbindungen gut geeignet ist. Jedoch haben die Kupplungsversuche gezeigt, daß der PTMH-Substituent in der N-N-Bindung eine Schwachstelle hat. Durch die Koordination ist diese Bindung im Vergleich zum freien Trimethylphenylhydrazin sogar leichter spaltbar. Eventuell führt dies auch zur Instabilität der kationischen Komplexe und schränkt die Einsetzbarkeit des Substituenten beträchtlich ein, da Redox-Reaktionen zwischen Substituent und Lewis-sauren Zentrum nicht ausgeschlossen werden können.

Ein besserer Substituent, der ebenfalls das Strukturelement einer N-N-Bindung enthält, könnte der 1-Phenyl-3,5-dimethylpyrazol-Substituent[57] darstellen. Dieser sollte die positiven koordinativen Eigenschaften des PTMH-Substituenten besitzen, jedoch eine stabilere N-N-Bindung aufweisen.

2. Untersuchungen der S_N-Reaktion am Silicium

Der PTMH-Substituent konnte, wie im ersten Kapitel gezeigt wurde, zwar zur Darstellung hochkoordinierter Siliciumverbindungen genutzt werden, doch zeigte sich, daß die N-N-Bindung des Hydrazinrestes zu leicht gespalten wird. Dies führt sowohl zur Instabilität der PTMH-substituierten kationischen Komplexe, als auch dazu, daß sich keine reduktiven Kupplungen PTMH-substituierter Siliciumverbindungen zu Oligosilanen durchführen lassen. Aus diesem Grund wurde für die weiteren Untersuchungen an potentiell hochkoordinierten Siliciumverbindungen auf den 2-(Dimethylaminomethyl)phenyl(DMBA)-Substituenten ausgewichen, der schon früher in der Chemie der hochkoordinierten Siliciumverbindungen[46], aber auch zur Stabilisierung anderer Lewis-saurer Metallzentren erfolgreich eingesetzt wurde[120]. Anhand dieses Substituenten soll versucht werden, neue Erkenntnisse über die nucleophile Substitution am Siliciumzentrum zu gewinnen. Geeignet für eine derartige Untersuchung erscheinen zweifach DMBA-substituierte Silane, die noch eine potentielle Abgangsgruppe am Siliciumzentrum tragen.

2.1 Untersuchungen zu zweifach 2-(Dimethylaminomethyl)phenyl(DMBA)- und einfach wasserstoffsubstituierten Siliciumverbindungen

2.1.1 Synthese der $(DMBA)_2SiHX$-Verbindungen

Sehr leicht zugänglich ist das Bis[2-(dimethylaminomethyl)phenyl]chlorsilan (**83**)[121], welches durch Umsetzung von 2-(Dimethylaminomethyl)phenyllithium und Trichlorsilan erhältlich ist. Dabei kristallisiert **83** aus der Reaktionslösung in 40–60% Ausbeute als weißer Feststoff.

Auch die Synthese der entsprechenden Silyliodide und -bromide erwies sich als problemlos. Versetzte man **41** in Diethylether mit 0.5 Äquivalenten Br_2 bzw. I_2 in Dioxan- oder Etherlösung, so fielen die Produkte **87-Br** und **87-I** als nahezu saubere Feststoffe aus der Reaktionslösung aus. Bei diesen Reaktionen greift das Halogen am Silicium unter Halogen-Übertragung und Halogenwasserstoffabspaltung an[122]. Der entstandene Halogenwasserstoff halogeniert dann in einem zweiten Schritt unter Freisetzung von Wasserstoff ein zweites Molekül **41**[107].

Ähnlich einfach sind auch die Verbindungen zugänglich, bei denen die Gruppe X ein Triflat-, ein Hexafluorophosphat- oder ein Tetraphenylborat-Rest ist. So entsteht bei der Umsetzung von **41** oder **83** mit Trimethylsilyltriflat in Diethylether in einer glatten Reaktion **87-OTf** in nahezu quantitativer Ausbeute. Auch die Hydridabstraktion aus **41** mit Tritylhexafluorophosphat zu **87-PF6** gelingt glatt und in sehr guter Ausbeute. Die Verbindung

87-BPH4 ist aus Natriumtetraphenylborat und **83** nach Auswaschen des Natriumchlorids analytisch sauber isolierbar.

Schema 17. Darstellung von [2-(Me$_2$NCH$_2$)C$_6$H$_4$]$_2$SiHX-Verbindungen

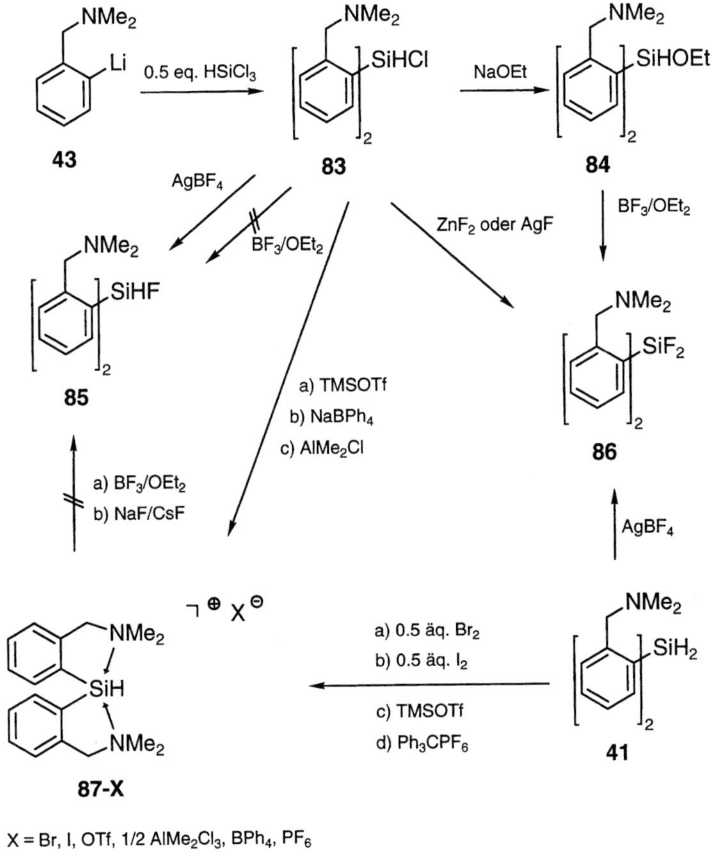

Die Synthese des Bis[2-(dimethylaminomethyl)phenyl]fluorsilanes (**85**) erwies sich dagegen als nicht trivial. So konnte nach einer Methode von Corriu[123] bei der Umsetzung von **41** mit AgBF$_4$ kein **85** sondern nur das Difluorsilan **86** isoliert werden. Im Fall des Diarylsilanes mit dem 8-(Dimethylamino)naphthyl(DMNA)-Substituenten bleibt die Reaktion auf der einfach fluorierten Stufe stehen[123]; beim DMBA-Substituenten wird das intermediär gebildete **85**

jedoch vom bei der Reaktion entstandenen BF_3 weiter fluoriert, so daß nur **86** isoliert werden kann.

Eine andere oft verwendete Reaktion ist die Substitution einer Ethoxy-Gruppe durch Fluor mittels $BF_3 \cdot OEt_2$[46]. Die Ausgangssubstanz **84** ist einfach aus **83** und Natriumalkoholat zugänglich. Unterwirft man **84** den von Corriu[46] beschriebenen Bedingungen, so findet keine Reaktion statt und es kann das Edukt zurückgewonnen werden. Verlängert man die Reaktionszeit, so ist wiederum kein **85** nachweisbar, sondern die Reaktion führt zum vollständig fluorierten Produkt **86** in 47% Ausbeute.

Auch die Versuche, statt **84** in dieser Reaktion **83** oder **87-OTf** einzusetzen, scheiterten. Bei der Verwendung von **83** tritt sofort nach Zugabe von BF_3 ein schwer löslicher Niederschlag auf, und es zeigt sich, daß das BF_3 in diesem Fall nicht das Siliciumzentrum angreift. Stattdessen koordiniert die Lewis-Säure BF_3 an den Stickstoff unter Ausbildung eines stabilen Säure-Base-Komplexes. Dieser Komplex ist dann nicht mehr in der Lage, das Siliciumzentrum zu fluorieren. Verwendete man **87-OTf**, so blieb die Komplexbildung aus, jedoch fand auch nach längerer Reaktionszeit keine Umsetzung statt.

Der kationische Komplex **87-OTf** erwies sich auch gegenüber Natrium- und Cäsiumfluorid als inert. Selbst nach mehrtägiger Reaktionszeit und Erhitzen unter Rückfluß trat keine Reaktion ein, und **87-OTf** war nahezu quantitativ zurückisolierbar.

Eine erfolgversprechendere Reaktion schien die Umsetzung von **83** mit Silberfluorid zu sein. Die Umsetzung wurde sowohl in Tetrahydrofuran als auch in Dichlormethan durchgeführt und führte erstmals zu spektroskopisch nachweisbaren Mengen **85**. Das Hauptprodukt war wiederum **86**, was auch als einziges isoliert werden konnte. Die Reaktionsbedingungen ließen sich jedoch nicht soweit optimieren, daß **85** zum Hauptprodukt wurde.

Einen ganz anderen Weg könnte das Cyclotrisilan **11** eröffnen. Wie bereits in der Einleitung erwähnt, reagiert das Cyclotrisilan **11** unter Übertragung dreier Silandiyl-Einheiten auf seine Reaktionspartner. So sollte die Umsetzung von **11** mit drei Äquivalenten des Triethylamin-Fluorwasserstoff-Komplexes zu **85** führen. Jedoch entstand dabei nur ein 1 : 1 Gemisch aus dem Disilan **88** und **86**. Diese Reaktion erweist sich damit als analog zur Hydrolyse von **11**[45], die zu Disilan **88** und Silandiol **40** führt, welches abschließend zum Siloxandiol **39** kondensiert (Schema 18).

Schema 18. Umsetzung von **11** mit HF und H$_2$O

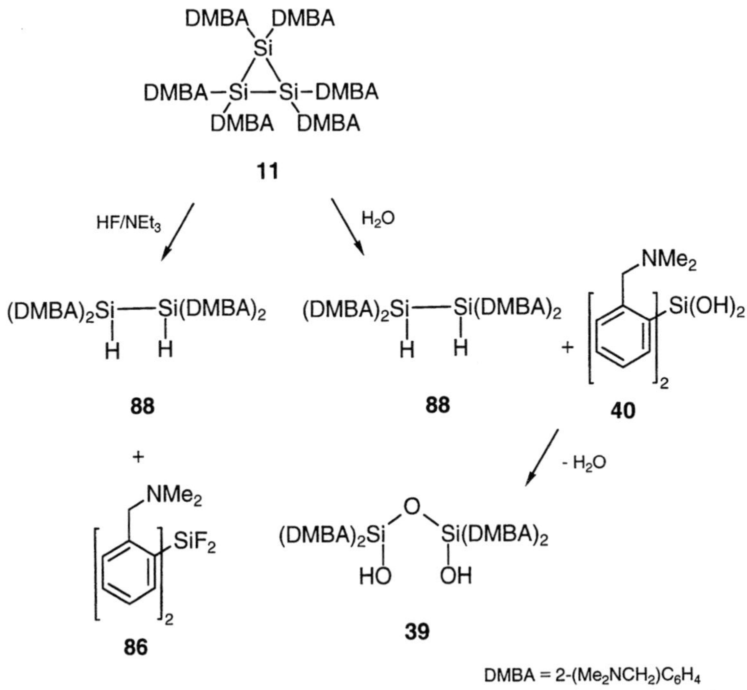

```
        DMBA   DMBA
           \  /
            Si
           /  \
   DMBA—Si——Si—DMBA
        /      \
     DMBA      DMBA
            11
```

HF/NEt$_3$ ↙   ↘ H$_2$O

(DMBA)$_2$Si——Si(DMBA)$_2$ (DMBA)$_2$Si——Si(DMBA)$_2$ [2-(CH$_2$NMe$_2$)C$_6$H$_4$-Si(OH)$_2$]
         | | | |
         H   H   H   H   +
         88   **88**   **40**

   +   ↙ -H$_2$O
  [2-(CH$_2$NMe$_2$)C$_6$H$_4$-SiF$_2$]$_2$ (DMBA)$_2$Si—O—Si(DMBA)$_2$
         86   HO   OH
                                           39

DMBA = 2-(Me$_2$NCH$_2$)C$_6$H$_4$

Die Umsetzungen von **83** mit AgF haben gezeigt, daß diese Reaktionen die einzigen waren, in denen **85** wenigstens als Nebenprodukt gebildet wurde. Es sollte nun durch Variation des Fluorierungsmittels versucht werden, die Reaktion soweit zu optimieren, daß **85** zum Hauptprodukt wird. Verwendete man statt AgF das Fluorierungsmittel ZnF$_2$, so war kein **85** mehr nachweisbar, sondern wiederum nur **86**. Dies wurde in 30% Ausbeute isoliert.

Verwendete man AgBF$_4$ statt AgF, welches neben Wasserstoff auch Halogen austauschen kann[124], so gelang es in einem Lösungsmittelgemisch aus Diethylether und Triethylamin, das Verhältnis zwischen Difluorsilan **86** und Fluorsilan **85** im Vergleich zur Reaktion mit AgF umzukehren: **85** wurde damit zum Hauptprodukt des Reaktionsgemisches. Es waren nur noch Spuren von **86**, neben vermutlich BF$_3$-komplexiertem **86** bzw. **85** vorhanden. Die komplexierten Produkte ließen sich durch Behandlung mit Chinuclidin in Freiheit setzen, so daß sich die Rohausbeute an – geringfügig verunreinigtem – **85** auf 72% Ausbeute erhöhte. Beim Versuch der destillativen Aufarbeitung des Rohproduktes konnte erstaunlicherweise nur ein 2 : 1

Gemisch aus **85** und **86** unter drastischen Ausbeuteverlusten (36% Ausbeute) erhalten werden. Aus dem Destillationssumpf ließ sich kein **85** zurückisolieren. Redistributionsreaktionen, bei denen Substituenten ausgetauscht werden, sind bei Siliciumverbindungen keine Besonderheit. Sie sind im Fall der Hydridosilane eingehend untersucht worden[125]. Bei einer derartigen Redistributionsreaktion sollte jedoch neben **86** auch **41** gebildet werden. Dies ließ sich weder im Destillat noch im Destillationssumpf nachweisen. Eine Reinigung von **85** durch Kristallisation scheiterte ebenfalls, weswegen diese Verbindung nicht rein erhalten werden konnte. Die Reinheit des Rohproduktes reichte jedoch für die eindeutige spektroskopische Untersuchung aus.

Tabelle 9. Versuche zur Darstellung von **85**

Ausgangs-verbindung	Fluorierungsmittel	Reaktions-bedingungen	Ergebnis (Ausbeute)
41	$AgBF_4$	RT, CH_2Cl_2	**86** (33%)
84	$BF_3 \cdot OEt_2$	0 °C, Hexan	**86** (47%)
83	AgF	RT, CH_2Cl_2	**86** (14%) + Spuren **85**
83	AgF	RT, THF	**86** (16%) + wenig **85**
83	ZnF_2	RT/THF	**86** (30%)
83	$BF_3 \cdot OEt_2$	RT, Et_2O	**83·BF3**
87-OTf	$BF_3 \cdot OEt_2$	RT, CH_2Cl_2	keine Reaktion
87-OTf	NaF/CsF	))), 5 °C, THF	keine Reaktion
11	NEt_3/HF	C_6D_6, RT	**88/86** (1:1)
83	$AgBF_4$	–78 °C, CH_2Cl_2/NEt_3	**85** (72% Rohprodukt)

2.1.2 Spektroskopische Untersuchung der (DMBA)$_2$SiHX-Verbindungen

Die Verbindungen **87-Br**, **87-I**, **87-OTf** und **87-PF6** erwiesen sich alle als schlecht löslich in Diethylether, Toluol und Hexan und als gut löslich in Chloroform und Dichlormethan. Dies deutet darauf hin, daß es sich bei diesen Verbindungen analog zu **75** und **76** um kationische Komplexe handelt. Ein weiteres Indiz dafür ist, daß die NMR-Spektren dieser Verbindungen in Chloroform, abgesehen von einer geringen Konzentrationsabhängigkeit, identisch sind. Die Verbindung **87-BPH4**, die eine Tetraphenylboratgruppe als Gegenion besitzt, erwies sich als noch schwerer löslich. Da **87-BPH4** nur noch in Dichlormethan in ausreichender Menge für die spektroskopische Untersuchung löslich ist, kann kein direkter Vergleich der spektroskopischen Daten zu den anderen kationischen Komplexen gezogen werden. Es zeigt sich jedoch, daß sich die NMR-Daten von **87-BPH4** in CD_2Cl_2 nur wenig von den NMR-Daten der kationischen Komplexe in $CDCl_3$ unterscheiden. Es kann deshalb davon ausgegangen werden, daß die Struktur von **87-BPH4** in Lösung der der anderen Komplexe ähnelt.

Das ^{1}H-NMR-Spektrum der kationischen Komplexe zeigt für die NMe_2-Gruppe, ähnlich wie bei **75** und **76**, zwei Singuletts. Außerdem beobachtet man für die benzylischen Protonen ein enges AB-System, das bei hohen Konzentrationen in ein Singulett übergeht. Die $^1J_{SiH}$-Werte liegen mit 269–272 Hz in der gleichen Größenordnung wie bei schon bekannten kationischen Komplexen (siehe: 1.2.3). Die ^{29}Si-NMR-Signale sind im Vergleich zu **41**, wie dies bereits für die Paare **75/32** und **76/50** beobachtet wurde, zu hohem Feld verschoben ($\Delta\delta = -6.6$).

87-OTf

Das Chlorsilan **83** unterscheidet sich in seinen Eigenschaften beträchtlich von den kationischen Komplexen. So ist es in Toluol, Benzol, Diethylether und sogar teilweise in Hexan löslich. Im ^{1}H-NMR-Spektrum von **83** in C_6D_6 werden die NMe_2-Gruppen als Singulett und die benzylischen Protonen als AB-System sichtbar. Der $^1J_{SiH}$-Wert ist mit 287 Hz deutlich größer als derjenige der kationischen Komplexe. Auch im ^{29}Si-NMR-Spektrum führt der Einbau von Chlorid zu einem verstärktem Hochfeldshift im Vergleich zum Diarylsilan **41** ($\Delta\delta = -8.2$). Wechselt man das Lösungsmittel zu $CDCl_3$, so resultiert ein deutlich verändertes ^{1}H-NMR-Spektrum. Eine genaue Analyse zeigt, daß es sich hierbei um die Überlagerung zweier Spektren handelt, wovon eines fast deckungsgleich mit dem ^{1}H-NMR-Spekten der kationischen Komplexe **87-Br**, **87-I**, **87-OTf** und **87-PF6** ist (Abb. 4). Auch im ^{13}C-NMR- und ^{29}Si-NMR-Spektrum bildet sich der doppelte Signalsatz aus; ein Signalsatz im ^{13}C-NMR-Spektrum, sowie eines der ^{29}Si-NMR-Signale ist wiederum identisch mit den Spektren von **87-Br**, **87-I**, **87-OTf** und **87-PF6**. Die verbleibenden ^{1}H-, ^{13}C- und ^{29}Si-NMR-Teilspektren sind denen von **83** in C_6D_6 ähnlich. Besonders der große $^1J_{SiH}$-Wert legt die Vermutung nahe, daß es sich hierbei um gleiche Modifikationen handelt. Man kann deshalb die

Schlußfolgerung ziehen, daß **83** in polarem $CDCl_3$ in zwei Modifikationen (Mod. A und Mod. B) vorliegt.

Tabelle 10. ^{1}H-NMR- und ^{29}Si-NMR-Daten einiger Bis[2-(dimethylaminomethyl)phenyl-silane in $CDCl_3$

	^{1}H-NMR			^{29}Si-NMR	
	NMe_2	CH_2N	SiH	δ	$^1J_{SiH}$ [Hz]
89	2.05	3.55	5.55	–50.6	271
83 (Mod. A)	2.16	3.60, 3.74	5.80	–58.1	289
83 (Mod. B)	2.69, 2.92	4.35, 4.44	4.63	–51.8	272
87-Br	2.35, 2.71	4.42	4.64	–51.5	269
87-I	2.71, 2.93	4.41, 4.47	4.74	–51.5	273
87-OTf	2.56, 2.76	4.27, 4.33	4.60	–51.6	272
87-PF6	2.56, 2.77	4.23	4.57	–51.6	274
90	2.62, 2.83	4.25, 4.32	4.61	–51.5	272

Durch Zugabe von $AlMe_2Cl$ zu einer **83**-Lösung in Ether kann das Chloridion gegen das weniger nucleophile "$Me_2AlCl_3{}^{2-}$"-Ion ausgetauscht werden und so der Signalsatz auf den des kationischen Komplexes reduziert werden.

Schema 19. Verschiebung des Gleichgewichtes durch $AlMe_2Cl$

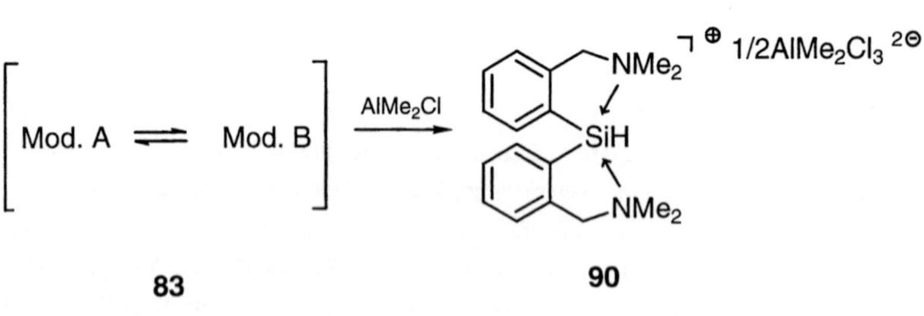

[Mod. A ⇌ Mod. B] $\xrightarrow{AlMe_2Cl}$ **90** $^{\oplus}$ $1/2 AlMe_2Cl_3{}^{2\ominus}$

83   **90**

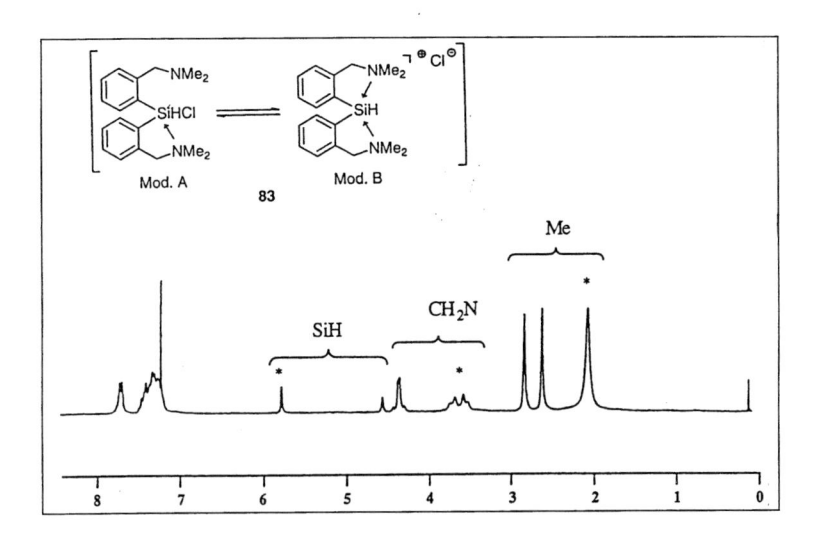

Abb. 9a. ^{1}H-NMR-Spektrum des Gleichgewichts zwischen Mod. A und Mod. B von **83** in CDCl$_3$; die mit einem Stern markierten Signale sind der kovalenten Modifikation zuzuordnen.

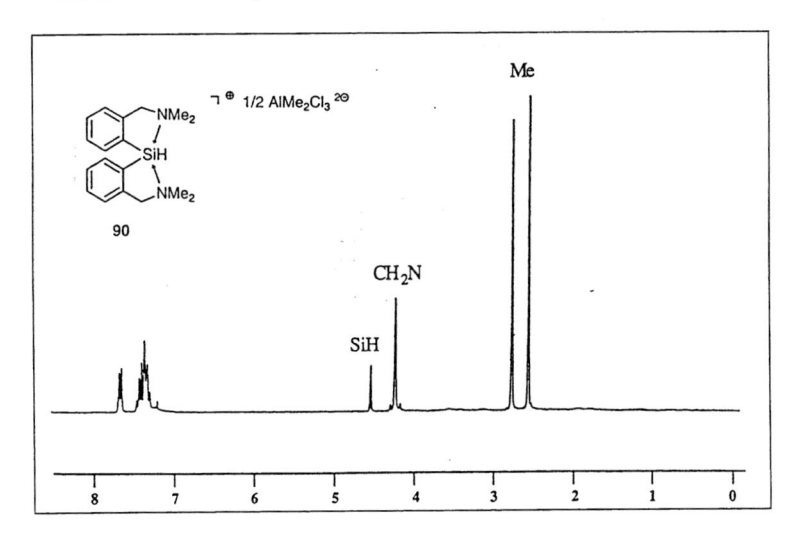

Abb. 9b. ^{1}H-NMR-Spektrum von **90** in CDCl$_3$; das Signal der aluminiumständigen Methylgruppe ist nicht abgebildet.

Beide Modifikationen stehen in einem schnellen Gleichgewicht, welches durch ^{1}H-^{1}H-Entkopplungsexperimente gezeigt werden konnte. Ein anderes NMR-Experiment, was dies ebenfalls zeigt, ist ein ^{1}H, ^{1}H-NOESY-NMR-Spektrum (Abb. 10). Betrachtet man die gegenüberliegenden Seite der normalen 2D-Ebene, so werden Signale für die miteinander austauschenden Protonen sichtbar.

Abb. 10. ^{1}H, ^{1}H-NOESY-NMR-Spektrum von **83**

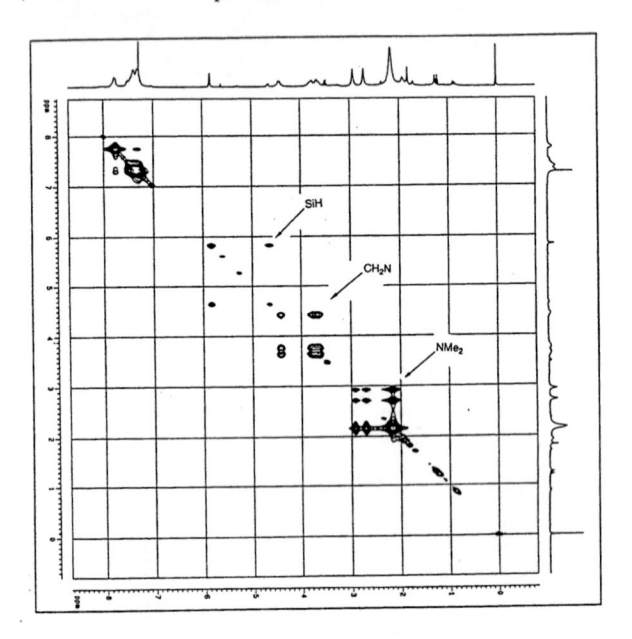

Die NMR-Spekten von **85** sind im Gegensatz zu denen von **83** einheitlich. Auch ein Wechsel von C_6D_6 zu $CDCl_3$ führt hier nicht zu einer erheblichen Veränderung des Spektrums. Aufgrund seines Löslichkeitsverhaltens und des Auftretens von für kovalent gebundenes Fluor typischer Kopplung erweist sich **85** als nicht ionische Verbindung.

Der Vergleich der NMR-Daten in C_6D_6 (Tabelle 11) eindeutig kovalenter Verbindungen wie [(Me$_2$NCH$_2$)C$_6$H$_4$]SiHOEt (**84**), **85** und [(Me$_2$NCH$_2$)C$_6$H$_4$]SiHOAc (**89**), welches aus Essigsäure/Triethylamin und **83** zugänglich ist, weist darauf hin, daß es sich bei der unbekannten Modifikation von **83** (Mod. A) höchstwahrscheinlich um das kovalente **83** handelt (Schema 20). Im folgenden soll nun diese Vermutung verifiziert werden.

Tabelle 11. ^{1}H-NMR- und ^{29}Si-NMR-Daten einiger Bis[2-(dimethylaminomethyl)phenyl-silane in C_6D_6

	^{1}H-NMR			^{29}Si-NMR	
	NMe$_2$	CH$_2$N	SiH	δ	$^1J_{SiH}$ [Hz]
84	1.98	3.46	5.26	−28.5	240
85	1.84	3.25, 3.41	5.25	−38.5	266
89	1.85	3.33, 3.41	5.84	−47.3	273
83	1.84	3.37, 3.48	5.98	−53.2	287

Schema 20. Gleichgewicht zwischen einer kovalenten und einer kationischen Modifikation

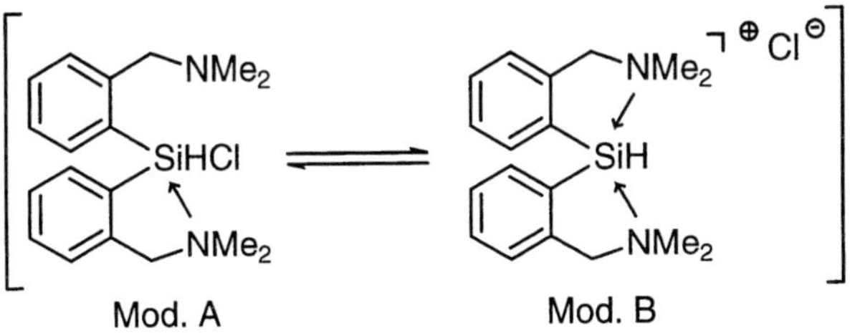

[Strukturformeln: Mod. A (SiHCl mit zwei NMe$_2$-Gruppen) ⇌ Mod. B (SiH$^+$ mit zwei NMe$_2$-Gruppen, Cl$^-$)]

Mod. A   Mod. B

2.1.3 Untersuchungen zum Gleichgewicht zwischen den Modifikationen A und B von 83

2.1.3.1 Verschiebung des Gleichgewichtes

Das Gleichgewicht zwischen den beiden Modifikationen von **83** erweist sich als stark konzentrations- und temperaturabhängig. So nimmt mit steigender Temperatur der Anteil an kovalenter[126] Modifikation zu (Schema 21). Dies wurde auch schon von Kessler im Fall von Kohlenstoffverbindungen[127], die ähnliche Gleichgewichte zeigen, beobachtet. Jedoch hat Kessler bei den von ihm untersuchten Verbindungen niemals beide Modifikationen nebeneinander im NMR-Spektrum und auch keine Konzentrationsabhängigkeit beobachten können[128]. Eine Konzentrationsunabhängigkeit spricht dafür, daß die Ionen nicht aus dem Lösungsmittelkäfig herausdiffundieren und so ein Kontaktionenpaar (**IP**) bzw. ein solvensgetrenntes Ionenpaar (**SIP**) vorliegt. Für das Gleichgewicht von **83**, das eine starke Konzentrationsabhängigkeit zeigt, bedeutet dies, daß die ionische Modifikation von **83** (Mod. B) in Form von freien Ionen (**FI**) vorliegt.

Die Konzentrationabhängigkeit des Gleichgewichtes von **83** äußert sich unerwarteterweise darin, daß mit steigender Konzentration der Anteil an ionischer Modifikation zunimmt.

Schema 21. Temperatur- und Konzentrationsabhängigkeit des Gleichgewichts

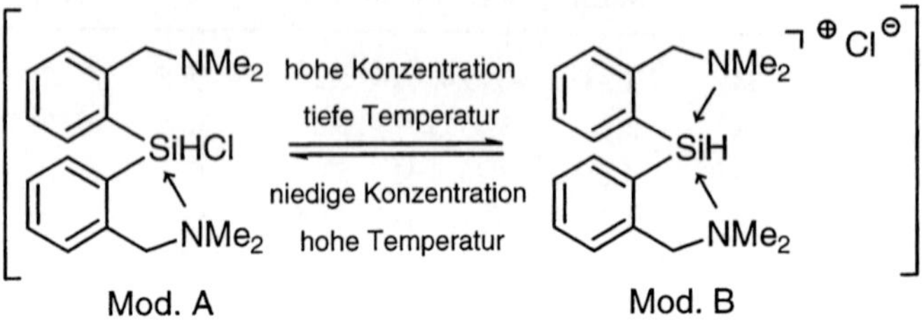

$$\left[\begin{array}{c}\text{Ar-NMe}_2 \\ \text{SiHCl} \\ \text{Ar-NMe}_2\end{array}\right] \xrightleftharpoons[\substack{\text{niedrige Konzentration}\\ \text{hohe Temperatur}}]{\substack{\text{hohe Konzentration}\\ \text{tiefe Temperatur}}} \left[\begin{array}{c}\text{Ar-NMe}_2 \\ \text{SiH} \\ \text{Ar-NMe}_2\end{array}\right]^{\oplus} Cl^{\ominus}$$

Mod. A   Mod. B

Ein Unterschied zwischen den von Kessler untersuchten Gleichgewichten und dem Gleichgewicht von **83** ist, daß Kessler einfache Dissoziationsreaktionen beobachtet hat. Bei dem Gleichgewicht von **83** handelt es sich im Gegensatz dazu um eine intramolekulare S_N2-artige Reaktion, wobei die NMe_2-Gruppe das Nucleophil darstellt und das Chlorid das Nucleofug. Ob es sich dabei um eine echte Substitution, ausgehend von einer penta- oder tetrakoordinierten Vorstufe, handelt oder ob eine hexakoordinierte Siliciumverbindung (**H-Kov**) in Chlorid und Silylkation dissoziert, ist letztlich nicht klärbar. Ein möglicher Mechanismus ist in Schema 22 dargestellt. Die beiden einleitenden Schritte sollten die S_N-Reaktion und die Koordination sein, die zu einem Kontaktionenpaar mit pentakoordiniertem Siliciumzentrum führen (**P-IP**). Die nächsten Schritte sollten analog der einfachen Dissoziationsreaktion über ein solvensgetrenntes Ionenpaar (**SIP**) zu den freien Ionen (**FI**) verlaufen.

Die Lage des Gleichgewichtes ist auch vom Dipolmoment des Lösungsmittels abhängig. So wird erwartungsgemäß in polarem Acetonitril bzw. Chloroform ein Gleichgewicht ausgebildet und in weniger polarem Tetrahydrofuran bzw. Benzol nicht. Das Gleichgewicht in Acetonitril wurde nicht weiter untersucht, jedoch fand man bei gleicher Konzentration in Acetonitril mehr kovalente Modifikation (Mod. A) als in $CDCl_3$.

Schema 22. Mögliche Gleichgewichte zwischen kovalenter Modifikation (Mod. A) und solvatisierten Ionen (Mod. B)

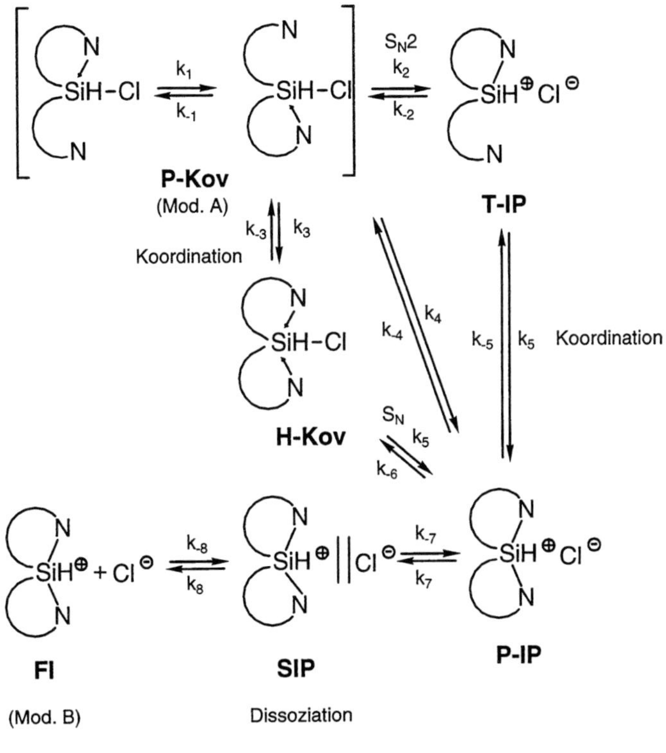

Eine andere Möglichkeit, ein Gleichgewicht zu verschieben, besteht in der Zugabe von Eigensalzen. So stellte man bei der Zugabe des Silylkations in Form des Triflats **87-OTf** zu einer $CDCl_3$-Lösung von **83** fest, daß das Gleichgewicht nicht wie erwartet weiter auf die Seite der kovalenten Modifikation verschoben wurde, sondern sich zur Seite der ionischen Modifikation (Mod. B) verschob (Schema 23). Die Zugabe von Chloridionen in Form von Ammoniumchlorid führte ebenfalls zur Zunahme der ionischen Form. Dieses ungewöhnliche Verhalten ist eventuell damit erklärbar, daß durch die Zugabe von Ionen die Polarität des Lösungsmittels zunimmt und somit das Gleichgewicht zur ionischen Modifikation (Mod. B) verschoben wird.

Schema 23. Gleichgewichtsverschiebung durch Eigensalzzugabe

$$\left[\begin{array}{c} \text{Ar-CH}_2\text{-NMe}_2 \\ \text{SiHCl} \\ \text{Ar-CH}_2\text{-NMe}_2 \end{array} \right] \xrightarrow[\text{oder} \\ + NH_4Cl]{+ 87\text{-OTf}} \left[\begin{array}{c} \text{Ar-CH}_2\text{-NMe}_2 \\ \text{SiH} \\ \text{Ar-CH}_2\text{-NMe}_2 \end{array} \right]^{\oplus} Cl^{\ominus}$$

Mod. A   Mod. B

Die Temperaturabhängigkeit der ^{1}H-NMR-Spektren erlaubt es, die Gleichgewichtskonstanten bei unterschiedlichen Temperaturen zu bestimmen. Anhand der Gleichgewichtskonstanten kann man durch eine ln(K) vs 1/T-Auftragung die Reaktionsenthalpie und -entropie für die Dissoziationsreaktion bestimmen. Man erhält aus der Steigung der linearen Regression (0.989) für ΔH = -150 ± 1 kJ/mol und aus dem Achsenabschnitt für ΔS = -530 ± 5 J/mol·K. Diese thermodynamischen Größen sind aber nur dann sinnvoll, wenn die Zwischenstufen, die beim Übergang von Mod. A in Mod. B durchlaufen werden, NMR-spektroskopisch nicht erfaßt werden und ihre Konzentration als quasi stationär betrachtet wird. Außerdem wurde bei der Auswertung der ^{1}H-NMR-Spektren vorrausgesetzt, daß die NMR-spektroskopische Empfindlichkeit der Moleküle nicht von der Temperatur abhängig ist.

Abb. 11. Auftragung von ln(K) gegen 1/T für die Gleichgewichtsreaktion zwischen Mod. A und Mod. B von **83** bei einer Konzentration von 0.15 mol/l

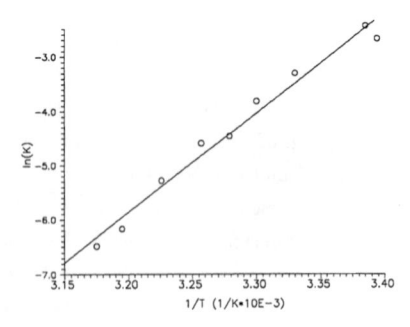

Aus den so erhaltenen Daten läßt sich ablesen, daß das Gleichgewicht der Dissoziationsreaktion einen exothermen und endotropischen Prozeß beschreibt. Die Entropieabnahme ist im Vergleich zu anderen Dissoziationsreaktionen sehr groß[129], was mit einer starke Änderung der Polarität des Lösungsmittels und/oder einer erheblichen Abnahme der Freitsgrade erklärt werden könnte. Letzteres ist verständlich, wenn man von einem flexiblen dynamisch pentakoordinierten kovalenten Molekül zu einem starr pentakoordinierten Silylkation übergeht. Jedoch ist, auch wenn man all diese Faktoren mit einbezieht, der Entropiefaktor noch ungewöhnlich groß.

Es ist deshalb bisher nicht möglich, die ungewöhnliche Konzentrationsabhängigkeit anhand der gewonnenen Ergebnisse zweifelsfrei zu erklären. Auffällig ist in diesem Zusammenhang, daß sich das Gleichgewicht zwischen kovalenter und ionischer Modifikation von **83** analog zu dem Gleichgewicht zwischen den tetrameren und dimeren Aggregatzuständen von *n*-Butyllithium verhält[130]. Bei dieser Verbindung findet man ebenfalls bei einer Konzentrationszunahme eine Verschiebung des Gleichgewichts auf die Seite des Dimeren, was einer Dissoziation entsprechen würde. Diese ungewöhnliche Gleichgewichtslage kommt beim *n*-Butyllithium dadurch zustande, daß sowohl im Tetramer als auch im Dimer vier THF-Moleküle pro *n*-BuLi-Aggregat gebunden sind; d. h. für das Gleichgewicht: Aus einem [(*n*-BuLi)$_4$·4 THF]-Aggregat und vier THF-Molekülen werden zwei [(*n*-BuLi)$_2$·4 THF]-Aggregate. Für dieses Gleichgewicht findet man thermodynamische Daten von $\Delta H° = -(6.3 \pm 0.4)$ kJ/mol und $\Delta S° = -(58 \pm 2)$ kJ/(molK). Eventuell tragen auch zu der ungewöhnlichen Lage des Gleichgewichts zwischen den beiden Modifikationen von **83** bisher nicht berücksichtigte, miteingebaute Lösungsmittelmoleküle bei.

Formel 1. Gleichgewicht zwischen *n*-BuLi Tetramer und *n*-BuLi Dimer

$$[(n\text{-BuLi})_4 \cdot 4 \text{ THF}] + 4 \text{ THF} \rightleftharpoons [(n\text{-BuLi})_2 \cdot 4 \text{ THF}]$$

2.1.3.2 Leitfähigkeitsmessungen des kationischen Komplexes **87-OTf** und des Chlorsilans **83** in Dichlormethan

Die ionische Struktur von Verbindungen läßt sich durch Leitfähigkeitsmessungen untermauern. Zur Überprüfung der ionischen Struktur der kationischen Komplexe wurde die Leitfähigkeit des Silyltriflates **87-OTf** in Zusammenarbeit mit Prof. Dr. H. Schneider[131] bestimmt (Tabelle 12).

Tabelle 12. Leitfähigkeitsmessung von **87-OTf** in CH_2Cl_2 bei 25 °C

Konzentration (c) [mol/l]	$G^{[a]}$ [Ω^{-1}]	$\kappa^{[b]}$ [$\Omega^{-1}cm^{-1}$]	$\lambda^{[c]}$ [$\Omega^{-1}mol^{-1}cm^2$]
$7.324 \cdot 10^{-2}$	$13.45 \cdot 10^{-3}$	$1.45 \cdot 10^{-3}$	19.8
$7.218 \cdot 10^{-3}$	$1.432 \cdot 10^{-3}$	$1.55 \cdot 10^{-4}$	21.4
$2.879 \cdot 10^{-3}$	$4.55 \cdot 10^{-4}$	$4.92 \cdot 10^{-5}$	17.1
$1.438 \cdot 10^{-3}$	$1.93 \cdot 10^{-4}$	$2.08 \cdot 10^{-5}$	14.5

[a] G = Leitwert. [b] $\kappa = G*Z_k$ = spezifische Leitfähigkeit; $Z_k = 0.108$ cm^{-1} = Zellkonstante. [c] $\lambda = 1000*\kappa/c$ = Äquivalentleitfähigkeit.

Die gemessene Äquivalentleitfähigkeit spricht für einen kationischen Komplex. Der Wert ist zwar im Vergleich zu dem des kationischen BDMBA-substituierten Zinnkomplexes **72** von van Koten[109] (siehe Kapitel 1.2.4) um den Faktor 4 kleiner ($\lambda = 84.8$ cm$^2\Omega^{-1}$mol^{-1}), doch ist die Äquivalentleitfähigkeit dieses Komplexes in Wasser bestimmt worden. Eine Messung in wäßriger Lösung zur besseren Vergleichbarkeit war wegen der Hydrolyseempfindlichkeit von **87-OTf** nicht möglich.

Die Äquivalentleitfähigkeit von **83** sollte bei den für diese Art der Messung niedrigen Konzentrationen von $5 \cdot 10^{-2} - 1 \cdot 10^{-3}$ mol/l wegen der Verschiebung des Gleichgewichts auf die Seite der kovalenten Modifikation bei niedriger Konzentration wesentlich niedriger sein. In der Tat zeigte sich, daß man bei diesen Konzentrationen an den Rand der Meßbarkeit der Leitfähigkeiten gelangt (Tabelle 13). Dies liegt weniger an den meßtechnischen Grenzen, sondern eher an der Tatsache, daß partielle Hydrolyse, die bei derartig niedrigen Konzentrationen nicht vermieden werden kann, bzw. Verunreinigungen des verwendeten Lösungsmittels die Messung verfälschten. Die Leitwerte nahmen aufgrunddessen auch nach mehr als einer Stunde keine konstanten Werte an. Die Messungen erlauben aber trotzdem die Aussage, daß die Äuquivalentleitfähigkeit von **83** um einen Faktor von mindestens 10 kleiner als die von **87-OTf** ist und bestätigen damit die Vorhersagen.

Tabelle 13. Leitfähigkeitsmessung von **83** in CH_2Cl_2 bei 25 °C

Konzentration (c) [mol/l]	$G^{[a,b]}$ [Ω^{-1}]	$\kappa^{[c]}$ [$\Omega^{-1}cm^{-1}$]	$\lambda^{[d]}$ [$\Omega^{-1}mol^{-1}cm^2$]
$4.55 \cdot 10^{-2}$	$(109-106) \cdot 10^{-6}$	$(1.18-1.15) \cdot 10^{-5}$	0.259-0.253
$4.55 \cdot 10^{-2[e]}$	$(60.2-61.4) \cdot 10^{-6}$	$(6.54-6.67) \cdot 10^{-6}$	0.144-0.147
$1.91 \cdot 10^{-3}$	$(24.1-25.8) \cdot 10^{-6}$	$(2.62-2.80) \cdot 10^{-6}$	1.37-1.47
$1.91 \cdot 10^{-3[e]}$	$(78.6-67.9) \cdot 10^{-6}$	$(8.54-7.38) \cdot 10^{-6}$	4.47-3.86
$0.953 \cdot 10^{-3}$	$(17.6-17.1) \cdot 10^{-6}$	$(1.91-1.86) \cdot 10^{-6}$	2.01-1.95

[a] G = Leitwert. [b] Es stellte sich auch nach einer Stunde kein konstanter Leitwert ein. [c] $\kappa = G*Z_k$ = spezifische Leitfähigkeit; $Z_k = 0.108$ cm^{-1} = Zellkonstante. [d] $\lambda = 1000*\kappa/c$ = Äquivalentleitfähigkeit. [e] Die zweiten Messungen wurde drei Wochen nach der ersten Messung ausgehend von derselben Stammlösung durchgeführt.

2.1.3.3 Untersuchung der Festkörperstrukturen von **87-OTf** und **83**

Die Festkörperstruktur von **87-OTf**, welches unter den kationischen Komplexen wegen seiner guten Kristallisationseigenschaften ausgewählt wurde, bestätigt das erwartete Vorliegen der ionischen Struktur (Abb. 12). Der kürzeste intermolekulare Abstand zwischen einem Sauerstoff des Triflatanions und dem Siliciumzentrum von 416.5 pm bestätigt, daß es zwischen dem Siliciumatom und dem Triflatanion zu keiner Wechselwirkung kommt (Summe der van der Waals-Radien 362 pm[83a]). Die Geometrie am Siliciumzentrum ist nahezu ideal trigonal bipyramidal, wobei beide NMe_2-Gruppen die axialen Positionen einnehmen. Dies Ergebnis widerlegt die Vermutung von Corriu[110], der das Ausbilden einer solchen Geometrie am Siliciumatom mit dem DMBA-Substituenten bezweifelt hat. Die Winkelsumme der trigonalen Ebene, die von H(1), C(11) und C(21) gebildet wird, entspricht mit 360(2)° dem erwarteten Wert. Der Winkel zwischen den axialen Atomen N(11) und N(21) kommt mit 171.2(1)° ebenfalls dem Idealwert (180°) recht nahe. Die Si···N-Abstände sind mit 205.2(2) und 207.2(2) pm deutlich kürzer als der Si···N-Abstand im DMBA-substituierten kovalenten pentakoordinierten Dichlorsilan **10** (229.1(2) pm)[80].

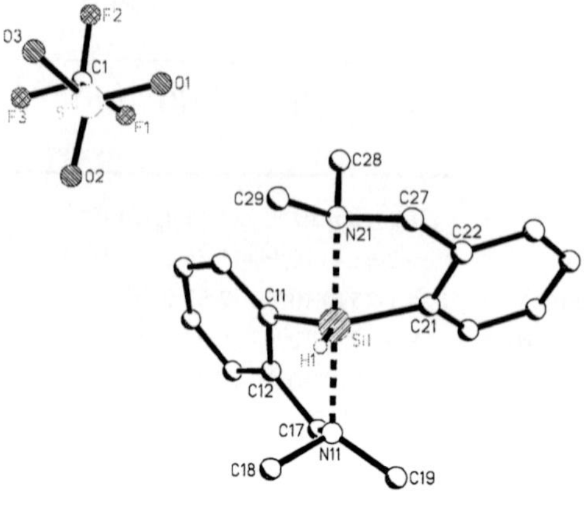

Abb. 12. Struktur von **87-OTf** im Festkörper. Ausgewählte Abstände [pm] und Bindungswinkel [°]: Si(1)···N(11) 205.2(2), Si(1)···N(21) 207.2(2), Si(1)-C(11) 187.4(2), Si(1)-C(21) 188.2(2), Si(1)-H(1) 134(2); N(11)···Si(1)···N(21) 171.2(1), C(21)-Si(1)-H(1) 116.3(1), C(11)-Si(1)-H(1) 123.8(1), C(11)-Si(1)-C(21) 119.8(1).

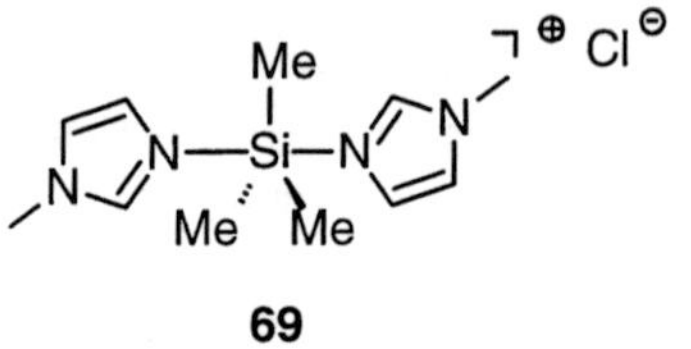

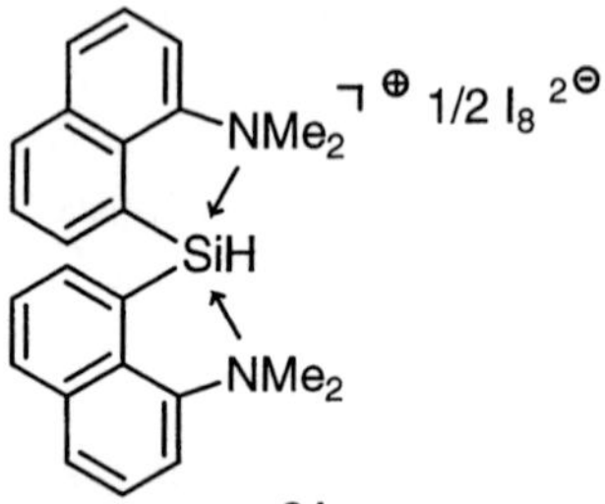

Die Struktur von **87-OTf** weist damit starke Parallelen zu dem intermolekular koordinierten kationischen Komplex **69** von Hensen[106] auf, der mit 203.4(3) und 200.5(3) ähnlich kurze Si···N-Abstände und für den axialen N···Si···N-Winkel mit 170.9(1)° ebenfalls eine leichte Verzerrung der idealen trigonal planaren Struktur beobachtete. Seit kurzem ist auch eine Festkörperstruktur eines intramolekular koordinierten Silylkations **91** unter Verwendung des rigiden 8-(Dimethylamino)naphthyl(DMNA)-Substituenten bekannt[132]. Die Si···N-Abstände von **91** sind mit 206(1) und 208(1) pm nur geringfügig länger als die von **87-OTf**, doch erlaubt der rigide DMNA-Substituent im Gegensatz zum flexiblen DMBA-Substituenten nicht die Ausbildung der nahezu idealen trigonalen Bipyramide. Die Winkelsumme der trigonalen Ebene ist nur 358(8)° und der axiale Winkel beträgt nur 167.8(4)°. Im Festkörper besitzt **83** ebenfalls eine pentakoordinierte Struktur, doch ist dabei das Chlor kovalent an das Siliciumzentrum gebunden und es kommt nur zu einer Si$\cdots$N-Wechselwirkung (Abb. 13). Die Struktur weist damit starke Parallelen zu der des Dichlorsilanes **10** auf, auch **83** besitzt eine verzerrt trigonal bipyramidale Konformation. Die Bindungswinkelsumme der äquatorialen Substituenten beträgt 360°. Somit ist das Siliciumzentrum im Gegensatz zu **10** schon vollständig planarisiert. Der Si$\cdots$N-Abstand ist mit 218.8(5) pm etwas kürzer als bei **10** (229.3 pm) und demgegenüber der Si–Cl-Abstand der potentiellen Abgangsgruppe etwas länger (225.7(2) vs. 218.6(1) pm). Die axialen Winkel sind sowohl in **83** (173.6(1)°) als auch in **10** (177.2(1)°) nahe dem idealen Winkel von 180°.

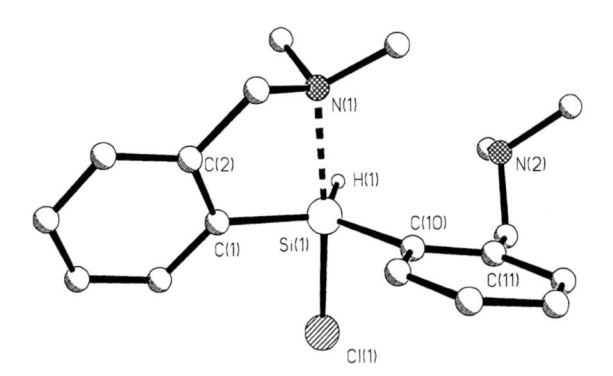

Abb. 13. Struktur von **83** im Festkörper. Ausgewählte Abstände [pm] und Bindungswinkel [°]: Si(1)$\cdots$N(1) 218.8(5), Si(1)-Cl(1) 225.7(2), Si(1)-H(1) 140(1), Si(1)-C(10) 188.3(5), Si(1)-C(1) 188.5(6); N(2a)$\cdots$Si(1)-Cl(1) 173.6(1), H(1)-Si(1)-C(10) 122(2), C(10)-Si(1)-C(1) 117.2(2), C(1)-Si(1)-H(1) 121(2).

Man kann sagen, daß die formale S_N-Reaktion am Siliciumzentrum in **83** schon etwas weiter fortgeschritten ist als bei **10** und in **87-OTf** nach Abspaltung des Nucleofugs bereits abgeschlossen ist. Jedoch ist dabei keine tetrakoordinierte, sondern durch Koordination der zweiten NMe_2-Gruppe eine pentakoordinierte Struktur ausgebildet worden.

Da **83** im Festkörper nicht ionisch vorliegt, sondern die postulierte Struktur der unbekannten Modifikation (Mod. A) in Lösung besitzt, sollte versucht werden, weitere Daten über die Struktur von **83** im Festkörper zu sammeln und sie mit denen der Lösung zu vergleichen.

2.1.3.4 Infrarotspektroskopische Untersuchung

Eine Möglichkeit, Lösungs- und Festkörperstrukturen miteinander zu vergleichen, bietet die IR-Spektroskopie. Dazu wurde zuerst untersucht, ob sich das Gleichgewicht, welches sich bei **83** in Chloroform ausbildet, auch IR-spektroskopisch beobachten läßt.

In Zusammenarbeit mit A. Niklaus[133] wurden, sowohl von **87-OTf** als auch von **83** eine IR-spektroskopische Untersuchung bei konstantem Druck, variabler Temperatur und einer Molalität von 0.0383 mol/kg$_{LGM}$ durchgeführt. Hierbei wurde die charakteristische Si-H-Valenzschwingungsbande zwischen ca. $\tilde{v}$ = 2000-2200 cm^{-1}, die normalerweise nicht durch andere Signale überlagert wird, genauer betrachtet. Bei der Variation der Temperatur von 30 bis 80 °C erkennt man, daß das IR-Spektrum von **87–OTf** nahezu temperaturunabhängig ist (Abb. 14c). Man erkennt ein breites Signal bei $\tilde{v}$ = 2149 cm^{-1}, das noch eine Schulter bei $\tilde{v}$ = 2109 cm^{-1} besitzt, wobei das Auftreten des Doppelsignals höchstwahrscheinlich auf Fermi-Resonanz zurückzuführen ist[134]. Im Gegensatz dazu verändert sich das Spektrum von **83** jedoch in erheblichem Maße (Abb 14a). Die neben dem Hauptsignal bei $\tilde{v}$ = 2181 cm^{-1} eindeutig erkennbaren Schultern bei $\tilde{v}$ = 2110 und $\tilde{v}$ = 2149 cm^{-1} (Abb. 14b), die sich mit den Signalen von **87-OTf** in diesem Bereich decken, verschwinden beim Aufheizen der Probe. Das Hauptsignal verändert dabei seine Lage nur unwesentlich (bei 80 °C: $\tilde{v}$ = 2186 cm^{-1}). Kühlt man die Probe wieder ab, so tauchen die Schultern wieder auf. Das bedeutet, daß sich das temperaturabhängige Gleichgewicht zwischen ionischer und kovalenter Modifikation auch im IR-Spektrum verfolgen läßt.

Abb. 14. IR-Spektren bei variabler Temperatur; Bereich der Si-H-Schwingungsbanden

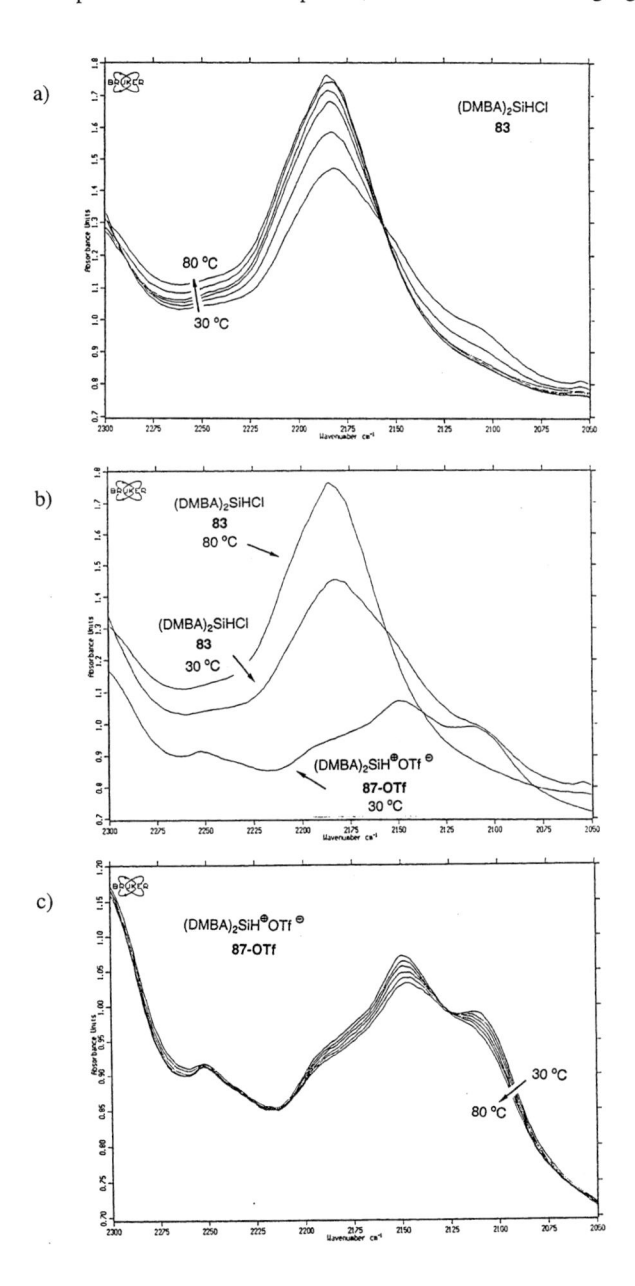

Zur Aufnahme eines IR-Spektrums von **87-OTf** und **83** in der festen Phase wurde der Feststoff mit Nujol verrieben. Die Ergebnisse zeigen, daß das Maximum der Si-H-Schwingungsbande sowohl für **87-OTf** als auch für die kovalente Modifikation von **83** in der Lösung zu niedrigeren Frequenzen hin verschoben ist. Derartige Verschiebungen in Abhängigkeit vom Aggregatzustand sind bekannt[135], ihre Größe ist jedoch nicht quantifizierbar, so daß man nicht mit hundertprozentiger Sicherheit sagen kann, ob die Struktur von gelöstem **83** bei 80 °C der Festkörperstruktur entspricht.

Tabelle 14. Vergleich der Festkörper- und der Lösungs-IR-Daten

Verb.	Meßart	$\tilde{\nu}$	$\Delta\tilde{\nu}$
87-OTf	Nujol	2169	—
87-OTf	$CHCl_3$	2149	20
83	Nujol	2224	—
83	$CHCl_3$	2182	42

$$\Delta\tilde{\nu} = \tilde{\nu}_{(Nujol)} - \tilde{\nu}_{(CDCl_3)}$$

In der Literatur sind mehrere Arbeiten über die Korrelation von Si-H-Kopplungskonstanten und IR-Schwingungsbanden bekannt[136]. Dabei findet man bei der Variation der Substituenten am Siliciumzentrum einen linearen Zusammenhang beider Werte. Im Zuge dieser und vorausgegangener Arbeiten im selben Arbeitskreis sind eine ganze Anzahl unterschiedlich substituierter kovalenter $(DMBA)_2SiHX$-Verbindungen zugänglich geworden. Trägt man Si-H-Kopplungskonstanten und Si-H-Schwingungsbanden gegeneinander auf, so stellt man fest, daß die Daten der kovalenten Verbindungen in guter Näherung eine Gerade ergeben. Der Wert der Verbindung **83** setzt sich dabei aus der Si-H-Kopplungskonstante in C_6D_6 und der in Nujol bestimmten Si-H-Schwingungsbande zusammmen. Die Daten der kationischen Komplexe lassen sich mit dieser Gerade nicht in Einklang bringen. Dies ist ein eindeutiges Indiz dafür, daß die unbekannte Modifikation von **83** ein kovalent gebundes Chloratom besitzt.

Abb. 15. Korrelation $\tilde{\nu}_{SiH}$ und $^1J_{SiH}$

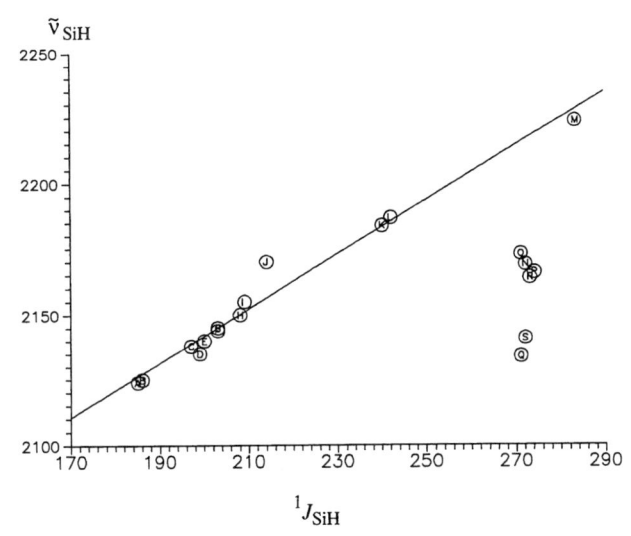

$\tilde{\nu}_{SiH}$

$^1J_{SiH}$

Kovalent (DMBA)$_2$SiHR: R = SiEt$_3$ (A), SiMe$_3$ (B), *i*Pr (C), *t*Bu (D), HSi(DMBA)$_2$ (E),
Et (F), Bu (G), Me (H), H (I), Bzl (J), OBzl (K),
OSiH(DMBA)$_2$ (L), Cl (M).

Ionisch [(DMBA)$_2$SiH]$^+$[X]$^-$: X = OTf (N), I (O), PF$_6$ (P), BPh$_4$ (Q), Br (R), Me$_2$AlCl$_3$ (S).

2.1.3.4 Festkörper-^{29}Si-NMR-Untersuchungen von 87-OTf und 83

Eine andere Möglichkeit, die Struktur einer Verbindung im Festkörper zu untersuchen, wurde durch die Festkörper-NMR-Spektroskopie eröffnet. Im Fall der Verbindungen **87-OTf** und **83** bot sich der Siliciumkern aufgrund seiner einfachen Spektren für eine derartige Untersuchung an. Eine ^{29}Si-Festkörper-NMR-Messung wurde von Prof. Dr. B. Wrackmeyer[137] für uns durchgeführt.

Die Daten für das Kation **87-OTf** korrelieren erwartungsgemäß gut zwischen Lösungs- und Festkörper-Spektrum (Tabelle 15), da Festkörper- und Lösungsstruktur nahezu identisch sind. Im Gegensatz dazu tauchen im Festkörperspektrum von **83**, welches im festen Zustand eine eindeutig kovalente Struktur besitzt (siehe 2.3.3) und so nur ein Signal im Verschiebungsbereich aufweisen sollte, der für die kovalente Form von **83** in Lösung ermittelt wurde, zwei Signale auf. Beide Signale liegen im erwarteten Verschiebungsbereich, jedoch ist nicht ohne weiteres einsichtig, warum zwei Signale für die kovalente Modifikation von **83** im Festkörper auftreten sollten. In der Literatur[138] findet man durchaus Analogien.

Dabei handelt es sich meist um die Ausbildung mehrerer Strukturen einer Verbindung innerhalb einer Elementarzelle oder darum, daß eine Verbindung in zwei unterschiedlichen Modifikationen kristallisiert. Die erste Möglichkeit kann durch das Ergebnis der Festkörperstrukturanalyse von **83** ausgeschlossen werden. Ob die zweite Möglichkeit für das Auftreten zweier Signale verantwortlich ist, ist nicht untersucht worden. Verifizieren könnte man diese Möglichkeit durch genaue Untersuchung der Kristallformen von **83**-Kristallen, da unterschiedliche kristalline Phasen auch unterschiedliche Kristalle ausbilden. Letztlich ist jedoch nur durch röntgenographische Untersuchung mehrerer **83**-Kristalle eine exakte Aussage möglich.

Tabelle 15. Vergleich der Festkörper- und der Lösungs-^{29}Si-NMR-Daten

Verb.	Probe	ionisch	kovalent
87-OTf	fest	−52.2	—
87-OTf	CDCl$_3$	−51.6	—
83	fest	—	−62.1, −65.7
83	CD$_3$CN	−51.5	−59.2
83	CDCl$_3$	−51.7	−58.0
83	d^8-THF	—	−54.2
83	C$_6$D$_6$	—	−53.2

2.1.4 Zusammenfassung der Ergebnisse

2.1.4.1 Untersuchungen zur S$_N$-Reaktion an Siliciumatomen durch Festkörperstrukturanalysen

Nach der Methode der Struktur-Korrelation von Dunitz[139] ist es möglich, Aussagen über den Verlauf einer Reaktion zu machen. Zu diesem Zweck wurden Reihenuntersuchungen an Festkörperstrukturen einer ganzen Anzahl von Siliciumverbindungen durchgeführt. Diese Untersuchungen erlauben einen Einblick in die unterschiedlichen Stadien der S$_N$-Reaktion am Siliciumzentrum bestimmter Systeme. Ein gutes Beispiel stammt von Struchkov et al.[140], die eine große Anzahl von hochkoordinierten Lactamderivaten zusammengetragen haben. Er konnte durch den Vergleich von 18 Strukturen zeigen, daß eine direkte Korrelation zwischen dem Abstand von Silicium und Nucleopil (Si···O) und dem Abstand Silicium-Nucleofug (Si-Cl) besteht.

93

Betrachtet man die entsprechenden Abstände in dem gemischtsubstituierten Dichlorsilan **47** (siehe 1.2.2), im Chlorsilan **83** (siehe 2.3.3) und im Dichlorsilan **10**[80], so ist ebenfalls ein Trend sichtbar. Die relativ schwache Si⋯N-Wechselwirkung bei **47** führt nur zu einer geringfügigen Verlängerung des Si-Cl-Abstandes. Dies setzt sich über **10** fort und führt beim **83** zu Ausbildung einer starken Si⋯N-Wechselwirkung und zu einer erheblichen Schwächung der Si-Cl-Bindung. Man kann sagen: Die S_N-Reaktion bei **83** ist am weitesten fortgeschritten.

Abb. 16. Korrelation zwischen Si-Nucleofug-Bindungsverlängerung und koordinativem Si⋯N-Abstand

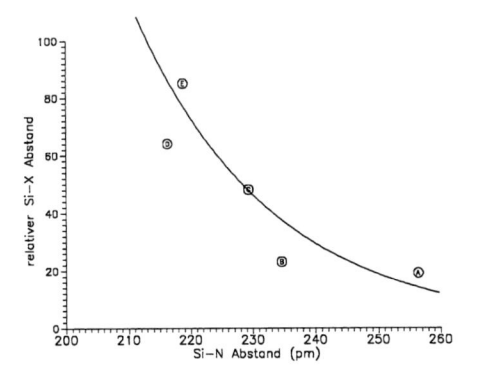

Beizeichnungen der Punkte siehe Tabelle 16.

Leider sind im Fall der mit DMBA- und PTMH-Substituenten substituierten, pentakoordinierten Arylsilane nur wenige Festkörperstrukturen bekannt, die auch im Gegensatz zu der Untersuchung am Lactamsystem nicht alle Chlorid als Abgangsgruppe tragen. Um diese trotzdem auf Korrelation überprüfen zu können, wurde berechnet, inwieweit die

Si-Nucleofug-Bindung im Vergleich zu einer entsprechenden "normalen" Bindung - wenn möglich im selben Molekül - aufgeweitet ist und diese Werte gegen den Si⋯N-Abstand aufgetragen (Abb. 12). Wie im Fall der Lactame ist auch bei den Aminen ein vergleichbarer Trend erkennbar, in dem die Werte von **47** (A), **10** (C) und **83** (E) mit denen anderer Strukturen sehr gut korrelieren.

Beim Austausch des Chlorsubstituenten gegen den Triflatrest wird die Abgangsgruppentendenz des Nucleofugs so groß, daß das angreifende Stickstoff-Nucleophil das Nucleofug aus dem Molekül drängt und eine noch kürzere koordinative Si⋯N-Wechselwirkung als bei **83** ausgebildet wird. Dabei entsteht jedoch kein tetrakoordinierter kationischer Komplex sondern durch eine zweite Si⋯N-Wechselwirkung eine pentakoordinierte Verbindung. Gleiches gilt für die potentiellen Abgangsgruppen Brom (**87-Br**) und Iod (**87-I**), deren Strukturen mit **87-OTf** identisch sein sollten.

Tabelle 16. Si⋯N- und Si-X-Abstände von Amino-substituierten pentakoordinierten Siliciumverbindungen

Verbindungen	[a]	Si⋯N [pm]	Si-X_{ax} [pm]	Si-$X_{äq}$ [pm]	K[b]
47	A	256.4(2)	211.8(1)	207.8(1)	19
(DMBA)SiMeF$_2$[141,c]	B	234.6(3)	162.7(2)	159.0(2)	23
10[80]	C	229.1(2)	218.1(1)	208(1)	48
(DMBA)$_2$SiCl$_2$·HCl[90,c]	D	216.3(3)	221.9(1)	208.5(1)	64
83	E	218.8(5)	225.7(2)	(208.5(1))[e]	85
87-OTf	—	205.2(2) 207.2(2)	—	—	—

[a] Buchstaben decken sich mit Beschriftung in Abb. 16. – [b] relativer Si-X Abstand: K = [(Si-X_{ax})/(Si-$X_{äq}$) – 1]·10^{-3}. – [c] DMBA = 2-(Me$_2$NCH$_2$)C$_6$H$_4$. – [d] DMNA = 8-(Me$_2$N)C$_{10}$H$_7$. – [e] Si-Cl$_{ax}$ von **10** (208(1) pm).

Ob nach dem Ersetzen eines DMBA-Substituenten durch einen Phenylrest ein tetrakoordinierter kationischer Komplex, der nun nicht mehr die Möglichkeit einer zusätzlich Stabilisierung besitzt, isoliert werden kann, sollte im weiteren untersucht werden

2.1.4.2 Untersuchungen zur S_N-Reaktion am Siliciumzentrum in Lösung

Die Verbindungsklasse, die neben zwei DMBA-Substituenten einen Wasserstoff und eine potentielle Abgangsgruppe am Silicium trägt, hat sich als sehr potentes System zur Untersuchung der S_N-Reaktion am Silicium erwiesen. Betrachtet man zum Beispiel die Reihe der Halogene, so zeigt sich, daß die fluorsubstituierte Verbindung eindeutig kovalent ist, wogegen die brom- und sie iodsubstituierten Verbindungen ionisch vorliegen. Die chlorsubstituierte Verbindung nimmt eine Zwischenrolle ein und besitzt sowohl ionischen als auch kovalenten Charakter. Derartige Gleichgewichte sind von Kessler im Fall der Kohlenstoffverbindungen eingehend untersucht worden[128]. Ähnliche Gleichgewichte sind seit längerem auch bei Phosphorverbindungen bekannt[142]. Im Fall der Siliciumverbindungen ist ebenfalls schon über ein Beispiel berichtet worden[143], jedoch ist **83** die erste Verbindung, bei der sich beide Modifikationen im NMR- bzw. IR-Spektrum in der beschriebenen Art und Weise nebeneinander beobachten lassen.

85   **83**

Hal = Br **87-Br**
Hal = I **87-I**

2.2 Versuche zur Darstellung von tetrakoordinierten kationischen Komplexen

In diesem Teil der Arbeit wurde versucht, einen tetrakoordinierten kationischen Komplex darzustellen. Dazu wurden zwei Strategien angewandt:
1) Anbieten nur einer chelatisierenden NMe_2-Gruppe
2) Austausch des noch vorhandenen Wasserstoffatom-Substituenten in Komplexen der Art von **87-OTf** gegen sperrigere Alkyl-Reste.

2.2.1 Darstellung von [2-(Dimethylaminomethyl)phenyl]phenylsilyltriflat (94-OTf)

Ganz analog zu den Silanen **41**, **50** und **32** reagierte auch das [2-(Dimethylaminomethyl)-phenyl]phenylsilan (**93**), das in quantitativer Ausbeute durch die Reduktion des Dichlorsilans **92** mit $LiAlH_4$ zugänglich war, mit TMSOTf in glatter Reaktion zu **94-OTf**.

Schema 24. Darstellung von **94-OTf**

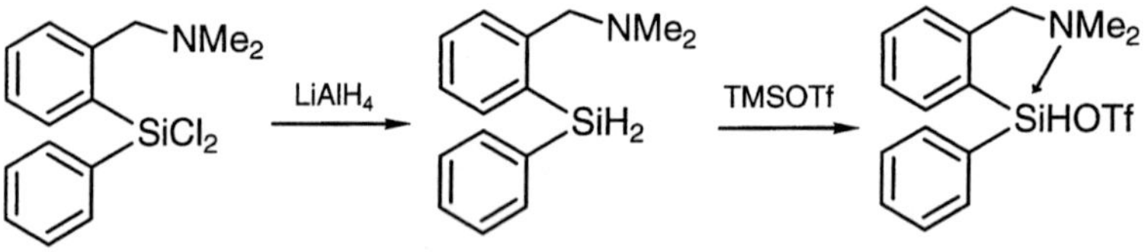

92 ($SiCl_2$) →(LiAlH₄) 93 (SiH_2) →(TMSOTf) 94-OTf (SiHOTf, with NMe₂ coordination)

Diese Verbindung zeigt ein zu den bisher untersuchten kationischen Komplexen analoges Lösungsverhalten, so daß die Vermutung naheliegt, daß es sich bei **94-OTf** ebenfalls um einen kationischen Komplex handelt. Auch die NMR-Daten stützen diese Vorhersagen. Im ^{1}H-NMR-Spektrum beobachtet man bei Raumtemperatur für die NMe_2-Gruppe ebenfalls zwei Singuletts, was, wie die vorhergehenden Ergebnisse zeigen, für eine starke Si···N-Wechselwirkung spricht. Im Fall von **94-OTf** sind die Signale der benzylischen Protonen jedoch nicht wie bei **87-OTf** zu einem AB-System aufgespalten, sondern erscheinen als Singulett. Die ^{29}Si-NMR-Verschiebung ist analog zu den bisher untersuchten kationischen Komplexen im Vergleich zum entsprechenden Silan **93** zu hohem Feld verschoben. Auch die Si-H-Kopplungskonstante ist im Vergleich zu **93** vergrößert, jedoch in weit größerem Maße als bei den anderen kationischen Komplexen (Tabelle 17): Der Wert von 294 Hz für **94-OTf** ist sogar noch größer als die große Si-H-Kopplungskonstante der kovalenten Modifikation von **83** ($^1J_{SiH}$ = 289 Hz). Im Vergleich zu kovalentem Diphenylsilyltriflat zeigt **94-OTf** sowohl eine Vergrößerung der Si-H-Kopplungskonstante als auch einen ^{29}Si-NMR-

Hochfeldshift. Beide Differenzen sind die größten bei dieser Art von kationischen Komplexen beobachteten Werte. Die ^{29}Si-NMR-Verschiebung entspricht jedoch nicht der, die man für einen tetrakoordinierten kationischen Komplex erwartet. Für einen derartigen Komplex sollte man keinen größeren Hochfeldshift als den, der bei den pentakoordinierten kationischen Komplexen beobachtet wird, finden. Ein Tieffeldshift wäre viel eher zu erwarten, da die positive Ladung durch nur *eine* koordinative Si$\cdots$N-Wechselwirkung weit weniger gut kompensiert werden sollte, als durch *zwei* derartige Wechselwirkungen (siehe dazu Kapitel 1.2.4). Der Unterschied zu diesen Verbindungen und die auffallende Ähnlichkeit der NMR-Daten zu den kationischen Komplexen **87-OTf**, **76** und **75** spricht dafür, daß auch **94-OTf** ein pentakoordiniertes Siliciumzentrum und somit einen kovalent gebundenen Triflatrest aufweisen sollte.

Tabelle 17. Vergleich der ^{29}Si-NMR-Daten und $^1J_{SiH}$-Werte unterschiedlicher Diarylsilane und ihrer korrespondierenden Silyltriflate

	δ	$^1J_{SiH}$	Δδ[a]	Δ$^1J_{SiH}$[b]	Δδ'[c]	Δ$^1J'_{SiH}$[d]
Ph$_2$SiH$_2$[81]	−35.8	198 Hz				
Ph$_2$SiHOTf[113]	−6.2	257 Hz	+29.6	59 Hz		
(PTMH)$_2$SiH$_2$[e] (**32**)	−43.8	213 Hz				
(PTMH)$_2$SiH$^+$OTf$^-$[e] (**75**)	−54.5	283 Hz	−10.7	70 Hz	−48.3	+26 Hz
(PTMH)(DMBA)SiH$_2$[e,f] (**50**)	−46.1	212 Hz				
(PTMH)(DMBA)SiH$^+$OTf$^-$[e,f] (**76**)	−53.6	291 Hz	−7.5	79 Hz	−47.4	+34 Hz
(DMBA)$_2$SiH$_2$[f] (**41**)	−45.0	209 Hz				
(DMBA)$_2$SiH$^+$OTf$^-$[f] (**87-OTf**)	−51.6	272 Hz	−6.6	63 Hz	−45.4	+15 Hz
(DMBA)PhSiH$_2$[f] (**93**)	−43.3	208 Hz				
(DMBA)PhSiH$^+$OTf$^-$[f] (**94-OTf**)	−56.2	294 Hz	−12.9	86 Hz	−50.0	+37 Hz
(BDMBA)PhSiH$_2$[110,g]	−51.5	200 Hz				
(BDMBA)PhSiH$^+$OTf$^-$[110,g] (**73-OTf**)	−29.7	280 Hz	+21.6	80 Hz	−23.5	+23 Hz

[a] Δδ = δ(Ar$_2$SiHOTf) − δ(Ar$_2$SiH$_2$). − [b] Δ$^1J_{SiH}$ = $^1J_{SiH}$(Ar$_2$SiHOTf) − $^1J_{SiH}$(Ar$_2$SiH$_2$). − [c] Δδ' = δ(Ar$_2$SiHOTf) − δ(Ph$_2$SiHOTf). − [d] Δ$^1J'_{SiH}$ = $^1J_{SiH}$(Ar$_2$SiHOTf) − $^1J_{SiH}$(Ph$_2$SiHOTf). − [e] PTMH = 2-(Me$_2$NMeN)C$_6$H$_4$. − [f] DMBA = 2-(Me$_2$NCH$_2$)C$_6$H$_4$. − [g] BDMBA = 2,6-(Me$_2$NCH$_2$)$_2$C$_6$H$_3$.

Diese Vermutung konnte für den Festkörper durch Röntgenstrukturanalyse bestätigt werden. Das Siliciumzentrum besitzt eine nahezu ideal trigonal bipyramidale Struktur, wobei Si(1) nur 1.15 pm aus der Ebene der Atome C(21), C(11) und H(1) ausgelenkt ist. Da **94-OTf** nicht die Möglichkeit zur Koordination einer zweiten NMe$_2$-Gruppe besitzt, wird die zweite axiale Position durch die Wechselwirkung mit der Abgangsgruppe, d. h. dem Triflatsubstituenten okkupiert. Der Winkel zwischen N(11), Si(1) und O(1) kommt mit 174.25(7)° dem Idealwinkel (180°) sehr nahe und ist genauso wie der Si(1)$\cdots$N(11)-Abstand (205.2 pm) mit den Werten im kationischen Komplex **87-OTf** nahezu identisch (Si$\cdots$N 205.2(2) pm bzw. N$\cdots$Si$\cdots$N 171.2(1)°). Die Si-O-Bindung ist mit 195.08(14) pm gegenüber den durchschnittlichen Distanzen von kovalent an das Silicium gebundenem Sauerstoff signifikant verlängert (158–170 pm)[144].

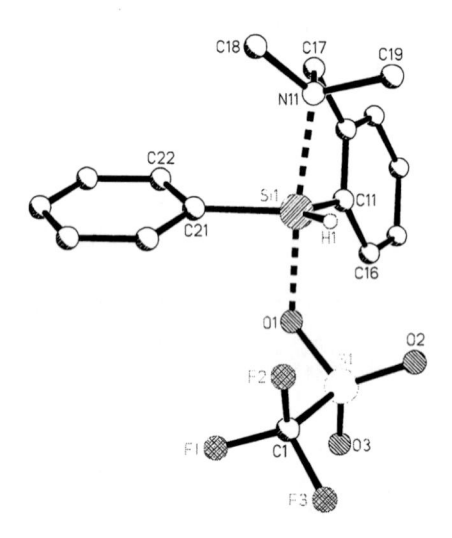

Abb. 17. Struktur von **94-OTf** im Festkörper. Ausgewählte Abstände [pm] und Bindungswinkel [°]: Si(1)$\cdots$N(11) 205.2(2), Si(1)$\cdots$O(1) 195.08(14), Si(1)-C(11) 186.6(2), Si(1)-C(21) 185.7(2), Si(1)-H(1) 135(2), S(1)-O(1) 148.6(1), S(1)-O(2) 142.1(2), S(1)-O(3) 142.2(2); N(11)$\cdots$Si(1)$\cdots$O(1) 174.25(7), C(11)-Si(1)-H(1) 127.6(8), C(21)-Si(1)-H(1) 116.0(8), C(11)-Si(1)-C(21) 116.4(1).

Im Spektrum der verlängerten Si-O-Bindungsabstände nimmt **94-OTf** eine Mittelstellung zwischen der Si-O-Distanz im Triflat **95** (185.3 pm)[145] und den Distanzen, die in den pentakoordinierten δ-Lactam-substituierten Silyltriflaten **96** und **97** beobachtet wurden

(224.1(2) pm bzw. 278.4(2) pm)[146], ein. Jedoch sind alle diese Si-O-Distanzen noch kürzer als die Summe der van der Waals-Radien von Sauerstoff und Silicium (362 pm)[83a].

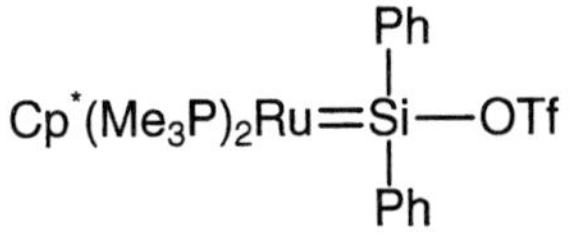

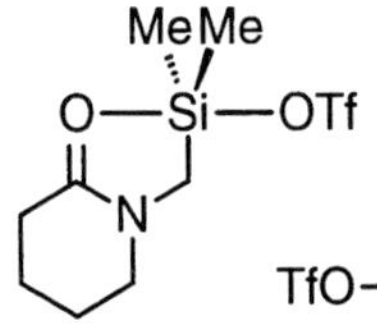

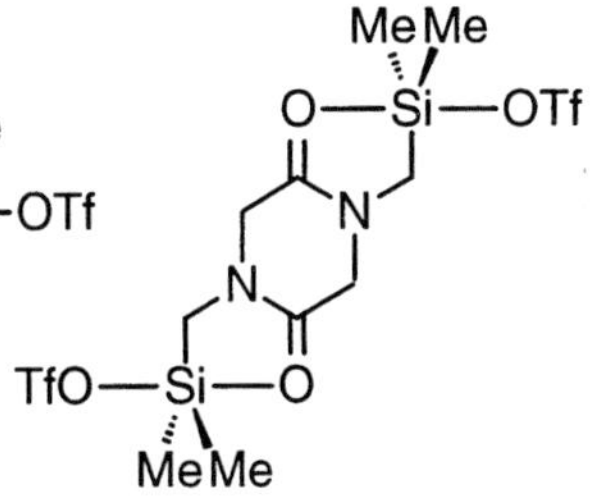

Cp*(Me₃P)₂Ru=Si(Ph)(Ph)—OTf

95 **96** **97**

Kürzlich wurde von Reed[147] über die Struktur eines protonierten Silanols **98** berichtet, dessen Si-O-Abstand mit 177.9 pm gegenüber dem einer kovalenten Bindung ebenfalls erheblich vergrößert ist. Aufgrund des langen Si-O-Abstandes wurde auf einen überwiegenden Anteil an der Siylkationen Struktur **98'** am Grundzustand geschlossen.

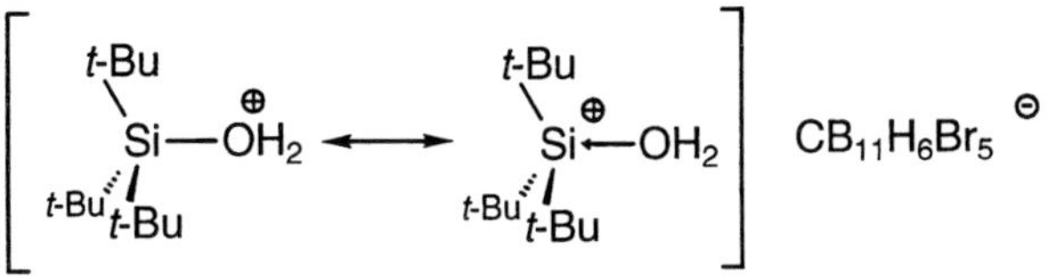

98 **98'**

Man kann **94-OTf** analog dazu am besten als Kontaktionenpaar zwischen tetrakoordiniertem Silylkation und Triflatanion mit einer dativen Si···O-Wechselwirkung betrachten. Die Verlängerung der S(1)-O(1)-Bindung (148.6(1) pm im Vergleich zu den anderen S-O-Bindungen (142.1(2) pm, 142.2(2) pm), die den Bindungsverhältnissen im Triflatrest von **96** und **97** sehr ähnlich ist (S(1)-O(1) 146.0(2) bzw. 144.6(3)), deutet an, daß jedoch immer noch kovalente Wechselwirkungen zwischen Si(1) und O(1) bestehen. Das Vorliegen eines Kontaktionenpaars in Lösung würde auch das den kationischen Komplexen ähnliche Löslichkeitsverhalten erklären.

Schema 25. Darstellung von **94-I**

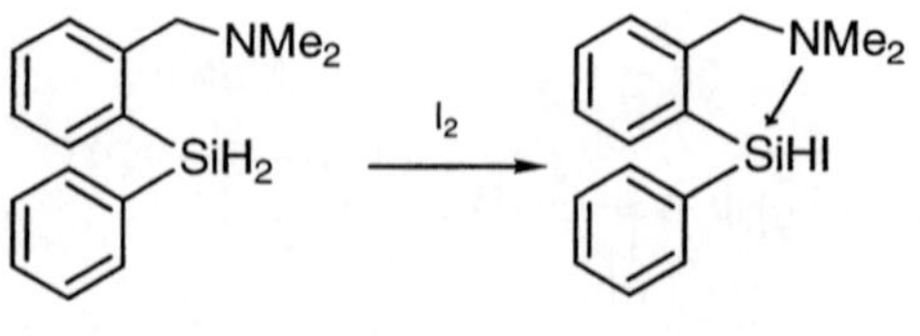

93 → **94-I** (I$_2$)

Einen Unterschied zu den kationischen Komplexen auch in Lösung offenbart die Verbindung **94-I**. Diese zeigt im Gegensatz zu den kationischen Komplexen, welche unabhängig vom Gegenion identische NMR-Spektren aufweisen, unterschiedliche NMR-Daten im Vergleich zu **94-OTf**. Ob **94-I** wie **94-OTf** als Kontaktionenpaar oder als der gesuchte tetrakoordinierte kationische Komplex vorliegt konnte nicht absolut geklärt werden. Doch deuten die ^{29}Si-NMR-Daten von **94-I**, die denen von **94-OTf** nahezu identisch sind (**94-OTf**: δ = –56.2, $^1J_{SiH}$ = 294 Hz; **94-I**: δ = –56.2, $^1J_{SiH}$ = 293 Hz), an, daß es sich um strukturell nahezu identische Verbindungen und damit um Kontaktionenpaare handeln sollte.

Die Struktur von **94-OTf** ergänzt das Bild des nucleophilen Angriffs an das Siliciumzentrum, das von bereits bekannten Festkörperstrukturen vorgezeichnet war. Dabei ist die nucleophile Substitution im Fall von **94-OTf** noch weiter fortgeschritten als bei **83**, was sich im kürzeren Si⋯N-Abstand äußert. Um **94-OTf** in die bereits vorgenommene Korrelation einfügen zu können, mußte, ähnlich wie bei **83**, zur Berechnung der relativen Länge der Silicium-Nucleofug-Bindungslänge der Si-O-Abstand einer anderen Verbindung benutzt werden. Hierzu wurde näherungsweise der Si-O-Abstand von **34** ausgewählt. Bei **34** handelt es sich zwar um eine hexakoordinierte Verbindung, doch sind die Si-O-Abstände gegenüber normalen kovalenten Bindungen nicht verändert, außerdem war **34** die einzige verfügbare Struktur die einen dem DMBA-Substituenten verwandten Substituenten trägt. Fügt man die so erhaltenen Daten von **94-OTf** zu der Korrelation hinzu (Tabelle 18, Abb. 18), so erhält man einen weiteren Wert, der gut mit der exponentiellen Korrelation vereinbar ist.

Tabelle 18. Si⋯N- und Si-X-Abstände von mit Dimethylaminogruppen donorsubstituierten pentakoordinierten Siliciumverbindungen

Verbindungen	[a]	Si⋯N [pm]	Si-X$_{ax}$ [pm]	Si-X$_{äq}$ [pm]	K[b]
47	A	256.4(2)	211.8(1)	207.8(1)	19
(DMBA)SiMeF$_2$[148,c]	B	234.6(3)	162.7(2)	159.0(2)	23
10[80]	C	229.1(2)	218.1(1)	208(1)	48
(DMBA)$_2$SiCl$_2$·HCl[90,c]	D	216.3(3)	221.9(1)	208.5(1)	64
83	E	218.8(5)	225.7(2)	(208(1))[d]	85
94-OTf	F	205.2(2)	195.1(1)	(166.3(2))[e]	173

[a] Buchstaben decken sich mit Beschriftung in Abb. 18. – [b] relativer Si-X-Abstand: K = [(Si-X$_{ax}$)/(Si-X$_{äq}$) – 1]·10^{-3}. – [c] DMBA = 2-(Me$_2$NCH$_2$)C$_6$H$_4$. – [d] Si-Cl$_{ax}$ von **10**. – [e] Si-O$_{ax}$ von **34**.

Abb. 18. Korrelation zwischen Si-Nucleofug-Bindungsverlängerung und koordinativem Si⋯N-Abstand

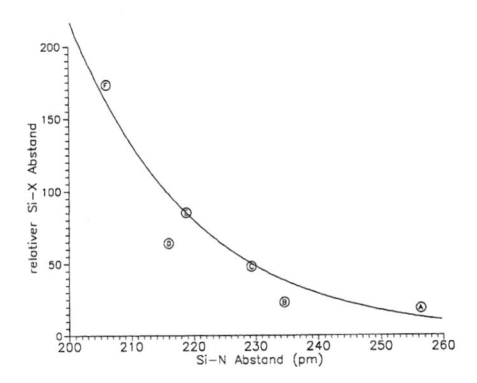

Beizeichnungen der Punkte siehe Tabelle 18.

2.2.2 Darstellung von Bis[2-(dimethylaminomethyl)phenyl]alkylsilyltriflaten

Die Darstellung der Bis[2-(dimethylaminomethyl)phenyl]alkylsilane gelang entweder aus Monohydridosilanen, die eine Abgangsgruppe tragen, oder auch durch Reduktion von Chlorsilanen. Das Methylderivat **99** und das *n*-Butylderivat **100** waren dabei sowohl aus **83** als auch aus **87-OTf** durch Umsetzung mit Methylmagnesiumchlorid bzw. *n*-Butylmagnesiumbromid zugänglich. Das *t*-Butylderivat **101** konnte durch Reduktion des Chlorsilans **102** mit Lithiumaluminiumhydrid erhalten werden (Schema 26).

Schema 26. Darstellung der alkylsubstituierten Hydridosilane

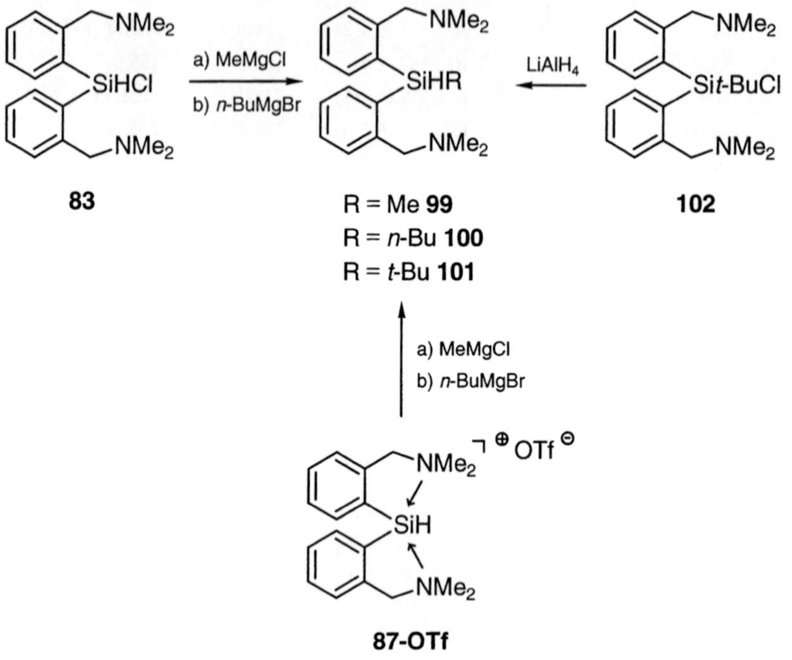

83   R = Me **99**   **102**
R = *n*-Bu **100**
R = *t*-Bu **101**

87-OTf

Die Hydridabstraktion aus **99** und **100** mit Trimethylsilyltriflat (TMSOTf) erfolgte problemlos. Im Vergleich zu der analogen Reaktion von TMSOTf mit zweifach wasserstoffsubstituierten Silanen verlief die Reaktion bei den einfach wasserstoff-substituierten Verbindungen erheblich langsamer (1–2 h vs. 10 h). Im Falle von **101** gelang die Hydridabstraktion auch nach längerer Reaktionszeit und Erhitzen des Reaktionsgemisches nicht. Jedoch war es möglich, **105** durch Umsetzung von **102** mit TMSOTf zu erhalten.

Schema 27. Darstellung der alkylsubstituierten Silyltriflate

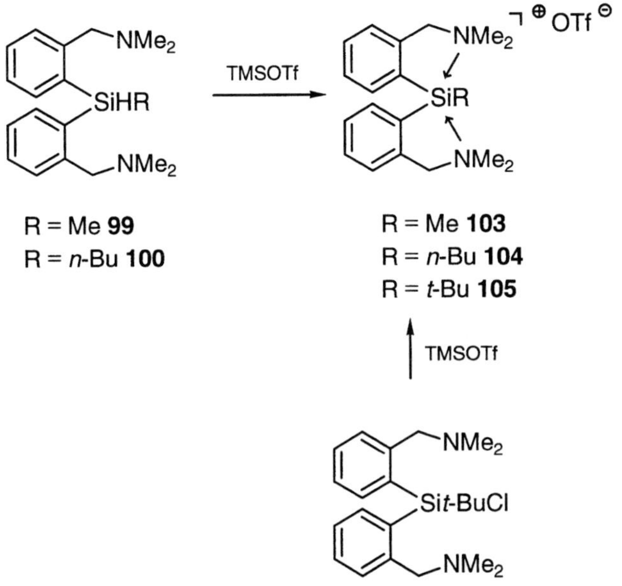
NMe2
SiHR
NMe2
TMSOTf
NMe2
⊕ OTf ⊖
SiR
NMe2
R = Me **99**
R = *n*-Bu **100**
R = Me **103**
R = *n*-Bu **104**
R = *t*-Bu **105**
TMSOTf
NMe2
Si*t*-BuCl
NMe2

102

Alle alkylierten Silyltriflate besitzen ein ähnliches Löslichkeitsverhalten wie die kationischen Komplexe (z. B. **76**, **75** und **87-OTf**). Die ^{1}H-NMR-Spektren weisen nur ein Signal für die NMe_2-Gruppe auf. Dies deutet schon an, daß die Struktur dieser Verbindungen nicht analog zu der Struktur von **87-OTf** zu sein scheint. Leider fehlen in den alkylierten Silyltriflaten die diagnostisch wertvollen Si-H-Kopplungskonstanten, sowie die Si-H-Schwingungsbande. Die ^{29}Si-NMR-Verschiebung kann als einzige analytisch wertvolle Informationsquelle genutzt werden. Der kationische Komplex **87-OTf** zeigt beim Austausch des Wasserstoffs in **41** durch einen Triflatrest einen eindeutigen Hochfeldshift ($\Delta\delta = -10.7$), der durch die Koordination zweier NMe_2-Gruppen an das Siliciumzentrum bewirkt wird. Die Verbindungen, die neben den beiden DMBA-Substituenten noch einen Alkylrest am Silicium tragen, zeigen ein dazu inverses Verhalten: Man beobachtet mit steigendem sterischen Anspruch des Alkylrestes in der Reihe Me < ^{t}Bu einen größer werdenden Tieffeldshift (Tabelle 19). Der Wert für **104** fällt aus dieser Reihe heraus, was jedoch daran liegen kann, daß diese Messung bei einer anderen Temperatur durchgeführt wurde.

Tabelle 19. Vergleich der ^{29}Si-NMR-Verschiebungen Wasserstoff- und Triflat-substituierter Siliciumverbindungen

R	(DMBA)$_2$SiRH[a]	(DMBA)$_2$SiROTf[a]	Δδ[b]
H	−45.0	−51.6[c]	−6.6
Me	−27.4	−18.1[c]	+9.3
n-Bu	−21.9	+32.5[d]	+54.4
t-Bu	−15.6	+27.2[c]	+42.8

[a] DMBA = 2-(Me$_2$NCH$_2$)C$_6$H$_4$. – [b] Δδ = δ[(DMBA)$_2$SiROTf] – δ[(DMBA)$_2$SiHR. – [c] Meßtemperatur 300 K. – [d] Meßtemperatur 296 K.

Das unterschiedliche Verhalten der alkylsubstituierten kationischen Komplexe könnte zwei Ursachen haben: Einerseits ist eine kovalente Struktur ähnlich der von **94-OTf** denkbar, in der die Koordination der NMe$_2$-Gruppen aus sterischen Gründen erschwert wird und sich so der elektronenziehende Effekt des Triflatrestes stärker auf die ^{29}Si-NMR-Verschiebung auswirkt. Andererseits ist eine ionische Stuktur denkbar, in der die Kompensation der positiven Ladung durch die Si···N-Wechselwirkungen von den sterischen Begebenheiten am Siliciumzentrum abhängt. Für beide Möglichkeiten gilt, daß der Tieffeldshift umso größer wird, je sterisch anspruchsvoller der Alkylrest ist.

Die erste Möglichkeit kann durch die Darstellung von Verbindungen mit anderen Gegenionen ausgeschlossen werden. Derartige Verbindungen erwiesen sich jedoch als nicht so problemlos zugänglich, z. B. reagieren die Alkylsilane nicht mit Tritylsalzen. Auch die Umsetzung mit Brom oder Iod erwies sich als keine geeignete Möglichkeit. Man erhielt dabei Gemische, die vermutlich durch die Bildung von Ammoniumhalogeniden verursacht wurden. Durch

Umsetzung von **11** mit Methyliodid konnte **106** erhalten werden, auf den Mechanismus dieser Reaktion soll jedoch erst in Kapitel 3.1 eingegangen werden. **106** zeigt identische NMR-Spektren wie **103**, was für das Vorliegen freier Ionen spricht, und somit die Möglichkeit einer kovalenten Bindung zwischen Triflat und Silicium ausschließt. Zwar wurden von den anderen Verbindungen nicht die entsprechenden Iodide dargestellt, doch kann man nicht ausschließen, daß auch diese Verbindungen analog zu **103** als freie Ionen vorliegen.

Zur weiteren Strukturaufklärung von **103** in Lösung wurde eine ^{1}H-NMR-Messung bei variabler Temperatur durchgeführt. Dabei stellte man fest, daß es bei tiefer Temperatur zu einer Differenzierung der beiden DMBA-Substituenten kam. Man beobachtete zwei AB-Systeme für die benzylischen Protonen und vier Signale für die beiden NMe$_2$-Gruppen im Verhältnis 1:1:1:1. Beide CH$_2$NMe$_2$-Einheiten treten dabei bei nicht unterscheidbarer Temperatur in Koaleszenz (T$_C$(CD$_2$Cl$_2$) = 215 K). Das Signalmuster ist nicht durch eine pentakoordinierte Struktur mit identischen Si$\cdots$N-Wechselwirkungen, wie sie für **87-OTf** gefunden wird, erklärbar. Für die Struktur von **103** bei tiefer Temperatur sind zwei Konformationen denkbar:

1) Die dynamisch pentakoordinierte Struktur bei Raumtemperatur geht bei tiefer Temperatur in eine starr pentakoordinierte Struktur über, in der eine NMe$_2$-Gruppe – vergleichbar zu den Si$\cdots$N-Wechselwirkungen in **87-OTf** – in axialer Position, aber die zweite NMe$_2$-Gruppe in äquatorialer Position angreift[149]. Die sperrige Methylgruppe nimmt dabei die sterisch weniger belastete axiale Position ein. Beide Si$\cdots$N-Wechselwirkungen führen dazu, daß die freie Rotation um die Bindung des benzylischen Kohlenstoffs mit dem Stickstoff unterbunden ist und so die Methylprotonen und die benzylischen Protonen diasterotop werden.

103

2) Die dynamische Struktur wird analog zur Verbindung **74**, die von Willcott[59alt] untersucht wurde, in einer starr tetrakoordinierten Konformation eingefroren. Dabei entsteht ein AB-System für die benzylischen Protonen und zwei NMe-Signale durch die starre Si$\cdots$N-Koordination. Der zweite Satz von Signalen für die nichtkoordinierende CH$_2$NMe$_2$-Einheit ist dadurch erklärbar, daß man durch die starre Si$\cdots$N-Koordination

ein chirales Siliciumzentrum erhält und dadurch die Protonen der zweiten CH_2NMe_2-Einheit diasterotop werden. Es ist jedoch sehr ungewöhnlich, daß die nichtkoordinierende NMe_2-Gruppe Anlaß zu zwei Singuletts gibt; sollte doch der Stickstoff bei dieser Temperatur noch schnell invertieren können und so die beiden Methyl-Gruppen identisch werden.

$$[\text{Struktur}]^{\oplus} \; OTf^{\ominus}$$

103

Es läßt sich jedoch nicht mit Sicherheit sagen, welche der beiden Konformationen bei tiefer Temperatur vorliegt. Es ist aber möglich, für den Prozeß eine Aktivierungsenthalpie zu berechnen, die für allen vier Signalgruppen einen Wert von $\Delta G^{\#} = 39.4 \pm 0.6$ kJ/mol ergibt.
Zur weiteren Klärung wurde auch von **105** eine ^{1}H-NMR-Messung bei variabler Temperatur durchgeführt. Diese deutet an, daß bei **105** sehr ähnliche Effekte wirksam sind. Man konnte die beiden AB-Systeme erkennnen und auch die vier NMe-Signale zeichneten sich schon ab, doch waren die Signale bei -80 °C noch zu breit um eine exakte Aussage treffen oder sogar einen Aktivierungsparameter bestimmen zu können. Leider ist es nicht möglich, aufgrund der bisher erhaltenen Daten eine der beiden vorgestellten Möglichkeiten für die Struktur bei tiefer Temperatur als wahrscheinlicher einzustufen, obwohl Möglichkeit 1 die beobachteten Effekte besser zu erklären scheint.
Die Klärung dieses Problems sollte sich durch eine Festkörperstrukturanalyse erreichen lassen. Jedoch gelang es nicht, für eine Strukturanalyse geeignete Kristalle von **103** zu erhalten. Stattdessen wurden wegen der besseren Kristallisationseigenschaften der ersten Hydrolysestufe von **103** immer nur Kristalle von **107** erhalten, selbst wenn diese nur in Spuren gebildet worden war. Die Festkörperstruktur von dieser Verbindung ist in Abb. 15. abgebildet. Es handelt sich um ein Disiloxan **107**, welches durch die Reaktion von einem halben Äquivalent Wasser mit **103** gebildet wurde (Schema 28).

Schema 28. Partielle Hydrolyse von **103**

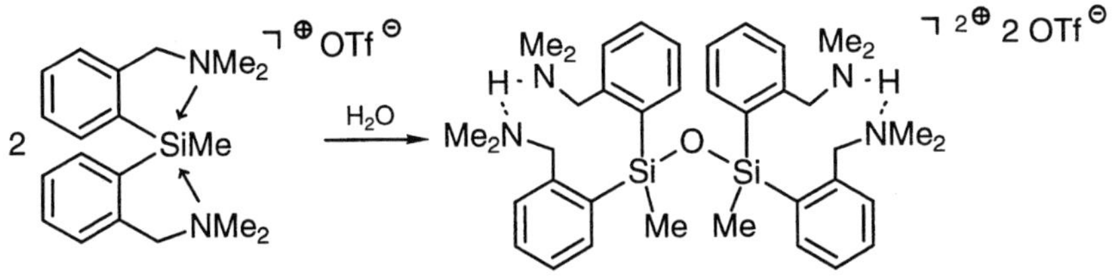

103   **107**

107 besitzt alle Strukturmerkmale eines Disiloxanes. Der Winkel am Sauerstoff ist stark aufgeweitet und liegt mit 159.3(3)° im Rahmen der Winkel bekannter Disiloxanstrukturen (140.0(1)° bis 180°)[150]. Es zeigt sich, daß **107** besonders zu den zwei verwandten Strukturen von 1,3-Dimethyl-1,1,3,3-tetraphenyldisiloxan (**108**)[151] und dem durch Hydrolyse von **10** erhaltenen protonierten Disiloxan **109**[90] große Analogien aufweist.

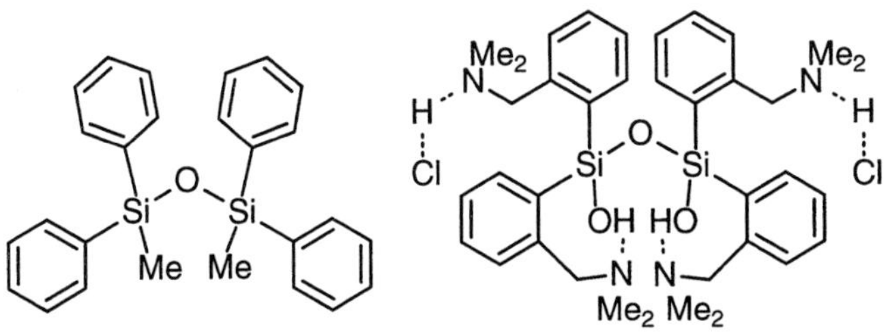

108   **109**

So ist die Disiloxan-Si-O-Bindung gegenüber einer der Silanol-Si-O-Bindungen von **109** (163.5(1) pm) geringfügig verkürzt (162.7 pm), wie dies auch in **109** beobachtet wird (161.5(1) pm). In allen drei Strukturen ist die Geometrie an den Siliciumzentren nahezu ideal tetraedrisch. Die NMe$_2$-Gruppen der DMBA-Substituenten von **107** sind aufeinander ausgerichtet. Diese Ausrichtung kommt dadurch zustande, daß die bei der Hydrolyse freiwerdende Trifluorsulfonsäure durch die anwesenden Stickstoffbasen unter Ausbildung von Ammoniumionen sofort deprotoniert werden. Die entstehenden Ammoniumionen stabilisieren sich weiter durch die Ausbildung einer intramolekularen Wasserstoffbrücke zwischen den beiden Stickstoffatomen zweier DMBA-Substituenten (N(11)-H(11) 94(3) pm und N(21)···H(11) 187(3) pm). Die Ausrichtung der beiden NMe$_2$-Gruppen aufeinander bestätigt sich sowohl durch den kurzen N(11)-N(21)-Abstand (279.5(6) pm), der signifikant kürzer als die Summe der van der Waals-Radien ist (310 pm)[83a], als auch durch den Winkel N(11)-H(11)···N(21) (165.98(4.53)°), der die Ausrichtung der freien Elektronenpaare auf das Brücken-Wasserstoffatom deutlich zeigt. Wasserstoffbrückenbindungen findet man auch in **109**[90]. Hier werden sowohl zwischen dem Proton der OH-Gruppe und einer NMe$_2$-Gruppe als auch zwischen einem quartären Stickstoffzentrum und Chloridionen ähnliche Wasserstoffbrücken beobachtet.

Das durch die Deprotonierung der Trifluorsulfonsäure entstehende Triflatanion in **107** tritt nicht in Wechselwirkung mit dem Proton, sondern koordiniert mit einem CDCl$_3$-Lösungsmittelmolekül, das in den Kristall fehlgeordnet eingebaut wurde. Der Triflat-CDCl$_3$-Kontakt dokumentiert sich in dem kurzen O(3)···H(1)-Abstand. Der Einbau des Lösungsmittelmoleküls bereitete bei der Aufklärung der Struktur große Schwierigkeiten, da Chloroformmoleküle einerseits eine große Elektronendichte und andererseits meist eine kugelsymmetrische Fehlordnung aufweisen. Durch die Wechselwirkung des CDCl$_3$-Moleküles mit dem Triflatanion ließen sich dessen Positionen jedoch auf drei Hauptpositionen minimieren und so die Struktur hinreichend genau lösen.

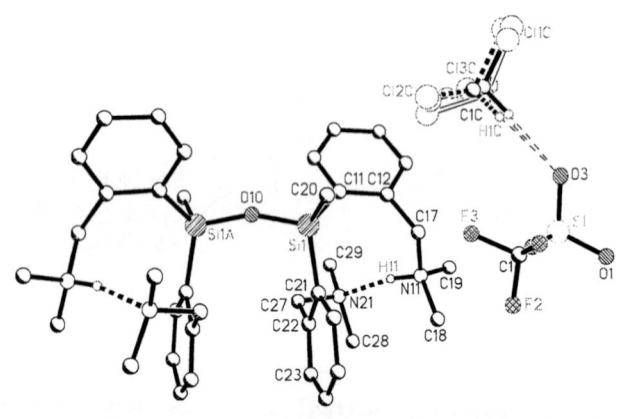

Abb. 19. Struktur von **107** im Festkörper. Ausgewählte Abstände [pm] und Bindungswinkel [°]: Si(1)-O(10) 162.7(2), Si(1)-C(11) 187.8(5), Si(1)-C(21) 186.6(6), Si(1)-C(20) 185.4(5), N(11)-H(11) 94(3), N(21)···H(11) 187(3), N(11)···N(21) 279.5(6), S(1)-O(3) 142.6(5), S(1)-O(1) 141.6(4), S(1)-O(2) 139.5(4), O(3)···H(1a) 210(3), O(3)···H(1b) 188(2), O(3)···H(1c) 224(2); Si(1)-O(10)-Si(1A) 159.3(3), C(11)-Si(1)-O(10) 105.9(2), C(21)-Si(1)-O(10) 109.2(2), C(11)-Si(1)-C(21) 115.9(2), C(11)-Si(1)-C(20) 108.3(2), N(11)···H(11)···N(21) 165.98(4.53).

Eine Wasserstoffbrückenbindung sollte sich durch ein ^{1}H-NMR-Signal bei sehr tiefem Feld äußern[152]. **107** ließ sich nur in DMSO in Lösung bringen. In diesem Lösungsmittel ließ sich nur ein mehr als 250 Hz breites N-H-Signal bei ca. δ = 5.4 detektieren. Dieses sehr breite Signal spricht dafür, daß ein sehr schneller, eventuell intramolekularer Austauschprozeß abläuft. Nach der vollständigen Hydrolyse von **107** erhielt man des protonierten Silanol **110**, der in C$_6$D$_6$ löslich war. Für **110** konnte das Signal der N-H- bzw. O-H-Bindung im erwarteten Bereich beobachtet werden (δ = 9.75), jedoch erscheint für beide Protonen nur ein Signal. Analoge Verhältnisse findet man auch in dem protonierten Silanol **111**, das durch vollständige Hydrolyse von **105** erhalten wurde (δ = 10.35).

Schema 29. Vollständige Hydrolyse von **103** und **105**

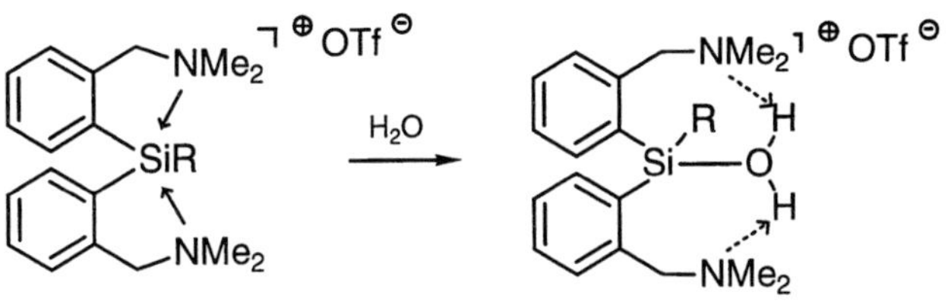

R = Me **103**
R = *t*-Bu **105**

R = Me **110**
R = *t*-Bu **111**

Beide Ergebnisse sprechen dafür, daß es sich bei den protonierten Silanolen um Oxoniumionen handelt, die zwei, eventuell schnell fluktuierende intramolekulare Wasserstoffbrückenbindungen ausbilden. Derartige N···H-O-Bindung wurde, z. B. im Festkörper des protonierten Disiloxans **109** gefunden[90]. Ähnliche Wasserstoffbrückenbindungen postuliert man aufgrund des großen Tieffeldshiftes der OH-Signale auch für die unprotonierten Silanole, die einen Substituenten besitzen, welcher zur intramolekularen Koordination befähigt ist[153].

2.3 Reaktionen der kationischen Komplexe

Die extreme Hydrolyseempfindlichkeit der alkylsubstituierten kationischen Komplexe deutet an, daß sie eine gegenüber den pentakoordinierten kationischen Komplexen vom Typ **87-OTf** erhöhte Reaktivität besitzen. Dies sollte am Beispiel der Fluorierung untersucht werden. Sie stellte gleichzeitig eine Möglichkeit dar, die kationischen Komplexe weiter zu charakterisieren, da es nicht möglich war, sie zufriedenstellend massenspektrometrisch zu untersuchen.

Eine Möglichkeit, kationische Komplexe synthetisch zu nutzen, stellt der gezielte Aufbau von polyarylsubstituierten Silanen dar. Auf diese Art waren eine Reihe von Diaryl- und Triarylsilanen zugänglich[154].

2.3.1 Fluorierungsreaktionen von Silyltriflaten

Wie schon weiter oben (Kapitel 2.1) erwähnt wurde, erwies sich **87-OTf** gegenüber Natriumfluorid und Cäsiumfluorid als inert und konnte nahezu quantitativ wieder zurückisoliert werden. Wurde das Fehlschlagen dieser Reaktion bei **76** und **75** noch auf die Instabilität dieser Verbindungen zurückgeführt, so ist dies bei dem unter den gewählten Reaktionsbedingungen stabilen **87-OTf** verwunderlich. Aus der Literatur ist z. B. bekannt, daß Trimethylsilyltriflat mit Kaliumfluorid in sehr guter Ausbeute zu Trimethylfluorsilan umgesetzt werden kann[155].

Schema 30. Fluorierung von TMSOTf

$$\text{TMSOTf} \xrightarrow[\text{DMF}]{\text{KF, 18-C-6}} \text{TMSF}$$
$$\mathbf{112} \qquad\qquad\qquad \mathbf{113}$$

Mit den monoalkylsubstituierten kationischen Komplexen gelingt die Reaktion zu den entsprechenden Fluorsilanen dann auch ohne Probleme unter schonenden Bedingungen (Schema 31). Auch **94-OTf** reagiert mit Cäsiumfluorid, jedoch konnte wie im Fall des zweifach DMBA-substituierten Fluorsilanes (**85**) nach der Destillation nur das Difluorid **114** erhalten werden.

Schema 31. Fluorierungsreaktionen hochkoordinierter Silyltriflate

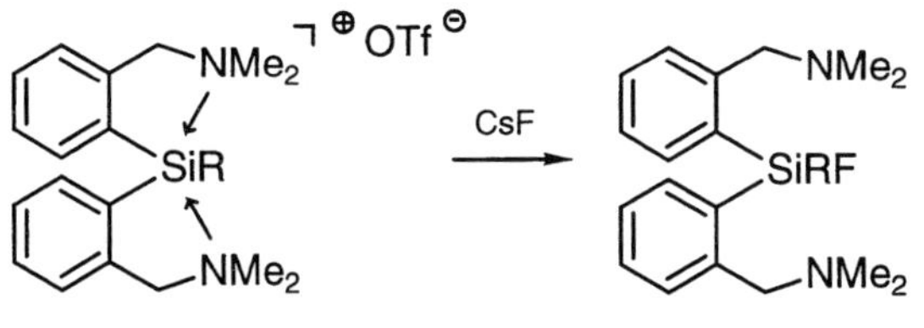

R = Me **103**
R = *n*-Bu **104**

R = Me **115**
R = *n*-Bu **116**

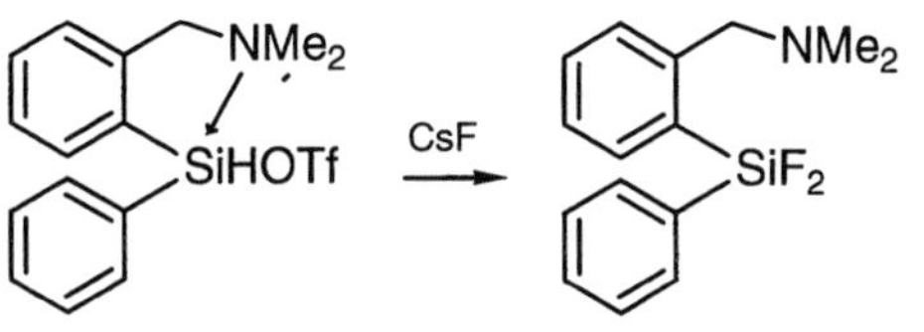

94-OTf   **114**

Auch im Fall des einfach DMBA-substituierten Silyltriflats (**118**), gelang die Fluorierung glatt zum entsprechenden Monofluordihydrid **119**. **118** konnte analog zu den anderen Silyltriflaten durch Umsetzung des Silans **117**[89] mit TMSOTf dargestellt werden und erweist sich aufgrund seiner spektroskopischen Daten als kovalente Verbindung. Z. B. ist **118** das einzige der im Rahmen dieser Arbeit dargestellten Silyltriflate, von dem eine erfolgreiche massenspektrometrische Untersuchung durchgeführt werden konnte. Auch bei **119** tritt eine Redistributionsreaktion auf, weswegen eine weitergehende Reinigung dieser Verbindung nicht möglich war und massenspektrometrisch nur das Trifluorsilan **120** nachgewiesen werden konnte.

Schema 32. Darstellung von **118**

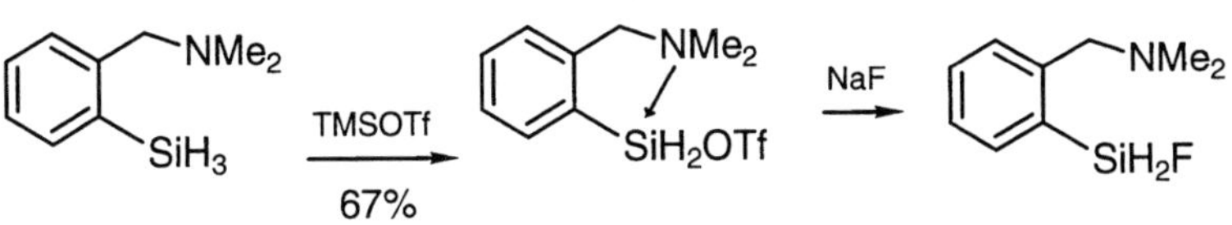

117   **118**   **119**

Der Grund für das von den anderen kationischen Komplexen abweichende Verhalten von **87-OTf** liegt vernutlich darin, daß es sich bei **87-OTf** um einen starr pentakoordinierten kationischen Komplex mit *zwei* starken Si⋯N-Wechselwirkungen handelt. Bei den anderen kationischen Komplexen ist entweder keine zweite Si⋯N-Wechselwirkung vorhanden (**94-OTf** bzw. **118**) oder die Si⋯N-Wechselwirkungen sind durch den gesteigerten sterischen Anspruch des zusätzlichen Substituenten am Siliciumzentrum abgeschwächt. Die abgeschwächte Koordination im Fall der alkylsubstituierten Silyltriflate bewirkt auch, daß diese Verbindungen extrem hydrolyseempfindlich sind, so daß es im Gegensatz zu **87-OTf** noch nicht möglich war, trotz hoher NMR-spektroskopischer Reinheit korrekte Elementaranalysen zu erhalten.

Tabelle 20. Vergleich der ^{29}Si-NMR-Daten von [2-(Dimethylaminomethyl)phenyl]-substituierten Fluorsilanen mit phenyl-substituierten Fluorsilanen

	δ_{DMBA}[a,b]	δ_{Ph}[a,c,d]	$\Delta\delta$[e]	ΔJ[f]
R$_2$SiMeF (**115**)[g]	−4.4 (271)	+7.7	−12.1	—
R$_2$SinBuF (**116**)	−3.3 (276)	—	—	—
R$_2$SiHF (**85**)	−38.5 (276)	—	—	—
R$_2$SiF$_2$(**86**)	−50.8 (271)	−29.1 (303)	−21.7	−32
RPhSiF$_2$ (**114**)	−53.2 (269)	−29.1 (303)	−24.1	−34
RSiH$_2$F (**119**)	-62.7 (278)	—	—	—

[a] Die Werte in Klammern geben $^1J_{SiF}$ [Hz] an. − [b] δ_{DMBA} für R = 2-(Me$_2$NCH$_2$)C$_6$H$_4$. − [c] Die Werte sind, sofern nicht anders angegeben, der Referenz [81] entnommen. − [d] δ_{Ph} für R = C$_6$H$_5$. − [e] $\Delta\delta = \delta_{DMBA} - \delta_{Ph}$. − [f] $\Delta J = J_{DMBA} - J_{Ph}$. − [g] Die Bezifferung bezieht sich jeweils auf das Molekül mit R = 2-(Me$_2$NCH$_2$)C$_6$H$_4$.

Ein Vergleich der ^{29}Si-NMR-Daten DMBA-substituierter Fluorsilane mit analogen phenyl-substituierten Silanen ist wegen der fehlenden Vergleichswerte schwierig, doch deuten sich bei den vorhandenen Werten bereits die erwarteten Effekte an. Die DMBA-substituierten Silane zeigen gegenüber den analogen Fluorsilanen einen Hochfeldshift, der sie als hochkoordinierte Verbindungen identifiziert. Diese Hochkoordination führt im Gegensatz zur Si-H-Kopplungskonstante zu einer Verkleinerung der Si-F-Kopplungskonstante. Dies ist einfach erklärbar: Durch eine Koordination nimmt, wie dies durch Rechnungen und Festkörperstrukturen gezeigt werden konnte[156], die Si-F-Bindungsstärke ab, was die Abschwächung der Kopplung zur Folge hat. Bedingt ist diese Bindungsstärkenabnahme dadurch, daß Fluor im Gegensatz zu Wasserstoff als bessere Abgangsgruppe bevorzugt eine trans-Position zum Donorsubstituenten einnimmt[157].

2.3.2 Darstellung potentiell hochkoordinierter polyarylierter Silane

Es hat sich gezeigt, daß die beschriebenen kationischen Komplexe als Synthesezwischenstufen genutzt werden können[154]. Es ist möglich die kationischen Komplexe selektiv und in sehr guten Ausbeuten darzustellen. Das anionische Gegenion kann anschließend in einer weiteren Reaktion gegen verschiedene Nucleophile ausgetauscht werden. Dies gilt sowohl für strukturell einfache Nucleophile wie Methylmagnesiumchlorid, n-Butylmagnesiumbromid oder Lithiumaluminiumhydrid als auch für potentiell hochkoordinierte Organolithiumverbindungen. Die Reaktion mit hochkoordinierten Organolithiumverbindungen ist auch in der Literatur bekannt[154] und wurde zum Aufbau des Tris[8-(dimethylamino)naphthyl]silanes (**121**) genutzt (Schema 32).

Schema 32. Darstellung des dreifach 8-(dimethylamino)naphthyl-substituierten Silanes **121**

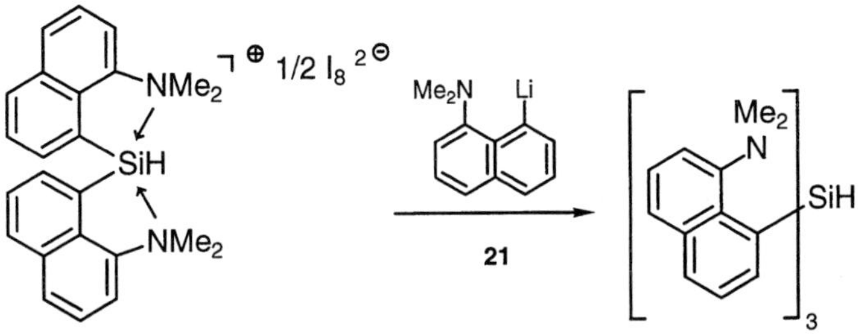

91   **121**

Durch die Umsetzung von **118** mit 8-(Dimethylamino)naphthyllithium (**21**)[63] konnte das Diarylsilan **122**, welches auf anderem Wege bis jetzt noch nicht zugänglich war, erhalten werden. Die Triarylsilane **126** und **125** waren durch die Reaktion von **87-OTf** mit **21** bzw. 2-[Trimethylhydrazino)phenyllithium (**15**) erhältlich. Zur Synthese von zweifach naphthyl-substituierten Triarylsilanen wurde das Triflat **123** aus dem entsprechenden Dihydridosilan **125**[158] und TMSOTf synthetisiert und mit 2-(Dimethylaminomethyl)phenyllithium (**43**)[159] zum Triarylsilan **127** umgesetzt. Diese Reaktionen zeigen exemplarisch, daß sich sowohl Monoaryldihydridotriflate (z. B.: **118**) als auch Diarylmonohydridotriflate wie **123** oder **87-OTf** in dieser Reaktion einsetzen lassen. Die PTMH-substituierten kationischen Komplexe sind in dieser Reaktion wegen ihrer Instabilität nicht nutzbar (vergleiche Kapitel 1.2.4). Als Nucleophil konnte neben **43** und **21** auch **15** eingesetzt werden, was den Zugang zu potentiell hochkoordinierten Silanen mit unterschiedlichsten Substituentenmustern eröffnet.

Schema 34. Umsetzung der hochkoordinierten Silyltriflate mit Organolithiumverbindungen

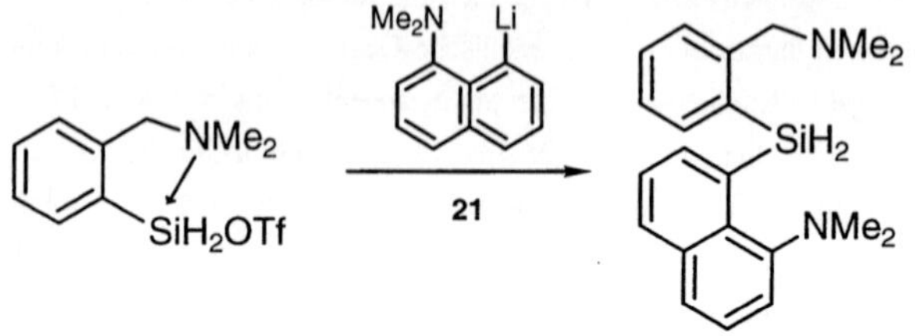

118   **122**

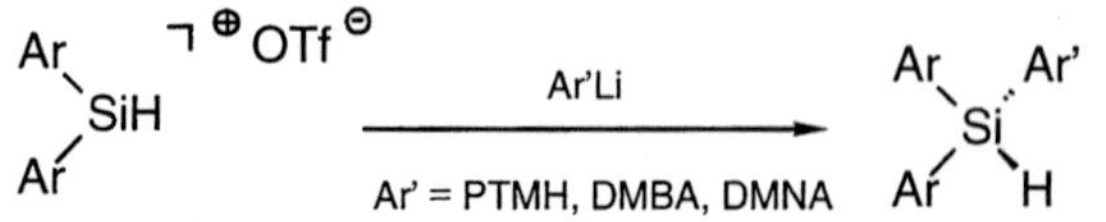

Ar = DMBA **87-OTf**   Ar = DMBA, Ar' = PTMH **125**
Ar = DMNA **123**   Ar = DMBA, Ar' = DMNA **126**
                          Ar = DMNA, Ar' = DMBA **127**

DMBA = 2-(Me$_2$NCH$_2$)C$_6$H$_4$
DMNA = 8-(Me$_2$N)C$_{10}$H$_6$
PTMH = 2-(Me$_2$NMeN)C$_6$H$_4$

In der Literatur sind hochkoordinierte wasserstoffsubstituierte Silane bekannt[158], aber man findet durchaus auch Veröffentlichungen, in denen eine Hochkoordination bei wasserstoffsubstituierten Silanen bezweifelt wird[77]. Diese Diskussion wurde in Kapitel 1.2.2 aufgenommen und dort durch ^{29}Si-NMR-Messungen bei variabler Temperatur gezeigt, daß die Dihydridosilane **41**, **50** und **32** in Lösung durchaus hochkoordiniert vorliegen. In neuerer Zeit ist in die Diskussion ein neuer Aspekt, nämlich das Vorliegen heptakoordinierter Hydridosilane aufgenommen worden[154]. Die Ausbildung derartig heptakoordinierter Verbindungen ließ sich durch Festkörperuntersuchungen von dreifach DMBA- bzw. dreifach DMNA-substituierten Silanen belegen. Dort findet man eine Ausrichtung aller drei NMe$_2$-

Gruppen auf das Siliciumzentrum unter Ausbildung sehr schwacher Si···N-Wechselwirkungen, die mit ca. 300 pm aber noch unter der Summe der van der Waal-Radien liegen (365 bzw. 355 pm[83]). Diese Ergebnisse wurden nun als Ausgangspunkt für die Untersuchungen von gemischt substituierten, potentiell heptakoordinierten Silanen durch NMR-Spektroskopie gewählt.

Die Verbindung **127** zeigt bei Raumtemperatur neben einem AB-System für die benzylischen Protonen des DMBA-Substituenten fünf Signale im NMe_2-Bereich mit einem Intensitätsverhältnis von 1:1:2:1:1. Eine gesicherte Zuordnung dieser Signale aus dem ^{1}H-NMR-Spektrum ist nicht möglich. Im ^{13}C-NMR-Spektrum werden ebenfalls fünf unterschiedliche NMe_2-Signale und drei unterschiedliche Arylsubstituenten mit den 26 erwarteten Linien im aromatischen Bereich beobachtet. Das ^{13}C-NMR-Spektrum erlaubt die Vermutung, daß es sich bei den jeweils in zwei Singuletts aufgespaltenen NMe_2-Signalen um die NMe_2-Gruppen der DMNA-Substituenten handelt. Es wurde versucht, durch Aufheizen der NMR-Probe über die Koaleszenztemperatur und so zu einer Äquivalenz der beiden NMe_2-Gruppen zu gelangen. Ein Aufheizen auf 350 K reichte zum Erreichen der Koaleszenztemperatur nicht aus. Allerdings trat bei dieser Temperatur bereits eine Verbreiterung der Linien auf. Diese Befunde sprechen dafür, daß es sich bei **127** um eine starr hexakoordinierte Struktur unter Ausbildung zweier Si···N-Wechselwirkungen handelt. Eine zusätzliche schwache Koordination des DMBA-Substituenten kann nicht ausgeschlossen werden.

127

Andere Verhältnisse findet man bei **126**: Bei dieser Verbindung befindet man sich bereits bei Raumtemperatur kurz unterhalb der Koaleszenztemperatur. Für die NMe_2-Gruppe des DMNA-Substituenten wurden zwei breite Singuletts beobachtet (Δv = 108 Hz). Heizt man die Probe auf, so gingen die Signale in *ein* Singulett über ($T_c(C_6D_6)$ = 305 K bei einer Meßfrequenz von 300 MHz). Für diesen Prozeß errechnet sich eine freie Aktivierungsenthalpie von $\Delta G^{\#}$ = (61±1) kJ/mol. Das Signal der NMe_2-Gruppen der DMBA-

Substituenten veränderte sich dabei nur wenig. Das Signal der benzylischen Protonen, das bei Raumtemperatur ebenfalls nur als breites Singulett beobachtet wurde, ging nach dem Überschreiten der Koaleszenztemperatur ($T_c(C_6D_6)$ = 302 K bei einer Meßfrequenz von 300 MHz) in ein AB-System über ($\Delta\nu$ = 61 Hz). Auch für diese Signalveränderung läßt sich der Aktivierungsparameter berechnen: $\Delta G^{\#}$ = (62±1) kJ/mol. Die Äquivalenz der beiden Aktivierungsparamater innerhalb der Fehlergrenzen deutet an, daß beide Parameter denselben Prozeß beschreiben. Bei tiefer Temperatur sollte eine starre Si···N-Wechselwirkung zwischen dem DMNA-Substituenten und dem Siliciumzentrum vorliegen und die beiden DMBA-Substituenten einem dynamischen Prozeß unterliegen, bei dem sich die beiden Substituenten in der Koordination abwechseln. Beschreibbar ist die Situation am Silicium als dynamisch hexakoordiniert. Bei hoher Temperatur ist die Si···N-Wechselwirkung des DMNA-Substituenten nicht mehr starr und es kommt höchstwahrscheinlich zu einem schnellen Austausch in der Koordination aller drei Substituenten.

126

Eine Prüfung der Temperaturabhängigkeit des ^{1}H-NMR-Spektrums von **125** wurde nicht durchgeführt, jedoch deutet die geringfügige Verbreiterung der Signale, speziell des AB-Systemes der benzylischen Protonen des DMBA-Substituenten an, daß auch in dieser Verbindung dynamische Prozesse ablaufen.

Zur weiteren Untersuchung der Hochkoordination wurden ^{29}Si-NMR-Spektren bei variabler Temperatur durchgeführt. Bei dieser Art von Messungen drückt sich eine Hochkoordination durch einen Hochfeldshift des ^{29}Si-NMR-Signales bei Erniedigung der Temperatur aus[77]. Dabei stellt man fest, daß beim Abkühlen um 65 K der Hochfeldshift ($\Delta\delta$) bei **125** am stärksten ausgeprägt ist, gefolgt von **126** und **127** (Tabelle 21). Die gleiche Reihenfolge findet man auch, wenn man die Differenzen der Hochfeldshifts dieser Verbindungen zum Triphenylsilan (δ = –17.8) betrachtet ($\Delta\delta'$).

Tabelle 21. ^{29}Si-NMR-Daten der Silane **127, 126** und **125** bei variabler Temperatur und im Vergleich zu Triphenylsilan

Ar$_2$SiH$_2$[a]	296 K δ	223 K δ	Δδ[b]	Δδ'[c]
Ar^1$_2$Ar^{2}SiH (**127**)	−32.6[d]	−33.8[d]	−1.2	−14.8
Ar^2$_2$Ar^{1}SiH (**126**)	−33.6[d]	−35.7[d]	−2.1	−15.8
Ar^2$_2$Ar^{3}SiH (**125**)	−35.2[d]	−37.7[d]	−2.5	−17.4

[a] Ar^1 = 2-(Me$_2$N)C$_{10}$H$_6$, Ar^2 = 2-(Me$_2$NCH$_2$)C$_6$H$_4$, Ar^3 = 2-(Me$_2$NMeN)C$_6$H$_4$ − [b] Δδ = δ$_{223\,K}$ − δ$_{296\,K}$. − [c] Δδ' = δ$_{223\,K}$(Ar$_3$SiH)− δ (Ph$_3$SiH). − [d] Lösungsmittel CDCl$_3$.

An diesen Ergebnissen spiegeln sich die andersartigen Donoreigenschaften des 8-(Dimethylamino)naphthyl(DMNA)-Substituenten wider. Er ist zwar in der Lage, eine koordinative Si$\cdots$N-Wechselwirkung zwischen NMe$_2$-Gruppe und Siliciumzentrum auszubilden, jedoch ist diese Wechselwirkung wenig flexibel und wird auch bei Erniedrigung der Temperatur nur geringfügig stärker. Im Gegensatz dazu scheinen sowohl 2-(Dimethylaminomethyl)phenyl(DMBA)- als auch 2-(Trimethylhydrazino)phenyl(PTMH)-Substituent, die wesentlich flexiblere Bindungsverhältnisse im Substituenten aufweisen, anpassungsfähiger auf die Begebenheiten am Siliciumzentrum reagieren zu können. Dies kann jedoch auch dazu führen, daß sie keine Koordination eingehen, wogegen dies beim DMNA-Substituenten aufgrund der Rigidität selten zu vermeiden ist (siehe: **127** vs. **126**).
Die Heptakoordination in Lösung konnte weder bewiesen noch ausgeschlossen werden. Die Temperaturabhänigkeit des ^{29}Si-NMR-Shifts der zweifach (siehe dazu Kapitel 1.2.2, Tabelle 4) und dreifach (Tabelle 21) donorsubstituierten Hydridosilane bewegt sich in der gleichen Größenordnung. Dabei sind die ^{29}Si-NMR-Shiftdifferenzen der zweifach donorsubstituierten Silane bei der Temperaturerniedrigung etwas größer. Im Gegensatz dazu ist die ^{29}Si-NMR-Shiftdifferenz im Vergleich zu den analogen Phenylsilanen im Fall der dreifach donorsubstituierten Silane größer. Dies muß aber nicht unbedingt der Effekt einer besseren magnetischen Abschirmung durch eine Koordination sein, da alleine die Einführung eines *ortho*-Substituenten am aromatischen Ring zu einer ^{29}Si-NMR-Hochfeldverschiebung führt. Als Beispiel sei hier die Reihe **128**[160]>**129**[161]>**130**[25] angeführt.

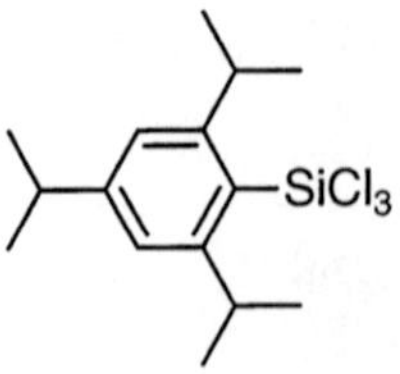

128 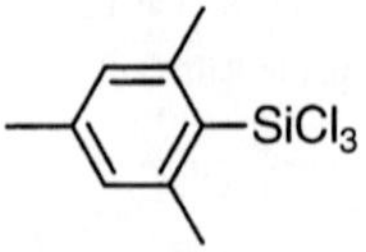   **129** 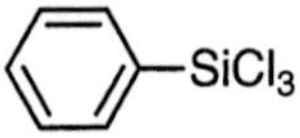   **130**

Tabelle 22. Vergleich der ^{29}Si-NMR-Verschiebungswerte unterschiedlicher Aryltrichlorsilane

	128[160]	129[161]	130[25]
δ	–4.1	–3.4	–0.8

Dies läßt die Vermutung zu, daß die Koordination der dreifach donorsubstituierten Silane nicht effektiver ist, als die der zweifach donorsubstituierten Silane. Für die Struktur dieser Silane in Lösung bedeutet das, daß sie am besten, mit Ausnahme von **127**, als dynamisch hexakoordinierte Verbindungen mit schnellem Austausch aller drei NMe$_2$-Gruppen beschrieben werden sollten. Eine Heptakoordination wie sie für den Festkörper aufgrund der schwachen Si···N-Wechselwirkungen beschrieben wurde, scheint eher unwahrscheinlich.

Abb. 20. Postulierter dynamischer Prozeß dreifach donorsubstituierter Silane

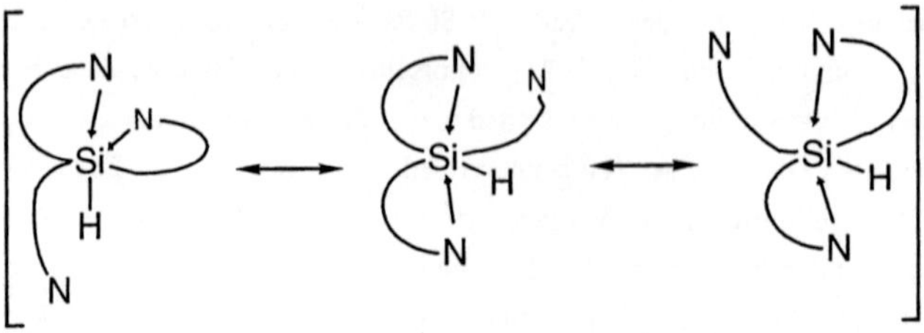

3. Reaktionen des Cyclotrisilanes 11 mit halogenierten Verbindungen

In früheren Arbeiten hat sich gezeigt, daß das Hexakis[2-(dimethylaminomethyl)phenyl]cyclotrisilan (11) unter Übertragung von drei Silandiyl-Einheiten auf seine Reaktionspartner reagiert, wobei als reaktive Zwischenstufen freie Silandiyle 13 durchlaufen werden[50]. Der 2-(Dimethylaminomethyl)phenyl(DMBA)-Substituent besitzt, wie durch die Synthese und Strukturaufklärung der kationischen Komplexe gezeigt werden konnte, eine für die Koordination an ein sp^2-hybridisiertes Siliciumzentrum günstige Geometrie. Aufgrund dessen sollte das aus 11 freigesetzte Silandiyl 13 durch eine oder sogar zwei NMe$_2$-Gruppen koordiniert sein[40]. Dies sollte die Reaktionseigenschaften des Silandiyls 13 bedeutend verändern. Von derartigen durch Lewis-Basen koordinierten Silandiylen ist zu erwarten, daß ihre elektrophilen Eigenschaften[44] abgeschwächt sind und dadurch die nucleophilen Eigenschaften verstärkt zutage treten.

Neben den Reaktionen von Cyclotrisilanen[28], Disilenen[162] oder Silandiylen[163] mit Mehrfachbindungssystemen, die meist unter Cycloaddition verlaufen, sind auch einige wenige Untersuchungen über die Reaktionen mit halogenhaltigen Verbindungen bekannt[164,165]. In dem nun folgenden Kapitel sollen die Reaktionen des Cyclotrisilans 11 mit halogenierten Verbindungen untersucht werden.

3.1 Reaktionen des Cyclotrisilans 11 mit Halogenen

Von Disilenen und Cyclotrisilanen ist bekannt, daß sie mit elementarem Chlor, Brom oder Iod unter Bildung von Dihalogendisilanen[166] bzw. Dihalogentrisilanen[167] regieren. Auch von einem Silandiyl, dem Dodecamethylsilicocen ist die Umsetzung mit Brom und Iod bekannt[168]. Sie führt in diesem Fall zu dem entsprechenden Dihalogensilan.
Setzt man 11 mit 1.5 Äquivalenten Brom in Dioxan um, so erhält man einen unlöslichen Niederschlag, der sich als der nahezu saubere kationische Komplex 87-Br erweist, welcher in 73% Ausbeute isoliert werden konnte (Schema 35). Erstaunlich ist dabei der Einbau des Wasserstoffatomes. Dies könnte, wenn man das Auftreten radikalischer Zwischenstufen postuliert, aus dem Lösungsmittel abstrahiert worden sein.

Schema 35. Reaktion von **11** mit Brom und Pyridiniumperbromid

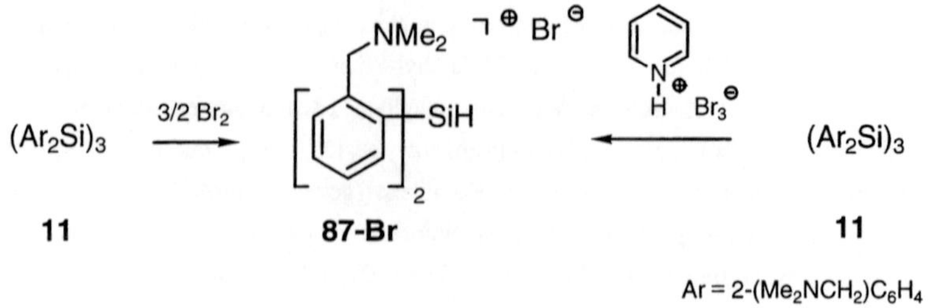

$$(Ar_2Si)_3 \quad \xrightarrow{3/2\ Br_2} \quad \left[\begin{array}{c}\text{2-(Me}_2\text{NCH}_2)\text{C}_6\text{H}_4\text{—SiH}\end{array}\right]_2^{\oplus} Br^{\ominus} \quad \xleftarrow{\quad} \quad (Ar_2Si)_3$$

11   **87-Br**   **11**

Ar = 2-(Me$_2$NCH$_2$)C$_6$H$_4$

Bei der Verwendung von einem Äquivalent in Bezug auf **11** des weitaus gelinderen Halogenierungsmittels Pyridiniumperbromid wird wiederum als einziges Produkt **87-Br** isoliert. Auch in dieser Reaktion wurde mehr Wasserstoff in das Produkt eingebaut, als vom Substrat zur Verfügung gestellt wurde. Ein Wasserstoffatom stammt mit großer Sicherheit aus dem Pyridiniumsalz; das zeigt die Reaktion von Pyridiniumbromid mit **11**. In dieser Reaktion konnte **87-Br** in 51% Ausbeute isoliert werden. Als Nebenprodukt tritt jedoch bei dieser Reaktion das Diarylsilan **41** (47% Ausbeute) auf, auch wenn nur ein Äquivalent Pyridiniumbromid eingesetzt wird.

Schema 36. Reaktion von **11** mit Pyridiniumbromid

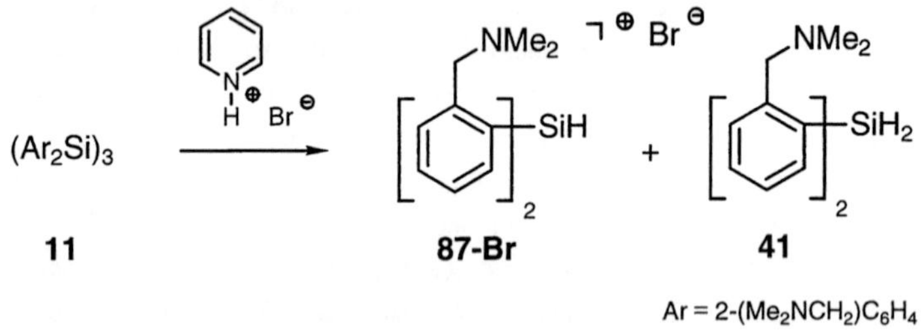

$$(Ar_2Si)_3 \quad \xrightarrow{\text{Pyr·HBr}} \quad [\text{87-Br}]^{\oplus} Br^{\ominus} \quad + \quad [\text{41}]$$

11   **87-Br**   **41**

Ar = 2-(Me$_2$NCH$_2$)C$_6$H$_4$

Führt man die Reaktion mit Pyridiniumperbromid in d$_6$-Benzol durch, wird wiederum ausschließlich **87-Br** in einer Ausbeute von 88% und kein deuteriertes Produkt erhalten. Der Einbau von Wasserstoff ist in diesen Reaktionen nicht eindeutig erklärbar.

Die Reaktion von **11** mit Iod liefert ähnliche Ergebnisse wie die Reaktion mit Brom. Auch bei dieser Reaktion entsteht der kationische Komplex **87-I** unter Einbau eines Wasserstoffatomes, jedoch entsteht daneben in etwa gleicher Menge eine zweite Verbindung **131**. Diese zeigt ein relativ breites Signal für die NMe$_2$-Gruppe und ein AB-System im benzylischen Bereich. Ein SiH-Signal, wie es für **87-I** beobachtet wird, ist nicht sichtbar. Alle Versuche, **87-I** und das Nebenprodukt **131** voneinander zu trennen, scheiterten. Beide Verbindungen erweisen sich in ihren Lösungseigenschaften als sehr ähnlich, so daß auch eine Trennung durch Auswaschen mit unterschiedlichen Lösungsmitteln scheiterte. Trennversuche durch Kristallisation oder Fällung scheiterten ebenfalls. Die Verbindungen wurden immer nur etwa im Verhältnis 1 : 1 erhalten.

Schema 37. Reaktion von **11** mit Iod

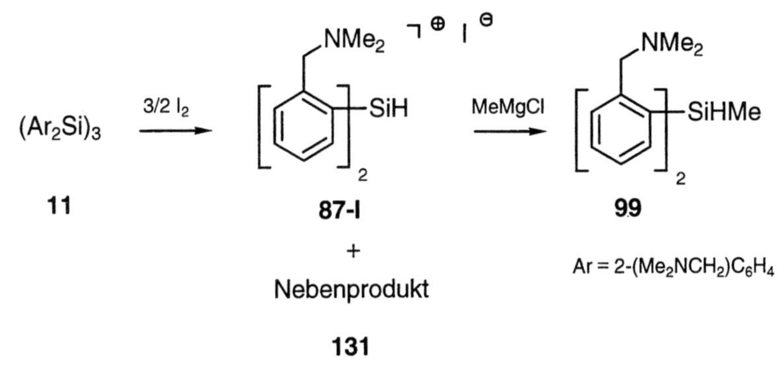

$$(Ar_2Si)_3 \xrightarrow{3/2\ I_2} \left[\underset{}{\text{Ar-SiH}}\right]_2^{\oplus} I^{\ominus} \xrightarrow{MeMgCl} \left[\underset{}{\text{Ar-SiHMe}}\right]_2$$

11 → **87-I** + Nebenprodukt **131** → **99**

Ar = 2-(Me$_2$NCH$_2$)C$_6$H$_4$

Bei der Umsetzung dieses Gemisches mit Methylmagnesiumchlorid wurde ein Öl in 65% Ausbeute isoliert, das aus **99** (71%) und Tetraaryldisiloxan **39** (14%), welches durch paritielle Hydrolyse entstanden ist, besteht. Daneben sind noch zwei weitere Produkte enthalten, die jedoch nicht abgetrennt und auch nicht charakterisiert werden konnten. Unter der Annahme, daß das Gemisch nahezu vollständig aus **99** und **39** besteht, machen **99** und **39** jedoch bezogen auf die Gesamtausbeute nicht mehr als 55% aus, so daß nicht ausgeschlossen werden kann, daß nur **87-I** mit MeMgCl zu **99** und **39** reagiert hat. Anhand dieses Experimentes sind also keine weiteren Aussagen über die Struktur von **131** möglich.
Eine mögliche Struktur von **131** wäre das Tetraaryldiiodsilan **132-I**. Um diese Vermutung zu bestätigen, wurde in einem Kontrollexperiment das Tetraaryldichlordisilan **132-Cl**[54] mit Methylmagnesiumchlorid umgesetzt. In dieser Reaktion entsteht jedoch kein **99** sondern das Diaryldimethylsilan **46** und zwar, da nur mit einem Äquivalent pro Iodatom MeMgCl gearbeitet wurde, in 47% Ausbeute (Schema 38). Aus dem in Pentan unlöslichen Rückstand wurde das nicht umgesetzte Dichlordisilan nicht resoliert, ließ sich jedoch NMR-spektroskopisch identifizieren. In der Reaktion des Produktgemisches der Umsetzung von **11**

mit Iod und Aufarbeitung mit MeMgCl wurde jedoch kein **46** gebildet. Das Ausbleiben der Bildung von **46** bei dieser Reaktion spricht dafür, daß es sich bei **131** nicht um **132-I** handelt. Eine andere denkbare Struktur wäre ein Diaryldiiodsilan **133**, doch sollte diese Verbindung bei der Reaktion mit MeMgCl ebenfalls zu **46** führen.

Schema 38. Reaktion des Tetrakis[2-(dimethylaminomethyl)phenyl)dichlordisilans **132-Cl** mit Methylmagnesiumchlorid

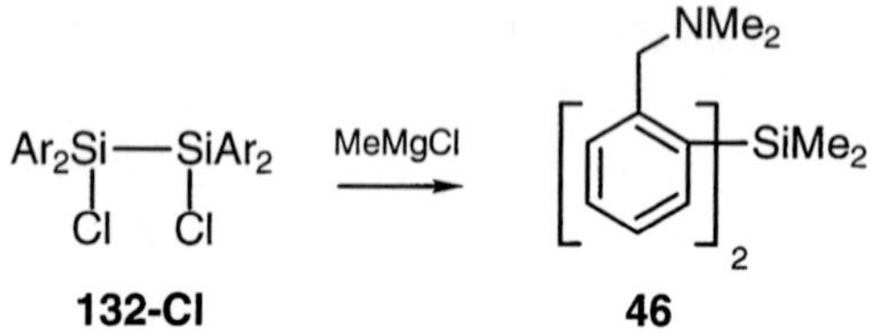

$$Ar_2Si-SiAr_2 \atop {\overset{|}{Cl} \quad \overset{|}{Cl}} \quad \xrightarrow{\text{MeMgCl}} \quad \left[\begin{array}{c} NMe_2 \\ \\ SiMe_2 \end{array} \right]_2$$

132-Cl   **46**

Ar = 2-(Me_2NCH_2)C_6H_4

3.2 Reaktionen des Cyclotrisilans **11** mit Alkylhalogeniden

3.2.1 Reaktionen des Cyclotrisilans **11** mit monohalogenierten Alkylverbindungen

Die Reaktion von Alkylhalogeniden mit Cyclotrisilanen und Disilenen sind noch nicht untersucht worden, jedoch sind einige Untersuchungen über die Reaktionen von Silandiylen mit Alkylhalogeniden bekannt[169,170].

Rührt man das Cyclotrisilan **11** mit Methyl-, Ethyl- oder *iso*-Propyliodid in Toluol bei Raumtemperatur, so erhält man jeweils einen Niederschlag, der sich als die entsprechenden formalen Insertionsprodukte in die Iod-Kohlenstoffbindung erweist (Schema 39). Bei den Produkten handelt es sich um kationische Komplexe, was einerseits durch die Löslichkeitseigenschaften und andererseits für **106** durch die Äquivalenz der NMR-Spektren von dem Bis[2-(dimethylaminomethyl)phenyl]methylsilyliodid **106** und dem entsprechenden Triflat **103** (siehe 3.1.3) gezeigt werden konnte.

Schema 39. Reaktion von **11** mit Alkyliodiden

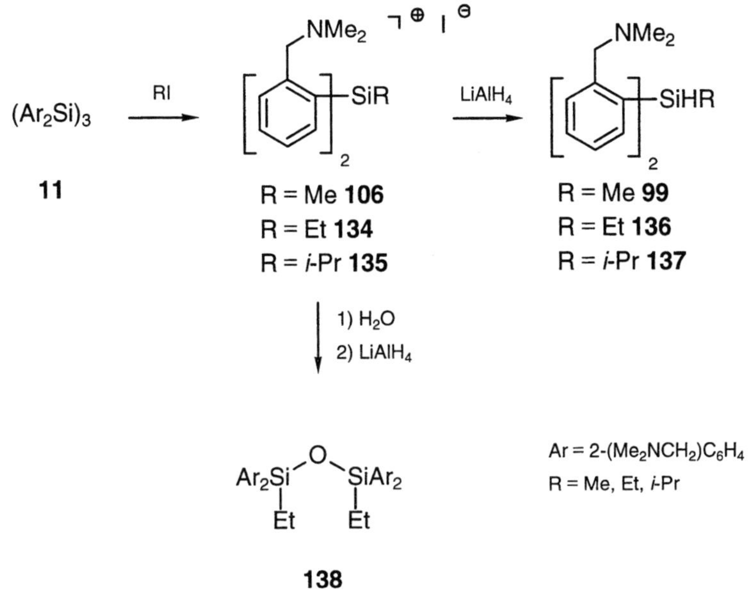

$(Ar_2Si)_3$ **11** $\xrightarrow{RI}$ $\left[\begin{array}{c}\text{-CH}_2\text{NMe}_2\\ \text{-SiR}\end{array}\right]_2^{\oplus} I^{\ominus}$ $\xrightarrow{LiAlH_4}$ $\left[\begin{array}{c}\text{-CH}_2\text{NMe}_2\\ \text{-SiHR}\end{array}\right]_2$

R = Me **106**   R = Me **99**
R = Et **134**   R = Et **136**
R = *i*-Pr **135**   R = *i*-Pr **137**

1) H$_2$O
2) LiAlH$_4$

$Ar_2Si(Et)-O-Si(Et)Ar_2$

Ar = 2-(Me$_2$NCH$_2$)C$_6$H$_4$
R = Me, Et, *i*-Pr

138

Die Struktur der Produkte konnte durch Reduktion mit Lithiumaluminiumhydrid weiter verifiziert werden. Bei der ethylsubstituierten Verbindung konnte durch Hydrolyse und nachfolgende Freisetzung des entstandenen Hydroiodids das entsprechende Disiloxan **138** erhalten werden (Schema 39).

Das Reaktionsprodukt der Reaktion von **11** mit *iso*-Propyliodid enthält neben dem formalen Insertionsprodukt auch den kationischen Komplex **87-I**, der das Produkt einer Iodwasserstoff-Abspaltung darstellt. Nach der Hydrierung des Produktgemisches der Reaktion mit *iso*-Propyliodid findet man im Rohprodukt ein Verhältnis von Diaryl-*iso*-propylsilan **137** zu Diarylsilan **41** von 4.5 : 1. Die Bildung von **87-I** wurde bei den Reaktionen mit Methyl- und Ethyliodid nicht beobachtet. Das Auftreten der Nebenreaktion bei *iso*-Propyliodid ist nicht verwunderlich, nimmt doch die Eliminierungstendenz bei Übergang von Methyl- über Ethyl- zum *iso*-Propylrest wegen der steigenden Doppelbindungsstabilität zu.

Im Fall des *tert*-Butyliodids ist der Reaktionsverlauf nicht einheitlich. Zwar wird auch bei dieser Reaktion ein schwer löslicher Rückstand erhalten, jedoch enthält dieses Produktgemisch keine Komponente, in der eine *tert*-Butyl-Gruppe eingebaut wurde. Das Produktgemisch enthält ein eindeutiges Hauptprodukt, bei dem es sich jedoch auch nicht um den kationischen Komplex **87-I** handelt, sondern um eine neue, unbekannte Verbindung. Bei der Aufarbeitung des Gemisches, aus dem sich keine der Komponenten kristallisieren ließ, mit MeMgCl konnte als einziges Produkt in 5% Ausbeute das Diarylbenzylmethylsilan **140** isoliert und charakterisiert werden. Dies würde für das Produkt **139** bedeuten, daß es sich dabei um eine Verbindung handelt, bei der neben zwei DMBA-Substituenten einen Benzylrest an das Siliciumzentrum gebunden ist. Die entsprechenden Signale findet man im Rohspektrum wieder, so daß die Vermutung nahe liegt, daß das Lösungsmittel Toluol in das Reaktionsprodukt inkorporiert wurde. Bei dem Produkt sollte es sich ebenfalls um einen kationischen Komplex handeln, d. h. sollte mit dem Spektrum benzylsubstituierter kationischer Komplexe mit anderen Gegenionen identisch sein.

Schema 40. Reaktion von **11** mit *t*-Butyliodid

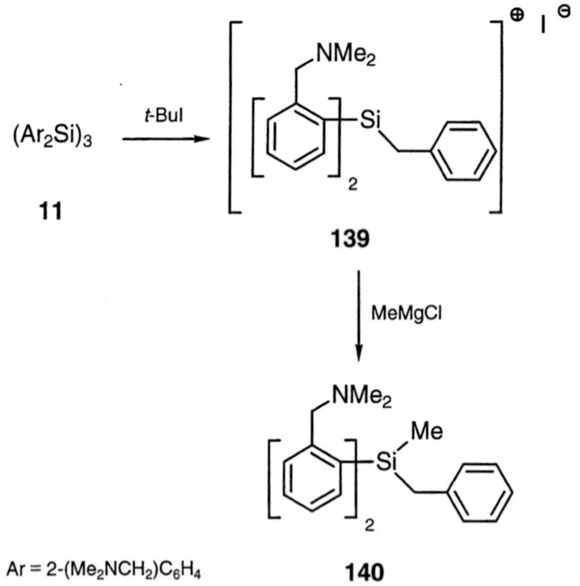

Ar = 2-(Me$_2$NCH$_2$)C$_6$H$_4$

Ein derartiger kationischer Komplex sollte durch die Reaktion von **11** mit Benzylbromid zugänglich sein. Setzt man **11** mit Benzylbromid in Toluol um, erhält man wiederum einen schwerlöslichen Niederschlag. Es war jedoch nicht möglich, reproduzierbare NMR-Spektren dieses Niederschlags zu erhalten. Die reduktive Aufarbeitung des Feststoffes mit LiAlH$_4$ lieferte ein Gemisch aus Diarylsilan **41** und der benzylsubstituierten Verbindung **141** in einem Verhältnis von 3 : 1 (32% bzw. 8% Ausbeute), was zeigt, daß auch bei der Reaktion von **11** mit Benzylbromid eine formale Insertion in C-Br-Bindung stattfindet. Da jedoch keine verwertbaren NMR-Spektren der kationischen Zwischenstufe erhalten werden konnten, war es nicht möglich neue Erkenntnisse über die Reaktion von **11** mit *t*-Butyliodid zu gewinnen.

Schema 41. Reaktion von **11** mit Benzylbromid

$$(Ar_2Si)_3 \xrightarrow[\text{2) LiAlH}_4]{\text{1) PhCH}_2\text{Br}} \left[\begin{array}{c}\text{NMe}_2\\ \end{array}\right]_2 SiH_2 + \left[\begin{array}{c}\text{NMe}_2\\ \end{array}\right]_2 Si\begin{array}{c}H\\ CH_2Ph\end{array}$$

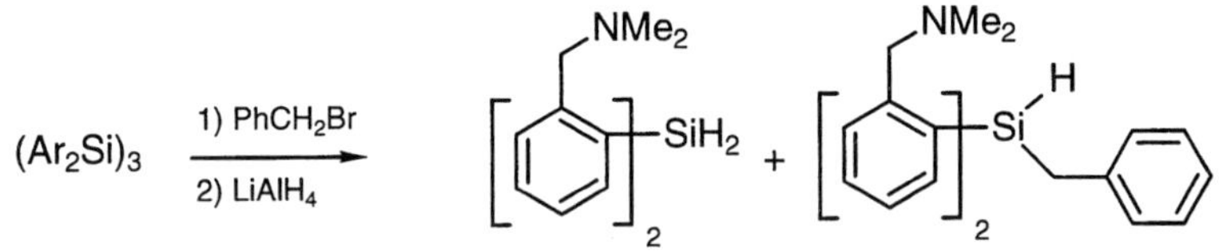

11   **41**   **141**

Ar = 2-(Me$_2$NCH$_2$)C$_6$H$_4$

3.2.2 Reaktionen des Cyclotrisilans **11** mit Dihalogeniden

Die Reaktion des Cyclotrisilans **11** mit Diphenyldibrommethan und Diphenyldichlormethan führt nicht zu den erwarteten formalen Insertionsprodukten, sondern zu Gemischen. Im Fall des Diphenyldichlormethans ließ sich aus diesem Gemisch das zweifach DMBA-substituierte Dichlorsilan **10** eindeutig (abgeschätzte Ausbeute 80%) identifizieren. Daneben konnte aus dem Reaktionsgemisch durch Chromatographie Tetraphenylethen (**143**) in 72% Ausbeute isoliert und eindeutig identifiziert werden. Auch bei der Reaktion mit Diphenyldibrommethan ließ sich die Bildung von Tetraphenylethen nachweisen. Die Bildung des Diaryldibromsilanes **144** konnte zu diesem Zeitpunkt nicht zweifelsfrei bewiesen werden, jedoch erhielt man bei der Reduktion des Reaktionsgemisches ein Gemisch, in dem das Silan **41** als Hauptkomponente enthalten war.

Schema 42. Reaktion von **11** mit Diphenyldihalogenmethanen

$$(Ar_2Si)_3 + Ph_2CHal_2 \longrightarrow Ph_2C=CPh_2 + Ar_2SiHal_2$$

11   **142**   **143**   R = Cl **10**
                                  R = Br **144**

Ar = 2-(Me$_2$NCH$_2$)C$_6$H$_4$
Hal = Br, Cl

Ein denkbarer Mechanismus für die Bildung von **10** ist, daß die Edukte zuerst zu einem Radikalpaar **145** reagieren, daß bevor es dissozieren kann unter Übertragung eines zweiten Chloratoms auf das Siliciumzentrum und unter Freisetzung des Diphenylmethylcarbens weiterreagiert. Dieses Carben sollte in die C-Cl-Bindung von noch nicht umgesetztem Diphenyldichlormethan unter Bildung des 1,1,2,2-Tetraphenyl-1,2-dichlorethans (**146**) insertieren, welches dann mit noch vorhandenem **11** weiterreagiert. Abermals könnte dabei eine Radikalpaar entstehen, daß unter Übertragung eines zweiten Chloratoms zum Dichlorsilan **10** und Bildung von Tetraphenylethen (**143**) abreagiert (Schema 43).

Schema 43. Möglicher Mechanismus der Reaktion von **11** mit Diphenyldichlormethan

$$(Ar_2Si)_3 \xrightarrow[\text{142-Cl}]{Ph_2CCl_2} \left[\underset{Cl}{Ar_2Si}\cdot \underset{Cl}{\cdot CPh_2} \right] \quad Ar = 2\text{-}(Me_2NCH_2)C_6H_4$$

145

$$Ar_2SiCl_2 \quad Ph_2C: \xrightarrow[\text{142-Cl}]{+Ph_2CCl_2} \underset{Cl}{Ph_2C}\text{—}\underset{Cl}{CPh_2}$$

10 **146**

$$\downarrow + (Ar_2Si)_3$$
11

$$Ar_2SiCl_2 + Ph_2C\!=\!CPh_2 \longleftarrow \left[\underset{Cl}{\underset{|}{Ph_2C}}\text{—}\underset{\underset{Cl}{\diagup}}{\overset{\cdot}{\underset{|}{CPh_2}}} SiAr_2 \right]$$

10 **143** **147**

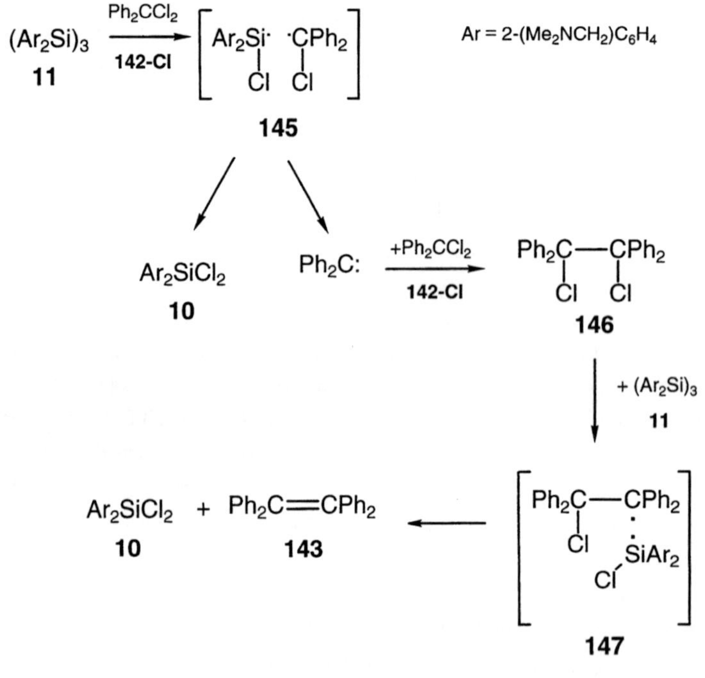

Um diesen Mechanismus zu bestätigen, ist es leider nicht möglich, das 1,1,2,2-Tetraphenyl-1,2-dichlorethan (**146**) mit dem Cyclotrisilan **11** umzusetzen, da **146** nicht darstellbar ist (gleiches gilt für das 1,1,2,2-Tetraphenyl-1,2-dibromethan), jedoch zeigt die Reaktion von **11** mit 1,2-Dibromethan, die zu dem Dibromsilan **144** und Ehylen führt, daß vicinale Dibromide von **11** zu Olefinen enthalogeniert werden. Anhand der Spektren von **144** konnte gezeigt werden, daß, wie vermutet, **144** auch in der Reaktion von Diphenyldibrommethan mit **11** gebildet wurde (ca. 44% Ausbeute).

Schema 44. Reaktion von **11** mit 1,2-Dibromethan

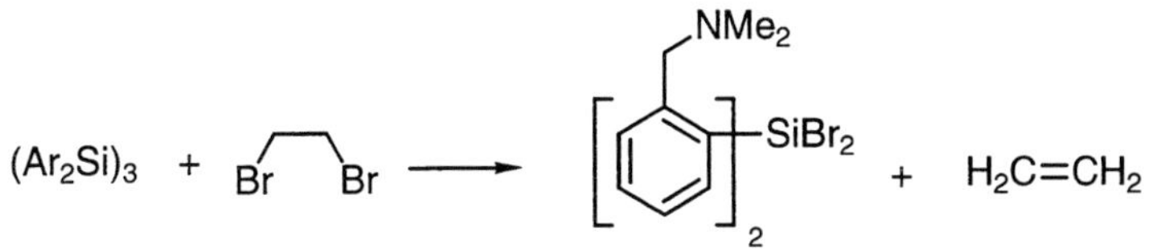

$$(Ar_2Si)_3 \; + \; \underset{Br}{\overset{}{\frown}}\underset{Br}{} \; \longrightarrow \; \left[\underset{}{\overset{CH_2NMe_2}{\bigodot}}\text{-SiBr}_2 \right]_2 \; + \; H_2C=CH_2$$

11 **148** **144** **149**

Ar = 2-(Me$_2$NCH$_2$)C$_6$H$_4$

Zwar führt die Reaktion von **11** mit geminalen Dihalogeniden zu keinen interessanten Siliciumverbindungen, doch könnte sie sich als potente Methode zur Darstellung von tetrasubstituierten Olefinen erweisen. Das synthetische Potential dieser Reaktion wurde jedoch nicht weiter untersucht.

3.2.3 Reaktionen des Cyclotrisilans **11** mit polychlorierten Alkanen

Anders als bisher bekannte Cyclotrisilane reagiert **11** auch mit chlorierten Lösungsmitteln. Dabei tritt ein Niederschlag auf und es kommt zur Bildung von Diaryldichlorsilan **10**. Die Reaktionen von **11** mit CH$_2$Cl$_2$ und CHCl$_3$ verlaufen sehr glatt. Die Reaktion mit CCl$_4$ ist dagegen sehr unselektiv, so daß das Diaryldichlorsilan **10** nur im entstandenen Produktgemisch als Hauptkomponente (~50% Ausbeute) spektroskopisch identifiziert werden konnte. Bei diesen Reaktionen kann die intermediäre Bildung des 1,1,2-Tetararyl-1,2-dichlorsilans **132-Cl** nicht ausgeschlossen werden, da dieses ebenfalls z. B. mit Chloroform zu **10** reagiert.

Schema 45. Reaktion von **11** mit chlorierten Lösungsmitteln

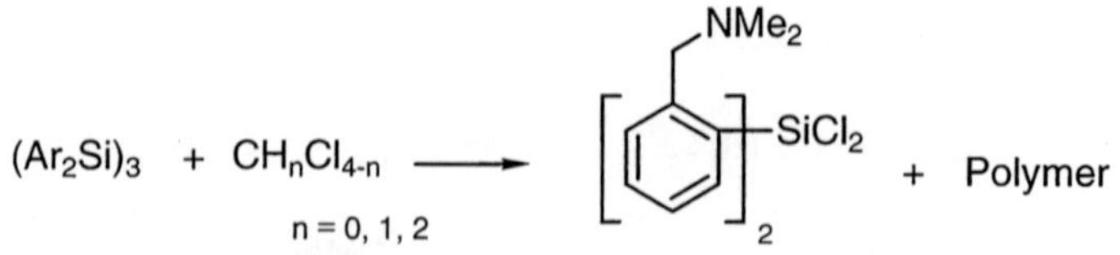

$$(Ar_2Si)_3 + CH_nCl_{4-n} \longrightarrow [\text{2-(Me}_2\text{NCH}_2)\text{C}_6\text{H}_4\text{-SiCl}_2]_2 + \text{Polymer}$$

11 n = 0, 1, 2 **10**   Ar = 2-(Me$_2$NCH$_2$)C$_6$H$_4$

Das Verhalten des aus **11** freigesetzten Silandiyls **13** deckt sich mit dem Verhalten von Trimethylsilylphenylsilandiyl (**150**) gegenüber halogenierten Lösungsmitteln[169a]. Generiert man dieses Silandiyl in Gegenwart von CCl$_4$, CHCl$_3$ oder CH$_2$Cl$_2$, so erhält man die dichlorierte Siliciumverbindung.

Im Gegensatz zu diesem Silandiyl, das mit *tert*-Butylchlorid unter Freisetzung von *iso*-Buten zum HCl-Additionsprodukt reagiert[170], führt die gleiche Reaktion mit **11** zum formalen Insertionsprodukt in die C-Cl-Bindung. Dies macht deutlich, daß die Reaktionen von **11** mit halogenierten Verbindungen nach einem anderen Mechanismus ablaufen sollten als die Reaktionen des elektrophilen Trimethylsilylphenylsilandiyls (**150**).

3.2.4 Mechanistische Untersuchungen der Reaktionen des Cyclotrisilans **11** mit halogenierten Verbindungen

Für die Reaktion von Silandiylen mit halogenierten Verbindungen wurden zwei Mechanismen vorgeschlagen. Bei der Reaktion von Dimethylsilandiyl mit Benzylbromid, die zum formalen Insertionsprodukt führt, wurden radikalische Zwischenstufen nachgewiesen (Schema 46)[169b]. Derartige radikalische Zwischenstufen treten auch bei Reaktionen von Carbenen auf[171].

Der Mechanismus wurde aufgrund ^{1}H-NMR-spektroskopischer Untersuchungen aufgestellt, in denen während der Reaktion CIDNP-Effekte beobachtet wurden. Derartige CIDNP-Effekte wurden jedoch niemals in Reaktionen des Cyclotrisilans **11** mit halogenierten Verbindungen beobachtet. Dies ist kein Gegenbeweis für das Vorhandensein radikalischer Zwischenstufen, da zwar das Auftreten von CIDNP-Effekten für radikalische Zwischenstufen spricht, das Ausbleiben dieses Effektes jedoch nicht gleichbedeutend mit dem Fehlen radikalischer Zwischenstufen ist.

Schema 46. Mechanismus der Reaktion des Dimethylsilandiyls mit Benzylbromid

$Me_2Si: + PhCH_2Br \longrightarrow Me_2BrSi\cdot + PhCH_2\cdot$

$Me_2BrSi\cdot + PhCH_2\cdot \longrightarrow PhCH_2-SiMe_2Br$

$PhCH_2\cdot + LH \longrightarrow PhCH_3 + L\cdot$

$2\ PhCH_2\cdot \longrightarrow PhCH_2CH_2Ph$

$Me_2BrSi\cdot + PhCH_2Br \longrightarrow SiMe_2Br_2 + PhCH_2\cdot$

LH = Lösungsmittel

Ishikawa[170], der sich den Reaktionen des Trimethylsilylphenylsilandiyls (**150**) gewidmet hat, schlägt für die Reaktionen von **150** mit halogenierten Verbindungen einen anderen Mechanismus vor. Er postuliert, daß das Silandiyl **150** elektrophil am Halogenatom unter Ausbildung einer zwitterionischen Struktur angreift und danach ein 1,2-Silylshift vom Chlor auf den *ipso*-Kohlenstoff unter Bruch der C-Cl-Bindung stattfindet. Er untermauert seinen ionischen Mechanismus durch die Umsetzung mit Cyclopropylmethylchlorid.

Schema 47. Mechanismus der Reaktion von **150** mit Cyclopropylmethylchlorid

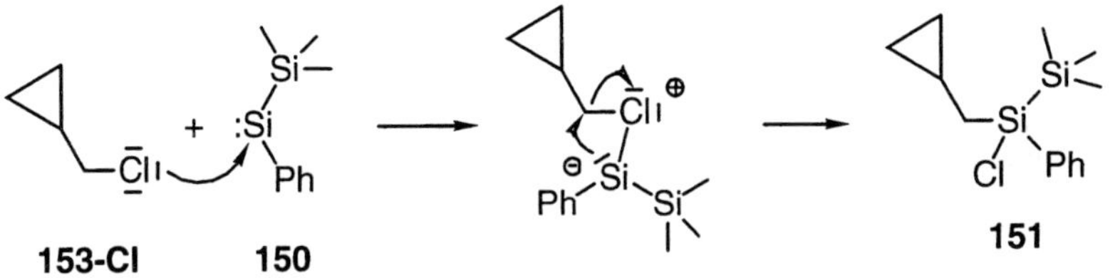

153-Cl   **150**   **151**

Beim Auftreten radikalischer Zwischenstufen müßte man nahezu 100% Ringöffnungsprodukt[172] finden, da das Gleichgewicht zwischen Cyclopropylmethylradikal (**152-A**) und 3-Butenylradikal (**152-B**) ganz auf der Seite des 3-Butenylradikals liegt[173] und die Umlagerung sehr schnell erfolgt (k = 10^8 s^{-1})[174] (Schema 48).

Schema 48. Gleichgewicht zwischen Cyclopropylmethyl- und dem 3-Butenylradikal

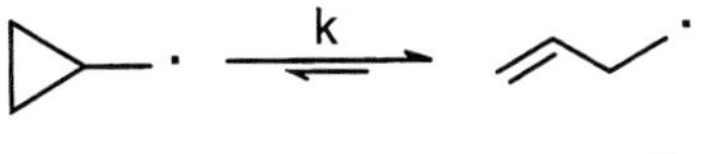

152-A   **152-B**

Bei der Umsetzung des Silandiyls **150** mit Cyclopropylmethylchlorid beobachtet man jedoch keine Ringöffnung. Als einziges Produkt erhält man bei dieser Reaktion das formale Insertionsprodukt unter Erhalt des Cyclopropanringes.

Bei der Umsetzung von **11** mit Cyclopropylmethylbromid (**153-Br**) erhält man ein Gemisch aus mehreren Verbindungen, dessen Hauptkomponenten das Cyclopropylmethylsilylbromid und das 3-Butenylsilylbromid zu sein scheinen (Schema 49). Leider ließ sich das erhaltene Gemisch nicht trennen. Auch nach der Aufarbeitung mit MeMgCl gelang die Auftrennung des Gemisches nicht. Es ist jedoch gelungen, das methylierte Produkt der Ringöffnung auf einem alternativen Weg aus Bis[2-(dimethylaminomethyl)phenyl]methylchlorsilan (**158**) und 3-Butenylmagnesiumbromid darzustellen. Durch Vergleich der Spektren konnte das Auftreten des Ringöffnungsproduktes in der Reaktion von Cyclopropylmethylbromid mit **11** bewiesen werden. Das zweite Hauptprodukt ist vermutlich das cyclopropanhaltige Produkt, was durch das Auftreten von ^{1}H-NMR-Signalen im Bereich zwischen 0 und 1 ppm, der für Cyclopropanderivate typisch ist, vermuten läßt. Das Verhältnis zwischen Cyclopropan- und 3-Butenylprodukt ist etwa 1 : 1. Auffällig ist, daß im Gegensatz zur Reaktion des elektrophilen Silandiyls **150** zum großen Teil auch das Ringöffnungsprodukt gebildet wurde.

Schema 49. Reaktion von **11** mit Cyclopropylmethylbromid

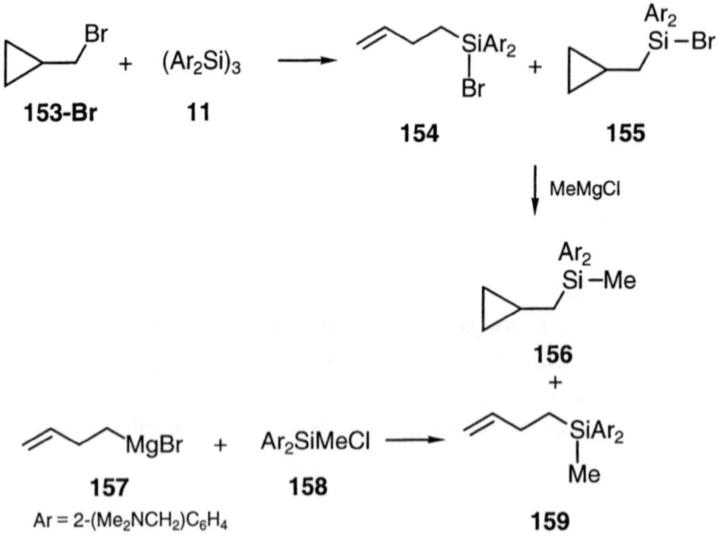

Eine Untersuchung der Reaktionen von Trimethylstannylalkalimetallverbindungen **160** mit Cyclopropylmethylbromid (**153-Br**) bzw. Cyclopropylmethyliodid (**153-I**) zeigt, daß bei dieser Reaktion ebenfalls Gemische erhalten werden[175]. Die Autoren setzten in diesen Reaktionen Dicyclohexylphosphin als Abfänger für radikalische Zwischenstufen zu und konnten dadurch zeigen, daß die Menge an Ringöffnungsprodukt durch Zusatz an Radikalfänger nicht wesentlich beeinflußt werden kann. Für die Bildung der Ringöffnungsprodukte wird ein sogenannter S_N2"-Angriff verantwortlich gemacht. Bei diesem Angriff handelt es sich um einen nucleophilen Angriff am Cyclopropanring, der zu einer synchronen Substitutions-Umlagerungs-Reaktion führt (Schema 50).

Schema 50. Reaktion von Trimethylstannylalkalimetallverbindungen mit Cyclopropylmethyliodid

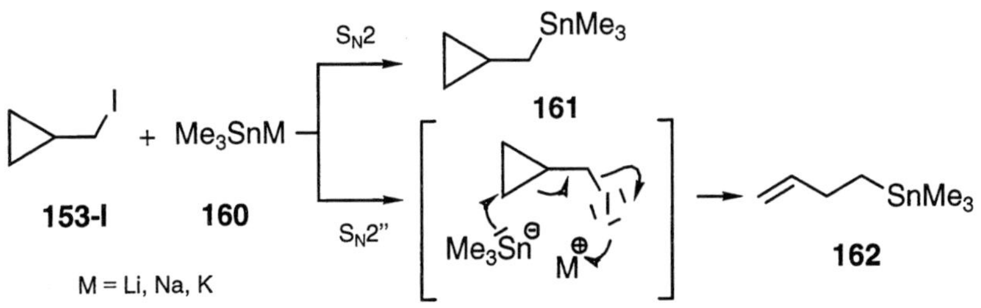

Für die Reaktionen von **11** mit halogenierten Verbindungen sind nach den derzeitigen Erkenntnissen mehrere alternative konkurrierende Reaktionswege denkbar. Beispielsweise kann nicht ausgeschlossen werden, daß **13** analog zum Silandiyl **150** teilweise unter elektrophilem Angriff auf die C-Hal-Bindung reagiert, obwohl dies wegen des z. B. gegenüber *tert.*-Butylchlorid unterschiedlichen Reaktionsverhaltens eher unwahrscheinlich ist. Weitere Reaktionswege, die beschritten werden können, sind der nucleophile Angriff nach einem S_N2- und dem oben beschriebenen S_N2"-Mechanismus, sowie auch ein radikalischer Mechanismus analog zum Dimethylsilandiyl. Eventuell werden sogar mehrere konkurrierende Reaktionswege beschritten.

Schema 51. Mögliche Mechanismen der Reaktion von **11** mit Cyclopropylmethylbromid

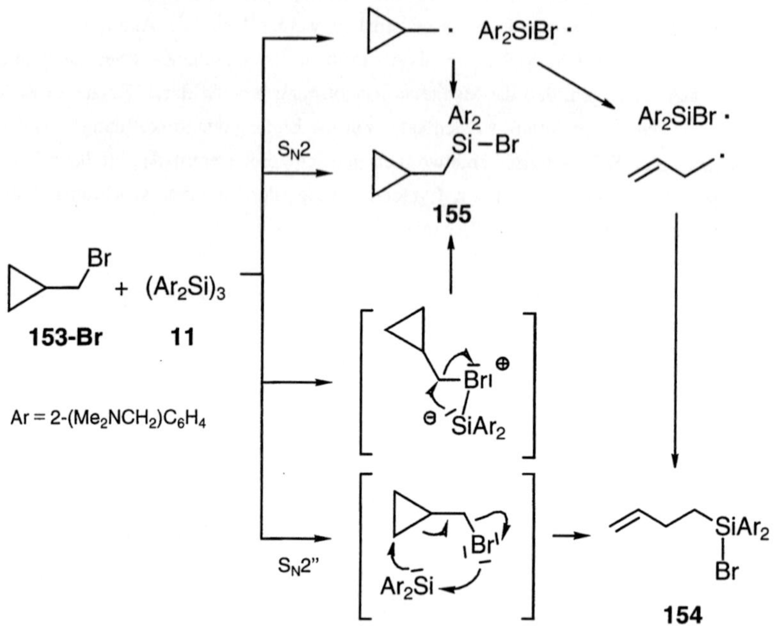

Ar = 2-(Me$_2$NCH$_2$)C$_6$H$_4$

Aufgrund der Unterschiede zu den Ergebnissen, die bei Reaktionen der elektrophilen Silandiyle wie z. B. des Silandiyls **150** mit halogenierten Verbindungen erhalten wurden, kann man annehmen, daß der elektrophile Charakter des von **11** übertragenen Silandiyls **13** stark abgeschwächt ist und der nucleophile Charakter wesentlich stärker zutage tritt. Die erhaltenen Ergebnisse schließen nicht aus, daß **13** mit halogenierten Verbindungen als rein nucleophiles Teilchen reagiert. Es ist jedoch nicht auszuschließen, daß es sich bei **13** um ein ambiphiles Teilchen handelt, daß gegenüber einem Reaktionspartner eher als Nucleophil und gegenüber einem anderen eher als Elektrophil reagiert.

3.2.5 Reaktionen des Cyclotrisilans **11** mit Vinylbromiden

Arbeiten von Belzner et al.[50] haben gezeigt, daß das Cyclotrisilan **11** mit Olefinen unter Bildung von Silacyclopropanen reagiert. Im Fall von 1-Penten und 1-Hexen ist diese Reaktion bei Raumtemperatur reversibel[176]. Dadurch konnte bewiesen werden, daß das Siandiyl **13** und das Cyclotrisilan **11** miteinander im Gleichgewicht stehen. Bei der Verwendung von Styrolen hat sich gezeigt, daß die gebildeten Silacyclopropane nicht stabil sind und ausschließlich die Produkte einer Vinylcyclopropan-Cyclopenten-Umlagerung mit abschließender Rearomatisierung isoliert werden können. Auch bei der Reaktion von **11** mit Benzylvinylether gelingt es nicht, das Silacyclopropan zu erhalten[94]. Man erhält stattdessen das formale Insertionsprodukt des Silandiyls **13** in die vinylische C-O-Bindung. Die intermediäre Bildung eines Silacyclopropans ist dabei wahrscheinlich, konnte jedoch bis jetzt nicht bewiesen werden. Ein analoges Produkt wurde von Ishikawa et al. bei der Reaktion des Trimethylsilylphenylsilandiyls (**150**) mit Ethylvinylether beobachtet[170]. Ihnen gelang es auch, durch Abfangexperimente mit HCl oder Methanol die intermediäre Bildung des Silacyclopropanes zu beweisen. Derartige Abfangexperimente sind bei den Reaktionen von **11** mit Benzylvinylether wegen der hohen Reaktivität von **11** gegenüber diesen Abfangreagenzien nicht möglich. Die Experimente von Ishikawa machen jedoch auch die intermediäre Existenz eines Silacyclopropanes bei den Reaktion von **11** wahrscheinlich.

Schema 52. Reaktionen von **11** mit Olefinen

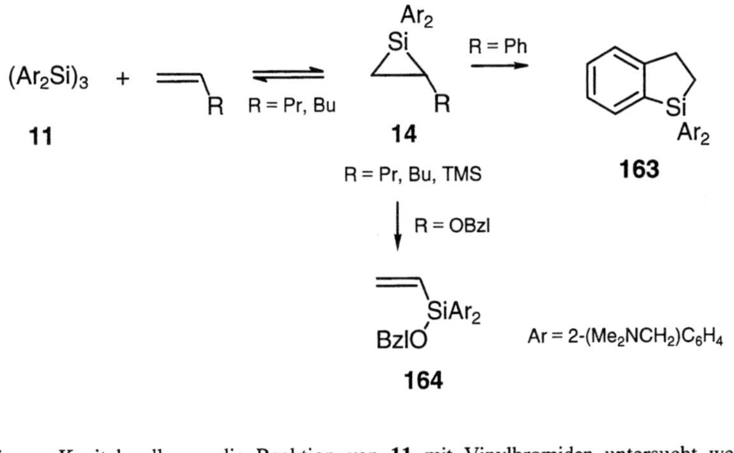

In diesem Kapitel soll nun die Reaktion von **11** mit Vinylbromiden untersucht werden. Ähnliche Untersuchungen wurden auch schon von dem Trimethylsilylphenylsilandiyl (**150**) berichtet[170]. Bei der Umsetzung von **11** mit Vinylbromid in Toluol erhielt man einen schwer löslichen Niederschlag. Aus dem Filtrat fiel nach Einengen weiterer Niederschlag an. Die ^{1}H-NMR-Spektren weisen die Niederschläge als identische, einheitliche Verbindung aus, die die typischen Signale einer vinylischen Gruppe aufweisen. Dies legt die Vermutung nahe, daß es sich bei dem Niederschlag um das Bis[2-(dimethylaminomethyl)phenyl]bromvinylsilan **166** handelt. Die ^{13}C-NMR-Daten sprechen ebenfalls für diese Struktur. Leider war es nicht möglich, eine verwertbare massenspektrometrische Analyse von **166** zu erhalten. Es wurden immer nur die Signale des durch Hydrolyse entstandenen Disiloxans **168** erhalten (Schema 53).

Schema 53. Reaktion von **11** mit Vinylbromid

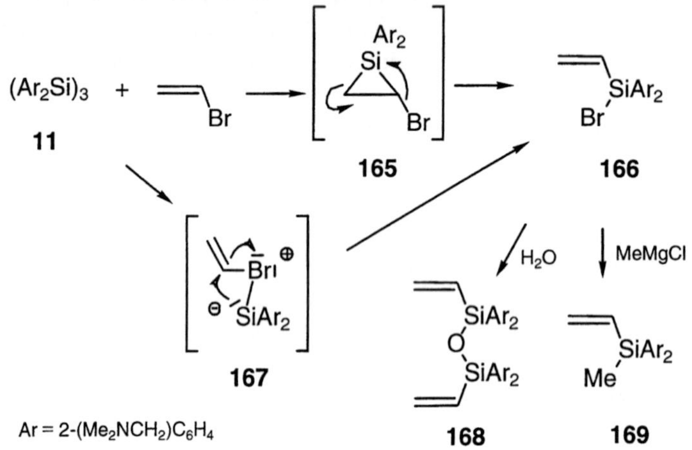

$$(Ar_2Si)_3 + \underset{Br}{\diagdown\!\!=\!\!\diagup} \longrightarrow \left[\begin{array}{c} Ar_2 \\ Si \\ \diagup\!\!\diagdown \\ Br \end{array}\right] \longrightarrow \underset{Br}{\diagdown\!\!=\!\!\diagup}\!\!SiAr_2$$

11   **165**   **166**

167

Ar = 2-(Me$_2$NCH$_2$)C$_6$H$_4$ **168**   **169**

Die Bildung von **166** ist durch die Umlagerung eines intermediär gebildeten Silacyclopropans **165** zum Vinylsilan unter 1,2-Bromshift vom Kohlenstoff zum Siliciumzentrum denkbar, wie er auch schon bei den Reaktionen von Trimethylsilylphenylsilandiyl (**150**) mit Vinylchloriden beobachtet wurde[177] (Schema 18). Es ist jedoch auch ein Mechanismus mit elektropilem Angriff des Silandiyls am Brom und dann eine Umlagerung analog zu dem von Ishikawa[170] für die Reaktion mit Alkylhalogeniden vorgeschlagenen Mechanismus denkbar.

Die Gesamtausbeute von **166** beläuft sich auf 65%. **166** ließ sich durch Reaktion mit Methylmagnesiumchlorid (MeMgCl) in das entsprechende Methylvinylsilan **169** überführen, welches in 53% Ausbeute isoliert werden konnte (Schema 53). Von dieser Verbindung war dann auch eine eindeutige massenspektrometrische und NMR-spektroskopische Untersuchung möglich.

Weit weniger glatt verläuft die Reaktion von **11** mit 1-Methylvinylbromid (Schema 54). Zwar bildet sich auch hierbei ein Niederschlag, doch erweist sich dieser als ein Gemisch aus zwei Komponenten im Verhältnis von 2 : 1. Die Komponente, die zum größeren Anteil vorhanden ist, ist der kationische Komplex **87-Br**. Die zweite Komponente zeigt die Signale einer geminal disubstituierten Doppelbindung und sollte das erwartete Vinylsilan **172** sein. Die Gesamtausbeute dieses Gemisches beträgt 21%. Das Filtrat der Reaktion erweist sich als ein komplexes Produktgemisch, aus dem sich kein weiteres Produkt isolieren ließ. Leider gelang es nicht, die beiden Produkte voneinander zu trennen.

Schema 54. Reaktion von **11** mit 1-Methylvinylbromid

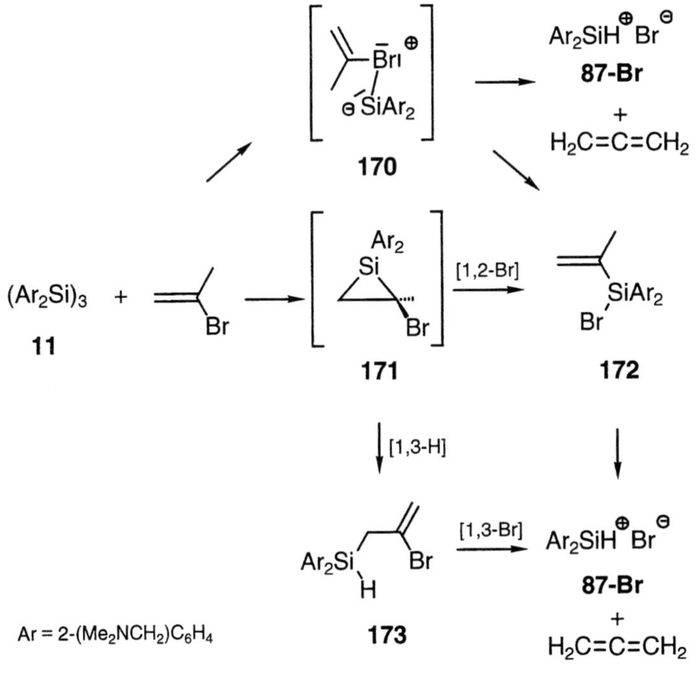

$$\left[\begin{array}{c}\diagdown\!\!\!\diagdown\!\!-\overline{Br}\!\!\mathrm{I}\\ \ominus SiAr_2\end{array}\right]^{\oplus} \xrightarrow{} \begin{array}{c} Ar_2SiH^{\oplus}\,Br^{\ominus}\\ \textbf{87-Br}\\ +\\ H_2C{=}C{=}CH_2\end{array}$$

170

$$(Ar_2Si)_3 \;+\; \diagup\!\!\!=\!\!\!\diagdown_{Br} \longrightarrow \left[\begin{array}{c}Ar_2\\ Si\\ \triangle\!\!\!\!\!\!\cdot\!\!\cdot\!\!\cdot\\ Br\end{array}\right] \xrightarrow{[1,2\text{-}Br]} \diagup\!\!\!=\!\!\!\diagdown\!\!\!\!_{SiAr_2}$$
11   **171**   Br **172**

↓ [1,3-H]

$$Ar_2Si\diagdown\!\!\!\!\!\diagup\!\!=\!\!\diagdown_{Br} \xrightarrow{[1,3\text{-}Br]} \begin{array}{c} Ar_2SiH^{\oplus}\,Br^{\ominus}\\ \textbf{87-Br}\\ +\\ H_2C{=}C{=}CH_2\end{array}$$

Ar = 2-(Me$_2$NCH$_2$)C$_6$H$_4$ **173**

Auch ein Versuch, das Gemisch durch Umsetzung mit MeMgCl auf der Stufe der methylierten Verbindungen zu trennen, scheiterte. Die ^{1}H-NMR-Daten weisen jedoch eindeutig auf die Bildung von **172** hin. Die Bildung von **172** kann analog zu den Ergebnissen bei der Reaktion mit Vinylbromid erklärt werden. Die Bildung von **87-Br** ist auf mehreren Wegen denkbar. Einerseits kann analog der Reaktion von Trimethylsilylphenylsilandiyl (**150**) mit 2-Methylpropen ein 1,3-Wasserstoffshift nach Bildung des Silacyclopropans postuliert werden. Bei dieser Umlagerung würde man ein 2-Bromallylsilan **173** erhalten, das abschließend durch einen 1,3-Br-Shift unter Bildung von **87-Br** und Allen zerfällt. Andererseits ist aber auch denkbar, daß das gebildete Bromvinylsilan **172** nicht stabil ist und unter Wasserstoff-Verschiebung weiterreagiert. Wiederum ist aber auch nicht der Mechanismus eines elektrophilen Angriffs auszuschließen. Ausgehend von der Zwischenstufe **170** des elektrophilen Angriffs des Silandiyls ist dann sowohl ein 1,2-Silylshift zu **172** alsauch eine Deprotonierung der aziden an die Doppelbindung gebundenen Methylgruppe unter Bildung von **87-Br** denkbar.

Bei der Umsetzung von **11** mit 1-Brom-2-methyl-prop-1-en war selbst nach 4 d Reaktionszeit bei 60 °C kein Umsatz zu beobachten. Erhöhte man die Reaktionstemperatur auf 100 °C, verschwand zwar das **11** vollständig, doch daneben wurde nur ein ganz geringer Teil 1-Brom-2-methyl-prop-1-en verbraucht. Man erhielt dabei ein sehr komplexes Gemisch, aus dem sich keine einheitliche Verbindung isolieren ließ.

Schema 55. Umsetzungsversuch von **11** mit 1-Brom-2-methyl-prop-1-en

$$(Ar_2Si)_3 \ + \ \text{\Large{)}{=}{\backslash}_{Br}} \quad \xrightarrow{-\!/\!\!/\!\!\rightarrow} \quad \text{[Silirane with } SiAr_2\text{, Br]}$$

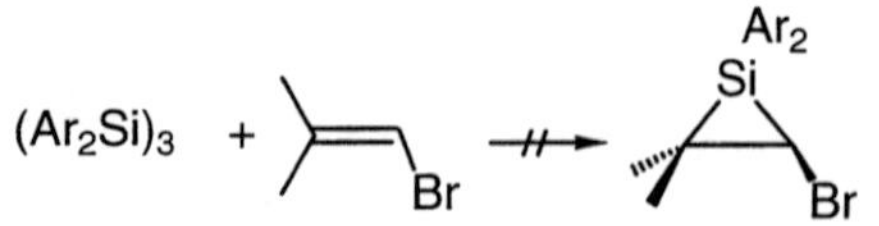

11   **174**

Ar = 2-(Me$_2$NCH$_2$)C$_6$H$_4$

Das Ausbleiben der Reaktion von **11** mit 1-Brom-2-methyl-prop-1-en gibt einen sehr deutlichen Hinweis darauf, daß die Reaktion von **13** nicht analog zu den von Ishikawa[170] untersuchten Reaktionen des Silandiyls **150** mit Halogenalkanen unter elektrophilem Angriff an das Bromatom reagieren. Ein derartiges Zwischenprodukt **175** sollte sich auch im Fall von 1-Brom-2-methyl-prop-1-en ohne Probleme bilden können und es ist auch nicht einsichtig, warum die Weiterreaktionen zum formalen Insertionsprodukt oder zum Wasserstoffabstraktionsprodukt **87-Br**, die im Übergangszustand über einen sechsgliedrigen Ring verlaufen würde, nicht eintreten sollten.

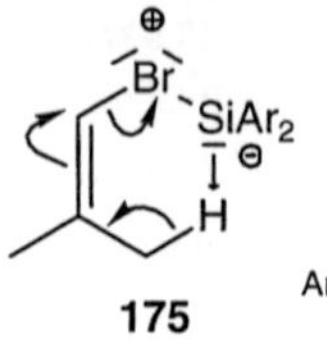

175

Ar = 2-(Me$_2$NCH$_2$)C$_6$H$_4$

Setzt man Trimethyl-1-bromvinylsilan mit **11** um, so erhält man in einer sehr glatten Reaktion das entsprechende geminal zweifach silylsubstituierte Olefin **176** in 83% Ausbeute (Schema 56). Auch von **176** war es nicht möglich, verwertbare Massenspektren zu erhalten. Aus diesem Grund wurde auch diese Verbindung mit MeMgCl in das entsprechende Methylderivat **177** überführt und auf dieser Stufe die richtige molekulare Zusammensetzung bewiesen.

Schema 56. Reaktion von **11** mit Trimethyl-1-bromvinylsilan

$$(Ar_2Si)_3 + \underset{Br}{\overset{TMS}{=\!\!\!=}} \longrightarrow \left[\underset{TMS}{\overset{Ar_2}{\underset{\diagdown}{Si}\diagdown\!\!\!\!\diagdown Br}} \right] \longrightarrow \underset{Br}{\overset{TMS}{=\!\!\!=}} SiAr_2$$

11   **176**

MeMgCl

$$\underset{Me}{\overset{TMS}{=\!\!\!=}} SiAr_2$$

Ar = 2-(Me$_2$NCH$_2$)C$_6$H$_4$ **177**

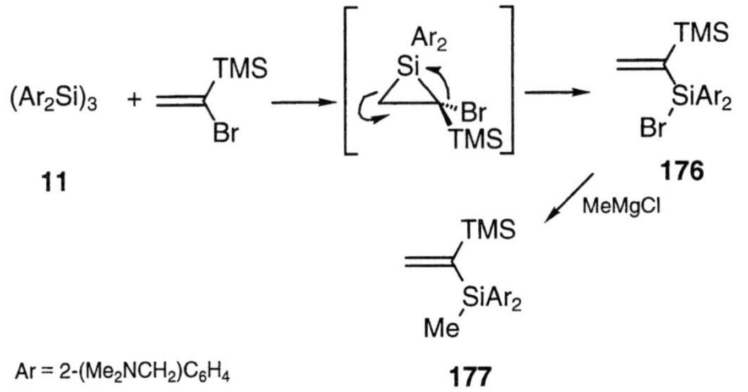

Die Reaktion von Trimethyl-2-bromvinylsilan mit **11** verlief ebenfalls glatt, jedoch wurde hierbei nicht das erwartete vicinal zweifach silylsubstituierte Olefin erhalten, sondern der kationische Komplex **87-Br** in 51% Ausbeute (Schema 57). Wiederum sind mehrere Möglichkeiten der Bildung von **87-Br** denkbar.

Schema 57. Reaktion von **11** mit Trimethyl-2-bromvinylsilan

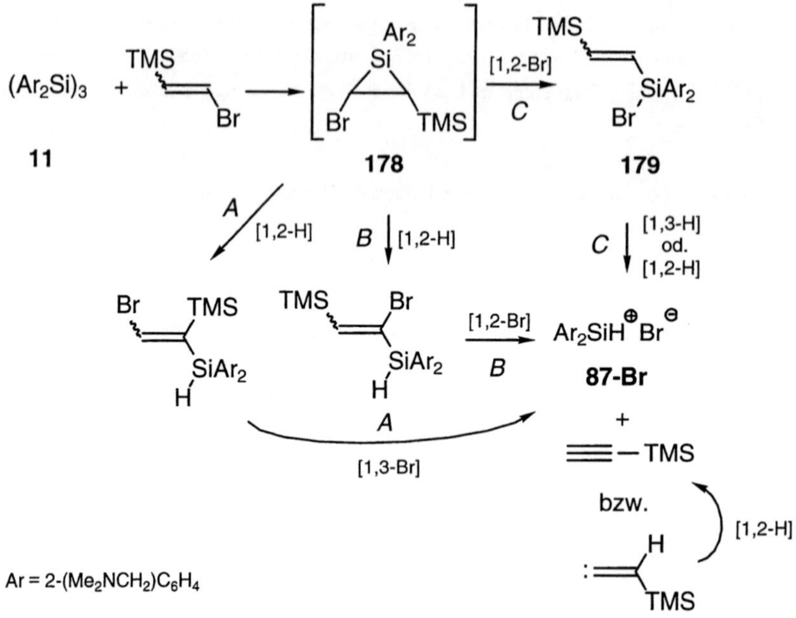

Ar = 2-(Me$_2$NCH$_2$)C$_6$H$_4$

Die schlechte Löslichkeit der Produkte könnte darauf hindeuten, daß es sich bei den Produkten um kationische Komplexe handelt. Es zeigt sich jedoch, daß man beim Austausch des Bromatoms gegen den weniger nucleophilen Triflatrest nicht, wie bei den kationischen Komplexen beobachtet (siehe 2.2), identische NMR-Spektren erhält (Schema 58). Aus diesem Grund sollte es sich bei den Vinylsilylbromiden um Verbindungen mit einem erheblichen kovalenten Si-Br-Bindungsanteil handeln.

Schema 58. Weiterreaktionen der Vinylsilylbromide **166** und **176**

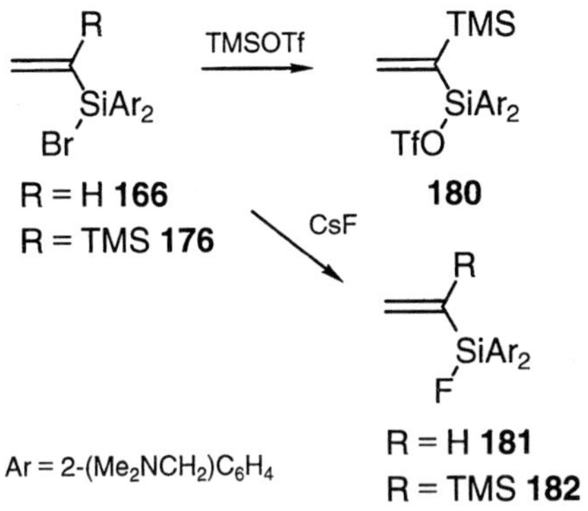

$$\underset{\underset{R=H\ \mathbf{166}}{\underset{R=TMS\ \mathbf{176}}{}}}{\overset{R}{\underset{Br}{\diagdown}}\!\!\!=\!\!\!\overset{}{\underset{SiAr_2}{\diagup}}} \xrightarrow{\text{TMSOTf}} \underset{\mathbf{180}}{\overset{TMS}{\underset{TfO}{\diagdown}}\!\!\!=\!\!\!\overset{}{\underset{SiAr_2}{\diagup}}}$$

$$\downarrow \text{CsF}$$

$$\underset{\underset{R=H\ \mathbf{181}}{R=TMS\ \mathbf{182}}}{\overset{R}{\underset{F}{\diagdown}}\!\!\!=\!\!\!\overset{}{\underset{SiAr_2}{\diagup}}}$$

Ar = 2-(Me$_2$NCH$_2$)C$_6$H$_4$

Nichtsdestotrotz reagiert sowohl **166** als auch **176** analog zu den kationischen Komplexen mit Cäsiumfluorid (Schema 58). Jedoch verlaufen diese Reaktionen weit weniger glatt, als dies bei den kationischen Komplexen der Fall war, weshalb die fluorierten Produkte nicht absolut sauber erhalten werden konnten.

Die intermediäre Bildung von Silacyclopropanen konnte bei den Reaktionen von **11** mit Vinylbromiden nicht bewiesen werden, jedoch ist das Ausbleiben der Reaktion von **11** mit 1-Brom-2-methyl-prop-1-en ein eindeutiges Indiz für einen Reaktionsverlauf über ein Silacyclopropan. Würde die Reaktion nämlich über einen direkten Angriff auf die C-Br-Bindung verlaufen, sollten die beiden Methylgruppen am anderen olefinischen Zentrum keinen so starken Einfluß auf die Reaktivität besitzen. Das Ausbleiben der Reaktion mit 1-Brom-2-methyl-prop-1-en deckt sich auch mit den früheren Ergebnissen über die Reaktion von **11** mit Olefinen, die zeigen, daß höhersubstituierte Olefine nur dann reagieren, wenn sie Teil eines gespannten Ringes sind. In diesen Reaktionen war es zwar auch nicht möglich, geminal zweifach substituierte Olefine einzusetzen, doch scheint der Bromsubstituent die Doppelbindung soweit zu aktivieren, daß diese Doppelbindungen angegriffen werden können. Erst die Einführung eines weiteren Substituenten verhindert die Reaktion.

3.2.6 Reaktionen des Cyclotrisilans **11** mit Säurechloriden

Über das Reaktionsverhalten von Cyclotrisilanen gegenüber Säurechloriden gibt es bisher noch keinerlei Erkenntnisse. Im Fall der Disilene fand West[178], daß Säurechloride zuerst unter [2+2]-Cycloadditon an die C=O-Doppelbindung reagieren. Die dabei entstehenden 1,2-

Disila-3-oxa-cyclobutane konnten teilweise isoliert werden, oft sind sie jedoch nicht stabil und gehen Folgereaktionen ein. Die Reaktion von Silandiylen mit Säurechloriden ist noch nicht untersucht, jedoch hat sich gezeigt, daß Germandiyle und Stannandiyle unter oxidativer Addition an die C-Cl-Bindung reagieren[179]. Bei der Umsetzung von **11** mit Pivaloylchlorid erhält man ebenfalls unter formaler oxidative Insertion in die C-Cl-Bindung das entsprechende Acylchlorsilan **183** (Schema 26). Die Strukturzuordnung wird durch das ^{13}C-NMR-Spektrum möglich, in dem die Verschiebung des C=O-Signals zu sehr tiefem Feld ($\delta = 243.0$) beobachtet wird. Ähnliche Verschiebungen für die C=O-Gruppe findet man bei einem bereits bekannten Acetylfluorsilan und einem Acetylsilanol ($\delta = 245.1$ bzw. 245.9)[180]. Ein weiteres Indiz für die postulierte Struktur ist das Auftreten einer starken C=O-Bande im IR-Spektrum von **183** bei $\tilde{\nu} = 1627 \text{ cm}^{-1}$, die ebenfalls den Werten der bekannten Verbindungen ähnelt ($\tilde{\nu} = 1650 \text{ cm}^{-1}$ bzw. $\tilde{\nu} = 1640 \text{ cm}^{-1}$). Erwartungsgemäß groß ist der Unterschied der ^{29}Si-NMR-Daten ($\delta = -64.3$ gegenüber 3.2 bzw. −4.9). Der starke Hochfeldshift von **183** gegenüber vergleichbaren Acylsilanen dürfte dabei nicht nur mit den unterschiedlichen Substituenten am Siliciumzentrum (zwei Aryl- gegenüber zwei Alkygruppen) zusammenhängen, sondern kann auch als Indiz dafür gewertet werden, daß es sich bei **183** um eine hochkoordinierte Verbindung handelt.

Schema 59. Reaktion von **11** mit Pivalinsäurechlorid

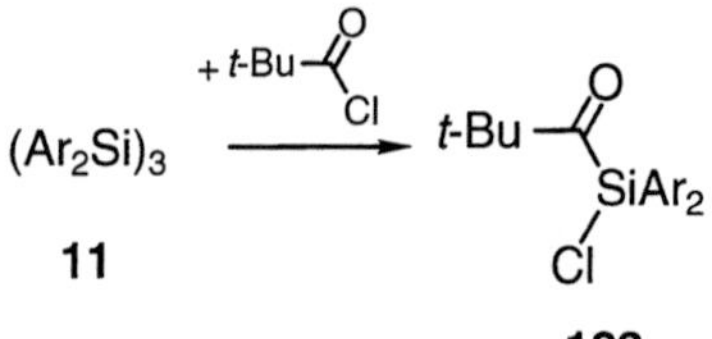

$$(Ar_2Si)_3 \quad \xrightarrow{+\ t\text{-Bu}-\overset{\displaystyle O}{\underset{\displaystyle Cl}{C}}} \quad t\text{-Bu}-\overset{\displaystyle O}{\underset{\displaystyle Cl}{C}}-SiAr_2$$

11   **183**   Ar = 2-(Me$_2$NCH$_2$)C$_6$H$_4$

Die Reaktionen von **11** mit Säurechloriden, die in α-Position ein Wasserstoffatom tragen, verlaufen nicht so einheitlich wie die Reaktion mit Pivaloylchlorid. So erhält man bei den Reaktionen mit *iso*-Buttersäurechlorid und Buttersäurechlorid komplexe Gemische in denen sich als einzige Komponente das Bis[2-(dimethylaminomethyl)phenyl]chlorsilan **83** identifizieren ließ (spektroskopisch abgeschätzte Ausbeute 40% bzw. 20%). Dabei kann man die spektroskopischen Ergebnisse der Reaktion von *iso*-Buttersäurechlorid mit **13** durchaus so interpretieren, daß intermediär ein Acylchlorsilan **184**-*i*Bu gebildet wurde, da Signale auftauchen, die denen des Acylchlorsilans **183** ähneln. So ist ein AB-System bei $\delta = 3.15, 3.53$ (**183**: $\delta = 3.01, 3.41$) und ein Multiplett im sehr tiefen Feld bei $\delta = 8.51-8.60$ (**183**:

δ = 8.67–8.71) sichtbar. Dies deutet darauf hin, daß bei der Umsetzung mit diesen Säurechloriden intermediär ein Acylchlorsilan **184-R"** gebildet wird, was dann unter 1,2-H-Shift unter Freisetzung eines Ketens umlagert. Daß im Gegensatz zu den Reaktionen der Disilene von West bei der Weiterreaktion des Ketens mit dem Cyclotrisilan **11** keine eindeutigen Produkte entstehen, verwundert nicht, da gezeigt werden konnte[181], daß bei der Umsetzung von **11** mit Ketenen komplexe Gemische erhalten werden.

Schema 60. Reaktion von **11** mit Butter- und *iso*-Buttersäurechlorid

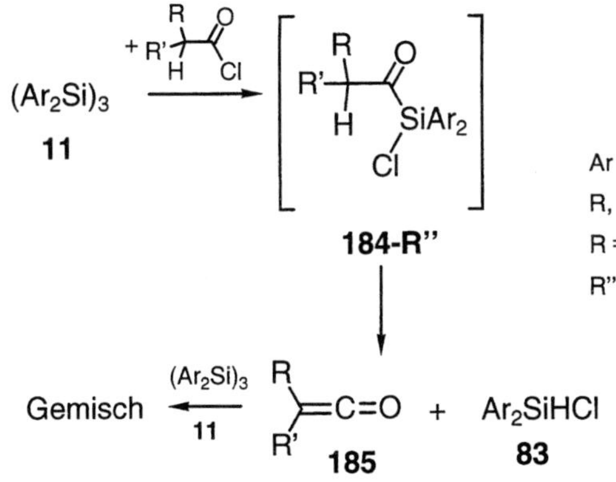

$$(Ar_2Si)_3 \quad \xrightarrow{+ R'\overset{R}{\underset{H}{\diagdown}}\overset{O}{\diagup}Cl} \quad \left[R'\overset{R}{\underset{H}{\diagdown}}\overset{O}{\underset{Cl}{\diagup}}SiAr_2 \right]$$

11   **184-R"**

Ar = 2-(Me$_2$NCH$_2$)C$_6$H$_4$
R, R' = Me
R = H; R' = Et
R" = *i*-Bu, *n*-Bu

$$\text{Gemisch} \xleftarrow{(Ar_2Si)_3 \atop \mathbf{11}} \quad \overset{R}{\underset{R'}{\diagup\!\!\!\diagdown}}C=O \; + \; Ar_2SiHCl$$

         185   **83**

Bei der Reaktion von **11** mit Benzoylchorid sollte das Problem der HCl-Abspaltung nicht auftreten; so verlief die Reaktion auch erwartungsgemäß glatt zum vermeintlichen Benzoylchlorsilan **186**. Das erhaltene Produkt erwies sich jedoch als instabil und zersetzte sich unselektiv, so daß eine vollständige Charakterisierung nicht möglich war.

Schema 61. Reaktion von **11** mit Benzoylchlorid

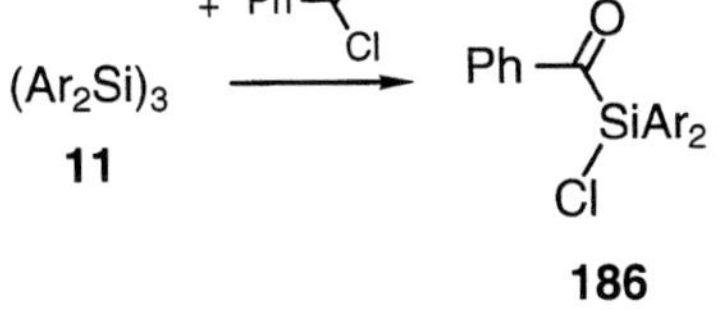

$$(Ar_2Si)_3 \quad \xrightarrow{+ Ph\overset{O}{\diagup}Cl} \quad Ph\overset{O}{\diagdown}\underset{Cl}{SiAr_2}$$

11   **186**

Ar = 2-(Me$_2$NCH$_2$)C$_6$H$_4$

Der Mechanismus der oxidativen Addition des Silandiyls **13** an Säurechloride wurde nicht weiter untersucht, sollte jedoch dem, der für die Addition der Germanium- und Zinn-Derivate postuliert wurde, ähnlich sein. Nach Lappert[182] sollte der einleitende Schritt ein nucleophiler Angriff auf das Carbonylkohlenstoffatom sein. Die dabei entstehende zwitterionische Spezies stabilisiert sich abschließend durch einen 1,2-Chlorshift.

Schema 62. Mechanismus der Reaktion von Silan-, German- und Stannandiylen mit Säurechloriden

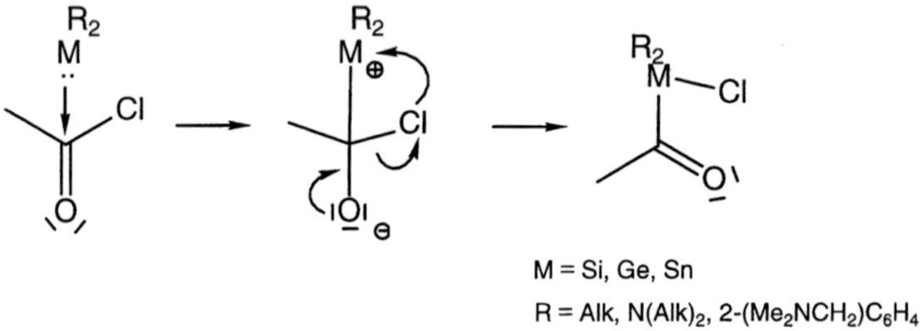

M = Si, Ge, Sn
R = Alk, N(Alk)$_2$, 2-(Me$_2$NCH$_2$)C$_6$H$_4$

3.3 Reaktionen des Cyclotrisilans **11** mit Silanen

Die Reaktion von Silandiylen mit Hydridosilanen ist eine der Standardreaktionen zum Nachweis von Silandiylen. Dabei verläuft der einleitende elektrophile Angriff im allgemeinen ohne Aktivierungsenergiebarriere[183]. In früheren Arbeiten[94] hat sich gezeigt, daß im Gegensatz dazu das von **11** übertragene Silandiyl **13** sehr langsam mit Triethylsilan reagiert. So ist die Reaktion erst nach 8 h bei 120 °C abgeschlossen. Diese Tatsache kann als ein Hinweis auf die stark abgeschwächten elektrophilen Eigenschaften des Silandiyls **13** gewertet werden. Gleichzeitig kann von einer Verstärkung der nucleophilen Eigenschaften der Verbindung ausgegangen werden. Aus diesem Grund sollte **13** mit Halogensilanen, die leichter nucleophil angreifbar sind, unter schonenderen Bedingungen reagieren. Über die Reaktion von Cyclotrisilanen und Disilenen mit Halogen- und Hydridosilanen ist nichts bekannt, ebenfalls über die Reaktion zwischen Silandiylen und Halogensilanen in Lösung. Bei den Carbenen, den analogen Kohlenstoffverbindungen der Silandiyle, wurden die bei Raumtemperatur stabilen Carbene vom Arduengo-Typ, bei denen es sich um nucleophile Teilchen handelt, mit unterschiedlichen Halogensilanen umgesetzt; dabei erhielt man Additionsprodukte in Form von hochkoordinierten Siliciumspezies[184].

3.3.1 Reaktion des Cyclotrisilanes 11 mit Methylchlorsilanen

Bei der Umsetzung von **11** mit Trimethylchlorsilan erhält man im Gegensatz zu den Addukten, die Kuhn mit den nucleophilen Carbenen erhalten hat[184], formale Insertionsprodukte. Die Reaktion verläuft sehr glatt und ist nach 4 h bei 50 °C abgeschlossen. Die postulierte Struktur des Produktes konnte durch Reduktion des erhaltenen Chlordisilans **187** mit Lithiumaluminiumhydrid, die zum Disilan **189** führte, untermauert werden. Dieses wurde bereits auf anderem Wege bei der reduktiven Kupplung von Diarylchlorsilan **83** und Trimethylchlorsilan mit Kalium erhalten.

Schema 63. Reaktion von **11** mit Methylchlorsilanen

$$(Ar_2Si)_3 + Me_{4-n}SiCl_n \longrightarrow Ar_2Si-SiMe_{4-n}Cl_{n-1} \xrightarrow{LiAlH_4} Ar_2Si-SiMe_{4-n}H_{n-1}$$
$$\underset{Cl}{|} \qquad\qquad\qquad \underset{H}{|}$$

11   n = 1,2

Ar = 2-(Me$_2$NCH$_2$)C$_6$H$_4$

n = 1 **187**   n = 1 **189**
n = 2 **188**   n = 2 **190**

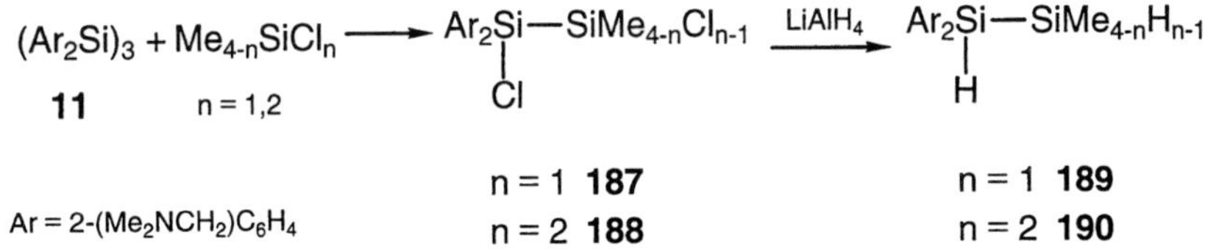

Auch die Reaktion von **11** mit drei Äquivalenten Dimethyldichlorsilan verläuft glatt und führt zum 1,2-Dichlordisilan **188** in 95% Ausbeute (Schema 63).

Bei der Reaktion von **11** mit Dimethylchlorsilan (Me$_2$SiHCl), welches neben dem Chlor am Silicium noch ein Wasserstoffatom trägt, sollte nach den bisher gewonnenen Erfahrungen auch ein einheitliches Produkt erhalten werden. So sollte nach einem nucleophilen Angriff des Silandiyls **13** am Siliciumzentrum bevorzugt das Chlorid abgespalten werden und so das 1,1-Bis(DMBA)-2,2-bismethyl-1-chlordisilan **192** gebildet werden. Bei der Umsetzung von **11** mit Me$_2$SiHCl erhält man jedoch ein Gemisch aus **192** und 1,1-Bis(DMBA)-2,2-bismethyl-2-chlordisilan **191**, und zwar im Verhältnis 1 : 3. Die beiden Komponenten ließen sich im Gemisch eindeutig identifizieren. So erhält man beispielsweise im ^{1}H-NMR-Spektrum zwei vollständige Datensätze. Die Zuordnung der unterschiedlichen Positionen der siliciumgebundenen Wasserstoffatome ist dabei eindeutig durch die unterschiedlichen Si-H-Kopplungskonstanten möglich. So zeigt der Wasserstoff, der an das DMBA-substituierte Siliciumzentrum gebunden ist, eine Kopplungskonstante von 202 Hz, wogegen auf der methylsubstituierten Seite nur eine Kopplungskonstante von 182 Hz beobachtet wird. Die Richtigkeit dieser Zuordnung konnte durch ein gekoppeltes ^{29}Si-NMR-Spektrum bestätigt werden, in dem auf der methylsubstituierten Seite neben der großen $^1J_{SiH}$ = 182 Hz auch die wesentlich kleinere $^3J_{SiH}$ = 7 Hz unter Ausbildung eines Dubletts vom Septett beobachtet wurde. Die Vergrößerung der Si-H-Kopplungskonstante auf der DMBA-substituierten Seite ist wiederum höchstwahrscheinlich auf die Ausbildung einer hochkoordinierten Verbindung zurückzuführen[88]. Diese Hochkoordination konnte für das 1,1,2,2-Tetrakis[2-(dimethylaminomethyl)phenyl]disilan **88** durch eine Röntgenstrukturanalyse im Festkörper gezeigt werden[54]. Eine Möglichkeit, dies auch für die Lösung zu zeigen, ist neben dem Hochfeldshift im Vergleich zum analogen Tetrakisphenyldisilan eine ^{29}Si-NMR-Messung bei variabler Temperatur[77]. Führt man eine derartige Messung durch, so stellt man auch für das Disilan **88** einen Hochfeldshift bei Erniedrigung der Temperatur fest. Dieser Shift fällt jedoch mit $\Delta\delta = -1.9$ relativ klein aus (Tabelle 23), was in Analogie zur Festkörperstruktur nur für eine schwache Si···N-Wechselwirkung spricht.

Tabelle 23. Vergleich der ^{29}Si-NMR-Daten von 2-(dimethylaminomethyl)phenyl-substituierten Silanen bei Raumtemperatur und 233 K und mit phenylsubstituierten Silanen

	δ_{DMBA}[a]	$\Delta\delta$[b]	δ_{Ph}[c]	$\Delta\delta'$[d]	δ_{233K}[e]
[Ar$_2$SiH]$_2$ **88**[f]	–41.5 (200)	–7.0	–34.5 (198)	–1.9	–43.4 (200)
Ar$_2$SiH(Me$_2$SiH) **190**	–37.9 (179)	—	—	—	—
	–39.1 (193)				

[a] Ar = 2-(Me$_2$NCH$_2$)C$_6$H$_4$; T = 300 K. – [b] $\Delta\delta = \delta_{DMBA}$(300 K) – δ_{Ph}. – [c] Ar = Ph. – [d] $\Delta\delta = \delta_{DMBA}$(300 K) – δ_{DMBA}(233 K). – [e] Ar = 2-(Me$_2$NCH$_2$)C$_6$H$_4$; T = 233 K. – [f] Die Numerierung bezieht sich auf Ar = 2-(Me$_2$NCH$_2$)C$_6$H$_4$.

Durch Reduktion des Produktgemisches, welches aus der Reaktion von **11** mit Me$_2$SiHCl gewonnen wurde, sollte das Disilan **190** als einheitliches Produkt entstehen. Dieses Produkt wurde auch nach Reduktion, Hydrolyse und Destillation erhalten. Vor der Hydrolyse erhält man als Zwischenprodukt vermutlich einen AlH$_3$-Komplex von **190**, der sich durch ein breites Signal für die AlH$_3$-Gruppe bei $\delta = 4.15$ und einer Intensität von 3 H zu erkennen gibt. Die Bildung derartiger Komplexe wurde schon bei der Reduktion des Dichlorsilans **10** beobachtet, wo es auch gelang, von dieser Verbindung eine Röntgenstrukturanalyse durchzuführen[185]. Der Komplex wurde in 81% Ausbeute isoliert, was zeigt, daß beide Isomeren zum selben Produkt reagiert haben.

Schema 64. Reaktion von **11** mit Dimethylchlorsilan

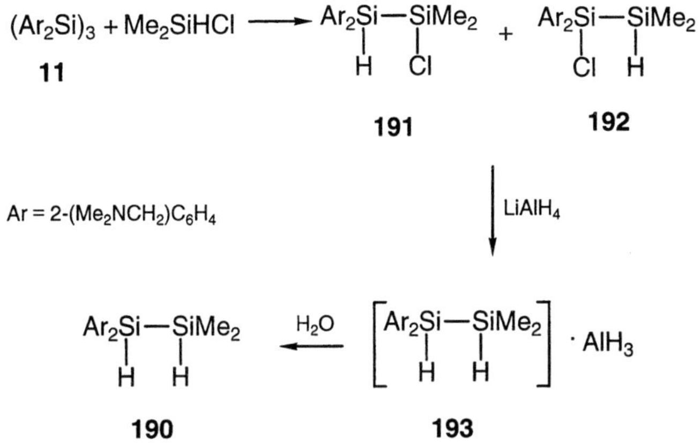

$$(Ar_2Si)_3 + Me_2SiHCl \longrightarrow \underset{\underset{H\quad Cl}{|\quad|}}{Ar_2Si-SiMe_2} + \underset{\underset{Cl\quad H}{|\quad|}}{Ar_2Si-SiMe_2}$$

11   **191**   **192**

Ar = 2-(Me$_2$NCH$_2$)C$_6$H$_4$ LiAlH$_4$

$$\underset{\underset{H\quad H}{|\quad|}}{Ar_2Si-SiMe_2} \xleftarrow{H_2O} \left[\underset{\underset{H\quad H}{|\quad|}}{Ar_2Si-SiMe_2}\right] \cdot AlH_3$$

190   **193**

Der Versuch, eine der beiden Komponenten des Gemisches die Verbindung **191** durch Reaktion von Bis[2-(dimethylaminomethyl)phenyl]silyllithium (**194**)[186] mit Dimethyldichlorsilan darzustellen, gelang nicht. Diese Umsetzung führt in einer sauberen Reaktion zum Trisilan **195**.

Schema 65. Umsetzung von Bis[2-(dimethylaminomethyl)phenyl]silyllithium (**194**) mit Me$_2$SiCl$_2$

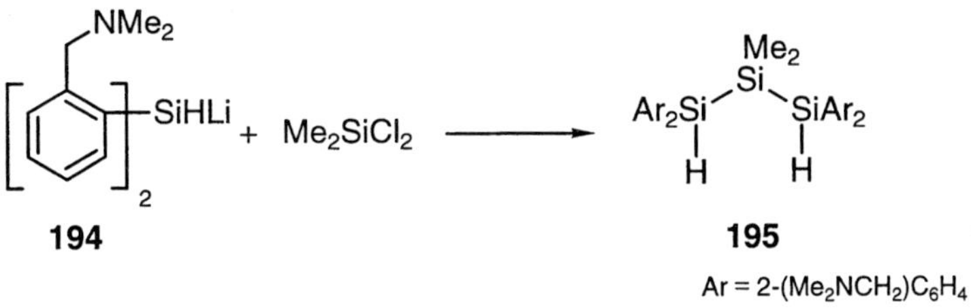

$$\left[\underset{2}{\overset{NMe_2}{\bigcirc}-SiHLi}\right] + Me_2SiCl_2 \longrightarrow \underset{\underset{H\quad\quad H}{|\quad\quad\quad|}}{Ar_2Si\overset{\overset{Me_2}{Si}}{\diagdown\quad\diagup}SiAr_2}$$

194   **195**

Ar = 2-(Me$_2$NCH$_2$)C$_6$H$_4$

In der Reaktion von **11** mit Me$_2$SiHCl muß neben der nucleophilen Reaktion ein weiterer konkurrierender Reaktionsverlauf auftreten. Dies zeigt auch eine Konkurrenzreaktion zwischen Me$_2$SiHCl und Me$_2$SiCl$_2$ (Tabelle 24), in der entgegen der Erwartung **11** schneller mit Me$_2$SiHCl als Me$_2$SiCl$_2$ reagiert. Dabei sind die Unterschiede beim Arbeiten mit drei

Äquivalenten oder 20 Äquivalenten der Chlorsilane Me$_2$SiHCl und Me$_2$SiCl$_2$ sehr gering. Jedoch ist der Anteil an **188** beim Arbeiten mit drei Äquivalenten erwartungsgemäß höher.

Tabelle 24. Konkurrenzexperimente zwischen Me$_2$SiHCl und Me$_2$SiCl$_2$.

Äquivalente Chlorsilane	188 : (191+192)	188 : 192	191 : 192
3	10 : 90	28 : 72	75 : 25
20	8 : 92	24 : 74	75 : 25

Der alternative Reaktionsweg, der bei der Reaktion höchstwahrscheinlich beschritten wird, ist eine Säure-Base-Reaktion. Wie Untersuchungen an Trichlorsilan zeigen[187], ist es durchaus möglich, Silane mit Basen wie Triethylamin oder DBU zu deprotonieren. Die Reaktion von **11** mit Pyridiumbromid zeigt, daß **13** durchaus auch einen basischen Charakter besitzt, der bekannterweise immer mit einem nucleophilen Charakter einhergeht. Über Säure-Basen Reaktionen wurde auch von den nucleophilen Carbenen des Arduengo-Typs berichtet (z. B. findet man für das 1,3-Di-*iso*-propyl-4,5-dimethyl-Derivat einen pK$_s$-Wert von 24 in (CD$_3$)$_2$SO)[188].

So sollten auch bei der Reaktion von **13** mit Me$_2$SiHCl zwei Reaktionswege durchlaufen werden (Schema 66): 1. Die Deprotonierung von Me$_2$SiHCl zu Me$_2$SiCl$^-$ mit nachfolgendem nucleophilen Angriff von Me$_2$SiCl$^-$ am kationischen Siliciumzentrum **A**; 2. Ein nucleophiler Angriff von **13** an Me$_2$SiHCl unter Spaltung der Si-Cl-Bindung und Übertragung des Chlorids auf das kationische Siliciumzentrum **B**. Beide Reaktionen sollten konzertiert bzw. ohne Dissoziation der Ionen aus den Lösungsmittelkäfigen ablaufen, da einerseits keine gekreuzten Produkte beobachtet werden, die bei der Reaktion von Me$_2$SiCl$^-$ mit Kation **B** bzw. Chlorid mit Kation **A** entstehen sollten, und andererseits in unpolarem Lösungsmittel (Benzol) gearbeitet wurde.

Schema 66. Mechanismusvorschlag für die Reaktion von **11** mit Dimethylchlorsilan

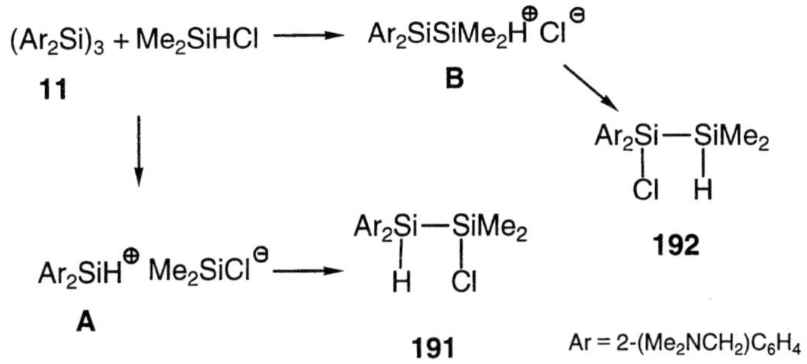

$$(Ar_2Si)_3 + Me_2SiHCl \longrightarrow Ar_2SiSiMe_2H^{\oplus} Cl^{\ominus}$$
$$\mathbf{11} \qquad\qquad\qquad \mathbf{B}$$

$$Ar_2SiH^{\oplus} Me_2SiCl^{\ominus} \longrightarrow \begin{array}{c} Ar_2Si-SiMe_2 \\ | \quad\quad | \\ H \quad\quad Cl \end{array}$$
$$\mathbf{A} \qquad\qquad\qquad \mathbf{191}$$

$$\begin{array}{c} Ar_2Si-SiMe_2 \\ | \quad\quad | \\ Cl \quad\quad H \end{array}$$
$$\mathbf{192}$$

Ar = 2-(Me$_2$NCH$_2$)C$_6$H$_4$

Es sei angemerkt, daß bei der Reaktion von **11** mit Me$_2$SiHCl, wie aus der zweiten Spalte der Tabelle 24 hervorgeht, auch der nucleophile Angriff auf das Siliciumzentrum von Me$_2$SiHCl schneller erfolgt als auf das Siliciumzentrum von Me$_2$SiCl$_2$. Dies hat eventuell sterische Gründe. Der leichtere nucleophile Angriff auf ein Siliciumzentrum, welches statt zwei Chloratomen ein Chlor- und ein Wasserstoffatom trägt wurde auch bei der Strukturkorrelation in Kapitel 2.1 gefunden. Hier ist der nucleophile Angriff auf das Siliciumzentrum im Fall von (DMBA)$_2$SiHCl (**83**) schon weiter fortgeschritten als im Fall von (DMBA)$_2$SiCl$_2$ (**10**).

3.3.2 Reaktionen des Cyclotrisilanes **11** mit Phenylsilanen

Auch die Reaktion von **11** mit Diphenyldichlorsilanen (Ph$_2$SiCl$_2$) führt in einer einheitlichen Reaktion zum Dichlordisilan **196** in 94% Ausbeute (Schema 67). Analog zu Me$_2$SiHCl führt die Reaktion von Diphenylchlorsilan (Ph$_2$SiHCl) zu einem Produktgemisch. Wiederum überwiegt das Produkt, in dem ein Wasserstoffatom auf das Silandiylzentrum übertragen wurde. Man erhält dabei ein Verhältnis von 1,1-Bis(DMBA)-2,2-diphenyl-1-chlordisilan **198** und 1,1-Bis(DMBA)-2,2-diphenyl-2-chlordisilan **197** von 1 : 2. Durch Reduktion läßt sich dieses Gemisch in 96% Ausbeute in das entsprechende Disilan **199** überführen. Diese Verbindung wird auch bei der Umsetzung von Diphenyldihydridosilan (Ph$_2$SiH$_2$) mit **11** erhalten. Die Reaktion ist im Gegensatz zur Umsetzung mit Triethylsilan schon nach 1.5 h bei 90 °C unter Bildung des Disilans **199** abgeschlossen.

Schema 67. Reaktion von **11** mit Phenylsilanen

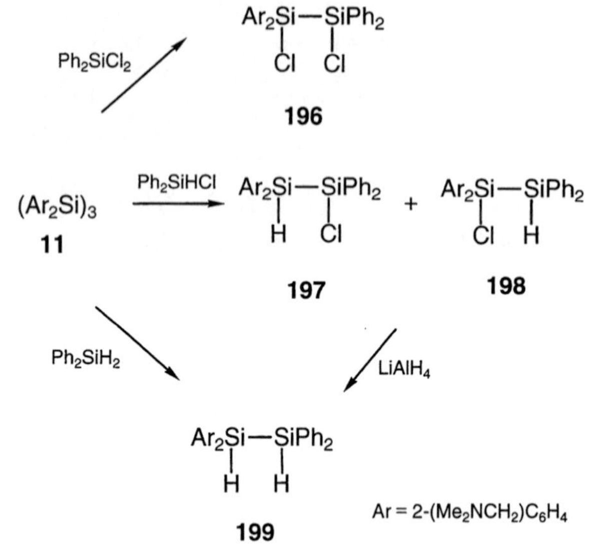

$$\text{Ph}_2\text{SiCl}_2 \quad \nearrow \quad \begin{array}{c} \text{Ar}_2\text{Si}-\text{SiPh}_2 \\ | \quad\quad | \\ \text{Cl} \quad \text{Cl} \end{array}$$
$$\mathbf{196}$$

$$(\text{Ar}_2\text{Si})_3 \xrightarrow{\text{Ph}_2\text{SiHCl}} \begin{array}{c} \text{Ar}_2\text{Si}-\text{SiPh}_2 \\ | \quad\quad | \\ \text{H} \quad \text{Cl} \end{array} + \begin{array}{c} \text{Ar}_2\text{Si}-\text{SiPh}_2 \\ | \quad\quad | \\ \text{Cl} \quad \text{H} \end{array}$$
11   **197**   **198**

$$\text{Ph}_2\text{SiH}_2 \searrow \quad\quad \swarrow \text{LiAlH}_4$$

$$\begin{array}{c} \text{Ar}_2\text{Si}-\text{SiPh}_2 \\ | \quad\quad | \\ \text{H} \quad \text{H} \end{array}$$
199   Ar = 2-(Me$_2$NCH$_2$)C$_6$H$_4$

Auch in diesem Fall wurden Konkurrenzreaktionen durchgeführt (Tabelle 25). Für die Phenylsilane erhält man eine noch eindeutigere Zunahme der Reaktivität in der Reihe: Ph$_2$SiH$_2$ « Ph$_2$SiCl$_2$ « Ph$_2$SiHCl. Dies führt dazu, daß nur noch beim Arbeiten mit 3 Äquivalenten der Silane überhaupt geringe Mengen der Minderkomponente gebildet werden. Arbeitet man *pseudo*-erster Ordnung, so reagiert nur das schneller reagierende Diphenylsilan. Im Falle des Diphenylchlorsilans ist der Unterschied zwischen den beiden alternativen Reaktionswegen kleiner. Bei Kohlenstoffverbindungen ist der Einfluß des Phenylsubstituenten eingehend untersucht worden. So bedingt die Einführung eines Phenylsubstituenten in einer S$_N$2-Reaktion eine erhebliche Zunahme der Reaktionsgeschwindigkeit[189]. Gleichzeitig erhöht sich jedoch auch die Acidität der Verbindung[190]. Beide Effekte sollten sich auf Siliciumverbindungen übertragen lassen[191]. Die resultierende Reaktivitätszunahme scheint zu einer Selektivitätsabnahme zu führen

Tabelle 25. Konkurrenzexperimente zwischen Ph_2SiH_2, Ph_2SiHCl und Ph_2SiCl_2.

	Ph_2SiH_2 + Ph_2SiCl_2	Ph_2SiH_2 + Ph_2SiCl_2	Ph_2SiH_2 + Ph_2SiHCl	Ph_2SiH_2 + Ph_2SiHCl	Ph_2SiCl_2 + Ph_2SiHCl	Ph_2SiCl_2 + Ph_2SiHCl
Äqivalente pro **11**	3	20	3	20	3	20
199 : (**197**+**198**)			0 : 100	0 : 100		
196 : (**197**+**198**)					5 : 95	0 : 100
197:**198**			60 : 40	60 : 40	60 : 40	60 : 40
196:**192**					10 : 90	
199:**197**			0 : 100	0 : 100		
199:**196**	1 : 99	0 : 100				

Auch bei der Reaktion von **11** mit drei Äquivalenten Phenyltrichlorsilan wurde in einer eindeutigen Reaktion das entsprechende 1,1-Bis(DMBA)-2-phenyl-1,2,2-trichlordisilan **200** in 85% Ausbeute erhalten

Schema 68. Reaktion von **11** mit Phenyltrichlorsilanen

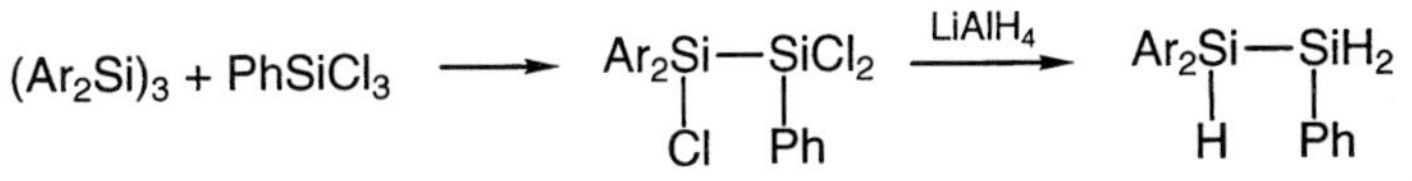

$$(Ar_2Si)_3 + PhSiCl_3 \longrightarrow Ar_2Si(Cl)-SiCl_2(Ph) \xrightarrow{LiAlH_4} Ar_2Si(H)-SiH_2(Ph)$$

11   **200**   **201**

Ar = 2-$(Me_2NCH_2)C_6H_4$

Das Disilan ließ sich durch Reduktion in das entsprechende Silan **201** überführen. Anhand des gekoppelten ^{29}Si-NMR-Spektrums läßt sich wiederum recht eindeutig die Struktur belegen (Abb. 21). Für das DMBA-substituierte Siliciumzentrum erhält man ein Dublett vom Triplett vom Triplett mit $^1J_{SiH}$ = 205 Hz, $^2J_{SiH}$ = 6 Hz und $^3J_{SiH}$ = 5 Hz. Für das phenylsubstituierte Siliciumzentrum erhält man ein Triplett vom Dublett vom Triplett mit $^1J_{SiH}$ = 186 Hz, $^2J_{SiH}$ = 6 Hz und $^3J_{SiH}$ = 5 Hz.

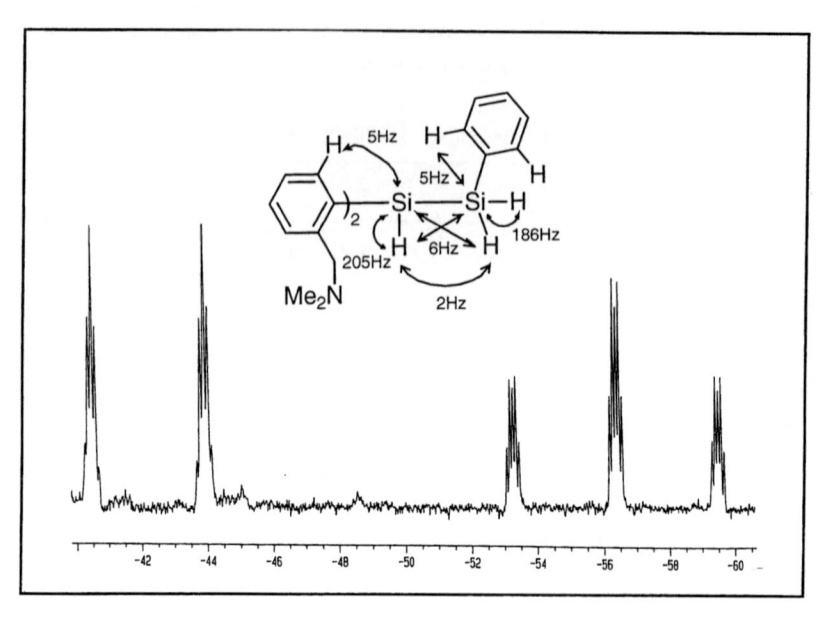

Abb. 21. Protonengekoppeltes ^{29}Si-INEPT-NMR-Spektrum des Disilanes **201**

3.3.3 Reaktionen des Cyclotrisilanes 11 mit Tetrachlorsilanen und Trichlorsilan

Bei der Reaktion von **11** mit Tetrachlorsilan (SiCl$_4$) bildet sich im Gegensatz zu den Ergebnissen von Kuhn[184] ebenfalls kein Addukt. Es kann jedoch auch kein formales Insertionsprodukt, sondern nur Diaryldichlorsilan **10** isoliert werden (Schema 69). Außerdem bildet sich ein unlöslicher, polymerer Niederschlag, der nicht näher untersucht wurde. Es ist vorstellbar, daß das formale Insertionsprodukt analog den Reaktionen mit phenyl- und methylsubstituierten halogenierten Silanen intermediär gebildet wird. Dieses ist jedoch nicht stabil und reagiert unter Übertragung eines zweiten Chloratoms auf das Siliciumzentrum weiter. Dabei könnte intermediär ein Dichlorsilandiyl gebildet werden, welches polymerisiert. Versuche, dieses Dichlorsilandiyl abzufangen (z. B. mit Olefinen), scheiterten jedoch.

Schema 69. Reaktion von **11** mit Siliciumtetrachlorid

$$(Ar_2Si)_3 + SiCl_4 \longrightarrow Ar_2SiCl_2$$
$$\quad\;\; 11 \qquad\qquad\quad\;\; 10 \quad Ar = 2\text{-}(Me_2NCH_2)C_6H_4$$

Die Reaktion von **11** mit Trichlorsilan ($SiHCl_3$) nimmt einen anderen Reaktionsverlauf. In dieser Reaktion trat als Zwischenprodukt das 1,1,2,2-Tetrakis[2-(dimethylaminomethyl)phenyl]chlorsilan **202** auf, das sich jedoch nicht sauber isolieren ließ, denn es reagierte mit dem in der Reaktionslösung noch vorhandenen Trichlorsilan weiter zum Diarylmonosilan **83** (Schema 70). Als Nebenprodukt wurde das Dichlorsilan **10** gebildet und zwar in einem Verhältnis **83** : **10** von 9 : 1. Daneben bildete sich erneut ein unlöslicher Niederschlag. Mechanistisch ist diese Reaktion nicht so einfach zu erklären wie die Reaktion von **11** mit $SiCl_4$. Vor allem das intermediäre Auftreten von **202** ist hierbei nicht ohne weiteres verständlich. Es kann nicht ausgeschlossen werden, daß es sich bei der Reaktion von **11** mit $SiHCl_3$ um die erste Reaktion des Cyclotrisilans **11** handelt, in der die Reaktion bereits vor der vollständigen Dissoziation in die Silandiyle **13** auf der Stufe des Disilens eintritt. Jedoch ist die Bildung von **202** auch auf anderen Wegen denkbar.

Schema 70. Reaktion von **11** mit Trichlorsilan

$$(Ar_2Si)_3 + HSiCl_3 \longrightarrow Ar_2Si-SiAr_2 \xrightarrow{HSiCl_3} Ar_2SiHCl + Ar_2SiCl_2$$
$$\qquad\qquad\qquad\qquad\qquad\;\;\, |\quad\;\; |$$
$$\qquad\qquad\qquad\qquad\qquad\; Cl\quad H \qquad\qquad\qquad 83 \qquad\;\; 10$$
$$\;\, 11 \qquad\qquad\qquad\qquad\qquad\;\; 202 \qquad\qquad\qquad\qquad 9:1$$

$$Ar = 2\text{-}(Me_2NCH_2)C_6H_4$$

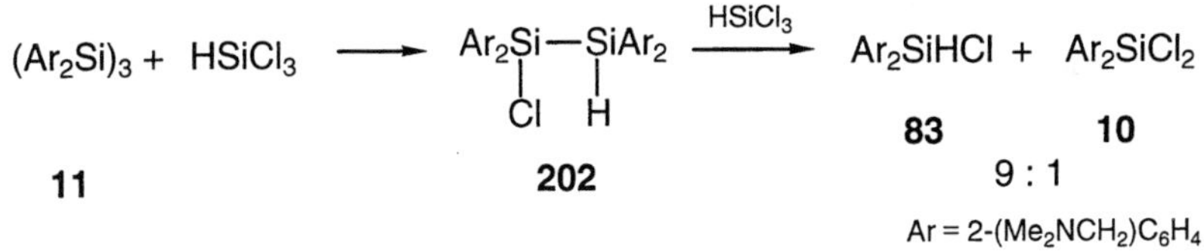

3.3.4 Reaktionen des Cyclotrisilanes **11** mit DMBA-substituierten Silanen

Nachdem tetravalente Siliciumverbindungen in sehr glatten Reaktionen mit dem Cyclotrisilan **11** reagierten, wurde untersucht, ob das Cyclotrisilan auch mit hochkoordinierten Siliciumverbindungen zu Disilanen reagiert. Die Reaktionen des Dichlorsilans **10**, des Chlorsilans **83** und des Dihydridosilans **41** führen in sehr guten Ausbeuten zu den entsprechenden Dichlor-, Monochlormonohydrido- bzw. Dihydrododisilanen. Dabei sinkt die Reaktionsgeschwindigkeit in der Reihenfolge **10** > **83** » **41**. Die Reaktionen von **10** und **83** mit **11** sind nach 4.5 h bzw. 6 h bei 50 °C abgeschlossen, wogegen zum Abschluß der Reaktion von **41** mit **11** 3 d bei

70 °C und weitere 2 d bei 90 °C nötig waren. Eine Aussage, ob bei der Reaktion von **83** mit **11** ebenfalls formale Insertion sowohl in die Si-H als auch in die Si-Cl-Bindung stattfindet, kann nicht getroffen werden, da sie zu identischen Produkten führen.

Schema 71. Reaktion von **11** mit hochkoordinierten, zweifach DMBA-substituierten Silanen

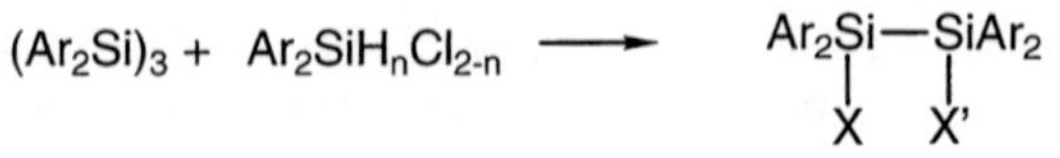

$$(Ar_2Si)_3 + Ar_2SiH_nCl_{2-n} \longrightarrow \underset{X X'}{Ar_2Si-SiAr_2}$$

11	n = 0 **10**	X, X' = Cl	**132-Cl**
	n = 1 **83**	X = H; X' = Cl	**202**
	n = 2 **41**	X, X' = H	**88**

Ar = 2-(Me$_2$NCH$_2$)C$_6$H$_4$

Der Versuch, das 1,2,2-Tetrakis[2-(dimethylaminomethyl)phenyl]-1,1,2-trichlordisilan (**203**) durch die Reaktion von **11** mit [2-(Dimethylaminomethyl)phenyl]trichlorsilan (**44**) aufzubauen, führte ausschließlich zum Diaryldichlorsilan **10**, welches sich in quantitativer Ausbeute isolieren ließ. Daneben fiel ein polymerer unlöslicher Niederschlag an, welcher 51.65% Kohlenstoff, 6.59% Wasserstoff und 6.09% Stickstoff enthielt. Als formales Nebenprodukt bei der Umsetzung von **11** mit **44** sollte das [2-(Dimethylaminomethyl)phenyl]chlorsilandiyl (**204**) gebildet werden. Bei der Polymerisation dieses Silandiyls sollte ein Polymer mit der Zusammensetzung 54.67% Kohlenstoff, 6.12% Wasserstoff und 7.08% Stickstoff entstehen. Diese Werte kommen den gefundenen Werten nahe. Als instabile Zwischenstufe bei der Bildung von **10** und dem Polymer von **204** kann die Bildung von **203** nicht ausgeschlossen werden. Eine solche Zwischenstufe scheint auch durchlaufen zu werden. Beobachtete man die Reaktion zwischen **11** und **44** mittels ^{1}H-NMR-Spektroskopie so waren neben den Signalen der Edukte und des Produkts **10** zusätzliche Signale sichtbar, z. B. ein zusätzliches Signal im NMe$_2$-Signalbreich bei $\delta = 2.47$. Außerdem erhielt das Signal der NMe$_2$-Gruppe von **11** eine Schulter, die sich nach dem vollständigen Verschwinden von **11** als weiteres Signal bei $\delta = 2.12$ erwies. Das Verhälnis zwischen den beiden neuen Signalen war etwa 2 : 1. Im erwarteten Verschiebungsbereich der benzylischen Signale traten ebenfalls Ansätze von Signalen auf, jedoch wurden diese von anderen Signalen überlagert, so daß eine eindeutige Zuordnung nicht möglich ist. Auch im aromatischen Verschiebungsbereich erkannte man eindeutig zwei zusätzliche Dubletts bei $\delta = 6.84$ und 8.71, wiederum im Verhältnis 2 : 1. Diese Ergebnisse sind ein Indiz für die intermediäre Bildung des Disilans **203** bei der Reaktion von **11** mit **44**, welches dann unter der Bildung von **10** und der Freisetzung von **204** zerfällt. Versuche, das Silandiyl **204** abzufangen und so synthetisch nutzbar zu machen, wurden nicht unternommen.

Schema 72. Reaktion von **11** mit 2-(Dimethylaminomethyl)phenyltrichlorsilan (**44**)

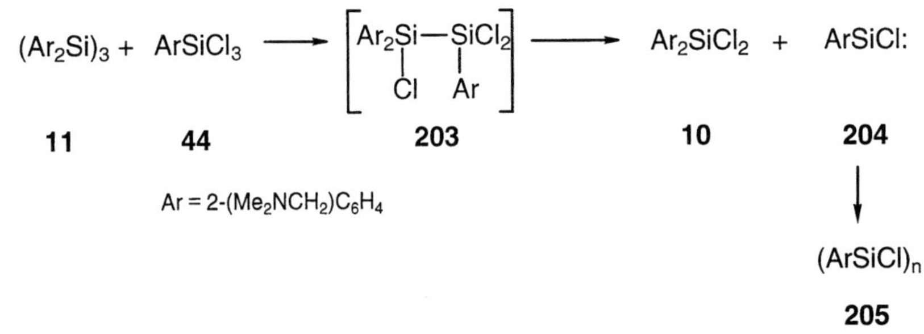

$$(Ar_2Si)_3 + ArSiCl_3 \longrightarrow \begin{bmatrix} Ar_2Si-SiCl_2 \\ | \quad\quad | \\ Cl \quad\; Ar \end{bmatrix} \longrightarrow Ar_2SiCl_2 + ArSiCl:$$

11   **44**   **203**   **10**   **204**

$Ar = 2\text{-}(Me_2NCH_2)C_6H_4$

$$\downarrow$$

$(ArSiCl)_n$

205

Nachdem die Reaktionen mit zweifach DMBA- sowie chlor- und hydridosubstituierten Siliciumverbindungen so eindeutig und problemlos verliefen, sollte auch versucht werden, hochkoordinierte Siliciumverbindungen, die andere Substituenten als Chlor und Wasserstoff als potentielle Abgangsgruppen tragen, in dieser Reaktion einzusetzen. Eine interessante Frage ist, ob sich auch fluorierte Verbindungen in dieser Reaktion einsetzen lassen. Zur Klärung dieser Frage sollte **11** mit Bis[2-(dimethylaminomethyl)phenyl]difluorsilan (**86**) umgesetzt werden.

86 entstand zwar bei einigen Reaktionen, welche zur Darstellung des Bis[2-(dimethylaminomethyl)phenyl]fluorsilans (**85**) unternommen wurden (siehe 2.1), als Hauptprodukt, doch sind diese Synthesemöglichkeiten größtenteils synthetisch nicht sinnvoll. Außerdem war das bei diesen Reaktionen erhaltene **86** oft mit Nebenprodukten, die sich nicht abtrennen ließen, verunreinigt.

86 ist präparativ, ausgehend von DMBA, recht einfach in zwei Stufen zugänglich (Schema 73). Dazu stellt man zuerst das Diaryldiethoxysilan **38** aus **43** und Tetraethoxysilan her, welches dann nachfolgend mit dem Triethylamin/BF$_3$-Komplex fluoriert werden kann. Nach dieser Methode ist **86** in 44% Ausbeute über beide Stufen zugänglich, was effektiver als die dreistufige literaturbekannte Methode ist[192,79] (über 3 Stufen 35%).

Schema 73. Darstellung von Bis[2-(dimethylaminomethyl)phenyldifluorsilan (**86**)

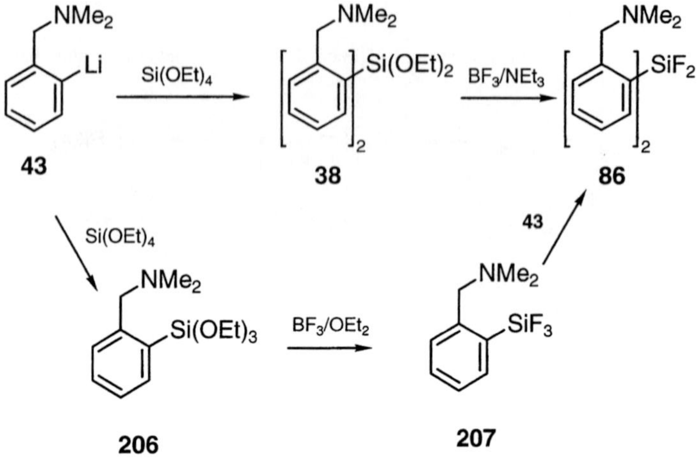

Eine andere Synthesemöglichkeit von **86** eröffnet die Oxidation von **11** mit Silberdifluorid (Schema 74). Man erhält bei dieser Reaktion **86** erstaunlich glatt in 89% Ausbeute. Jedoch ist diese Reaktion im Vergleich zur oben vorgestellten Darstellung synthetisch weniger sinnvoll.

Schema 74. Umsetzung von **11** mit Silberdifluorid

$$(Ar_2Si)_3 + AgF_2 \longrightarrow Ar_2SiF_2$$

11   **86**   Ar = 2-(Me$_2$NCH$_2$)C$_6$H$_4$

Beim Erhitzen von **11** mit **86** in Benzol auf 80 °C trat auch nach mehreren Stunden keine Reaktion ein. Auch das Austauschen des Lösungsmittels gegen Tetrahydrofuran und Erhitzen auf 40 °C führte nicht zum Erfolg.

Schema 75. Umsetzung von **11** mit Difluorsilan **86** und Ethoxysilan **84**

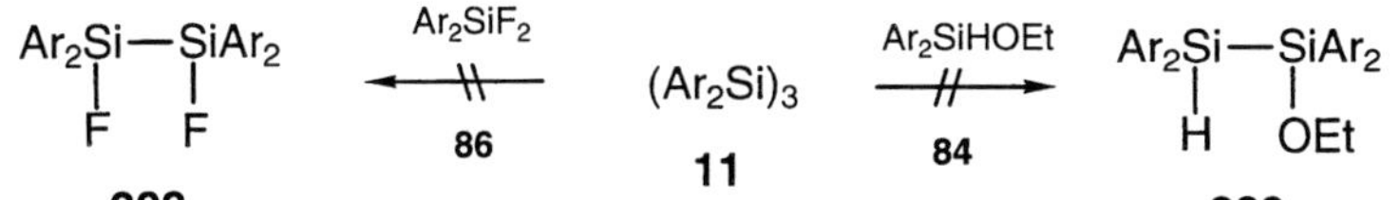

$$\underset{\underset{\mathbf{208}}{}}{\overset{}{\text{Ar}_2\text{Si} - \text{SiAr}_2}} \xleftarrow{\underset{\mathbf{86}}{\text{Ar}_2\text{SiF}_2}} \underset{\mathbf{11}}{(\text{Ar}_2\text{Si})_3} \xrightarrow{\underset{\mathbf{84}}{\text{Ar}_2\text{SiHOEt}}} \underset{\underset{\mathbf{209}}{}}{\overset{}{\text{Ar}_2\text{Si} - \text{SiAr}_2}}$$
F F   H OEt

Ar = 2-(Me$_2$NCH$_2$)C$_6$H$_4$

Als alternative potentielle Abgangsgruppe kommt z. B. eine Ethoxygruppe in Betracht, jedoch trat auch bei dem Versuch, **11** mit dem Bis[2-(dimethylaminomethyl)phenyl]ethoxysilan (**84**) umzusetzen, nach 8 h bei 80 °C keine Reaktion ein (Schema 75).

Diese Ergebnisse zeigen, daß das Silandiyl **13** weder in der Lage ist, Fluorid noch eine Ethoxy-Gruppe bei der Umsetzung mit hochkoordinierten Silanen zu substituieren.

3.3.5 Mechanistische Untersuchungen der Reaktion des Cyclotrisilanes **11** mit Silanen

i) Isotopieeffekt

Es wurde untersucht, ob bei der Reaktion von **11** mit Silanen ein Isotopieeffekt beim Einbau von Deuterium statt Wasserstoff beobachtet wird. Dazu wurde **11** mit Ph$_2$SiHD (**211**), welches aus Ph$_2$SiHCl (**210**) durch Reduktion mit Lithiumaluminiumdeuterid zugänglich ist, umgesetzt. Die Reaktion wurde bei 50 °C und bei 90 °C durchgeführt. Man fand nahezu identische Mengen beider möglichen Silane, was einem sehr geringen Isotopieeffekt (k$_H$/k$_D$) von 1.2 bzw. 1.3 entspricht (Tabelle 26).

Schema 76. Umsetzung von **11** mit Monodeuterodiphenylsilan (Ph$_2$SiHD)

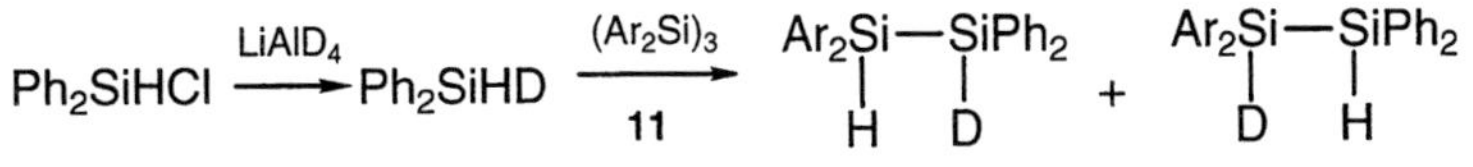

$$\underset{\mathbf{210}}{\text{Ph}_2\text{SiHCl}} \xrightarrow{\text{LiAlD}_4} \underset{\mathbf{211}}{\text{Ph}_2\text{SiHD}} \xrightarrow{\underset{\mathbf{11}}{(\text{Ar}_2\text{Si})_3}} \underset{\underset{\mathbf{212}}{}}{\overset{}{\text{Ar}_2\text{Si} - \text{SiPh}_2}} + \underset{\underset{\mathbf{213}}{}}{\overset{}{\text{Ar}_2\text{Si} - \text{SiPh}_2}}$$
                                                                                                      H D   D H

Ar = 2-(Me$_2$NCH$_2$)C$_6$H$_4$

Tabelle 26. Isotopieeffekt bei der Reaktion von **11** mit Ph$_2$SiHD (**211**)

Temp.	213	214	k_H/k_D
90 °C	45%	55%	1.2
50 °C	43%	57%	1.3

Für das Auftreten eines derart kleinen Isotopieeffektes sind zwei Erklärungen möglich: Einerseits kann es sein, daß die Si-H-Bindung nicht im geschwindigkeitsbestimmenden Schritt gebrochen wird. Denn für Prozesse, in denen die Si-H-Bindung im geschwindigkeitsbestimmenden Schritt gebrochen wird, beobachtet man Isotopieeffekte von bis zu 7; z. B. wurde bei der Insertion eines Eisencarbencomplexes in die Si-H-Bindung von PhMeSiHD ein Isotopieeffekt von 2.8 gefunden[193]. Diese Reaktion läuft über eine direkte Insertion des elektrophilen Carbens in die Si-H-Bindung. Andererseits haben Berechnungen[194] gezeigt, daß bei Reaktionen, die über lineare Übergangszustände verlaufen, in denen alle drei Reaktionspartner auf einer Achse liegen, maximale Isotopieeffekte beobachtet werden. Verläuft die Reaktion jedoch über nichtlineare Übergangszustände, wie es z. B. bei einer 1,2-Wasserstoffwanderung der Fall ist, so findet man Isotopieeffekte zwischen 1 und 2.

$$\begin{array}{cc} \diagdown\!\!\!\diagup \\ -\mathrm{Si-H} \cdots :\mathrm{Si} \\ \diagup\quad\quad\quad\diagdown \end{array} \qquad \begin{array}{c} \mathrm{H} \\ \ominus\diagup\diagdown\!\!\!\diagup \\ -\mathrm{Si-Si} \\ \diagup\diagdown\;\oplus\;\diagdown \end{array}$$

linear   nicht linear

Die Reaktion von **11** mit Ph$_2$SiHD (**211**) läßt also zwei Rückschlüsse auf den Reaktionsmechanismus zu:
1. Die Reaktion verläuft nicht analog der direkten Insertion eines elektrophilen Carbens in die Si–H-Bindung.
2. Ein Mechanismus, in dem zuerst das Silandiyl nucleophil unter Ausbildung einer ylidischen Struktur an das Siliciumzentrum des Ph$_2$SiHD angreift und danach der Wasserstoff in einem 1,2-Hydridshift zum positiven Siliciumzentrum wandert, ist durchaus mit dem beobachteten Isotopieeffekt vereinbar.

ii) Substituenteneinfluß bei der Reaktion von **11** mit substituierten Diphenyldichlor- und Phenyltrichlorsilanen

Die oben diskutierten Reaktionen des Cyclotrisilans **11** bzw. des von ihm übertragenen Silandiyls **13** geben Hinweise darauf, daß es sich bei dem Silandiyl **13** um ein Silandiyl mit nucleophilem Charakter handelt. Es sollte möglich sein, diese eher qualitative Aussage zu quantifizieren. Eine Möglichkeit bieten dabei Konkurrenzreaktionen, in denen man dem Silandiyl **13** zwei konkurrierende Reaktionspartner mit unterschiedlicher Elektrophilie anbietet. Geeignete Systeme stellen phenylsubstituierte Chlorsilane da. Dabei eröffnet die Substitution in *para*-Position des Aromaten eine von Störungen durch sterische Faktoren freie Variation der Elektronendichte am Siliciumzentrum.

In einer ersten Reaktionsreihe wurden jeweils 3 Äquiv. eines *para*-chlor- bzw. *para*-methylsubstituierten Diphenyldichlorsilans und 3 Äquiv. des unsubstituierten Diphenyldichlorsilans mit einem Äquiv. **11** umgesetzt. Nach der Reaktion wurde an Hand den Produktverhältnissen NMR-spektroskopisch bestimmt, mit welchem der beiden Diphenyldichlorsilane **13** bevorzugt reagiert hat. Dabei zeigte sich eindeutig, daß das elektronenärmere Bis-(4-chlorphenyl)dichlorsilan schneller mit **13** reagiert hat als unsubstituiertes Diphenyldichlorsilan. Analog dazu reagierte das elektronenreichere Bis-(4-methylphenyl)dichlorsilan langsamer als das unsubstituierte Diphenyldichlorsilan. Änderte man die Reaktionsbedingungen in der Art, daß man nun *pseudo* 1. Ordnung arbeitete (20 Äquiv. der Chlorsilane), so verschob sich das Produktverhältnis erwartungsgemäß noch weiter zum Reaktionsprodukt mit dem elektronenärmeren Silans.

Tabelle 27. Konkurrenzreaktion zwischen *para*-substituierten Diphenyldichlorsilanen und Diphenyldichlorsilan mit **13**

H[a]	Me[a]	Cl[a]	**196**	**214**	**215**
3 Äquiv.	3 Äquiv.			73	27
20 Äquiv.	20 Äquiv.			80	20
3 Äquiv.		3 Äquiv.	26	74	
20 Äquiv.		20 Äquiv.	18	82	

[a] Substituent in *para*-Stellung des Phenylsubstituenten der eingesetzten Diphenyldichlorsilane

Schema 77. Konkurrenzreaktionen zwischen substituierten Diphenyldichlorsilanen mit **11**

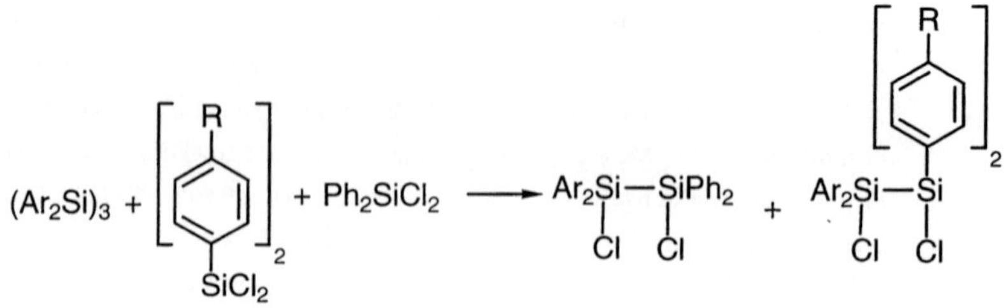

$$(Ar_2Si)_3 + \left[\underset{SiCl_2}{\underset{|}{\text{R-C}_6H_4}}\right]_2 + Ph_2SiCl_2 \longrightarrow Ar_2Si-SiPh_2 + Ar_2Si-Si\left[\underset{|}{\text{R-C}_6H_4}\right]_2$$
$$\qquad\qquad\qquad\qquad\qquad\qquad\qquad\quad\; |\quad\;|\qquad\qquad |\quad\;|$$
$$\qquad\qquad\qquad\qquad\qquad\qquad\qquad\quad Cl\;\; Cl\qquad\quad\; Cl\;\; Cl$$

11   **196**   R = Cl **214**
                          R = Me **215**

Ar = 2-$(Me_2NCH_2)C_6H_4$

Analoge Verhältnisse findet man auch bei den Konkurrenzreaktionen von **13** mit unsubstituierten und substituierten Phenyltrichlorsilanen. Zusätzlich zu den methyl- und chlorsubstituierten Verbindungen wurde auch die dimethylaminosubstituierte Verbindung in den Konkurrenzreaktionen eingesetzt. Erwartungsgemäß ist bei den nur monophenylsubstituierten Trichlorsilanen der Effekt des Substituenten auf die Produktverteilung geringer. Die stark elektronenschiebende NMe_2-Gruppe zeigt dabei noch den eindeutigsten Effekt. Etwas stärker fallen die Reaktionsunterschiede wiederum bei Arbeiten nach *pseudo* erster Ordnung in Gewicht.

Tabelle 28. Konkurrenzreaktionen zwischen substituierten Phenyltrichlorsilanen mit **11**

H[a]	NMe$_2$[a]	Me[a]	Cl[a]	200	216	217	218
3 Äquiv.	3 Äquiv.			76	24		
20 Äquiv.	20 Äquiv.			88	12		
3 Äquiv.		3 Äquiv.		55		45	
20 Äquiv.		20 Äquiv.		57		43	
3 Äquiv.			3 Äquiv.	41			59
20 Äquiv.			20 Äquiv.	37			63

[a] Substituent in *para*-Stellung des Phenylsubstituenten der eingesetzten Diphenyldichlorsilane

Schema 78. Konkurrenzreaktionen zwischen substituierten Phenyltrichlorsilanen mit **11**

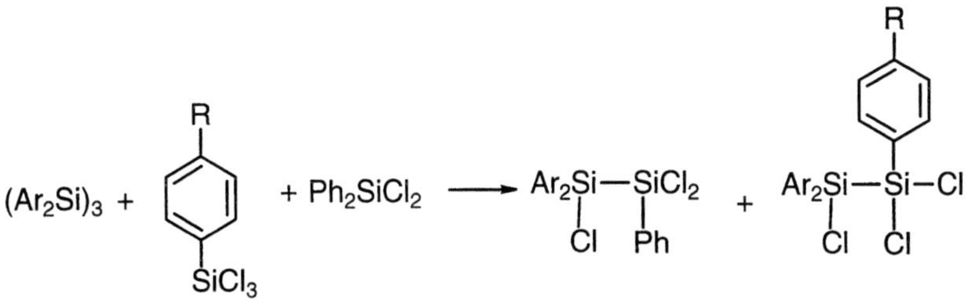

$(Ar_2Si)_3$ + [R-C6H4-SiCl3] + Ph_2SiCl_2 → $Ar_2Si-SiCl_2$ + $Ar_2Si-Si-Cl$
                                                        | | | |
                                                        Cl Ph   Cl Cl

11   **200**   R = NMe$_2$ **216**
                                          R = Me   **217**
                                          R = Cl   **218**

Ar = 2-(Me$_2$NCH$_2$)C$_6$H$_4$

Mittels einer Auftragung des Logarithmus aus dem Produktverhältnis gegen die Hammett-Substituenten-Parameter[195] (log[k(R)/k(H)] vs σ_p) kann gezeigt werden, daß ein nahezu linearer Zusammenhang zwischen diesen beiden Größen besteht (Tabelle 29, *Abb. 22*). Die ermittelten Steigungen sind positiv, was die gemachten Aussagen veranschaulicht: Elektronenziehende Substituenten begünstigen die Reaktion. Außerdem zeigen die Größen der Steigung sehr anschaulich, daß der Effekt der Substituenten im Fall der Reaktionen der Dichlorsilane größer ist als bei den Trichlorsilanen.

Tabelle 29: Steigungen und Regressionswerte der Auftragung log[k(R)/k(H)] vs σ_p

	[a]	Steigung[b]	Regression
3 Äquiv. PhSiCl$_3$	*	0.62	0.999
20 Äquiv. PhSiCl$_3$	Δ	1.03	0.998
3 Äquiv. Ph$_2$SiCl$_2$	□	1.09	0.997
20 Äquiv. Ph$_2$SiCl$_2$	O	1.57	0.998

[a] Symbole entsprechend der Abb. 22. – [b] Bei den *para*-substituierten Diphenyldichlorsilanen wurde analog zu Lit. [195]

Abb. 22. Auftragung der Hammett-Parameter gegen log[k(R)/k(H)]

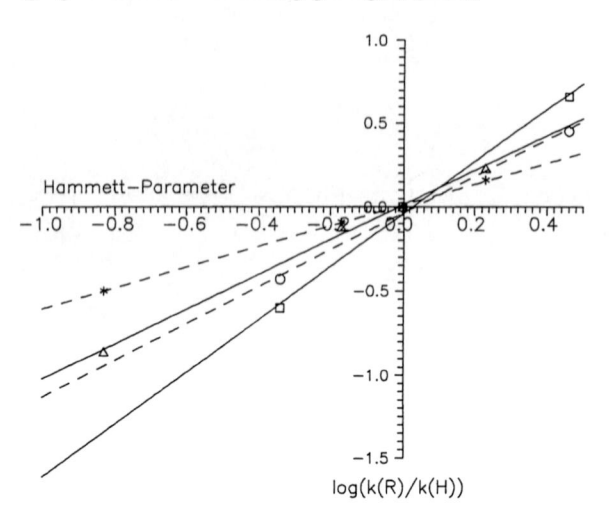

* = 3 Äquiv. PhSiCl$_3$. – Δ = 20 Äquiv. PhSiCl$_3$. – o = 3 Äquiv. Ph$_2$SiCl$_2$. – • = 20 Äquiv. Ph$_2$SiCl$_2$. – [a] log[k(R)/k(H)] = log[k((Ar$_2$SiCl)(4-R-Ph)$_2$SiCl)/k((Ar$_2$SiCl)Ph$_2$SiCl)], Ar = C$_6$H$_4$CH$_2$NMe$_2$, 4-R-Ph = 4-R-C$_6$H$_4$. – [b] Hammett-Parameter (σ_p): R = Cl: σ_p = 0.23; R = H: σ_p = 0; R = Me: σ_p = –0.17; R = NMe$_2$: σ_p = –0.83[196].

Dieses Ergebnis zeigt eindeutig, daß das Silandiyl **13** elektronenarme Reaktionszentren bevorzugt angreift. Dies läßt den Schluß zu, daß das Silandiyl **13** mit Chlorsilanen als Nucleophil reagiert. Dieser nucleophile Charakter des Silandiyls **13**, welcher im Gegensatz zu anderen aryl- und/oder alkylsubstituierten Silandiylen, wie z. B. dem Trimethylsilylphenylsilandiyl (**150**) steht, ist damit erklärbar, daß eine oder sogar beide NMe$_2$-Gruppen mit dem leeren p-Orbital des Singulett-Silandiylzentrums in Wechselwirkung treten und so den sonst reaktionsbestimmenden elektrophilen Charakter abschwächen oder sogar ganz unterdrücken und der nucleophile Charakter so zum Tragen kommt.

3.3.6 Orientierungsexperimente zu weiterführenden Reaktionen des Cyclotrisilanes 11 mit Silanen

Folgende Fragen sollten untersucht werden:
1. Ist es möglich, selektiv weitere Insertionsreaktionen an den erhaltenen Disilanen durchzuführen?
2. Lassen sich die erhaltenen Oligosilane reduktiv kuppeln?

ad 1. Es wurde versucht, das tetra(DMBA)-substituierte Dichlordisilan mit einem weiteren Äquivalent Silandiyl **13** zum Aufbau eines Dichlortrisilans **132** umzusetzen. Dabei erhielt man jedoch kein einheitliches Produkt, sondern ein komplexes Gemisch.

Schema 79. Darstellungsversuch der Dichlortrisilans **219**

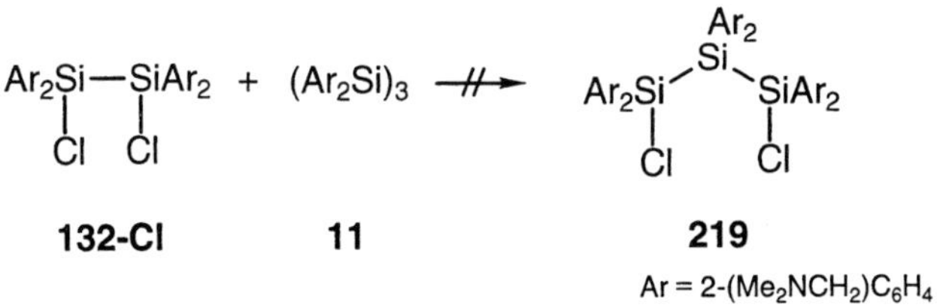

$$Ar_2Si-SiAr_2 + (Ar_2Si)_3 \;\not\!\!\!\longrightarrow\; Ar_2Si\overset{\overset{\displaystyle Ar_2}{Si}}{\diagup\;\diagdown}SiAr_2$$
$$\;\;\;\;|\;\;\;\;|\;|\;\;\;\;\;\;\;\;|$$
$$\;\;\;\;Cl\;\;Cl\;Cl\;\;\;\;\;\;Cl$$

132-Cl   **11**   **219**

Ar = 2-(Me_2NCH_2)C_6H_4

Zu besseren Ergebnissen gelangte man bei der Verwendung des 1,1-Bis(DMBA)-2-phenyl-1,2,2-trichlordisilans **200** und 1,1-Bis(DMBA)-2-phenyl-disilan **201**. In beiden Fällen gelang es, ein Molekül **13** selektiv in eine Si-Cl- bzw. Si-H-Bindung einzuschieben. Um die Struktur des gebildeten Trichlortrisilans **220** zu beweisen wurde eine Reduktion mit Lithiumaluminiumhydrid durchgeführt.

Schema 80. Reaktion von **11** mit den phenylsubstituierten Disilanen **201** und **200**

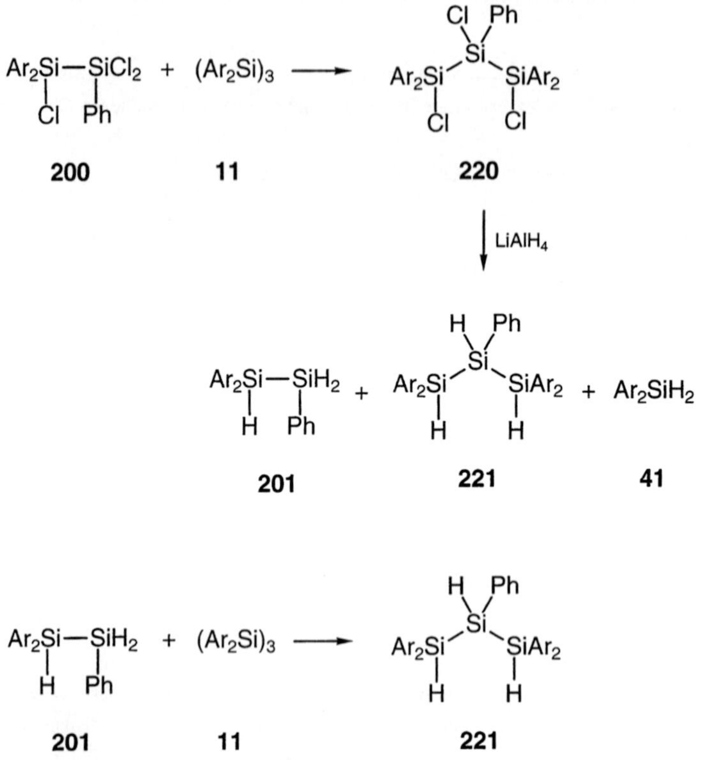

$$Ar_2Si-SiCl_2 \; + \; (Ar_2Si)_3 \; \longrightarrow \; Ar_2Si\overset{\displaystyle Cl\;\;Ph}{\underset{\displaystyle Cl}{\diagdown\!\!\overset{Si}{}\!\!\diagup}}SiAr_2$$

200 **11** **220**

↓ LiAlH₄

$$Ar_2Si-SiH_2 \; + \; Ar_2Si\overset{H\;\;Ph}{\diagdown\!Si\!\diagup}SiAr_2 \; + \; Ar_2SiH_2$$

201 **221** **41**

$$Ar_2Si-SiH_2 \; + \; (Ar_2Si)_3 \; \longrightarrow \; Ar_2Si\overset{H\;\;Ph}{\diagdown\!Si\!\diagup}SiAr_2$$

201 **11** **221**

Ar = 2-(Me₂NCH₂)C₆H₄

Bei dieser Reaktion erhielt man zwar ein Gemisch aus Disilantrihydrid **201** (48%), zweifach (DMBA)-substituierten Silan **41** (30%) und Trisilantrihydrid **221** (22%), doch zeigt der Vergleich der NMR-Spektren mit denen von sauberem, aus **201** und Silandiyl **13** erhaltenen Produkt, daß die Insertion analog zur Insertion in die Si-H-Bindung des phenylsubstituierten Siliciumzentrums von **201** in eine der Si-Cl-Bindungen des phenylsubstituierten Siliciumzentrums erfolgte. Das Substitutionsmuster konnte wiederum einfach anhand des ^{1}H-NMR- und des gekoppelten ^{29}Si-NMR-Spektrums aufgeklärt werden. Im ^{1}H-NMR-Spektrum beobachet man für die Si-H-Gruppen ein Triplett mit einer Si-H-Kopplungskonstanten von 184 Hz, was dem Signal des phenylsubstituierten Siliciumzentrums entspricht, und ein Dublett mit einer Kopplungskonstanten von 200 Hz, was auf ein DMBA-substituiertes

Siliciumzentrum hinweist. Die beiden Signale besitzen ein Intensitätsverhätnis von 1 : 2. Im gekoppelten ^{29}Si-NMR-Spektrum findet man dann auch die erwarteten zwei Dubletts, eines mit 200 Hz und eines mit 184 Hz Si-H-Kopplungskonstante. Auch am 1,1-Bis(DMBA)-2,2-diphenyl-disilan **199** gelang die Insertion in die Si-H-Bindung des phenylsubstituierten Siliciumzentrums ohne Probleme. Wiederum war die Strukturzuordnung aufgrund der NMR-Daten eindeutig. Bei der Reaktion gingen die beiden Si-H-Signale in ein Si-H-Signal mit $^1J_{SiH}$ = 197 Hz über. Im ^{29}Si-NMR-Spektrum beobachtet man bei δ = –40.8 ein Dublett vom Triplett mit $^1J_{SiH}$ = 198 Hz und $^3J_{SiH}$ = 6 Hz bei δ = –41.4 ein Singulett (Schema 45).

Schema 81. Reaktion von **11** mit den phenylsubstituierten Disilanen **199**

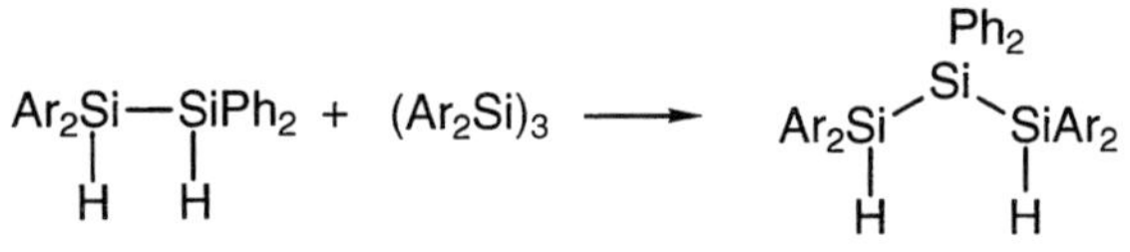

$$Ar_2Si-SiPh_2 + (Ar_2Si)_3 \longrightarrow Ar_2Si \overset{Ph_2}{\underset{}{\overset{Si}{\diagdown}}} SiAr_2$$
$$\quad\; |\quad\;\; |\qquad\qquad\qquad\qquad\qquad |\qquad\; |$$
$$\quad\; H\;\; H\qquad\qquad\qquad\qquad\qquad\quad H\quad H$$

199   **11**   **222**

Ar = 2-(Me$_2$NCH$_2$)C$_6$H$_4$

Ad 2. Die Möglichkeiten zur reduktiven Kupplung der erhaltenen Oligosilane wurden nicht so gründlich ausgetestet wie die unter 1. beschriebenen weiteren Insertionsreaktionen. Es wurde nur ein Versuch durchgeführt, in dem das Dichlordisilan **196** mit Magnesium in Tetrahydrofuran umgesetzt wurde. Man erhielt dabei ein Gemisch mit einer eindeutigen Hauptkomponente, jedoch gelang eine weitere Aufreinigung des Gemisches nicht.

Schema 82. Kupplungsversuch des phenylsubstituierten Disilans **196**

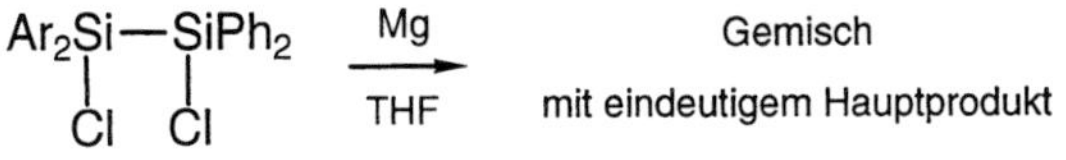

$$Ar_2Si-SiPh_2 \xrightarrow{\text{Mg}} \text{Gemisch}$$
$$\quad\; |\quad\;\; |\qquad\; \text{THF}\quad \text{mit eindeutigem Hauptprodukt}$$
$$\quad\; Cl\;\; Cl$$

196

Ar = 2-(Me$_2$NCH$_2$)C$_6$H$_4$

Diese orientierenden Reaktionen zeigen, daß es durch die Insertionsreaktion möglich ist, auch komplexere Oligosilane selektiv aufzubauen, die als potente Vorläufer in Kupplungsreaktionen eingesetzt werden könnten. Auch die Kupplung der Disilane könnte zu interessanten Produkten führen. So ist es vielleicht möglich, durch

Erhöhung des sterischen Anspruchs des Phenylsubstituenten bei der Kupplung eines Dichlordisilans **223** zu Disilen oder bei der Kupplung eines Trichlordisilans **224** zu Tetrasilabicyclobutanen[197] zu gelangen (Schema 48).

Schema 83. Mögliche Produkte der Kupplung von stetrisch anspruchsvolleren Disilanen

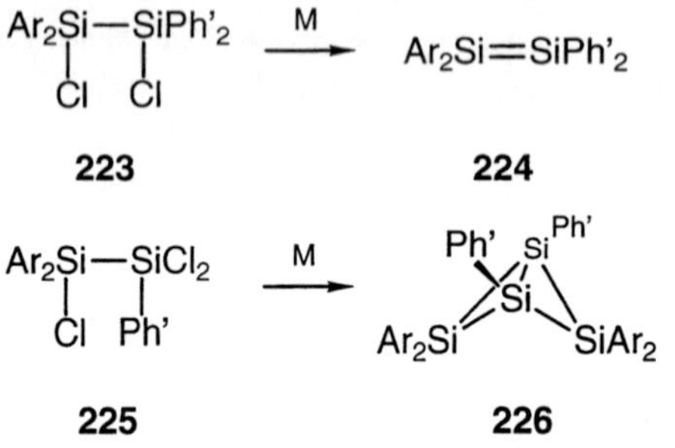

$$Ar_2Si(Cl)-SiPh'_2(Cl) \xrightarrow{M} Ar_2Si=SiPh'_2$$

223 → **224**

$$Ar_2Si(Cl)-SiCl_2(Ph') \xrightarrow{M} \text{[Bicyclus]}$$

225 → **226**

Ar = 2-(Me$_2$NCH$_2$)C$_6$H$_4$
Ph' z. B. = 2,4,6-Me$_3$C$_6$H$_2$, *t*-Bu

3.4 Reaktionen des Cyclotrisilans 11 mit Stannanen

Weder durch längere Reaktionszeiten noch durch Zusatz von Radikalstartern ließ sich eine Reaktion des Cyclotrisilan **11** mit Tri-*n*-butylstannan herbeiführen. Mit Tri-*n*-butylchlorstannan reagiert **11** jedoch bereitwillig und in einer glatten Reaktion zu dem entsprechenden formalen Insertionsprodukt **229**. Der Versuch, **229** durch Umsetzung mit Methylmagnesiumchlorid (MeMgCl) zu derivatisieren, scheiterte. Bei dieser Reaktion ließen sich nur Spuren an Hydrolyseprodukt von **229** isolieren. Jedoch ist eine eindeutige Strukturzuordnung von **229** auch durch das ^{29}Si-NMR-Spektrum möglich. Man beobachtet dabei sowohl die ^{29}Si^{117}Sn- als auch die ^{29}Si^{119}Sn-Kopplungskonstante (769 Hz bzw. 804 Hz).

Schema 84. Umsetzung von **11** mit Stannanen

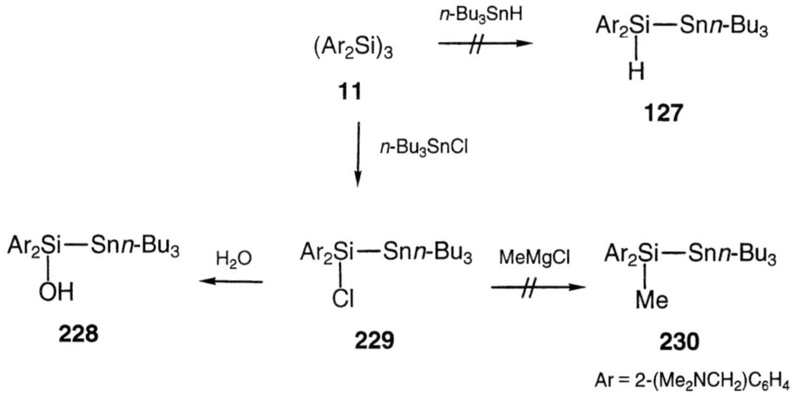

$$(Ar_2Si)_3 \xrightarrow[]{n\text{-}Bu_3SnH} \quad\not\!\!\to\quad Ar_2Si\text{—}Snn\text{-}Bu_3$$
$$\mathbf{11} \qquad\qquad\qquad\qquad\quad \underset{\mathbf{127}}{\overset{|}{H}}$$

$$\downarrow n\text{-}Bu_3SnCl$$

$$\underset{\mathbf{228}}{Ar_2Si(OH)\text{—}Snn\text{-}Bu_3} \xleftarrow{H_2O} \underset{\mathbf{229}}{Ar_2Si(Cl)\text{—}Snn\text{-}Bu_3} \xrightarrow[\not\!\!\to]{MeMgCl} \underset{\mathbf{230}}{Ar_2Si(Me)\text{—}Snn\text{-}Bu_3}$$

$$Ar = 2\text{-}(Me_2NCH_2)C_6H_4$$

Die Reaktionen mit den Stannanen zeigen ebenfall, nun wie erwartet, daß es sich bei dem von **11** übertragenen Silandiyl **13** um ein eher nucleophiles Teilchen handelt. Wiederum ist der elektophile Angriff in die Sn-H-Bindung unterdrückt, und die Reaktion mit dem Tri-*n*-butylchlorstannan erfolgt unter milden Bedingungen.

*3.5 Reaktionen des Cyclotrisilans **11** mit nucleophilen Carbenen und Heterocyclen*

Die Reaktionen der stabilen nucleophilen Carbene vom Arduengo-Typ haben gezeigt, daß sie Addukte mit elektrophilen Verbindungen bilden. Es sollte nun untersucht werden, ob der abgeschwächte elektrophile Charakter des Silandiyls **13** noch ausreicht um mit dem nucleophilen Carben Addukte zu bilden. Zu diesem Zweck wurde der einfachste Vertreter der Verbindungsklasse der Arduengo-Carbene, das N,N'-Dimethylimidazolyliden (**232**), dargestellt[198]. Dies ist durch die Deprotonierung des Imidazoliumchlorids mit Natriumhydrid und katalytischen Mengen Kalium-*tert*-butanolat erhältlich. Setzte man drei Äquivalente Carben mit einem Äquivalent **11** um, so erhielt man in einer sauberen Reaktion ein 1 : 1-Addukt. Es zeigte sich doch schnell, daß es sich dabei nicht um das erwartete Säure-Base-Addukt handelte. So findet man im ^{13}C-NMR-Spektrum auch nach der Reaktion das Signal des carbenoiden Kohlenstoffs bei $\delta = 219.2$ wieder und im gekoppelten ^{29}Si-NMR-Spektrum findet man ein Dublett mit einer Si-H-Kopplungskonstante von 227 Hz. Dies spricht dafür, daß es sich bei dem Produkt um das Insertionsprodukt in die C-H-Bindung von C-4 des Imidazolringes handelt.

Schema 85. Umsetzung des Cyclotrisilans **11** mit N,N'-Dimethylimidazolyliden

231 **232** **233**

Ar = 2-(Me$_2$NCH$_2$)C$_6$H$_4$

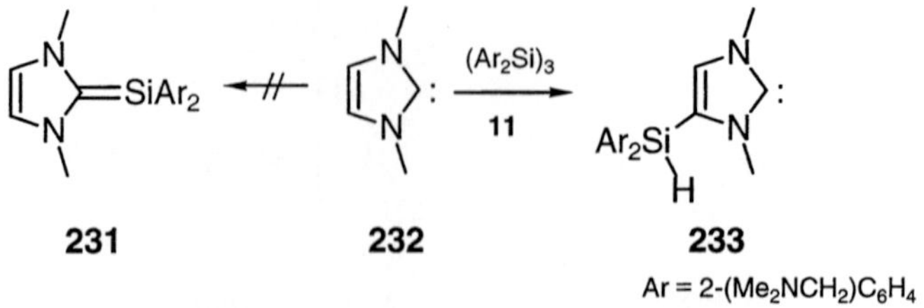

Eine ähnliche Reaktion findet auch bei der Umsetzung von **11** mit N-Methylimidazol statt. Man erhält dabei das in 2-Position silylierte Produkt, womit **13** in die CH-Bindung des azidesten Protons von N-Methylimidazol insertiert ist[199]. Versuche diese Reaktion auch auf andere Heterocyclen auszudehnen scheiterten. Entweder es trat keine Reaktion ein oder es wurde komplexe Gemische erhalten (Tabelle 30). Bereits die Reaktion mit 1,2-Dimethylimidazol führt zu einem Gemisch.

Tabelle 30. Umsetzung des Cyclotrisilans **11** mit Heterocyclen

Edukt	Reaktionsbedingungen	Ergebnis
N,N'-Dimethylimidazolyliden	RT/C$_6$D$_6$[a]	Insertion in C(4)-H
N-Methylimidazol	RT/C$_6$D$_6$	Insertion in C(2)-H
1,2-Dimethylimidazol	RT/C$_6$D$_6$	Gemisch (Insertionsprodukte)
Thiooxazol	RT/C$_6$D$_6$	Gemisch (Insertionsprodukte)
N-Methylpyrazol	80 °C/C$_6$D$_6$	keine Reaktion
Pyridazin	60 °C/C$_6$D$_6$	Zersetzung[b]
2-Methylpyrazin	RT/C$_6$D$_6$	Zersetzung[b]

[a] RT = Raumtemperatur; C$_6$D$_6$ = d^6-Benzol. – [b] Von Zersetzung wurde gesprochen, wenn **11** abgebaut wurde und sich die Menge an Heterocyclus nur unwesentlich veränderte.

Schema 86. Umsetzung des Cyclotrisilans **11** mit N-Methylimidazol

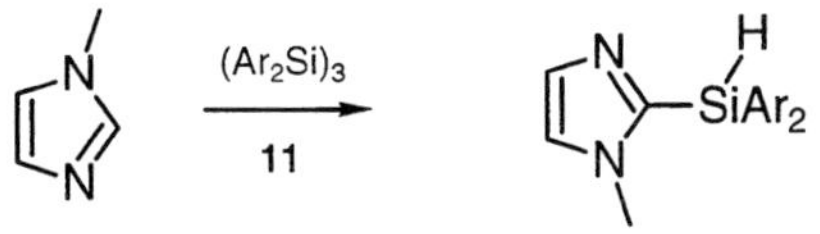

$$\underset{\textbf{236}}{\left[\begin{array}{c}\text{N-Me}\\\text{N}\end{array}\right]} \xrightarrow{(Ar_2Si)_3 \atop \textbf{11}} \underset{\textbf{235}}{\left[\begin{array}{c}\text{N}\\\text{N-Me}\end{array}\right]\text{-SiAr}_2\text{H}}$$

Ar = 2-(Me$_2$NCH$_2$)C$_6$H$_4$

Zur Vermeidung der Insertion wurde auf dem von Kuhn beschriebenen Weg das 1,3,4,5-Tetramethylimidazolyliden (**236**) hergestellt[200]. Bei der Umsetzung von **11** mit diesem Carben tritt die unerwünschte Insertionsreaktion nicht mehr auf. Es gelingt jedoch auch nicht, das gewünschte Additionsprodukt zu isolieren. Zwar erhält man bei der Umsetzung eine tief rot gefärbte Lösung und einen roten Niederschlag, doch gelingt es nicht, von dieser Substanz NMR-Spektren zu erhalten. Immer wenn es gelang, einen Teil des Feststoffes in Lösung zu bringen, stellte man fest, daß es sich nur um leicht verunreinigtes Carben handelte.

Aus diesen Ergebnissen kann geschlossen werden, daß die elektrophilen Eigenschaften des von **11** übertragenen Silandiyls **13** sehr stark abgeschwächt sind. Es tritt mit dem reaktiven nucleophilen Carbenzentrum des N,N'-Dimethylimidazolylidens keine Reaktion ein, sondern es wird ein alternativer Reaktionsweg unter formaler Insertion in eine C-H-Bindung beschritten. Mit dem in 4- und 5-Position blockierten Imidazolyliden bildet sich ebenfalls kein stabiles Lewis-Säure-Base Addukt, sondern allerhöchstens ein sehr schwaches Addukt, daß dem leichten Zerfall in die beiden nucleophilen Spezies unterliegt.

Experimenteller Teil

1. Allgemeines

^{1}H-NMR-Spektroskopie: Varian XL 200 (200 MHz), VXR 200 (200 MHz), Bruker AMX 250 (250 MHz), Bruker AMX 300 (300 MHz); Referenzen: δ = 0.00 für Tetramethylsilan, δ = 7.26 für Chloroform, δ = 7.16 für [D$_5$]Benzol; Charakterisierung der Signalaufspaltungen: s = Singulett, d = Dublett, t = Triplett, q = Quartett, quint = Quintett, sep = Septett, m = Multiplett, br. = breites Signal. Die Signalmuster der aromatischen Protonen wurden, soweit dies vertretbar ist, nach 1. Ordnung ausgewertet. – ^{13}C-NMR-Spektroskopie: Varian XL 200 (50.3 MHz), Bruker AMX 250 (62.9 MHz), Bruker AMX 300 (75.5 MHz); Referenzen: δ = 0.0 für Tetramethylsilan, δ = 77.0 für Deuterochloroform, δ = 128.0 für [D$_6$]Benzol. Zur Interpretation wurden DEPT- und/oder APT-Spektren herangezogen. – ^{29}Si-NMR-Spektroskopie: Bruker AMX 300 (59.6 MHz); Referenz: δ = 0.0 für Tetramethylsilan; zur Datenaufnahme wurde die INEPT-Technik verwendet. Soweit nicht anders angegeben, wurden die ^{29}Si-NMR-Spektren bei einer Temperatur von 300 K aufgenommen. – ^{7}Li-NMR-Spektroskopie: Bruker MSL 400 (155.45 MHz); Referenz: δ = 0.00 für LiCl/H$_2$O (ext.). – ^{11}B-NMR-Spektroskopie: Bruker AM 250 (80.2 MHz); Referenz: δ = 0.00 für BF$_3$·Et$_2$O (ext.). – ^{19}F-NMR-Spektroskopie: Bruker AM 200 (188.3 MHz); Referenz δ = 0.00 für CFCl$_3$ bzw. C$_6$F$_6$ (ext.). – ^{27}Al-NMR-Spektroskopie: Bruker MSL 400 (104.2 MHz); Referenz δ = 0.0 für AlCl$_3$ (ext.). – IR-Spektroskopie: Bruker IFS 66 (Film auf KBr-Platte). – Massenspektrometrie: Varian MAT 731. – Röntgenbeugung: STOE-Siemens-AED bzw. STOE-Siemens-Huber Vierkreisdiffraktometer mit graphitmonochromatischer Mo-K$_\alpha$ Stahlung (λ = 71.073 pm). Die Messungen wurden im 2θ/ω-*scan*-modus durchgeführt. Die Strukturlösung erfolgte nach direkten Methoden mit dem Programm SHELXS-90/92, die Strukturverfeinerung mit dem Programm SHELX-93. – Gas-Chromatographie analytisch: Siemens Sichromat 1-4, 25 m Kapillarsäule CP-Sil-5-CB, Trägergas Wasserstoff. – Säulen-Chromatographie: Merck Kieselgel (Korngröße 0.040-0.063 mm, 230-400 mesh); Macherey & Nagel Flashkieselgel 60 (Korngröße 0.040-0.063 mm, 230-400 mesh); Laufmittel wurden nur destilliert verwendet. Der verwendete Petrolether siedete in einem Bereich von 30-40 °C – Dünnschicht-Chromatographie: Macherey & Nagel, Alugram SIL G/UV$_{254}$ auf Aluminiumfolie, Detektion unter UV-Licht bei 254 nm. – Schmelzpunkte: Büchi-Schmelzpunktbestimmungsapparat; die Schmelzpunkte wurden in Kapillaren gemessen und sind unkorrigiert. – Elementaranalysen wurden im Mikroanalytischen Laboratorium des Institutes für Organische Chemie der Universität Göttingen durchgeführt. Die molekulare Zusammensetzung und die Massenreinheit wurde durch Elementaranalysen und/oder durch hochaufgelöste Massenspektrometrie (HRMS) mittels preselektiertem Ionen-Peak-Matching mit R ~ 10000 innerhalb von ± 2 ppm die exakten Masse untermauert.

Sämtliche Manipulationen mit feuchtigkeits- und sauerstoffempfindlichen Verbindungen wurden unter Inertgas (Argon, 99.996proz.) und in i. Vak. ausgeheizten Apparaturen durchgeführt. Dabei wurden ausschließlich wasserfreie Lösungsmittel verwendet, die nach laboratoriumsüblichen Methoden getrocknet wurden. Chlorsilane wurden vor dem Gebrauch von Kaliumcarbonat oder Magnesiumspänen abdestilliert und über Magnesiumspänen aufbewahrt.

Phenyltrimethylhydrazin (**20**) sowie die 2-(Trimethylhydrazino)phenyl(PTMH)-substituierten Silane **30**, **31**, **16** und **32** wurden nach Lit.52 dargestellt. **11** und **10** wurden nach Belzner[45], **83** und **92** nach Auner[49] hergestellt. Auf die vollständige Charakterisierung von **86** wurde verzichtet, da es sich um eine Lit. bekannte Verbindung handelt[80]. Das in der Literatur fehlende Massenspektrum ist ergänzend aufgeführt. Die Verbindungen $(MeC_6H_4)_2SiCl_2$, $(ClC_6H_4)_2SiCl_2$, $(MeC_6H_4)SiCl_3$, $(ClC_6H_4)SiCl_3$, $(NMe_2C_6H_4)SiCl_3$ wurden nach Rosenberg et al.[201] hergestellt. Die Carbanionen **21** und **43** wurden nach van Koten[63] bzw. Zinn und Hauser[159] dargestellt. Die Silane **41** und **117** wurden nach Detomi[89] und das Silan **125** nach Corriu[158] hergestellt. Diphenyldibrommethan wurde nach Friedel und Balsohn[202] dargestellt. Ph_2SiHD wurde durch Reduktion von Ph_2SiHCl mittels $LiAlD_4$ in 51% Ausbeute isoliert. Die Disilane **132-Cl** und **202** sind literaturbekannt[54] und wurden deshalb nicht vollständig charakterisiert. Die Carbene **232** und **236** wurden nach Arduengo[197] bzw. Kuhn[199] hergestellt.

2. Darstellung der Verbindungen

2.1 2-(Trimethylhydrazino)phenyl(PTMH)-substituierte Verbindungen

2.1.1. Ausschließlich 2-(Trimethylhydrazino)phenyl (PTMH)-substituierte Silane

[2-(Trimethylhydrazino)phenyllithium]$_2$-TMEDA (**15**): Eine Lösung von 0.48 g (3.2 mmol) **20**, 1.4 mL (3.3 mmol) 2.36 M *n*-BuLi/Hexan Lösung und 0.49 mL (3.3 mmol) Tetramethylethylendiamin in 10 mL Pentan wurde 2 d bei Raumtemp. gerührt, wobei **15** als weißer Niederschlag ausfiel. Durch Abtrennung über eine Fritte wurden 353 mg (50%) **15** (Zers. 163 °C) isoliert. Aus dem eingeengten Filtrat kristallisierten bei –5 °C weitere 92 mg (13%) **15** als für eine Röntgenstruktur geeignete Kristalle (Zers. 165 °C). – ^{1}H-NMR (C_6D_6): δ = 1.82 (br. s; 16 H, $Me_2NCH_2CH_2NMe_2$), 2.28 (s; 12 H, NMe_2), 2.57 (s; 6 H, NMe), 6.64 (d, ^3J = 8 Hz; 2 H, ar-H), 7.13 (dd, ^3J = 6 Hz, ^3J = 7 Hz; 2 H, ar-H), 7.32 (dd, ^3J = 8 Hz, ^3J = 7 Hz; 2 H, ar-H), 8.15 (d, ^3J = 6 Hz; 2 H, ar-H). – ^{13}C-NMR (C_6D_6): δ = 27.0 (NMe), 40.9

(CH_2N), 45.9 (NMe_2), 57.6 (NMe_2), 110.8 (ar-CH), 120.1 (ar-CH), 124.1 (ar-CH), 143.2 (ar-CH), 162.9 (ar-C_q), 176.6 (sept., $^1J_{^{13}C^7Li}$ = 20 Hz, ar-C_{ipso}). – ^{7}Li-NMR (C_6D_6): δ = –2.9.

[(2-Trimethylhydrazino)phenyl]triethoxysilan (**33**): Zu einer Lösung von 485 mg (1.71 mmol) **30** in 5 mL THF wurde bei 0 °C eine Lösung von 349 mg (5.13 mmol) Natriummethanolat getropft und 3 d bei Raumtemp. gerührt. Man setzte 5 mL wässrige 2 N NaOH zu, trennte die organische Phase ab und schüttelte die wässrige Phase zweimal mit je 5 mL Et_2O aus. Die vereinigten organischen Phasen wurden über Na_2SO_4 getrocknet. Nach Abfiltrieren und Entfernen des Lösungsmittels i. Vak. wurde der Rückstand bei 77 °C/10^{-4} Torr destilliert und 90 mg (25%) **33** als farbloses Öl isoliert. – ^{1}H-NMR ($CDCl_3$): δ = 1.24 (t, ^3J = 7 Hz; 9 H, CH_3), 2.37 (s; 6 H, NMe_2), 2.73 (s; 3 H, NMe), 3.83 (q, ^3J = 7 Hz; 6 H, CH_2O), 6.55 (d, ^3J = 8 Hz; 1 H, ar-H), 6.81 (dd, ^3J = 7 Hz, ^3J = 7 Hz; 1 H, ar-H), 7.28 (dd, ^3J = 8 Hz, ^3J = 7 Hz; 1 H, ar-H), 7.93 (d, ^3J = 7 Hz; 1 H, ar-H). – ^{13}C-NMR ($CDCl_3$): δ = 18.2 (CH_3), 27.2 (NMe), 41.0 (NMe_2), 58.1 (CH_2O), 111.6 (ar-CH), 118.0 (ar-C_q), 118.2 (ar-CH), 131.1 (ar-CH), 139.3 (ar-CH), 156.4 (ar-C_q). – ^{29}Si-NMR ($CDCl_3$): δ = –62.9. – MS (EI, 70 eV), m/z (%): 312 (100) [M^+], 297 (2) [M^+ – Me], 269 (40) [M^+ – NMe_2 + H], 267 (13) [M^+ – OEt], 224 (36) [M^+ – NMe_2 – Et – Me], 223 (41) [M^+ – OEt – NMe_2], 178 (13) [M^+ – 2 OEt – NMe_2], 150 (10) [$C_6H_5NMeNMe_2^+$].

Bis[(2-trimethylhydrazino)phenyl]diethoxysilan (**34**): Eine Lösung von 790 mg (2.4 mmol) **16** in 15 mL THF wurde bei –70 °C zu einer Suspension von 0.33 g (4.8 mmol) Natriummethanolat in 10 mL Hexan getropft. Nach vollendeter Zugabe wurde innerhalb von 105 min auf –30 °C erwärmt und schließlich 20 h bei Raumtemp. gerührt. Das Lösungsmittel wurde i. Vak. abdestilliert, der Rückstand in 20 mL Et_2O suspendiert, abfiltriert und gewaschen. Nach Austausch des Ethers gegen Heptan kristallisierten 479 mg (48%) **34** (Schmp. 96 °C). – ^{1}H-NMR ($CDCl_3$): δ = 1.14 (t, ^3J = 7 Hz; 6 H, CH_3), 1.89 (s; 12 H, NMe_2), 2.66 (s; 6 H, NMe), 3.52 (br. s; 4 H, CH_2O), 6.49 (d, ^3J = 8 Hz; 2 H, ar-H), 6.81 (ddd, ^3J = 7 Hz, ^3J = 7 Hz, ^4J = 1 Hz; 2 H, ar-H), 7.21 (ddd, ^3J = 8 Hz, ^3J = 7 Hz, ^4J = 2 Hz; 2 H, ar-H), 8.20 (dd, ^3J = 7 Hz, ^4J = 2 Hz; 2 H, ar-H). – ^{13}C-NMR ($CDCl_3$): δ = 18.2 (CH_3), 27.4 (NMe), 41.6 (NMe_2), 57.2 (CH_2O), 111.0 (ar-CH), 117.3 (ar-CH), 122.6 (ar-C_q), 129.2 (ar-CH), 137.9 (ar-CH), 154.2 (ar-C_q). – ^{29}Si-NMR ($CDCl_3$): δ = –47.6. – MS (EI, 70 eV), m/z (%): 416 (100) [M^+], 371 (9) [M^+ – OEt], 326 (17) [M^+ – 2 OEt], 312 (39) [M^+ – NMe_2 – OEt – Me], 283 (40) [M^+ – 2 NMe_2 – OEt], 239 (24) [M^+ – $NMeNMe_2$ – NMe_2 – OEt – Me], 223 (65) [M^+ – $NMe_2NMeC_6H_4$ – NMe_2], 150 (22) [$C_6H_5NMeNMe_2^+$]. – $C_{22}H_{36}N_4O_2Si$ (416.2607): korrekte HRMS. – $C_{22}H_{36}N_4O_2Si$ (416.64): ber. C 63.42, H 8.71, N 13.45; gef. C 63.56, H 8.72, N 13.37.

Versuch der Hydrolyse von Bis[(2-trimethylhydrazino)phenyl]diethoxysilan (**34**) *mit Wasser*: Eine Lösung von 80 mg (0.19 mmol) **34** wurde mit 5 mL THF und 1 mL H_2O 3 d bei Raumtemp. gerührt. Dabei trat keine Reaktion ein. Auch nach Rühren bei 50 °C für 2 d konnte keine Hydrolyse beobachtet werden. Nach Entfernen des Lösungsmittels ließen sich 69 mg (86%) **34** zurückisolieren.

Versuch der Hydrolyse von Bis[(2-trimethylhydrazino)phenyl]diethoxysilan (**34**) *mit Natriumhydroxid*: Zu einer Lösung von 55 mg (0.13 mmol) **34** in 5 mL THF wurden 0.2 mg NaOH in 2 mL H_2O addiert und 23 h bei Raumtemp. gerührt. Dabei trat keine Reaktion ein. Nach Rühren für 18.5 h bei 70 °C wurde ein komplexes Produktgemisch erhalten, aus dem sich weder das Edukt noch eine andere Verbindung isolieren ließ.

Versuch der Hydrolyse von Bis[(2-trimethylhydrazino)phenyl]diethoxysilan (**34**) *mit Ammoniumchlorid*: Eine Lösung von 28 mg (0.07 mmol) **34** in 5 mL THF wurde mit 100 mg (1.9 mmol) NH_4Cl in 2 mL H_2O versetzt und 18 h bei Raumtemp. gerührt. Durch Zugabe von NaOH wurde alkalisiert und dreimal mit je 5 mL E_2O ausgeschüttelt. Nach Entfernen des Lösungsmittels erhielt man 15 mg eines öligen Rückstands, der sich als komplexes Gemisch erwies.

Versuch der Hydrolyse von Bis[(2-trimethylhydrazino)phenyl]diethoxysilan (**34**) *mit Kieselgel*: Es wurden 6 mg (0.01 mmol) **34** in 2 mL Ethanol und 1 mL H_2O mit 150 mg Kieselgel über Nacht bei Raumtemp. gerührt. Dabei zersetzt sich das **34** vollständig.

Versuch der Hydrolyse von Bis[(2-trimethylhydrazino)phenyl]diethoxysilan (**34**) *mit Cäsiumfluorid*: 36 mg (0.1 mmol) **34** wurden mit 30 mg (0.2 mmol) CsF in 1 mL THF und 0.2 mL H_2O 7 d bei Raumtemp. gerührt. Dabei trat keine Reaktion ein und 35 mg (97%) **34** konnten zurückgewonnen werden.

Versuch der Hydrolyse von Bis[(2-trimethylhydrazino)phenyl]diethoxysilan (**34**) *mit Tetrabutylammoniumfluorid*: 35 mg (0.1 mmol) **34** wurden mit 56 mg (0.18 mmol) NBu$_4$F in 1 mL THF und 0.2 mL H$_2$O 7 d bei Raumtemp. gerührt. Dabei trat keine Reaktion ein, und 32 mg (91%) **34** wurden zurückgewonnen.

Bis[(2-trimethylhydrazino)phenyl]trifluormethansulfonylsilan (**75**): Zu einer Lösung von 63 mg (0.19 mmol) **32** in 5 mL Et$_2$O wurden bei –65 °C 35 µL (0.19 mmol) Trimethylsilyltriflat gegeben. Nach der Zugabe wurde noch 1 h bei Raumtemp. gerührt, das Lösungsmittel i. Vak. abdestilliert und der Rückstand zweimal mit je 5 mL Hexan gewaschen. Man erhielt 88 mg (97%) **75** als weißen Feststoff. – ^{1}H-NMR (CDCl$_3$): δ = 2.69 (s; 6 H, NMe), 2.90 (s; 6 H, NMe), 2.99 (s; 6 H, NMe), 4.45 (s (d, $^1J_{SiH}$ = 283 Hz); 1 H, SiH), 6.81 (d, ^3J = 8 Hz; 2 H, ar-H), 7.02 (dd, ^3J = 7 Hz, ^3J = 7 Hz; 2 H, ar-H), 7.43 (ddd, ^3J = 7 Hz, ^3J = 7 Hz, ^4J = 1 Hz; 2 H, ar-H), 7.78 (dd, ^3J = 7 Hz, ^4J = 1 Hz; 2 H, ar-H). – ^{13}C-NMR (CDCl$_3$): δ = 29.0 (NMe), 40.3 (NMe), 42.0 (NMe), 113.2 (ar-CH), 115.4 (ar-C$_q$), 122.3 (ar-CH), 133.1 (ar-CH), 135.5 (ar-CH), 155.8 (ar-C$_q$). – ^{29}Si-NMR (CDCl$_3$): δ = –54.5 (d, $^1J_{SiH}$ = 283 Hz).

Allgemeine Arbeitsvorschrift der Kupplungsversuche von **16** (Tabelle 31): In ca. 10 mL des verwendeten Lösungsmittels wurden 200–400 mg **16** gelöst und mit 3 Äquiv. des entsprechenden Metalls umgesetzt. Das Reaktionsgemisch wurde bei Raumtemp. gerührt, und in periodischen Abständen wurden ^{1}H-NMR-Kontrollspektren aufgenommen. Trat dabei keine Reaktion ein, wurde der Ansatz mit Ultraschall behandelt und der Umsatz wiederum anhand von ^{1}H-NMR-Spektren kontrolliert. Zur Aufarbeitung wurde das Lösungsmittel i. Vak. abdestilliert, der Rückstand in Hexan suspendiert, abfiltriert und der Filtrierrückstand durch Umkondensation des Lösungsmittels gewaschen. Nachfolgend wurde der Rückstand zuerst mit Toluol, dann mit Et$_2$O und zuletzt mit THF gewaschen. Aus den Substanz enthaltenden Fraktionen wurde versucht zu kristallisieren. Wenn keine Kristallisation möglich war, wurden die Ansätze mit H$_2$O hydrolisiert und versucht durch Kristallisation oder Destillation Substanzen zu isolieren.

Tabelle 31. Kupplungsversuche des Dichlorsilanes **16**

Metall	Lösungsmittel	Bedingungen	Beobachtung
Mg	Et$_2$O	RT	kein Umsatz
Mg	THF	RT	Gemisch
Zn	THF	RT	Gemisch
Na	Toluol	RT	kein Umsatz
Na	Toluol	60 °C,))), 8 h	Gemisch
K	Toluol	RT	kein Umsatz
K	Toluol	55 °C,))), 5 h	Gemisch
Li	Toluol	RT, 5 d	kein Umsatz
Li	Toluol	58 °C,))), 6 3/4 h	kein Umsatz
Li	Hexan	RT, 1 d	kein Umsatz
Li	Hexan	58 °C,))); 6 1/2 h	kein Umsatz
Li	Hexan/Et$_2$O (3:2)	RT, 1 d	kein Umsatz
Li	Hexan/Et$_2$O (3:2)	60 °C,))), 1 d	kein Umsatz
Li	Et$_2$O	RT, 1d	kein Umsatz
Li	THF	RT, 6 1/2 h	Gemisch (22% **60**)

))) = Ultraschall, RT = Raumtemp.

Versuch der reduktiven Kupplung von **16** *mit Lithium*: 360 mg (0.82 mmol) **16** wurden mit 14 mg (2.0 mmol) Lithium in 15 mL THF 6.5 h bei Raumtemp. gerührt. Das Lösungsmittel wurde i. Vak. abdestilliert, der Rückstand in 15 mL Toluol suspendiert, abfiltriert und der Rückstand durch Redestillation des Toluols gewaschen. Das Lösungsmittel wurde i. Vak. abdestilliert und der Rückstand in 10 mL Et$_2$O gelöst. Bei 0 °C wurden 0.1 mL H$_2$O zugesetzt und 2 h bei Raumtemp. gerührt. Danach wurde der Niederschlag abgefiltriert und das Filtrat über MgSO$_4$ getrocknet. Aus dem Filtrat kristallisierten bei langsamem Abkondensieren des Lösungsmittels 59 mg (22%) **60** (Schmp. 106°C). – ^{1}H-NMR (C$_6$D$_6$): δ = 2.53 (d, ^3J = 5 Hz; 6 H, NMe), 2.55 (s; 12 H, NMe$_2$), 5.29 (br. q, ^3J = 5 Hz; 2 H, NH), 6.57 (d, ^3J = 8 Hz; 2 H, ar-H), 6.80 (ddd, ^3J = 7 Hz, ^3J = 7 Hz, ^4J = 1 Hz; 2 H, ar-H), 7.33 (ddd, ^3J = 8 Hz, ^3J = 7 Hz, ^4J = 2 Hz; 2 H, ar-H), 7.85 (dd, ^3J = 7 Hz, ^4J = 2 Hz; 2 H, ar-H). – ^{13}C-NMR (C$_6$D$_6$): δ = 30.8 (NMe), 38.5 (NMe$_2$), 109.6 (ar-CH), 116.9 (ar-CH), 117.6 (ar-C$_q$), 132.0 (ar-CH), 137.3 (ar-CH), 155.6 (ar-C$_q$). – ^{29}Si-NMR (C$_6$D$_6$): δ = –14.1. – MS (EI, 70 eV), *m/z* (%): 328 (2)

[M+], 283 (93) [M+ − HNMe$_2$], 238 (100) [M+ − 2 HNMe$_2$], 177 (11) [C$_6$H$_4$(NMe)(SiNMe$_2$)+], 134 (12) [C$_6$H$_4$(NHMe)(Si)+], 105 (6) [C$_6$H$_4$(NMe)+]. − C$_{18}$H$_{28}$N$_4$Si (328.2083): korrekte HRMS.

Kontrollexperiment: Trimethylphenylhydrazin (**20**) *und Lithium*: Eine Lösung von 224 mg (1.49 mmol) **20** und 31 mg (1.49 mmol) Lithium in 5 mL THF wurden 6 d bei Raumtemp. gerührt. Das Reaktionsgemisch wurde abfiltriert, mit 226 mg (1.49 mmol) Dimethyl-*tert*-butylchlorsilan versetzt und 21 h bei Raumtemp. gerührt. Danach wurde das THF durch 5 mL Et$_2$O ersetzt, die Reaktionsmischung erneut abfiltriert und das Lösungsmittel i. Vak. abdestilliert. Der ölige Rückstand wurde in 10 mL Et$_2$O gelöst und mit 10 mL wässriger 2 N HCl-Lösung ausgeschüttelt. Die wässrige Phase wurde mit festem NaOH alkalisiert und dreimal mit je 10 mL Et$_2$O gewaschen. Die vereinigten organischen Phasen wurden über MgSO$_4$ getrocknet und das Lösungsmittel abdestilliert. Man erhielt 80 mg eines schwach gelben Öls, welches sich nach GC-Analyse als 84 : 16 Gemisch aus Methylanilin und **20** erwies. − ^{1}H-NMR (CDCl$_3$): δ = 2.85 (s; 3 H, NMe), 3.70 (br. s; 1 H, NH), 6.64 (dd, ^3J = 9 Hz, ^4J = 1 Hz; 2 H, ar-H), 6.73 (t, ^3J = 7 Hz; 1 H, ar-H), 7.22 (dt, ^3J = 9 Hz, ^3J = 7 Hz; 2 H, ar-H). − GCMS (EI, 70 eV), *m/z* (%): 106 (100) [M+ − H], 92 (3) [C$_6$H$_5$NH+], 77 (29) [C$_6$H$_5$+], 65 (11) [C$_5$H$_5$+], 51 (19) [C$_4$H$_3$+].

Umsetzung von **31** *mit tert-Butyllithium*: Zu einer Lösung von 116 mg (0.64 mmol) **31** und 0.1 mL (0.8 mmol) Trimethylchlorsilan in 3 mL Hexan wurden bei −100 °C 0.52 mL (0.64 mmol) 1.23 M *t*-BuLi/Hexan-Lösung getropft. Nach 3.5 h bei dieser Temperatur ließ man auf −70 °C erwärmen und 1 h weiterrühren. Danach ließ man langsam über einen Zeitraum von 16.5 h auf Raumtemp. erwärmen. Das Hexan wurde i. Vak. abdestilliert. Man erhielt 114 mg öligen Rückstand. Dieses Öl erwies sich als ein Gemisch aus **20**, **31** und **32**.

Tabelle 32: Produktgemisch der Umsetzung von **31** mit *t*-BuLi

Substanz	Nr.	% in Bezug auf **31**
(PTMH)SiH$_3$	**31**	26
(PTMH)$_2$SiH$_2$	**32**	2
PTMH	**20**	72

Umsetzung von **31** *mit Lithiumdi-iso-propylamid*: Bei –40 °C wurden 0.21 mL (1.5 mmol) Di-*iso*-propylamin in 10 mL Et$_2$O mit 1.04 mL (1.6 mmol) 1.54 M *n*-BuLi/Hexan Lösung versetzt und danach 12 h bei Raumtemp. gerührt. Diese Lösung wurde bei –50 °C zu einer Lösung von 273 mg (1.5 mmol) **31** und 0.25 mL (2 mmol) Trimethylchlorsilan in 5 mL Et$_2$O getropft. Die Reaktionslösung wurde innerhalb von 2.5 h auf 0 °C erwärmt und weitere 20 h bei Raumtemp. gerührt. Nach Abfiltrieren und Abdestillieren des Lösungsmittels vom Filtrat erhielt man 375 mg eines klaren Öls, welches sich als Gemisch aus mehreren Verbindungen erwies. Durch fraktionierende Destillation wurden Fraktionen erhalten, in denen einzelne Komponenten angereichert waren, die dadurch identifiziert werden konnten, jedoch gelang keine vollständige Trennung des Gemisches.

Tabelle 33. Produktgemisch der Umsetzung von **31** mit LDA

Substanz	Nr.	% in Bezug auf **31**
(PTMH)SiH$_3$	**31**	50
(PTMH)$_2$SiH$_2$	**32**	3
((i-Pr)$_2$N)$_2$(PTMH)SiH	**81**	10
((i-Pr)$_2$N)$_2$SiH$_2$	**80**	27
PTMH	**20**	20

81: – ^{1}H-NMR (C$_6$D$_6$): δ = 1.32 (d, ^3J = 7 Hz; 12 H, CH(CH$_3$)$_2$), 2.03 (s; 6 H, NMe$_2$), 2.26 (s; 3 H, NMe), 3.33 (sep, ^3J = 7 Hz; 4 H, CHMe$_2$), 5.00 (s; 1 H, SiH), 6.33 (d, ^3J = 7 Hz; 1 H, ar-H), 7.03 (dd, ^3J = 7 Hz, ^3J = 7 Hz; 1 H, ar-H), 7.25 (dd, ^3J = 7 Hz, ^3J = 7 Hz; 1 H, ar-H), 8.14 (d, ^3J = 7 Hz; 1 H, ar-H).
80: – ^{1}H-NMR (C$_6$D$_6$): δ = 1.13 (d, ^3J = 7 Hz; 12 H, CH(CH$_3$)$_2$), 3.26 (sep, ^3J = 7 Hz; 4 H, CHMe$_2$), 4.99 (s; 2 H, SiH). – GCMS (EI, 70 eV), *m/z* (%): 230 (75) [M$^+$], 145 (100) [M$^+$ – 2 *i*-Pr + H], 131 (29) [M$^+$ – N*i*-Pr$_2$ + H], 115 (4) [M$^+$ – N*i*-Pr$_2$ – Me], 100 (3) [M$^+$ – N*i*-Pr$_2$ – 2 Me], 85 (3) [M$^+$ – N*i*-Pr$_2$ – 3 Me], 73 (46) [M$^+$ – N*i*-Pr$_2$ – *i*-Pr – Me + H], 59 (13) [M$^+$ – N*i*-Pr$_2$ – *i*-Pr – 2 Me + 2 H], 43 (11) [*i*-Pr$^+$].

2.1.2 Sowohl 2-(Dimethylaminomethyl)phenyl(DMBA)- als auch 2-(Trimethylhydrazino)-phenyl(PTMH)-substituierte Silane

[2-(Dimethylaminomethyl)phenyl]trichlorsilan (**44**): Eine Lösung von 11.6 mL (80 mmol) Dimethylbenzylamin (DMBA) und 33.2 mL (88 mmol) 2.36 M *n*-BuLi/Hexan Lösung in 100 mL Et$_2$O wurde 2 d bei Raumtemp. gerührt. Der Et$_2$O wurde i. Vak. abdestilliert und der Rückstand in 100 mL Hexan suspendiert. Diese Suspension wurde bei –60 °C zu einer Lösung von 13.8 mL (120 mmol) Siliciumtetrachlorid in 100 mL Hexan getropft und unter Rühren über Nacht auf Raumtemp. erwärmt. Das Lösungsmittel wurde i. Vak. entfernt, der Rückstand in 150 mL Et$_2$O suspendiert, abfiltriert und der Filtrierrückstand durch zweimaliges Umkondensieren des Lösungsmittels gewaschen. Nach Einengen des Filtrats kristallisierten bei 5 °C 14.7 g (68%) **44** als weißer Feststoff aus (Schmp. 89 °C). – ^{1}H-NMR (CDCl$_3$): δ = 2.52 (s; 6 H, NMe$_2$), 3.88 (s; 2 H, CH$_2$N), 7.18 (dd, ^3J = 7 Hz, ^4J = 1 Hz; 1 H, ar-H), 7.40–7.52 (m; 2 H, ar-H), 8.37 (dd, ^3J = 7 Hz, ^4J = 2 Hz; 1 H, ar-H). – ^{13}C-NMR (CDCl$_3$): δ = 46.2 (NMe$_2$), 62.1 (CH$_2$N), 125.5 (ar-CH), 128.2 (ar-CH), 132.3 (ar-CH), 133.0 (ar-C$_q$), 139.5 (ar-CH), 142.2 (ar-C$_q$). – ^{29}Si-NMR (CDCl$_3$): δ = –61.7. – MS (EI, 70 eV), *m/z* (%): 273/271/269/267 (2/21/65/66) [M$^+$], 236/234/232 (11/50/74) [M$^+$ – Cl], 227/225/223 (10/28/28) [M$^+$ – NMe$_2$], 207/205/203 (2/9/13) [M$^+$ – Cl – CH$_2$NMe$_2$], 91 (8) [C$_7$H$_7^+$], 58 (100) [CH$_2$NMe$_2^+$]. – C$_9$H$_{12}$Cl$_3$NSi (268.64): ber. C 40.24, H 4.50, N 5.21; gef. C 40.32, H 4.89, N 5.30.

Bis-[2-(dimethylaminomethyl)phenyl]dimethylsilan (**46**): Eine Lösung von 5.8 mL (40 mmol) Dimethylbenzylamin (DMBA) und 18.6 mL (44 mol) 2.36 M *n*-BuLi/Hexan Lösung in 50 mL Et$_2$O wurde 2 d bei Raumtemp. gerührt. Der Et$_2$O wurde i. Vak. abdestilliert und der Rückstand in 50 mL Hexan suspendiert. Diese Suspension wurde bei 0 °C zu einer Lösung von 6.4 mL (54 mmol) Dimethyldichlorsilan in 50 mL Hexan getropft und über Nacht bei Raumtemp. gerührt. Nach dem Ablitrieren wurde der Rückstand durch zweimalige Umkondensation des Lösungsmittels gewaschen und das Lösungsmittel i. Vak. entfernt. Der ölige Rückstand wurde bei 103 °C/0.08 Torr destilliert und 6.13 mg (94%) **46** als farbloses Öl erhalten. – ^{1}H-NMR (CDCl$_3$): δ = 0.59 (s; 6 H, SiMe$_2$), 1.90 (s; 12 H, NMe$_2$), 3.17 (s; 4 H, CH$_2$N), 7.23 (ddd, ^3J = 7 Hz, ^3J = 7 Hz, ^4J = 2 Hz; 2 H, ar-H), 7.30 (ddd, ^3J = 7 Hz, ^3J = 7 Hz, ^4J = 1 Hz; 2 H, ar-H), 7.36 (d, ^3J = 7 Hz; 2 H, ar-H), 7.60 (d, ^3J = 7 Hz; 2 H, ar-H). – ^{13}C-NMR (CDCl$_3$): δ = 0.6 (SiMe$_2$), 45.0 (NMe$_2$), 64.2 (CH$_2$N), 126.1 (ar-CH), 128.6 (ar-CH), 128.9 (ar-CH), 135.2 (ar-CH), 138.1 (ar-C$_q$), 145.3 (ar-C$_q$). – ^{29}Si-NMR (CDCl$_3$): δ = –9.8. – MS (EI, 70 eV), *m/z* (%): 326 (1) [M$^+$], 311 (2) [M$^+$ – Me], 281 (2) [M$^+$ – 3 Me], 236 (10) [M$^+$ – NMe$_2$ – Me – H], 192 (100) [M$^+$ – C$_6$H$_4$CH$_2$NMe$_2$], 176 (30) [M$^+$ –

$C_6H_4CH_2NMe_2$ − Me − H], 134 (10) [$C_6H_4CH_2NMe_2^+$], 91 (3) [$C_7H_7^+$], 58 (19) [$CH_2NMe_2^+$]. − $C_9H_{12}Cl_3NSi$ (326.56): ber. C 73.56, H 9.26, N 8.58; gef. C 73.36, H 9.43, N 8.35.

[2-(Dimethylaminomethyl)phenyl][2'-(trimethylhydrazino)phenyl]dichlorsilan (**47**): Eine Lösung von 1.7 g (11.4 mmol) **20**, 1.7 mL (11.4 mmol) Tetramethylethylendiamin (TMEDA) und 4.4 mL (11.4 mmol) 2.36 M *n*-BuLi/Hexan Lösung in 30 mL Hexan wurde 2 d bei Raumtemp. gerührt. Das Hexan wurde gegen 30 mL Et_2O ausgetauscht, die enstandene Suspension bei 0 °C zu einer Suspension von 2.0 g (7.4 mmol) **44** in 20 mL Et_2O getropft und über Nacht bei Raumtemp. gerührt. Die Reaktionslösung wurde filtriert, der Rückstand durch Umkondensation des Lösungsmittels gewaschen und das Lösungsmittel i. Vak. abdestilliert. Der ölige Rückstand wurde bei 175 °C/10^{-4} Torr destilliert. Es wurden 1.3 g (46%) **47** als weißer Feststoff (Schmp. 173 °C) isoliert. Daneben wurden 0.5 g (29%) **20** zurückgewonnen. − ^{1}H-NMR (CDCl$_3$): δ = 1.87 (br. s; 6 H, NMe$_2$), 1.93 (br. s; 6 H, NMe$_2$), 2.65 (s; 3 H, NMe), 3.30, 3.68 (br. AB-System, ^2J nicht aufgel.; 2 H, CH$_2$N), 6.59 (d, ^3J = 8 Hz; 1 H, ar-H), 6.99 (dd, ^3J = 8 Hz, ^3J = 8 Hz; 1 H, ar-H), 7.31–7.40 (m; 4 H, ar-H), 7.97 (br. s; 1 H, ar-H), 8.35 (d, ^3J = 8 Hz; 1 H, ar-H). − ^{13}C-NMR (CDCl$_3$): δ = 28.0 (NMe), 41.8 (NMe$_2$), 45.2 (NMe$_2$), 63.9 (CH$_2$N), 112.3 (ar-CH), 120.0 (ar-CH), 120.8 (ar-C$_q$), 126.5 (ar-CH), 128.4 (ar-CH), 129.7 (ar-CH), 132.1 (ar-CH), 133.0 (ar-CH), 135.7 (ar-C$_q$), 138.6 (ar-CH), 143.4 (ar-C$_q$), 154.3 (ar-C$_q$). − ^{29}Si-NMR (CDCl$_3$): δ = −31.0. − MS (EI, 70 eV), *m/z* (%): 385/383/381 (1/4/7) [M$^+$], 348/346 (2/6) [M$^+$ − Cl], 341/339/337 (1/5/10) [M$^+$ − NMe$_2$], 303/301 (21/52) [M$^+$ − Cl − HNMe$_2$], 296/294/292 (5/21/31) [M$^+$ − H − 2 NMe$_2$], 260/258 (6/18) [M$^+$ − Cl − 2 NMe$_2$], 220/218/216 (6/28/41) [M$^+$ − C$_6$H$_4$CH$_2$NMe$_2$ − 2 Me − H], 180 (23) [M$^+$ − 2 Cl − NMeNMe$_2$ − CH$_2$NMe$_2$], 134 (100) [C$_6$H$_4$CH$_2$NMe$_2^+$]. − C$_{18}$H$_{25}$Cl$_2$N$_3$Si (382.41): ber. C 56.54, H 6.59, N 10.99; gef. C 56.61, H 6.66, N 10.77.

[2-(Dimethylaminomethyl)phenyl][2'-(trimethylhydrazino)phenyl]silandiol (**51**) : Zu einer Lösung von 481 mg (1.26 mmol) **47** in 10 mL THF und 5 mL Triethylamin wurde bei −60 °C 1 mL Wasser zugetropft und langsam auf Raumtemp. erwärmt. Das Lösungsmittel wurde abdestilliert und der Rückstand aus *tert.*-Butylmethylether umkristallisiert. Man erhielt 210 mg (48%) **51** als weißen Feststoff (Schmp. 128–129 °C). − ^{1}H-NMR (CDCl$_3$): δ = 2.21 (s; 6 H, NMe$_2$), 2.30 (s; 6 H, NMe$_2$), 2.74 (s; 3 H, NMe), 3.49 (s; 2 H, CH$_2$N), 6.82 (d, ^3J = 8 Hz; 1 H, ar-H), 6.93 (ddd, ^3J = 7 Hz, ^3J = 7 Hz, ^4J = 1 Hz; 1 H, ar-H), 7.11–7.14 (m; 1 H, ar-H), 7.22–7.37 (m; 3 H, ar-H), 7.70 (dd, ^3J = 7 Hz, ^4J = 2 Hz; 1 H, ar-H), 7.75–7.79 (m; 1 H, ar-

H). – ^{13}C-NMR (CDCl$_3$): δ = 27.4 (NMe), 40.4 (NMe$_2$), 44.3 (NMe$_2$), 65.1 (CH$_2$N), 115.5 (ar-CH), 121.0 (ar-CH), 126.7 (ar-CH), 127.5 (ar-C$_q$), 128.6 (ar-CH), 130.6 (ar-CH), 130.6 (ar-CH), 135.9 (ar-CH), 138.0 (ar-CH), 139.6 (ar-C$_q$), 141.9 (ar-C$_q$), 155.1 (ar-C$_q$). – ^{29}Si-NMR (CDCl$_3$): δ = –30.2. – MS (EI, 70 eV), m/z (%): 345 (6) [M$^+$], 328 (2) [M$^+$ – OH], 301 (7) [M$^+$ – NMe$_2$], 283 (100) [M$^+$ – NMe$_2$ – H$_2$O], 256 (18) [M$^+$ – H – 2 NMe$_2$], 238 (17) [M$^+$ – HNMe$_2$ – NMe$_2$ – H$_2$O], 196 (31) [(C$_6$H$_4$)$_2$SiO$^+$], 180 (57) [(C$_6$H$_4$)$_2$Si$^+$]. – C$_{18}$H$_{27}$N$_3$O$_2$Si (345.18726): korrekte HRMS.

[2-(Dimethylaminomethyl)phenyl][2'-(trimethylhydrazino)phenyl]dibenzoxysilan (**49**): Zu einer Lösung von 0.16 mL (1.6 mmol) Benzylalkohol in 7 mL Et$_2$O wurden bei –60 °C 0.67 mL (1.6 mmol) 2.36 M n-BuLi/Hexan Lösung zugetropft. Das Kältebad wurde entfernt, die Reaktionsmischung auf Raumtemp. erwärmt und bei dieser Temperatur noch 30 min gerührt. Danach wurden 2 mL THF zugesetzt und diese Lösung bei 0 °C zu einer Suspension von 295 mg (0.8 mmol) **47** in 7 mL Et$_2$O getropft. Die Reaktionsmischung wurde über Nacht bei Raumtemp. gerührt, das Lösungmittelgemisch i. Vak. entfernt und der ölige Rückstand in 10 mL Et$_2$O suspendiert. Diese Suspension wurde abfiltriert und der Rückstand durch Umkondensation des Et$_2$O gewaschen. Durch Abdestillieren des Lösungsmittels erhielt man einen öligen Rückstand. Dieser wurde bei 220 °C/10^{-4} Torr destilliert. Man erhielt 280 mg (67%) **49** als farbloses Öl. – ^{1}H-NMR (CDCl$_3$): δ = 1.79 (s; 6 H, NMe$_2$), 2.03 (s; 6 H, NMe$_2$), 2.64 (s; 3 H, NMe), 3.48 (s; 2 H, CH$_2$N), 4.60, 4.66 (AB-System, ^2J = 14 Hz; 4 H, OCH$_2$), 6.57 (d, ^3J = 8 Hz; 1 H, ar-H), 6.96 (ddd, ^3J = 8 Hz, ^3J = 8 Hz, ^4J = 1 Hz; 1 H, ar-H), 7.15–7.47 (m; 14 H, ar-H), 8.00 (dd, ^3J = 7 Hz, ^4J = 1 Hz; 1 H, ar-H), 8.46 (dd, ^3J = 7 Hz, ^4J = 2 Hz; 1 H, ar-H). – ^{13}C-NMR (CDCl$_3$): δ = 27.1 (NMe), 40.5 (NMe$_2$), 45.5 (NMe$_2$), 63.7 (CH$_2$N), 64.0 (CH$_2$O), 111.4 (ar-CH), 118.7 (ar-CH), 119.9 (ar-C$_q$), 125.4 (ar-CH), 126.5 (ar-CH), 126.6 (2 ar-CH), 127.7 (ar-CH), 128.0 (2 ar-CH), 128.7 (ar-CH), 131.3 (ar-CH), 134.2 (ar-CH), 135.1 (ar-C$_q$), 140.3 (ar-CH), 141.6 (ar-C$_q$), 143.8 (ar-C$_q$), 155.5 (ar-C$_q$). – ^{29}Si-NMR (CDCl$_3$): δ = –41.2. – MS (EI, 70 eV), m/z (%): 525 (4) [M$^+$], 481 (8) [M$^+$ – NMe$_2$], 436 (4) [M$^+$ – H – 2 NMe$_2$], 373 (83) [M$^+$ – OBzl – HNMe$_2$], 360 (59) [M$^+$ – OBzl – CH$_2$NMe$_2$], 330 (12) [M$^+$ – OBzl – 2 NMe$_2$], 134 (7) [C$_6$H$_4$CH$_2$NMe$_2$$^+$], 91 (100) [C$_7H_7$$^+$]. – C$_{32}H_{39}N_3O_2$Si (525.28117): korrekte HRMS.

[2-(Dimethylaminomethyl)phenyl][2'-(trimethylhydrazino)phenyl]diethoxysilan (**48**) : Zu einer Lösung von 179 mg (0.47 mmol) **47** in 5 mL THF wurden bei 0 °C 64 mg (0.94 mmol) Natriummethanolat in 10 mL THF getropft, das Reaktionsgemisch wurde 1 h bei 0 °C und dann

über Nacht bei Raumtemp. gerührt. Nach Entfernen des Lösungsmittels und Kurzwegdestillation bei 100 °C/10^{-3} Torr erhielt man 42 mg (22%) **48** als ölige Flüssigkeit. – ^{1}H-NMR (CDCl$_3$): δ = 1.16 (t, ^3J = 7 Hz; 6 H, CH$_3$), 1.79 (br. s; 6 H, NMe$_2$), 2.12 (s; 6 H, NMe$_2$), 2.64 (s; 3 H, NMe), 3.48 (s; 2 H, CH$_2$N), 3.63 (q, ^3J = 7 Hz; 4 H, OCH$_2$), 6.52 (d, ^3J = 8 Hz; 1 H, ar-H), 6.90 (ddd, ^3J = 7 Hz, ^3J = 7 Hz, ^4J = 1 Hz; 1 H, ar-H), 7.20 (ddd, ^3J = 8 Hz, ^3J = 7 Hz, ^4J = 1 Hz; 1 H, ar-H), 7.26–7.34 (m; 2 H, ar-H), 7.46 (dd, ^3J = 8 Hz, ^4J = 1 Hz; 1 H, ar-H), 7.82 (dd, ^3J = 7 Hz, ^4J = 1 Hz; 1 H, ar-H), 8.29 (dd, ^3J = 7 Hz, ^4J = 2 Hz; 1 H, ar-H). – ^{13}C-NMR (CDCl$_3$): δ = 18.2 (CH$_3$), 27.1 (NMe), 40.4 (NMe$_2$), 45.5 (NMe$_2$), 57.7 (CH$_2$O), 63.6 (CH$_2$N), 111.4 (ar-CH), 118.5 (ar-CH), 120.8 (ar-C$_q$), 125.1 (ar-CH), 127.3 (ar-CH), 128.4 (ar-CH), 130.9 (ar-CH), 134.2 (ar-CH), 135.9 (ar-C$_q$), 140.1 (ar-CH), 143.4 (ar-C$_q$), 155.8 (ar-C$_q$). – ^{29}Si-NMR (CDCl$_3$): δ = –42.1. – MS (EI, 70 eV), m/z (%): 401 (6) [M$^+$], 357 (6) [M$^+$ – NMe$_2$], 311 (83) [M$^+$ – 2 OEt], 268 (19) [M$^+$ – C$_6$H$_4$CH$_2$NMe$_2$ + H], 252 (12) [M$^+$ – C$_6$H$_4$NMeNMe$_2$], 236 (73) [M$^+$ – C$_6$H$_4$CH$_2$NMe$_2$ – 2 Me + H], 224 (100) [M$^+$ – C$_6$H$_4$CH$_2$NMe$_2$ – NMe$_2$ + H], 134 (52) [C$_6$H$_4$CH$_2$NMe$_2$$^+$]. – C$_{22}H_{35}N_3O_2$Si (401.24986): korrekte HRMS.

[2-(Dimethylaminomethyl)phenyl][2'-(trimethylhydrazino)phenyl]silan (**50**): Eine Suspension von 310 mg (0.8 mmol) **47** in 10 mL Et$_2$O wurde bei 0 °C zu einer Suspension von 400 mg (10.5 mmol) LiAlH$_4$ in 10 mL Et$_2$O getropft. Nach der Zugabe wurde noch 30 min bei Raumtemp. gerührt und dann durch Zugabe von 0.4 mL Wasser, 0.4 mL 15% NaOH and 1.2 mL Wasser bei –65 °C hydrolisiert. Die Suspension wurde auf Raumtemp. erwärmt, filtriert und der Filterrückstand mit 5 mL Et$_2$O gewaschen. Das Lösungsmittel wurde i. Vak. abdestilliert und der Rückstand in 10 mL Hexan gelöst. Die Lösung wurde über MgSO$_4$ getrocknet, erneut filtriert und das Lösungsmittel i. Vak. abdestilliert. Die zweimalige Destillation des öligen Rückstands ergab bei 156 °C/10^{-4} Torr 181 mg (72%) analysenreines **50** als farblose, ölige Flüssigkeit. – ^{1}H-NMR (CDCl$_3$): δ = 1.94 (s; 6 H, NMe$_2$), 2.05 (s; 6 H, NMe$_2$), 2.26 (s; 3 H, NMe), 3.53 (s; 2 H, CH$_2$N), 5.20 (s (t, $^1J_{SiH}$ = 212 Hz); 2 H, SiH$_2$), 6.34 (d, ^3J = 8 Hz; 1 H, ar-H), 6.76 (ddd, ^3J = 7 Hz, ^3J = 7 Hz, ^4J = 1 Hz; 1 H, ar-H), 7.16–7.29 (m; 3 H, ar-H), 7.44 (d, ^3J = 8 Hz; 1 H, ar-H), 7.58 (dd, ^3J = 7 Hz, ^4J = 2 Hz; 1 H, ar-H), 7.81 (dd, ^3J = 7 Hz, ^4J = 2 Hz; 1 H, ar-H). – ^{13}C-NMR (CDCl$_3$): δ = 27.5 (NMe), 40.6 (NMe$_2$), 44.9 (NMe$_2$), 64.6 (CH$_2$N), 111.2 (ar-CH), 119.3 (ar-CH), 120.4 (ar-C$_q$), 126.6 (ar-CH), 128.3 (ar-CH), 128.8 (ar-CH), 130.8 (ar-CH), 137.4 (ar-CH), 139.2 (ar-C$_q$), 139.5 (ar-CH), 145.9 (ar-C$_q$), 155.4 (ar-C$_q$). – ^{29}Si-NMR (CDCl$_3$): δ = –46.1 (t, $^1J_{SiH}$ = 212 Hz). – MS (EI, 70 eV), m/z (%): 313 (23) [M$^+$], 268 (96) [M$^+$ – HNMe$_2$], 253 (48) [M$^+$ – HNMe$_2$ – Me], 224 (100) [M$^+$ – H – 2 NMe$_2$], 194 (23) [M$^+$ – 2 HNMe$_2$ – NMe], 164 (38) [M$^+$ – C$_6$H$_4$NMeNMe$_2$], 149 (24)

[$C_6H_4NMeNMe_2^+$], 134 (23) [$C_6H_4CH_2NMe_2^+$]. – $C_{18}H_{27}N_3Si$ (313.52): ber. C 68.96, H 8.68, N 13.40; gef. C 68.90, H 8.78, N 13.45.

[2-(Dimethylaminomethyl)phenyl][2'-(trimethylhydrazino)phenyl]trifluormethansulfonylsilan (**76**) : Zu einer Lösung von 938 mg (3.9 mmol) **50** in 15 mL Et$_2$O wurden bei 0 °C 0.7 mL (3.9 mmol) Trimethylsilyltriflat zugetropft. Die entstandene Suspension wurde 45 min bei Raumtemp. gerührt. Nach Abdestillieren des Lösungsmittels i. Vak. und dreimaligem Waschen des Rückstands mit je 10 mL Hexan erhielt man 1.385 g (91%) **76** als weißen Feststoff (Schmp. 142–144 °C). – ^{1}H-NMR (CDCl$_3$): δ = 2.44 (s; 3 H, NMe), 2.55 (s; 3 H, NMe), 2.86 (s; 3 H, NMe), 3.06 (s; 3 H, NMe), 3.09 (s; 3 H, NMe), 3.81, 4.43 (AB-System, $^2J_{AB}$ = 14 Hz; 2 H, CH$_2$N), 4.55 (s (d, $^1J_{SiH}$ = 276 Hz); 1 H, SiH), 6.88 (d, ^3J = 7 Hz; 1 H, ar-H), 7.05 (dd, ^3J = 7 Hz, ^3J = 7 Hz; 1 H, ar-H), 7.23–7.50 (m; 4 H, ar-H), 7.63 (d, ^3J = 7 Hz; 1 H, ar-H), 8.03 (d, ^3J = 7 Hz; 1 H, ar-H). – ^{13}C-NMR (CDCl$_3$): δ = 30.1 (NMe), 38.9 (NMe), 43.4 (NMe), 44.3 (NMe), 45.9 (NMe), 64.9 (CH$_2$N), 113.6 (ar-CH), 114.3 (ar-C$_q$), 122.0 (ar-CH), 126.2 (ar-CH), 127.8 (ar-CH), 129.7 (ar-C$_q$), 131.6 (ar-CH), 133.4 (ar-CH), 135.3 (ar-CH), 136.2 (ar-CH), 143.8 (ar-C$_q$), 156.4 (ar-C$_q$). – ^{29}Si-NMR (CDCl$_3$): δ = –53.6 (d, $^1J_{SiH}$ = 281 Hz). – $C_{19}H_{26}F_3N_3O_3SSi$ (461.58): ber. C 49.44, H 5.68, N 9.10; gef. C 49.19, H 5.73, N 9.02.

2.2 Bis-[2-(dimethylaminomethyl)phenyl]hydridosilane

Bis[2-(dimethylaminomethyl)phenyl]chlorsilan (**83**): Zu einer Lösung von 4.0 mL (40 mmol) SiHCl$_3$ in 100 mL Et$_2$O wurde bei 0 °C eine Suspension von [2-(Dimethylaminomethyl)-phenyl]lithium, welches aus 12.0 mL (80 mmol) Benzyldimethylamin und 57 mL (88 mmol) 1.54 M *n*-BuLi/Hexan Lösung hergestellt wurde, in 100 mL Et$_2$O zugetropft. Die Reaktionslösung wurde über Nacht bei Raumtemp. gerührt, abfiltriert, der Rückstand durch Umkondensation des Lösungsmittel zweimal gewaschen und das Filtrat auf ein Drittel eingeengt. Bei 5 °C kristallisierten 7.4 g (51%) **83** als weißer Feststoff (Schmp. 89 °C). Mod. A: – ^{1}H-NMR (CDCl$_3$): δ = 2.16 (br. s; 12 H, NMe$_2$), 3.60, 3.74 (AB-System, $^2J_{AB}$ = 13 Hz; 4 H, CH$_2$N), 5.80 (s (d, $^1J_{SiH}$ = 289 Hz); 1 H, SiH), 7.15–7.55 (m; 6 H, ar-H), 7.81 (br. d, ^3J = 7 Hz; 2 H, ar-H). – ^{13}C-NMR (CDCl$_3$): δ = 45.6 (NMe$_2$), 63.8 (CH$_2$N), 127.3 (ar-CH), 128.0 (ar-CH), 129.7 (ar-CH), 128.0 (ar-CH), 135.4 (ar-C$_q$), 143.8 (ar-C$_q$). – ^{29}Si-NMR (CDCl$_3$): δ = –58.1 (d, $^1J_{SiH}$ = 289 Hz; SiH). – Mod. B: – ^{1}H-NMR (CDCl$_3$): δ = 2.69 (s; 6 H, NMe), 2.92 (s; 6 H, NMe), 4.35, 4.44 (AB-System, $^2J_{AB}$ = 14 Hz; 4 H, CH$_2$N), 4.63 (s (d, $^1J_{SiH}$ = 272 Hz); 1 H, SiH), 7.15–7.55 (m; 6 H, ar-H), 7.81 (br. d, ^3J = 7 Hz; 2 H, ar-H). – ^{13}C-NMR (CDCl$_3$): δ = 45.1 (NMe), 47.2 (NMe), 64.5 (CH$_2$N), 127.0 (ar-CH), 128.0 (ar-CH), 131.8 (ar-CH),

135.4 (ar-C$_q$), 135.4 (ar-CH), 144.4 (ar-C$_q$). – ^{29}Si-NMR (CDCl$_3$): δ = –51.8 (d, $^1J_{SiH}$ = 272 Hz; SiH). – MS (EI, 70 eV), m/z (%): 333/331 (3/8) [M$^+$ – H], 297 (22) [M$^+$ – Cl], 274/272 (33/100) [M$^+$ – NMe$_2$ – Me – H], 200/198 (11/37) [M$^+$ – C$_6$H$_4$CH$_2$NMe$_2$], 91 (13) [C$_7$H$_7$$^+$], 58 (40) [CH$_2NMe_2$$^+$], 44 (51) [NMe$_2$$^+$]. – C$_{18}H_{25}N_2$ClSi (332.45) ber. C 64.93, H 7.57, N 8.41; gef. C 65.09, H 7.69, N 8.35. – IR (Nujol): $\tilde{\nu}$ = 2223 cm^{-1}.

*Versuch der Darstellung von **85** aus **41** und AgBF$_4$*: Ein Suspension von 119 mg (0.6! mmol) AgBF$_4$ in 5 mL Methylenchlorid wurde mit 182 mg (0.61 mmol) **41** versetzt und 1 h bei Raumtemp. gerührt. Danach wurde das Lösungsmittel gegen 10 mL Et$_2$O ausgetauscht und abfiltriert. Durch Destillation bei 140 °C/10^{-3} Torr konnten 62 mg (33%) **86** isoliert werden. – ^{1}H-NMR (CDCl$_3$): δ = 1.90 (s; 12 H, NMe$_2$), 3.43 (s; 4 H, CH$_2$N), 7.21–7.40 (m; 6 H, ar-H), 7.87 (dd, ^3J = 7 Hz, ^4J = 1 Hz; 2 H, ar-H).

Bis[2-(dimethylaminomethyl)phenyl]ethoxysilan (**84**): Zu einer Lösung von 714 mg (2.15 mmol) **83** in 20 mL Et$_2$O und 0.5 mL (3.61 mmol) Triethylamin wurden bei 0 °C 136 µL (2.31 mmol) Ethanol getropft. Die Lösung wurde 3 h bei Raumtemp. gerührt. Danach das Lösungsmittel gegen 15 mL Hexan ersetzt, abfiltriert und durch Umkondensation gewaschen. Nach Abdestillieren des Lösungsmittels i. Vak. erhielt man 679 mg eines farblosen Öls. Dies wurde bei 115 °C/10^{-3} Torr destilliert und 389 mg (56%) **84** als farbloses Öl isoliert. – ^{1}H-NMR (CDCl$_3$): δ = 1.20 (t, ^3J = 7 Hz; 3 H, CH$_3$), 1.98 (s; 12 H, NMe$_2$), 3.46 (s; 4 H, CH$_2$N), 3.68 (q, ^3J = 7 Hz; 2 H, CH$_2$O), 5.26 (s (d, $^1J_{SiH}$ = 241 Hz); 1 H, SiH), 7.19–7.33 (m; 6 H, ar-H), 7.64 (d, ^3J = 7 Hz; 2 H, ar-H). – ^{13}C-NMR (CDCl$_3$): δ = 18.3 (CH$_3$), 44.9 (NMe$_2$), 59.9 (CH$_2$O), 64.0 (CH$_2$N), 126.2 (ar-CH), 127.5 (ar-CH), 128.9 (ar-CH), 125,7 (ar-C$_q$), 135.8 (ar-CH), 145.1 (ar-C$_q$). – ^{29}Si-NMR (CDCl$_3$): δ = –28.5 (d, $^1J_{SiH}$ = 240 Hz). – MS (EI, 70 eV), m/z (%): 341 (3) [M$^+$ – H], 297 (22) [M$^+$ – OEt], 282 (56) [M$^+$ – OEt – Me], 252 (9) [M$^+$ – HNMe$_2$ – OEt], 238 (19) [M$^+$ – CH$_2$NMe$_2$ – OEt – H], 208 (100) [M$^+$ – C$_6$H$_4$CH$_2$NMe$_2$], 178 (25) [M$^+$ – C$_6$H$_4$CH$_2$NMe$_2$ – 2 Me], 135 (6) [C$_6$H$_5$CH$_2$NMe$_2$$^+$]. – C$_{20}H_{30}N_2$OSi (342.56): ber. C 70.13, H 8.83, N 8.18; gef. C 70.27, H 8.78, N 8.22. – IR (Film) $\tilde{\nu}$ = 2147 cm^{-1}.

*Versuch der Darstellung von **85** aus **84** und BF$_3$·OEt$_2$*: Eine Lösung von 122 mg (0.356 mmol) **84** in 5 mL Hexan wurde bei 0 °C mit 15 µL (0.120 mmol) BF$_3$·OEt$_2$ versetzt und über Nacht bei Raumtemp. gerührt. Nach Filtration und Entfernen des Lösungsmittels erhielt man 56 mg (47%) **86**.

Versuch der Darstellung von **85** *aus* **87-OTf** *und* *BF$_3$·OEt$_2$*: Eine Lösung von 769 mg (1.72 mmol) **87-OTf** in 15 mL CH$_2$Cl$_2$ wurde mit 72 µL (0.57 mmol) BF$_3$·Et$_2$O in 5 mL CH$_2$Cl$_2$ versetzt und 5 d bei Raumtemp. gerührt. Das Lösungsmittel wurde abdestilliert, der Rückstand zweimal mit je 5 mL Hexan gewaschen. Man isolierte 731 mg (95%) **87-OTf** zurück.

Versuch der Darstellung von **85** *aus* **83** *und* *BF$_3$·OEt$_2$*: Eine Lösung von 962 mg (2.9 mmol) **83** in 30 mL Et$_2$O wurde mit 121 µL (0.97 mmol) BF$_3$·OEt$_2$ versetzt. Dabei trat ein Niederschlag auf. Dieser wurde abfiltriert, in 20 mL THF suspendiert, mit 321 mg (2.9 mmol) Chinuclidin versetzt und über Nacht bei Raumtemp. gerührt. Nach Austausch des Lösungsmittels gegen 15 mL Et$_2$O, Filtration und Abkondensation des Lösungsmittels erhielt man 632 mg (1.90 mmol) leicht verunreinigtes **83** zurück.

Versuch der Darstellung von **85** *aus* **83** *und AgF*: a) Eine Lösung von 1.11 g (3.35 mmol) **83** in 15 mL Methylenchlorid wurde mit 425 mg (3.35 mmol) AgF versetzt und 3 d bei Raumtemp. gerührt. Das Lösungsmittel wurde gegen 15 mL Hexan ausgetauscht und die Reaktionsmischung filtriert. Nach Entfernen des Lösungsmittels wurde das verbleibende Öl bei 150 °C/10^{-3} Torr destilliert. Man erhielt 153 mg (14%) **86** isoliert.
b) Zu einer Lösung von 1.52 g (4.58 mmol) **83** in 20 mL THF wurden 581 mg (4.58 mmol) AgF gegeben. Man ließ 7 d bei Raumtemp. rühren. Die Reaktionslösung wurde filtriert und das Lösungsmittel abdestilliert. Man erhielt 238 mg (16%) **86**.

Versuch der Darstellung von **85** *aus* **83** *und ZnF$_2$*: Zu einer Lösung von 623 mg (1.87 mmol) **83** in 20 mL THF wurden in drei Portionen 98 mg (0.95 mmol) ZnF$_2$ gegeben, und man ließ 5 d bei Raumtemp. rühren. Danach wurde das Lösungsmittel abdestilliert, der Rückstand in 20 mL Hexan suspendiert und filtriert. Der Filterrückstand wurde mit 15 mL Et$_2$O gewaschen, die organischen Phasen vereinigt und das Lösungsmittel abdestilliert. Der ölige Rückstand wurde bei 150 °C/10^{-3} Torr destilliert, und man erhielt 190 mg (30%) **86**.

Versuch der Darstellung von **85** *aus* **11** *und NEt₃·3HF*: 120 mg (0.135 mmol) **11** in 0.5 mL d⁶-Benzol wurden mit 22 µL (0.135 mmol) NEt₃·3HF versetzt. Sofort trat eine Reaktion ein, die ein 1:1 Gemisch aus **88** und **86** lieferte. **88**: – ¹H-NMR (C₆D₆): δ = 1.91 (s; 24 H, NMe₂), 3.35, 3.57 (AB-System, ²J_{AB} = 14 Hz; 8 H, CH₂N), 5.51 (s (d, ¹J_{SiH} = 200 Hz); 1 H, SiH), 6.99 (ddd, ³J = 7 Hz, ³J = 7 Hz, ⁴J = 1 Hz; 4 H, ar-H), 7.16 (ddd, ³J = 7 Hz, ³J = 7 Hz, ⁴J = 1 Hz; 4 H, ar-H), 7.28 (d, ³J = 7 Hz; 4 H, ar-H), 7.68 (dd, ³J = 7 Hz, ⁴J = 1 Hz; 4 H, ar-H).

Bis[2-(dimethylaminomethyl)phenyl]fluorsilan (**85**): Zu einer Suspension von 500 mg (1.50 mmol) **83** in 5 mL CH₂Cl₂ und 5 mL NEt₃ wurden bei –78 °C 292 mg (1.50 mmol) AgBF₄ in mehreren kleinen Portionen gegeben. Man ließ über Nacht in dem Kältebad erwärmen, entfernte das Lösungsmittel und setzte 10 mL Hexan zu. Die entstandene Suspension wurde abfiltriert und durch Umkondensation des Lösungsmittels der Filtrierrückstand gewaschen. Das Hexan wurde gegen 10 mL Pentan ausgetauscht, 134 mg (1.2 mmol) Chinnuclidin zugesetzt und 2 d bei Raumtemp. gerührt. Man filtriert erneut und isolierte 343 mg (72%) **85** Rohprodukt. Destillation bei 160 °C/10⁻³ Torr lieferte 183 mg eines Gemisches aus **85** und **86** im Verhältnis 2 : 1. – ¹H-NMR (C₆D₆): δ = 1.84 (s; 12 H, NMe₂), 3.25, 3.41 (AB-System, ²J_{AB} = 14 Hz; 4 H, CH₂N), 5.25 (d, ²J_{FH} = 70 Hz (d, ¹J_{SiH} = 266 Hz); 1 H, SiH), 7.09–7.20 (m; 6 H, ar-H), 7.88 (d, ³J = 7 Hz; 2 H, ar-H). – ¹³C-NMR (C₆D₆): δ = 45.1 (NMe₂), 64.0 (CH₂N), 127.0 (ar-CH), 127.5 (ar-CH), 129.5 (ar-CH), 135.9 (ar-CH), 136.3 (d, ²J_{CF} = 22 Hz; C-1), 144.9 (ar-C_q). – ²⁹Si-NMR (C₆D₆): δ = –38.5 (dd, ¹J_{SiH} = 266 Hz, ¹J_{SiF} = 276 Hz). – IR (Film): ṽ = 2170 cm⁻¹.

{Bis[2-(dimethylaminomethyl)phenyl]silyl}bromid (**87-Br**): Zu einer Lösung von 599 mg (2.0 mmol) **41** in 10 mL Et₂O wurde bei 0 °C eine Lösung von 51 µL (1.0 mmol) Br₂ in 10 mL Et₂O getropft und über Nacht bei Raumtemp. gerührt. Das Lösungsmittel wurde abdestilliert und der Rückstand zweimal mit je 10 mL Hexan gewaschen. Es wurden 0.645 g (86%) **87-Br** als schwach brauner Feststoff isoliert (Schmp. 212°C). – ¹H-NMR (CDCl₃): δ = 2.35 (s; 6 H, NMe), 2.71 (s; 6 H, NMe), 4.42 (br. AB-System, ²J_{AB} nicht aufgelöst; 4 H, CH₂N), 4.64 (s (d, ¹J_{SiH} = 273 Hz); 1 H, SiH), 7.35–7.50 (m; 6 H, ar-H), 7.80 (br. d, ³J = 7 Hz; 2 H, ar-H). – ¹³C-NMR (CDCl₃): δ = 44.9 (NMe), 47.4 (NMe), 64.7 (CH₂N), 127.1 (ar-CH), 127.9 (ar-C_q), 128.8 (ar-CH), 132.0 (ar-CH), 135.4 (ar-CH), 144.1 (ar-C_q). – ²⁹Si-NMR (CDCl₃): δ = –51.5 (d, ¹J_{SiH} = 269 Hz). – IR (Nujol): ṽ = 2164 cm⁻¹.

{Bis[2-(dimethylaminomethyl)phenyl]silyl}iodid (**87-I**): Zu einer Lösung von 379 mg (1.3 mmol) **41** in 10 mL Et$_2$O wurde bei 0 °C eine Lösung von 161 mg (0.64 mmol) I$_2$ in 10 mL Et$_2$O getropft und 2 h bei Raumtemp. gerührt. Das Lösungsmittel wurde abdestilliert und der Rückstand zweimal mit je 10 mL Hexan gewaschen. Man isolierte 0.506 g (92%) **87-I** als weißen Feststoff. – ^{1}H-NMR (CDCl$_3$): δ = 2.71 (s; 6 H, NMe), 2.93 (s; 6 H, NMe), 4.41, 4.47 (AB-System, $^2J_{AB}$ = 15 Hz; 4 H, CH$_2$N), 4.74 (s (d, $^1J_{SiH}$ = 273 Hz); 1 H, SiH), 7.38–7.54 (m; 6 H, ar-H), 7.82 (br. d, ^3J = 7 Hz; 2 H, ar-H). – ^{13}C-NMR (CDCl$_3$): δ = 45.5 (NMe), 47.6 (NMe), 64.9 (CH$_2$N), 127.2 (ar-CH), 128.0 (ar-C$_q$), 128.4 (ar-CH), 132.0 (ar-CH), 135.5 (ar-CH), 144.4 (ar-C$_q$). – ^{29}Si-NMR (CDCl$_3$): δ = –51.5 (d, $^1J_{SiH}$ = 273 Hz). – IR (Nujol): ṽ = 2173 cm^{-1}.

Bis{bis[2-(dimethylaminomethyl)phenyl]silyl}dimethylotrichloroaluminat (**90**): Zu einer Lösung von 1.40 g (4.2 mmol) **83** in 10 mL CH$_2$Cl$_2$ wurden bei 0 °C 4.2 mL (4.2 mmol) 1 M Dimethylaluminiumchlorid/Hexan Lösung getropft. Man ließ 10 min bei dieser Temperatur und 6 h bei Raumtemp. rühren. Danach wurden 10 mL Et$_2$O zugesetzt und weitere 16 h bei Raumtemp. gerührt. Das Lösungsmittel wurde i. Vak. abdestilliert und der Rückstand in 10 mL Et$_2$O suspendiert, abfiltriert und gewaschen. Man isolierte 775 mg (49%) **90** als weißen Feststoff (Schmp. 80–81 °C). – ^{1}H-NMR (CDCl$_3$): δ = –0.47 (s; 6 H, AlMe$_2$), 2.62 (s; 12 H, NMe), 2.83 (s; 12 H, NMe), 4.25, 4.32 (AB-System, $^2J_{AB}$ = 15 Hz; 8 H, CH$_2$N), 4.61 (s (d, $^1J_{SiH}$ = 273 Hz); 2 H, SiH), 7.38–7.54 (m; 12 H, ar-H), 7.82 (br. d, ^3J = 7 Hz; 4 H, ar-H). – ^{13}C-NMR (CDCl$_3$): δ = nicht aufgelöst (AlMe$_2$), 45.1 (NMe), 47.3 (NMe), 64.7 (CH$_2$N), 127.0 (ar-CH), 127.7 (ar-C$_q$), 128.2 (ar-CH), 131.9 (ar-CH), 135.2 (ar-CH), 144.0 (ar-C$_q$). – ^{29}Si-NMR (CDCl$_3$): δ = –51.5 (d, $^1J_{SiH}$ = 272 Hz). – ^{27}Al-NMR (CDCl$_3$): δ = 130. – IR (Nujol): ṽ = 2173 cm^{-1}.

{Bis[2-(dimethylaminomethyl)phenyl]silyl}tetraphenylborat (**87-BPh4**): Eine Suspension von 853 mg (2.56 mmol) **83** und 952 mg (2.80 mmol) Natriumtetraphenylborat in 20 mL THF wurde 1 d bei Raumtemp. gerührt. Danach wurde die Reaktionsmischung abfiltriert und der Filtrierrückstand viermal durch Umkondensation gewaschen. Der Rückstand wurde in 15 mL CH$_2$Cl$_2$ aufgenommen und lieferte nach Abkondensation des Lösungsmittels i. Vak. 1.179 g (73%) analysenreines **87-BPh4** (Schmp. 222–224 °C). – ^{1}H-NMR (CD$_2$Cl$_2$): δ = 2.33 (s; 6 H, NMe), 2.48 (s; 6 H, NMe), 3.84 (br. AB-System, $^2J_{AB}$ nicht aufgelöst; 4 H, CH$_2$N), 4.30 (s (d, $^1J_{SiH}$ = 271 Hz); 1 H, SiH), 6.85 (dd, ^3J = 7 Hz, ^3J = 7 Hz; 4 H, ar-H), 6.99 (dd, ^3J = 7 Hz, ^3J

= 7 Hz; 8 H, ar-H), 7.20–7.60 (m; 16 H, ar-H). – ^{13}C-NMR (CD$_2$Cl$_2$): δ = 44.1 (NMe), 46.2 (NMe), 63.7 (CH$_2$N), 121.1 (ar'-CH), 124.9 (ar'-CH), 126.2 (ar-CH), 126.9 (ar-C$_q$), 127.4 (ar-CH), 131.2 (ar-CH), 134.4 (ar-CH), 135.2 (ar'-CH), 143.2 (ar-C$_q$), 163.3 (q, $^1J_{BC}$ = 49 Hz; C-1'). – ^{29}Si-NMR (CD$_2$Cl$_2$): δ = –51.7 (d, $^1J_{SiH}$ = 270 Hz). – C$_{42}$H$_{45}$N$_2$BSi (616.73): ber. C 81.80, H 7.35, N 4.54; gef. C 81.64, H 7.34, N 4.56. – IR (Nujol): $\tilde{v}$ = 2134, 2091 cm^{-1}.

{Bis[2-(dimethylaminomethyl)phenyl]silyl}trifluorsulfonat (**87-OTf**): Zu einer Lösung von 775 mg (2.6 mmol) **41** in 20 mL Et$_2$O wurden bei 0 °C 0.5 mL (2.6 mmol) Trimethylsilyltriflat getropft. Die resultierende Suspension wurde noch 30 min bei Raumtemp. gerührt, das Lösungsmittel abdestilliert und der Rückstand zweimal mit je 10 mL Hexan gewaschen. Man erhielt 1.153 g (99%) **87-OTf** als weißen Feststoff (Schmp. 144 °C) – ^{1}H-NMR (CDCl$_3$): δ = 2.56 (s; 6 H, NMe), 2.76 (s; 6 H, NMe), 4.27, 4.33 (AB-System, $^2J_{AB}$ = 15 Hz; 4 H, CH$_2$N), 4.60 (s (d, $^1J_{SiH}$ = 272 Hz); 1 H, SiH), 7.35–7.53 (m; 6 H, ar-H), 7.75 (br. d, ^3J = 7 Hz; 2 H, ar-H). – ^{13}C-NMR (CDCl$_3$): δ = 45.0 (NMe), 47.1 (NMe), 64.5 (CH$_2$N), 120.8 (q, $^1J_{CF}$ = 321 Hz; CF$_3$), 127.0 (ar-CH), 127.9 (ar-C$_q$), 128.2 (ar-CH), 131.9 (ar-CH), 135.3 (ar-CH), 144.3 (ar-C$_q$). – ^{29}Si-NMR (CDCl$_3$): δ = –51.6 (d, $^1J_{SiH}$ = 272 Hz). – ^{19}F-NMR (CDCl$_3$): δ = –78.6 (s (d, $^1J_{CF}$ = 313 Hz); CF$_3$). – C$_{19}$H$_{25}$N$_2$F$_3$O$_3$SSi (446.57): ber. C 51.22, H 5.43, N 6.29; gef. C 51.06, H 5.60, N 6.71. – IR (Nujol): $\tilde{v}$ = 2169 cm^{-1}.

{Bis[2-(dimethylaminomethyl)phenyl]silyl}hexafluorophosphat (**87-PF6**): Zu einer Lösung von 664 mg (2.2 mmol) **41** in 30 mL Et$_2$O wurden unter Rühren 865 mg (2.2 mmol) Tritylhexafluorophosphat gegeben. Die Suspension wurde über Nacht bei Raumtemp. gerührt, abfiltriert und durch Umkondensation gewaschen. Als Rückstand erhielt man 846 mg (86%) **87-PF6** als gelbgrünen Feststoff (Schmp. 137-139 °C). – ^{1}H-NMR (CDCl$_3$): δ = 2.56 (s; 6 H, NMe), 2.77 (s; 6 H, NMe), 4.23 (br. AB-System, $^2J_{AB}$ nicht aufgelöst; 4 H, CH$_2$N), 4.57 (s (d, $^1J_{SiH}$ = 274 Hz); 1 H, SiH), 7.35–7.50 (m; 6 H, ar-H), 7.72 (br. d, ^3J = 8 Hz; 2 H, ar-H). – ^{13}C-NMR (CDCl$_3$): δ = 44.9 (NMe), 47.0 (NMe), 64.6 (CH$_2$N), 127.0 (ar-CH), 128.0 (ar-C$_q$), 128.2 (ar-CH), 131.9 (ar-CH), 135.3 (ar-CH), 144.3 (ar-C$_q$). – ^{29}Si-NMR (CDCl$_3$): δ = –51.6 (d, $^1J_{SiH}$ = 274 Hz). – C$_{18}$H$_{25}$N$_2$F$_6$PSi (442.46): ber. C 48.86, H 5.70, N 6.33; gef. C 49.04, H 5.81, N 6.23. – IR (Nujol): $\tilde{v}$ = 2166 cm^{-1}.

Bis[2-(dimethylaminomethyl)phenyl]ethoxysilan (**87-OBzl**): Zu einer Lösung von 398 mg (1.20 mmol) **83** in 15 mL Et$_2$O und 0.5 mL (3.61 mmol) Triethylamin wurden bei 0 °C 124 μL

(1.20 mmol) Benzylalkohol getropft. Die Lösung wurde 2.5 h bei Raumtemp. gerührt. Danach das Lösungsmittel durch 15 mL Hexan ersetzt, die Suspension filtriert und durch Umkondensation gewaschen. Nach Entfernen des Lösungsmittel erhielt man 479 mg (99%) spektroskopisch reines **87-OBzl** als farbloses Öl. Nach zweimaliger Destillation bei 200 °C/10^{-3} Torr wurden 140 mg (14%) analytisch reines **87-OBzl** als farbloses Öl isoliert. – ^{1}H-NMR (C$_6$D$_6$): δ = 1.83 (s; 12 H, NMe$_2$), 3.28, 3.42 (AB-System, $^2J_{AB}$ = 13 Hz; 4 H, CH$_2$N), 4.88 (s; 2 H, CH$_2$O), 5.56 (s (d, $^1J_{SiH}$ = 240 Hz); 1 H, SiH), 7.00–7.22 (m; 9 H, ar-H), 7.43 (d, ^3J = 8 Hz; 2 H, ar-H), 7.97 (dd, ^3J = 8 Hz, ^4J = 1 Hz; 2 H, ar-H). – ^{13}C-NMR (C$_6$D$_6$): δ = 44.8 (NMe$_2$), 64.3 (CH$_2$N), 66.4 CH$_2$O), 126.7 (ar-CH), 126.7 (ar-CH), 126.8 (ar-CH), 127.9 (ar-CH), 128.3 (ar-CH), 129.2 (ar-CH), 136.2 (ar-C$_q$), 136.5 (ar-CH), 142.6 (ar-C$_q$), 145.4 (ar-C$_q$). – ^{29}Si-NMR (C$_6$D$_6$): δ = –27.5 (d, $^1J_{SiH}$ = 240 Hz). – MS (EI, 70 eV), m/z (%): 403 (1) [M$^+$ – H], 359 (6) [M$^+$ – NMe$_2$ – H], 344 (14) [M$^+$ – NMe$_2$ – Me – H], 297 (5) [M$^+$ – OCH$_2$Ph], 281 (10) [M$^+$ – OCH$_2$Ph – Me – H], 270 (44) [M$^+$ – C$_6$H$_4$CH$_2$NMe$_2$], 254 (55) [M$^+$ – C$_6$H$_4$CH$_2$NMe$_2$ – Me – H], 225 (11) [M$^+$ – C$_6$H$_4$CH$_2$NMe$_2$ – NMe$_2$ – H], 212 (10) [M$^+$ – C$_6$H$_4$CH$_2$NMe$_2$ – CH$_2$NMe$_2$ – H], 180 (100) [M$^+$ – C$_6$H$_4$CH$_2$NMe$_2$ – CH$_2$Ph + H], 178 (35) [M$^+$ – C$_6$H$_4$CH$_2$NMe$_2$ – CH$_2$Ph – H], 164 (11) [M$^+$ – C$_6$H$_4$CH$_2$NMe$_2$ – OCH$_2$Ph + H], 134 (8) [C$_6$H$_4$CH$_2$NMe$_2$$^+$], 108 (8) [HOCH$_2Ph^+$], 91 (19) [C$_7H_7$$^+$], 58 (21) [CH$_2NMe_2$$^+$]. – C$_{25}H_{32}N_2$OSi (404.63): ber. C 74.21, H 7.97, N 6.92; gef. C 74.17, H 8.07, N 6.50. – IR (Film) ṽ = 2152, 2184 cm^{-1}.

Bis[2-(dimethylaminomethyl)phenyl]acetoxysilan (**89**): Eine Lösung von 376 mg (1.19 mmol) **83** in 20 mL Et$_2$O und 0.5 mL NEt$_3$ wurden bei 0 °C mit 65 µL (1.19 mmol) Essigsäure versetzt. Man ließ 7¼ h bei Raumtemp. rühren. Das Lösungsmittel wurde gegen 15 mL Hexan ausgetauscht und das Reaktionsgemisch filtriert. Nach Entfernen des Lösungsmittels erhielt man 396 mg (98%) **89** als farbloses Öl. – ^{1}H-NMR (CDCl$_3$): δ = 1.85 (s; 3 H, CH$_3$), 2.05 (s; 12 H, NMe$_2$), 3.55 (s; 4 H, CH$_2$N), 5.55 (s (d, $^1J_{SiH}$ =273 Hz); 1 H, SiH), 7.15–7.38 (m; 6 H, ar-H), 7.56 (d ^3J = 7 Hz; 2 H, ar-H). – ^{13}C-NMR (CDCl$_3$): δ = 23.4 (CH$_3$), 45.1 (NMe$_2$), 63.7 (CH$_2$N), 126.6 (ar-CH), 127.2 (ar-CH), 129.3 (ar-CH), 134.2 (ar-C$_q$), 135.6 (ar-CH), 144.2 (ar-C$_q$), 172.3 (C=O). – ^{29}Si-NMR (CDCl$_3$): δ = –50.6 (d, $^1J_{SiH}$ = 271 Hz). – IR (Film) ṽ = 2187 cm^{-1}.

2.3 Hochkoordinierte Silyltriflate, Edukte und Folgeprodukte

2.3.1 [2-(Dimethylaminomethyl)phenyl]phenylsilane

[2-(Dimethylaminomethyl)phenyl]phenylsilan (**93**): Zu einer Suspension von 1.00 g (26.4 mmol) LiAlH$_4$ in 20 mL Et$_2$O wurde bei 0 °C eine Suspension von 4.39 g (14.1 mmol) **92** in 20 mL Et$_2$O getropft. Die Reaktionsmischung wurde für 5 min bei dieser Temperatur und danach noch 1 h bei Raumtemp. gerührt. Anschließend wurde bei –35 °C durch Zugabe von 1 mL H$_2$O, 1 mL 20% NaOH Lösung und 3 mL H$_2$O hydrolisiert. Der weiße Niederschlag wurde abfiltriert und noch zweimal mit je 5 mL Et$_2$O gewaschen. Die organischen Phasen wurden vereinigt, das Lösungsmittel abdestilliert, das erhaltene Öl in 15 mL Hexan gelöst und über MgSO$_4$ getrocknet. Nach Abfiltrieren des MgSO$_4$ und sorgfältigem Abdestillieren des Lösungsmittels erhielt man 3.41 g (100%) **93** als analysenreines farbloses Öl. – ^{1}H-NMR (C$_6$D$_6$): δ = 1.80 (s; 6 H, NMe$_2$), 3.20 (s; 2 H, CH$_2$N), 5.14 (s (d, $^1J_{SiH}$ = 208 Hz); 2 H, SiH$_2$), 6.93 (d,^3J = 7 Hz; 1 H, ar-H), 7.03 (dd, ^3J = 7 Hz, ^3J = 7 Hz; 1 H, ar-H), 7.10–7.27 (m; 4 H, ar-H), 7.62–7.69 (m; 3 H, ar-H). – ^{13}C-NMR (C$_6$D$_6$): δ = 43.5 (NMe$_2$), 63.8 (CH$_2$N), 127.0 (ar-CH), 127.1 (ar-CH), 128.0 (2 ar-CH), 128.7 (ar-CH), 129.8 (ar-CH), 133.1 (ar-C$_q$), 135.1 (2 ar-CH), 138.3 (ar-C$_q$), 139.0 (ar-CH), 146.4 (ar-C$_q$). – ^{29}Si-NMR (C$_6$D$_6$): δ = –43.3 (t, $^1J_{SiH}$ = 208 Hz). – MS (EI, 70 eV), *m/z* (%): 241 (28) [M$^+$], 240 (33) [M$^+$ – H], 226 (6) [M$^+$ – Me], 195 (80) [M$^+$ – NMe$_2$ – 2 H], 181 (7) [M$^+$ – CH$_2$NMe$_2$ – 2 H], 164 (100) [M$^+$ – C$_6$H$_5$], 148 (64) [M$^+$ – C$_6$H$_5$ – Me – H], 105 (56) [M$^+$ – C$_6$H$_4$CH$_2$NMe – 2 H], 58 (41) [CH$_2$NMe$_2$$^+$], 44 (12) [NMe$_2$$^+$]. – IR (Film): $\tilde{\nu}$ = 2139, 2074 cm^{-1}. – C$_{15}$H$_{19}$NSi (241.41): ber. C 74.21, H 7.97, N 6.92; gef. C 74.40, H 7.89, N 6.82.

[2-(Dimethylaminomethyl)phenyl]phenylchlorsilan (**236**): In 20 mL Toluol wurden 523 mg (2.2 mmol) **93** und 129 µL (1.1 mmol) MeSiCl$_3$ 20 d bei Raumtemp. gerührt. Danach wurde abfiltriet, das Lösungsmittel entfernt und 532 mg (86%) **236** als ölige Substanz isoliert. – ^{1}H-NMR (CDCl$_3$): δ = 2.00 (br. s; 6 H, NMe$_2$), 3.60, 3.69 (AB-System, $^2J_{AB}$ = 14 Hz; 2 H, CH$_2$N), 5.69 (s (d, $^1J_{SiH}$ = 286 Hz); 1 H, SiH), 7.17 (dd, ^3J = 5 Hz, ^4J = 4 Hz; 1 H, ar-H), 7.25–7.34 (m; 4 H, ar-H), 7.38–7.49 (m; 4 H, ar-H). – ^{13}C-NMR (CDCl$_3$): δ = 45.3 (NMe$_2$), 63.0 (CH$_2$N), 125.1 (ar-CH), 127.8 (ar-CH), 128.1 (2 ar-CH), 128.9 (ar-CH), 130.7 (ar-CH), 131.3 (2 ar-CH), 132.1 (ar-C$_q$), 138.0 (ar-C$_q$), 139.0 (ar-CH), 144.0 (ar-C$_q$). – ^{29}Si-NMR (CDCl$_3$): δ = –52.8 (d, $^1J_{SiH}$ = 286 Hz).

{[2-(Dimethylaminomethyl)phenyl]phenylsilyl}triflurosulfonat (**94-OTf**): Zu einer Lösung von 938 mg (3.9 mmol) **93** in 15 mL Et$_2$O wurden bei 0 °C 0.7 mL (3.9 mmol) Trimethylsilyltriflat

getropft und 45 min bei Raumtemp. gerührt. Danach wurde das Lösungsmittel abdestilliert und der erhaltene Feststoff dreimal mit je 10 mL Hexan gewaschen. Man erhielt 1.4 g (91%) **94-OTf** als weißen Feststoff (Schmp. 102 °C). – ^{1}H-NMR (CDCl$_3$): δ = 1.93 (s; 3 H, NMe), 2.48 (s; 3 H, NMe), 3.76, 3.81 (AB-System, $^2J_{AB}$ = 15 Hz; 2 H, CH$_2$N), 5.22 (s (d, $^1J_{SiH}$ = 290 Hz); 1 H, SiH), 7.20–7.54 (m; 8 H, ar-H), 8.09 (d, ^3J = 7 Hz; 1 H, ar-H). – ^{13}C-NMR (CDCl$_3$): δ = 46.1 (NMe), 46.6 (NMe), 63.3 (CH$_2$N), 119.3 (q, $^1J_{CF}$ = 319 Hz; CF$_3$), 125.1 (ar-CH), 128.4 (2 ar-CH), 128.6 (ar-CH), 129.5 (ar-C$_q$), 130.1 (ar-CH), 131.8 (ar-CH), 132.5 (2 ar-CH), 133.2 (ar-C$_q$), 138.2 (ar-CH), 143.4 (ar-C$_q$). – ^{29}Si-NMR (CDCl$_3$): δ = –56.2 (d, $^1J_{SiH}$ = 294 Hz). – C$_{16}$H$_{18}$F$_3$NO$_3$SSi (389.47): ber. C 49.34, H 4.66, N 3.60; gef. C 49.17, H 4.85, N 3.42.

{[2-(Dimethylaminomethyl)phenyl]phenylsilyl}iodid (**94-I**): Zu einer Lösung von 866 mg (3.6 mmol) **93** in 15 mL Et$_2$O wurden bei 0 °C 457 mg (1.8 mmol) I$_2$ gegeben. Man ließ 6 d bei Raumtemp. rühren. Danach wurde das Lösungsmittel abdestilliert und der Rückstand zweimal mit je 10 mL Hexan gewaschen. Man erhielt 313 mg (24%) **94-I** als leicht gelben Feststoff. – ^{1}H-NMR (CDCl$_3$): δ = 1.97 (br. s; 3 H, NMe), 2.50 (br. s; 3 H, NMe), 3.76, 3.93 (AB-System, $^2J_{AB}$ = 12 Hz; 2 H, CH$_2$N), 6.48 (s (d, $^1J_{SiH}$ = 292 Hz); 1 H, SiH), 7.09–7.15 (m; 1 H, ar-H), 7.20–7.30 (m; 3 H, ar-H), 7.35–7.43 (m; 4 H, ar-H), 8.60–8.66 (m; 1 H, ar-H). – ^{13}C-NMR (CDCl$_3$): δ = 46.1 (NMe), 63.5 (CH$_2$N), 124.7 (ar-CH), 127.9 (ar-CH), 128.3 (ar-CH), 128.6 (ar-CH), 128.8 (ar-CH), 129.5 (ar-CH), 131.4 (ar-CH), 136.0 (ar-C$_q$), 142.1 (ar-C$_q$) 142.2 (ar-C$_q$). – ^{29}Si-NMR (CDCl$_3$): δ = –56.2 (d, $^1J_{SiH}$ = 293 Hz).

[2-(Dimethylaminomethyl)phenyl]phenyldifluorsilan (**114**): Zu einer Lösung von 197 mg (0.5 mmol) **94-OTf** in 5 mL Methylenchlorid wurden 230 mg (1.5 mmol) CsF gegeben und 36 h bei Raumtemp. gerührt. Danach wurde das Lösungsmittel gegen 10 mL Hexan ausgetauscht, das Reaktionsgemisch filtriert und durch Umkondenation des Lösungsmittels gewaschen. Das nach Abkondenstion des Lösungsmittels erhalten Öl wurde bei 140 °C/10^{-3} Torr destilliert. Man isolierte 87 mg (63%) verunreinigtes **114**. – ^{1}H-NMR (C$_6$D$_6$): δ = 1.56 (s; 6 H, NMe$_2$), 3.03 (s, 2 H, CH$_2$N), 6.86–6.89 (m; 1 H, ar-H), 7.13–7.27 (m; 5 H, ar-H), 7.51–7.55 (m; 2 H, ar-H), 8.41–8.45 (m; 1 H, ar-H). – ^{29}Si-NMR (C$_6$D$_6$): δ = –53.2 (t, $^1J_{SiF}$ = 269 Hz). – MS (EI, 70 eV), m/z (%): 277 (22) [M$^+$], 233 (3) [M$^+$ – NMe$_2$], 219 (21) [M$^+$ – CH$_2$NMe$_2$], 200 (8) [M$^+$ – C$_6$H$_5$], 184 (35) [M$^+$ – C$_6$H$_5$ – Me – H], 91 (6) [C$_7$H$_7^+$], 58 (100) [CH$_2$NMe$_2^+$]. – C$_{15}$H$_{17}$NSiF$_2$ (277.1098): korrekte HRMS.

2.3.2 Bis[2-(dimethylaminomethyl)phenyl]methylsilane

Bis[2-(dimethylaminomethyl)phenyl]methylsilan (**99**): a) Zu einer Lösung von 2.53 g (7.60 mmol) **83** in 20 mL Toluol wurden bei 0 °C 2.8 mL (7.60 mmol) 2.75 M MeMgCl/THF Lösung getropft. Man ließ 4 d bei Raumtemp. rühren. Nach dem Abfiltrieren wurde der Rückstand durch Umkondensation gewaschen und das Lösungsmittel i. Vak. abdestilliert. Der ölige Rückstand wurde bei 120 °C/10^{-3} Torr destilliert und 1.184 g (50%) **99** als farbloses Öl isoliert.

b) Zu einer Lösung von 301 mg (0.67 mmol) **87-OTf** in 15 mL THF wurden bei 0 °C 0.24 mL (0.67 mmol) 2.75 M MeMgCl/THF Lösung getropft und 5 h bei Raumtemp. gerührt. Das Lösungsmittel wurde durch 15 mL Hexan ersetzt, die entstandene Suspension abfiltriert, der Rückstand durch Umkondensation gewaschen und das Lösungsmittel i. Vak. abdestilliert. Durch Destillation bei 120 °C/10^{-3} Torr wurden 92 mg (44%) **99** als farbloses Öl isoliert.

c) Eine Suspension von 269 mg (0.58 mmol) **103** in 15 mL Et$_2$O wurde bei 0 °C zu einer Suspension von 563 mg (14.8 mmol) LiAlH$_4$ in 5 mL Et$_2$O getropft. Es wurde 1.5 h bei Raumtemp. gerührt und danach durch Zugabe von 0.5 mL H$_2$O, 0.5 mL 15% NaOH-Lösung und 1.5 mL H$_2$O bei –70 °C hydrolysiert. Nach Filtrieren wurde das Lösungsmittel gegen 10 mL Hexan ausgetauscht und die Lösung über MgSO$_4$ getrocknet. Nach erneuter Filtration und Entfernen des Lösungsmittels erhielt man 142 mg (78%) **99** als spektroskopisch sauberes Öl. – ^{1}H-NMR (C$_6$D$_6$): δ = 0.69 (d, ^3J = 4 Hz; 3 H, SiCH$_3$), 1.87 (s; 12 H, NMe$_2$), 3.25, 3.42 (AB-System, $^2J_{AB}$ = 13 Hz; 4 H, CH$_2$N), 5.23 (q, ^3J = 4 Hz (d, $^1J_{SiH}$ = 208 Hz); 1 H, SiH), 7.00–7.22 (m; 6 H, ar-H), 7.63 (dd, ^3J = 7 Hz, ^4J = 1 Hz; 2 H, ar-H). – ^{13}C-NMR (C$_6$D$_6$): δ = –2.1 (SiCH$_3$), 44.5 (NMe$_2$), 65.0 (CH$_2$N), 126.6 (ar-CH), 128.7 (ar-CH), 128.7 (ar-CH), 136.1 (ar-CH), 138.1 (ar-C$_q$), 145.5 (ar-C$_q$). – ^{29}Si-NMR (C$_6$D$_6$): δ = –27.4 (dq, $^1J_{SiH}$ = 208, $^2J_{SiH}$ = 6 Hz). – MS (EI, 70 eV), *m/z* (%): 311 (2) [M$^+$ – H], 297 (2) [M$^+$ – Me], 267 (16) [M$^+$ – NMe$_2$ – H], 252 (78) [M$^+$ – NMe$_2$ – Me – H], 222 (24) [M$^+$ – NMe$_2$ – 3 Me – H], 209 (12) [M$^+$ – 2 NMe$_2$ – Me], 178 (100) [M$^+$ – C$_6$H$_4$CH$_2$NMe$_2$], 162 (13) [M$^+$ – C$_6$H$_4$CH$_2$NMe$_2$ – Me – H], 135 (7) [C$_6$H$_5$CH$_2$NMe$_2$$^+$], 58 (17) [CH$_2NMe_2$$^+$], 44 (2) [NMe$_2$$^+$]. – C$_{19}H_{28}N_2$Si (312.53): ber. C 73.02, H 9.03, N 8.96; gef. C 73.12, H 9.08, N 9.02. – IR (Film): ṽ = 2150 cm^{-1}.

{Bis[2-(dimethylaminomethyl)phenyl]methylsilyl}trifluorosulfonat (**103**): Zu einer Lösung von 163 mg (0.52 mmol) **99** in 5 mL Et$_2$O wurden bei 0 °C 94 μL (0.52 mmol) Trimethylsilyltriflat getropft. Man ließ 3 h bei Raumtemp. rühren. Danach wurde das Lösungsmittel mit einer Spritze entfernt, und der Rückstand noch zweimal mit je 5 mL Et$_2$O gewaschen. Man erhielt

175 mg (73%) **103** als weißen Feststoff (Schmp. 86–88 °C). – ^{1}H-NMR (CDCl$_3$): δ = 0.87 (s; 3 H, SiCH$_3$), 2.66 (s; 12 H, NMe$_2$), 4.38, 4.22 (AB-System, $^2J_{AB}$ = 14 Hz; 4 H, CH$_2$N), 7.34–7.54 (m; 6 H, ar-H), 7.86 (d, ^3J = 7 Hz; 2 H, ar-H). – ^{13}C-NMR (CDCl$_3$): δ = –4.1 (SiMe), 47.1 (NMe$_2$), 65.7 (CH$_2$N), 120.7 (q, $^1J_{CF}$ = 320 Hz; CF$_3$), 127.6 (ar-CH), 128.0 (ar-CH), 128.6 (ar-C$_q$), 132.0 (ar-CH), 135.9 (ar-CH), 144.4 (ar-C$_q$). – ^{29}Si-NMR (CDCl$_3$): δ = –18.1.

{1,3-Bis[2-(dimethylaminomethyl)phenyl]-1,3-bis[2'-(dimethylhydridoammoniummethyl)- phenyl]-1,3-dimethyldisiloxan}bistrifluorosulfonat· 2 CDCl$_3$ (**107**): Eine Lösung von 60 mg (0.13 mmol) **103** in 0.5 mL Deuterochloroform wurden mit 0.05 mL feuchtem Tetramethylsilan versetzt. Dabei kristallisierten 35 mg (51%) **107** als farblose Kristalle aus. – ^{1}H-NMR ([D$_6$]-DMSO): δ = 0.64 (s; 6 H, SiMe), 2.33 (s; 24 H, NMe$_2$), 3.81, 3.88 (AB-System, $^2J_{AB}$ = 4 Hz; 8 H, CH$_2$N), 5.44 (br. s; 2 H, N···H···N), 7.34–7.54 (m; 16 H, ar-H). – ^{13}C-NMR ([D$_6$]-DMSO): δ = 0.6 (SiMe), 42.8 (NMe$_2$), 62.0 (CH$_2$N), 121.3 (q, $^1J_{CF}$ = 322 Hz; CF$_3$), 128.1 (ar-CH), 130.2 (ar-CH), 131.1 (ar-CH), 135.5 (ar-CH), 139.1 (ar-C$_q$), 139.5 (ar-C$_q$). – ^{29}Si-NMR ([D$_6$]-DMSO): δ = –9.7.

{[2-(Dimethylaminomethyl)phenyl][2'-(dimethylhydridoammoniummethyl)phenyl]methyl- silanol}trifluorosulfonat (**110**): 90 mg (0.19 mmol) **103** wurden in 10 mL Methylenchlorid gelöst und über Nacht an der Luft gerührt. Nach Entfernen des Lösungsmittels erhielt man 91 mg (100%) **110** als wachsartigen Feststoff. – ^{1}H-NMR (CDCl$_3$): δ = 0.71 (s; 3 H, SiMe), 2.61 (s; 12 H, NMe$_2$), 3.88, 4.06 (AB-System, $^2J_{AB}$ = 13 Hz; 4 H, CH$_2$N), 7.32–7.34 (m; 4 H, ar-H), 7.42–7.44 (m; 4 H, ar-H). – ^{13}C-NMR (CDCl$_3$): δ = 0.4 (SiMe), 42.6 (NMe$_2$), 63.2 (CH$_2$N), 120.7 (q, $^1J_{CF}$ = 323 Hz; CF$_3$), 128.8 (ar-CH), 130.8 (ar-CH), 132.3 (ar-CH), 135.9 (ar-CH), 138.3 (ar-C$_q$), 138.4 (ar-C$_q$). – ^{29}Si-NMR (CDCl$_3$): δ = –1.3.

Bis[2-(dimethylaminomethyl)phenyl]methylfluorsilan (**115**): Eine Lösung von 468 mg (1.01 mmol) **103** in 10 mL Methylenchlorid wurde mit 188 mg (1.01 mmol) CsF versetzt und über Nacht bei Raumtemp. gerührt. Das Lösungsmittel wurde gegen 10 mL Pentan ausgetauscht und die Lösung filtriert. Nach Abkondensation des Lösungsmittels wurde das zurückbleibende Öl bei 120 °C/10^{-3} Torr destilliert und 46 mg (14%) **115** als farbloses Öl isoliert. – ^{1}H-NMR (C$_6$D$_6$): δ = 0.73 (d, $^3J_{HF}$ = 8 Hz; 3 H, SiMe), 1.74 (s; 12 H, NMe$_2$), 3.15, 3.32 (AB-System, $^2J_{AB}$ = 13 Hz; 4 H, CH$_2$N), 7.14–7.27 (m; 6 H, ar-H), 7.92–7.95 (m; 2 H, ar-H).

– ^{13}C-NMR (C$_6$D$_6$): δ = –0.5 (d, $^2J_{CF}$ = 20 Hz; SiMe), 45.0 (NMe$_2$), 64.4 (CH$_2$N), 126.7 (ar-CH), 128.3 (ar-CH), 129.6 (ar-CH), 135.9 (d, $^3J_{CF}$ = 4 Hz; C–6), 136.5 (d, $^2J_{CF}$ = 18 Hz; C–1), 145.5 (C–2). – ^{29}Si-NMR (C$_6$D$_6$): δ = –4.4 (d, $^1J_{SiF}$ = 271 Hz). – ^{19}F-NMR (C$_6$D$_6$): δ = 0.0 (C$_6$F$_6$), 13.2 (s (d, $^1J_{SiF}$ = 270 Hz)). – MS (EI, 70 eV), m/z (%): 330 (1) [M$^+$], 315 (1) [M$^+$ – Me], 270 (7) [M$^+$ – NMe$_2$ – Me – H], 196 (100) [M$^+$ – C$_6$H$_4$CH$_2$NMe$_2$], 178 (53) [M$^+$ – C$_6$H$_4$CH$_2$NMe$_2$ – F + H], 134 (6) [C$_6$H$_4$CH$_2$NMe$_2$$^+$], 91 (8) [C$_7H_7$$^+$], 58 (37) [CH$_2NMe_2$$^+$]. – C$_{19}H_{27}N_2$SiF (330.1927): korrekte HRMS.

2.3.3 Bis[2-(dimethylaminomethyl)phenyl]-n-butylsilane

Bis[2-(dimethylaminomethyl)phenyl]-n-butylsilan (**100**): Zu einer Lösung von 403 mg (1.56 mmol) MgBr$_2$·Et$_2$O in 20 mL Et$_2$O wurde bei 0 °C 1.0 mL (1.56 mmol) 1.54 M n-BuLi/Hexan getropft, 30 min bei Raumtemp. gerührt und das Lösungsmittel gegen 5 mL THF ersetzt. Diese Lösung wurde bei 0 °C zu einer Lösung von 695 mg (1.56 mmol) **87-OTf** in 20 mL THF getropft und 4 h bei Raumtemp. gerührt. Das Lösungsmittel wurde durch 15 mL Hexan ersetzt, die entstandene Suspension abfiltriert, der Rückstand durch Umkondensation gewaschen und das Lösungsmittel abdestilliert. Der ölige Rückstand wurde bei 120 °C/10^{-3} Torr destilliert und 448 mg (81%) **100** als farbloses Öl isoliert. – ^{1}H-NMR (C$_6$D$_6$): δ = 0.92 (t, ^3J = 7 Hz; 3 H, CH$_3$), 1.24–1.36 (m; 2 H, CH$_2$), 1.39–1.67 (m; 4 H, CH$_2$), 1.90 (s; 12 H, NMe$_2$), 3.28, 3.91 (AB-System, $^2J_{AB}$ = 13 Hz; 4 H, CH$_2$N), 5.17 (t, ^3J = 3 Hz (d, $^1J_{SiH}$ = 203 Hz); 1 H, SiH), 7.09–7.28 (m; 6 H, ar-H), 7.71 (dd, ^3J = 6 Hz, ^4J = 1 Hz; 2 H, ar-H). – ^{13}C-NMR (C$_6$D$_6$): δ = 14.0 (CH$_2$), 14.1 (CH$_3$), 26.9 (CH$_2$), 28.2 (CH$_2$), 44.6 (NMe$_2$), 64.9 (CH$_2$N), 126.5 (ar-CH), 128.3 (ar-CH), 128.9 (ar-CH), 128.9 (ar-CH), 136.5 (ar-CH), 137.0 (ar-C$_q$), 145.9 (ar-C$_q$). – ^{29}Si-NMR (C$_6$D$_6$): δ = –21.9 (d, $^1J_{SiH}$ = 203 Hz). – MS (EI, 70 eV), m/z (%): 353 (4) [M$^+$ – H], 309 (11) [M$^+$ – NMe$_2$ – H], 297 (17) [M$^+$ – Bu], 294 (23) [M$^+$ – NMe$_2$ – Me – H], 280 (10) [M$^+$ – NMe$_2$ – CH$_2$CH$_3$ – H], 252 (16) [M$^+$ – NMe$_2$ – Bu – H], 238 (18) [M$^+$ – CH$_2$NMe$_2$ – Bu – H], 220 (100) [M$^+$ – C$_6$H$_4$CH$_2$NMe$_2$], 209 (16) [M$^+$ – 2 NMe$_2$ – Bu], 178 (26) [M$^+$ – C$_6$H$_4$CH$_2$NMe$_2$ – CH$_2$CH$_3$ – H], 134 (9) [C$_6$H$_4$CH$_2$NMe$_2$$^+$], 91 (16) [C$_7H_7$$^+$], 58 (18) [CH$_2NMe_2$$^+$]. – C$_{22}H_{34}N_2$Si (354.61): ber. C 74.52, H 9.66, N 7.90; gef. C 74.57, H 9.66, N 7.87. – IR (Film): ṽ = 2145 cm^{-1}.

Bis[2-(dimethylaminomethyl)phenyl]-n-butylsilan (**100**) *und [2-(Dimethylaminomethyl)-phenyl]di-n-butylsilan* (**237**): Zu einer Lösung von 6.72 mg (20.2 mmol) **83**-Rohprodukt in 30 mL Et$_2$O wurden bei 0 °C 13.1 mL (20.2 mmol) 1.54 M n-BuLi/Hexan getropft, 18 h bei Raumtemp. gerührt und das Lösungsmittel gegen 20 mL Hexan ausgetauscht. Die entstandene

Suspension wurde abfiltriert, der Rückstand durch Umkondensation gewaschen und das Lösungsmittel abdestilliert. Der ölige Rückstand wurde destilliert. Dabei wurden neben 1.879 g (26%) **100** (Sdp.: 120 °C/10^{-3} Torr) bei 90 °C/10^{-3} Torr 915 mg (16%) **237** als farbloses Öl isoliert. – ^{1}H-NMR (C$_6$D$_6$): δ = 0.85–1.03 (m; 10 H, CH$_2$, CH$_3$), 1.30–1.59 (m; 8 H, CH$_2$, CH$_2$), 2.03 (s; 6 H, NMe$_2$), 3.38 (s; 2 H, CH$_2$N), 5.17 (t, ^3J = 3 Hz (d, $^1J_{SiH}$ = 190 Hz); 1 H, SiH), 7.12–7.21 (m; 3 H, ar-H), 7.61–7.65 (m; 1 H, ar-H). – ^{13}C-NMR (C$_6$D$_6$): δ = 13.1 (CH$_2$), 14.0 (CH$_3$), 26.8 (CH$_2$), 27.8 (CH$_2$), 44.6 (NMe$_2$), 65.1 (CH$_2$N), 126.7 (ar-CH), 129.1 (ar-CH), 129.2 (ar-CH), 136.4 (ar-CH), 136.6 (ar-C$_q$), 146.3 (ar-C$_q$). – ^{29}Si-NMR (C$_6$D$_6$): δ = –12.1 (d, $^1J_{SiH}$ = 188 Hz). – MS (EI, 70 eV), *m/z* (%): 276 (10) [M$^+$ – H], 220 (35) [M$^+$ – Bu], 164 (8) [M$^+$ – 2 Bu + H], 121 (100) [C$_7$H$_7$SiH$^+$ + H], 119 (17) [M$^+$ – 2 Bu – NMe$_2$], 91 (10) [C$_7$H$_7$$^+$], 58 (13) [CH$_2NMe_2$$^+$], 43 (6) [CH$_2CH_2CH_3$$^+$]. – C$_{22}H_{34}N_2$Si (277.53): ber. C 73.57, H 11.26, N 5.05; gef. C 73.77, H 11.20, N 5.08. – IR (Film): ṽ = 2122 cm^{-1}.

{Bis[2-(dimethylaminomethyl)phenyl]n-butylsilyl}trifluorosulfonat (**104**): Eine Lösung von 105 mg (0.30 mmol) **100** in 0.4 mL C$_6$D$_6$ wurde mit 54 µL (0.30 mmol) Trimethylsilyltriflat versetzt und über Nacht bei Raumtemp. stehengelassen. Dabei bildete sich ein öliger Niederschlag. die überstehende Lösung wurde abgetrennt, der Rückstand in 0.5 mL CDCl$_3$ gelöst und in einen Kolben überführt. Nach Entfernen des Lösungsmittels erhielt man 84 mg (56%) **104** als weißen Feststoff. – ^{1}H-NMR (CDCl$_3$): δ = 0.75 (t, ^3J = 8 Hz; 3 H, CH$_3$), 1.19–1.85 (m; 6 H, (CH$_2$)$_3$), 2.45 (s; 12 H, NMe$_2$), 3.90, 4.18 (AB-System, $^2J_{AB}$ = 14 Hz; 4 H, CH$_2$N), 7.29–7.37 (m; 4 H, ar-H), 7.47 (dd, ^3J = 7 Hz, ^3J = 7 Hz; 2 H, ar-H), 7.56 (d, ^3J = 7 Hz; 2 H, ar-H). – ^{13}C-NMR (CDCl$_3$): δ = 11.0 (CH$_2$), 13.2 (CH$_3$), 24.0 (CH$_2$), 25.7 (CH$_2$), 46.5 (NMe$_2$), 66.5 (CH$_2$N), 120.6 (q, $^1J_{CF}$ = 321 Hz; CF$_3$), 125.8 (ar-C$_q$), 128.2 (ar-CH), 128.3 (ar-CH), 132.6 (ar-CH), 136.5 (ar-CH), 144.1 (ar-C$_q$). – ^{29}Si-NMR (CDCl$_3$): δ = 32.5.

Bis[2-(dimethylaminomethyl)phenyl]-n-butylfluorsilan (**116**): Eine Suspension von 699 mg (1.0 mmol) **104** und 152 mg (1.0 mmol) CsF in 10 mL Methylenchlorid wurde 7 d bei Raumtemp. gerührt. Danach wurde das Lösungsmittel gegen 10 mL Pentan ausgetauscht und filtriert. Nach Abkondensieren des Lösungsmittels erhielt man 194 mg (52%) spektroskopisch sauberes **116**, welches durch eine verlustreiche Destillation bei 170 °C/10^{-3} Torr weiter gereinigt werden konnte. – ^{1}H-NMR (C$_6$D$_6$): δ = 0.89 (t, ^3J = 7 Hz; 3 H, CH$_3$), 1.25–1.65 (m; 6 H, CH$_2$CH$_2$CH$_2$), 1.76 (s; 12 H, NMe$_2$), 3.13, 3.35 (AB-System, $^2J_{AB}$ = 13 Hz; 4 H, CH$_2$N), 7.16–7.29 (m; 6 H, ar-H), 7.93–7.97 (m; 2 H, ar-H). – ^{13}C-NMR (C$_6$D$_6$): δ = 14.0 (CH$_3$),

15.3 (d, $^2J_{CF}$ = 17 Hz; SiCH$_2$), 26.1 (CH$_2$), 26.8 (CH$_2$), 45.0 (NMe$_2$), 64.5 (CH$_2$N), 126.5 (ar-CH), 128.5 (ar-CH), 129.7 (ar-CH), 135.8 (d, $^2J_{CF}$ = 17 Hz; C–1), 136.2 (d, $^3J_{CF}$ = 4 Hz; C–6), 145.9 (C–2). – ^{29}Si-NMR (C$_6$D$_6$): δ = –3.3 (d, $^1J_{SiF}$ =276 Hz). – ^{19}F-NMR (C$_6$D$_6$, C$_6$F$_6$): δ = 3.54 (s (d, $^1J_{SiF}$ = 276 Hz)). – MS (EI, 70 eV), m/z (%): 372 (2) [M$^+$], 353 (1) [M$^+$ – F], 315 (7) [M$^+$ – Bu], 312 (4) [M$^+$ – NMe$_2$ – Me – H], 256 (9) [M$^+$ – Bu – NMe$_2$ – Me], 238 (100) [M$^+$ – C$_6$H$_4$CH$_2$NMe$_2$], 178 (36) [M$^+$ – C$_6$H$_4$CH$_2$NMe$_2$ – NMe$_2$ – Me – H], 134 (6) [C$_6$H$_4$CH$_2$NMe$_2$$^+$], 91 (3) [C$_7H_7$$^+$], 58 (12) [CH$_2NMe_2$$^+$]. – C$_{22}H_{33}N_2$SiF (372.2397): korrekte HRMS.

2.3.4 Bis[2-(dimethylaminomethyl)phenyl]-*tert*-butylsilane

Bis-[2-(dimethylaminomethyl)phenyl]-tert-butylchlorsilan (**102**): Eine Suspension von [2-(Dimethylaminomethyl)phenyl]lithium, welches aus 10 mL (69 mmol) Dimethylbenzylamin und 28.3 mL (67 mmol) 2.36 M *n*-BuLi/Hexan Lösung in 40 mL Et$_2$O durch dreitägiges Rühren bei Raumtemp. hergestellt wurde, wurde bei 0 °C zu einer Lösung von 12.83 g (67 mmol) *tert*-Butyltrichlorsilan getropft und über Nacht bei Raumtemp. gerührt. Nach Abfiltrieren und Einengen der Lösung wurden durch Kristallisation bei –60 °C 8.292 g (32%) **102** als weißer Feststoff (Schmp. 78–79 °C) isoliert. – ^{1}H-NMR (CDCl$_3$): δ = 1.20 (s; 9 H, C(CH$_3$)$_3$), 1.88 (s; 12 H, NMe$_2$), 3.19 (s; 4 H, CH$_2$N), 7.23 (dd, ^3J = 7 Hz, ^3J = 7 Hz; 2 H, ar-H), 7.35 (ddd, ^3J = 8 Hz, ^3J = 7 Hz, ^4J = 1 Hz; 2 H, ar-H), 7.52 (d, ^3J = 8 Hz; 2 H, ar-H), 7.83 (dd, ^3J = 8 Hz, ^4J = 1 Hz; 2 H, ar-H). – ^{13}C-NMR (CDCl$_3$): δ = 22.1 (C*Me*$_3$), 27.8 (*C*Me$_3$), 45.2 (NMe$_2$), 63.6 (CH$_2$N), 125.8 (ar-CH), 128.9 (ar-CH), 130.3 (ar-CH), 132.6 (ar-C$_q$), 135.5 (ar-CH), 146.1 (ar-C$_q$). – ^{29}Si-NMR (CDCl$_3$): δ = 11.3. – MS (EI, 70 eV), m/z (%): 390/388 (2/4) [M$^+$], 333/331 (1/2) [M$^+$ – *t*-Bu], 256/254 (4/14) [M$^+$ – C$_6$H$_4$CH$_2$NMe$_2$], 236 (80) [M$^+$ – Cl – 2 CH$_2$NMe$_2$ – H], 134 (10) [C$_6$H$_4$CH$_2$NMe$_2$$^+$], 91 (34) [C$_7H_7$$^+$], 57 (100) [*t*-Bu$^+$]. – C$_{22}H_{33}N_2$ClSi (389.06): ber. C 67.92, H 8.95, N 7.20, Cl 9.11; gef. C 67.78, H 8.89, N 8.10, Cl 9.22.

Bis-[2-(dimethylaminomethyl)phenyl]-tert-butylsilan (**101**): Eine Lösung von 1.85 g (4.75 mmol) **102** in 50 mL Et$_2$O wurde bei 0 °C zu einer Suspension von 180 mg (4.75 mmol) LiAlH$_4$ getropft und 2 h bei Raumtemp. gerührt. Danach wurde durch Zugabe von 0.2 mL H$_2$O, 0.2 mL 15% NaOH und 0.5 mL H$_2$O bei 0 °C hydrolisiert. Es wurde noch 1 h bei Raumtemp. gerührt, abfiltriert, zweimal mit je 5 mL Et$_2$O nachgewaschen, das Lösungsmittel gegen 20 mL Petrolether (Sdp. 40–60 °C) ausgetauscht, über MgSO$_4$ getrocknet und erneut filtriert. Nach Abkondensation des Lösungsmittels erhielt man 1.534 g (91%) analytisch reines

101. – ^{1}H-NMR (C$_6$D$_6$): δ = 1.25 (s; 9 H, C(CH$_3$)$_3$), 1.96 (s; 12 H, NMe$_2$), 3.37, 3.60 (AB-System, $^2J_{AB}$ = 13 Hz; 4 H, CH$_2$N), 5.08 (s (d, $^1J_{SiH}$ = 199 Hz); 1 H, SiH), 7.07–7.24 (m; 4 H, ar-H), 7.50 (d, ^3J = 7 Hz; 2 H, ar-H), 7.83 (dd, ^3J = 7 Hz, ^4J = 2 Hz; 2 H, ar-H). – ^{13}C-NMR (C$_6$D$_6$): δ = 19.0 (C*Me*$_3$), 29.2 (*C*Me$_3$), 45.0 (NMe$_2$), 64.5 (CH$_2$N), 126.1 (ar-CH), 129.2 (ar-CH), 129.3 (ar-CH), 135.2 (ar-C$_q$), 136.7 (ar-CH), 146.3 (ar-C$_q$). – ^{29}Si-NMR (C$_6$D$_6$): δ = –15.6 (dt, $^1J_{SiH}$ = 199 Hz, $^3J_{SiH}$ = 5 Hz). – MS (EI, 70 eV), m/z (%): 353 (1) [M$^+$], 309 (2) [M$^+$ – NMe$_2$ – H], 297 (24) [M$^+$ – t-Bu], 294 (10) [M$^+$ – NMe$_2$ – Me – H], 252 (24) [M$^+$ – CH$_2$NMe$_2$ – NMe$_2$], 238 (14) [M$^+$ – 2 CH$_2$NMe$_2$], 220 (100) [M$^+$ – C$_6$H$_4$CH$_2$NMe$_2$], 164 (80) [M$^+$ – C$_6$H$_4$CH$_2$NMe$_2$ – t-Bu + H], 134 (15) [C$_6$H$_4$CH$_2$NMe$_2$$^+$], 121 (22) [M$^+$ – C$_6$H$_4$CH$_2$NMe$_2$ – t-Bu – NMe$_2$], 58 (18) [CH$_2$NMe$_2$$^+$]. – IR (Film): ṽ = 2135 cm^{-1}. – C$_{22}$H$_{34}$N$_2$Si (354.61): ber. C 74.52, H 9.66, N 7.90; gef. C 74.27, H 9.57, N 7.85.

{Bis[2-(dimethylaminomethyl)phenyl]-tert-butylsilyl}trifluorosulfonat (**105**): Eine Lösung von 127 mg (0.33 mmol) **102** in 0.5 mL C$_6$D$_6$ wurden mit 59 µL (0.33 mmol) Trimethylsilyltriflat versetzt und über Nacht bei Raumtemp. stehengelassen. Nach Entfernen des Lösungsmittels wurde zweimal mit je 0.5 mL Hexan gewaschen, der Rückstand in 0.5 mL CDCl$_3$ gelöst und in einen Kolben überführt. Nach Abkondensieren des Lösungsmittels erhielt man 137 mg (83%) **105** als weißen Feststoff. – ^{1}H-NMR (C$_6$D$_6$): δ = 1.18 (s; 9 H, CH$_3$), 2.33 (s; 12 H, NMe$_2$), 3.75, 3.85 (AB-System, $^2J_{AB}$ = 13 Hz; 4 H, CH$_2$N), 7.31–7.56 (m; 6 H, ar-H), 7.89–7.97 (m; 2 H, ar-H). – ^{13}C-NMR (CDCl$_3$): δ = 21.6 (*C*(CH$_3$)$_3$), 27.1 (CH$_3$), 46.6 (NMe$_2$), 66.2 (CH$_2$N), 120.5 (q, $^1J_{CF}$ = 312 Hz; CF$_3$), 125.8 (ar-C$_q$), 127.9 (ar-CH), 128.9 (ar-CH), 132.2 (ar-CH), 135.5 (ar-CH), 144.0 (ar-C$_q$). – ^{29}Si-NMR (CDCl$_3$): δ = 27.2.

{[2-(Dimethylaminomethyl)phenyl][2-(dimethylhydridoammoniummethyl)phenyl]-tert-butyl-silanol}trifluorosulfonat (**111**): 115 mg (0.23 mmol) **105** wurden in 2 mL feuchtem Methylenchlorid gelöst und an der Luft das Lösungsmittel langsam abgedampft. Dabei kristallisierten 101 mg (85%) **111** als weißer Feststoff aus (Schmp. 128–129 °C). – ^{1}H-NMR (CDCl$_3$): δ = 1.00 (s; 9 H, C(CH$_3$)$_3$), 2.51 (s; 12 H, NMe$_2$), 3.83, 4.00 (AB-System, $^2J_{AB}$ = 13 Hz; 4 H, CH$_2$N), 7.26–7.37 (m; 6 H, ar-H), 7.66 (dd, ^3J = 6 Hz, ^4J = 2 Hz; 2 H, ar-H), 10.35 (br. s; 2 H, NH). – ^{13}C-NMR (CDCl$_3$): δ = 20.8 (C*Me*$_3$), 27.3 (*C*Me$_3$), 42.3 (NMe$_2$), 63.3 (CH$_2$N), 120.8 (q, $^1J_{CF}$ = 323 Hz; CF$_3$), 128.9 (ar-CH), 130.3 (ar-CH), 132.5 (ar-CH), 136.7 (ar-CH), 136.8 (ar-C$_q$), 138.2 (ar-C$_q$). – ^{29}Si-NMR (CDCl$_3$): δ = –5.4. – IR (KBr): ṽ = 3422 cm^{-1}. – C$_{23}$H$_{35}$N$_2$F$_3$O$_4$SSi (520.69): ber. C 53.06, H 6.78, N 5.83; gef. C 53.09, H 6.73, N 5.32.

2.3.5. Andere hochkoordinierte Silyltriflate und ihre Folgeprodukte

{[2-(Dimethylaminomethyl)phenyl]silyl}trifluorosulfonat (**118**): Eine Lösung von 645 mg (3.91 mmol) **117** in 15 mL Et$_2$O wurde bei 0 °C mit 0.7 mL (3.9 mmol) Trimethylsilyltriflat versetzt und 1 h bei Raumtemp. gerührt. Nach Austausch des Lösungsmittels gegen 10 mL Hexan wurde die Lösung vom öligen Niederschlag abgetrennt. Man erhielt 819 mg (67%) **118** als zähflüssiges Öl. – ^{1}H-NMR (CDCl$_3$): δ = 2.52 (s; 6 H, NMe$_2$), 3.88 (s; 2 H, CH$_2$N), 4.60 (s (d, $^1J_{SiH}$ =277 Hz); 2 H, SiH), 7.18 (dd, ^3J = 7 Hz, ^4J = 1 Hz; 1 H, ar-H), 7.37–7.49 (m; 2 H, ar-H), 7.93 (dd, ^3J = 7 Hz, ^4J = 2 Hz; 1 H, ar-H). – ^{13}C-NMR (CDCl$_3$): δ = 45.5 (NMe$_2$), 63.2 (CH$_2$N), 124.6 (ar-CH), 128.0 (ar-CH), 128.6 (ar-C$_q$), 131.3 (ar-CH), 136.7 (ar-CH), 142.7 (ar-C$_q$). – ^{29}Si-NMR (CDCl$_3$): δ = –73.1 (t, $^1J_{SiH}$ = 275 Hz). – IR (Film): ṽ = 2195 cm^{-1}. – MS (EI, 70 eV), *m/z* (%): 313 (19) [M$^+$], 298 (9) [M$^+$ – Me], 180 (43) [M$^+$ – C$_6$H$_4$CH$_2$NMe$_2$ + H], 164 (97) [M$^+$ – SO$_3$CF$_3$], 135 (55) [C$_6$H$_4$CH$_2$NMe$_2^+$ + H], 91 (64) [C$_7$H$_7^+$], 58 (100) [CH$_2$NMe$_2$]. – C$_{10}$H$_{14}$F$_3$NO$_3$SSi (313.0415): korrekte HRMS. – C$_{10}$H$_{14}$F$_3$NO$_3$SSi (313.37): ber. C 38.33, H 4.50; gef. C 38.87, H 4.77.

[2-(Dimethylaminomethyl)phenyl]fluorsilan (**119**): Eine Lösung von 655 mg (2.1 mmol) **118** und 132 mg (3.15 mmol) NaF in 10 mL THF wurde 2 d bei Raumtemp. gerührt. Danach wurde das Lösungsmittel gegen 10 mL Hexan ausgetauscht, filrtiert und das Lösungsmittel abdestilliert. Dabei erhielt man 38 mg (10%) **119**. Der Filterrückstand wurde mit 10 mL Et$_2$O gewaschen und erneut das Lösungsmittel entfernt, wobei weitere 195 mg (52%) verunreinigtes **119** isoliert werden konnte. – ^{1}H-NMR (C$_6$D$_6$): δ = 1.69 (s; 6 H, NMe$_2$), 2.98 (s; 2 H, CH$_2$N), 4.78 (d, $^2J_{FH}$ = 75 Hz (d, $^1J_{SiH}$ = 254 Hz); 2 H, SiH$_2$F), 6.75–6.83 (m; 1 H, ar-H), 7.08–7.20 (m; 2 H, ar-H), 8.22–8.28 (m; 1 H, ar-H). – ^{29}Si-NMR (C$_6$D$_6$): δ = –62.7 (dt, $^1J_{SiF}$ = 278 Hz, $^1J_{SiH}$ = 254 Hz).

[2-(Dimethylaminomethyl)phenyl][9'-(dimethylamino)naphthyl]silan (**122**): Eine Lösung von 756 mg (2.42 mmol) **118** in 15 mL THF wurde bei 0 °C mit einer Lösung von 606 mg (2.42 mmol) **21** in 10 mL THF versetzt und noch 2 h bei Raumtemp. gerührt. Danach wurde das Lösungsmittel gegen 15 mL Hexan ausgetauscht und die entstandene Suspension abfiltriert. Das nach Entfernen des Lösungsmittels zurückbleibende Öl wurde bei 220 °C/10^{-3} Torr destilliert und 430 mg (53%) **122** als farbloses Öl isoliert. – ^{1}H-NMR (C$_6$D$_6$): δ = 2.00 (s; 6 H, NMe$_2$), 2.24 (s; 6 H, NMe$_2$), 3.49 (s; 2 H, CH$_2$N), 5.48 (s (d, $^1J_{SiH}$ =212 Hz); 2 H, SiH$_2$),

6.99 (dd, $^3J = 7$ Hz, $^3J = 7$ Hz; 1 H, ar-H), 7.08 (d, $^3J = 7$ Hz; 1 H, ar-H), 7.15–7.29 (m; 3 H, ar-H), 7.34 (d, $^3J = 7$ Hz; 1 H, ar-H), 7.46 (d, $^3J = 7$ Hz; 1 H, ar-H), 7.55 (d, $^3J = 8$ Hz; 1 H, ar-H), 7.69 (d, $^3J = 8$ Hz; 1 H, ar-H), 7.90 (d, $^3J = 7$ Hz; 1 H, ar-H). – ^{13}C-NMR (C_6D_6): δ = 44.6 (NMe_2), 46.9 (NMe_2), 64.8 (CH_2N), 118.6 (ar-CH), 125.8 (ar-CH), 126.4 (ar-CH), 126.4 (ar-CH), 126.7 (ar-CH), 128.2 (ar-CH), 128.6 (ar-CH), 130.1 (ar-CH), 131.1 (ar-C_q), 134.9 (ar-C_q), 135.7 (ar-C_q), 136.7 (ar-CH), 138.6 (ar-C_q), 145.5 (ar-C_q), 152.3 (ar-C_q). – ^{29}Si-NMR (C_6D_6): δ = –43.1 (t, $^1J_{SiH}$ = 212 Hz). – IR (Film): $\tilde{v}$ = 2166, 2093 cm^{-1}. – MS (EI, 70 eV), m/z (%): 333 (15) [M$^+$ – H], 317 (18) [M$^+$ – Me –2 H], 289 (100) [M$^+$ – HNMe$_2$], 274 (79) [M$^+$ – NMe$_2$ – Me – H], 244 (14) [M$^+$ – 2 NMe$_2$], 200 (12) [M$^+$ – C$_6$H$_4$CH$_2$NMe$_2$], 185 (22) [M$^+$ – C$_6$H$_4$CH$_2$NMe$_2$ – Me], 163 (54) [M$^+$ – C$_{10}$H$_6$NMe$_2$ – H], 91 (6) [C$_7$H$_7^+$], 58 (8) [CH$_2$NMe$_2^+$], 44 (4) [NMe$_2^+$]. – C$_{21}$H$_{26}$N$_2$Si (334.54): ber. C 75.40, H 7.83, N 8.37; gef. C 75.24, H 7.80, N 8.50.

Bis[2-(dimethylaminomethyl)phenyl][9'-(dimethylamino)naphthyl]silan (**126**): Eine Suspension von 400 mg (0.90 mmol) **87-OTf** in 10 mL THF wurde bei 0 °C mit einer Lösung von 225 mg (0.90 mmol) **21** in 5 mL THF versetzt. Nach vollendeter Zugabe wurde noch 15 min bei 0 °C und danach über Nacht bei Raumtemp. gerührt. Das Lösungsmittel wurde gegen 5 mL Petrolether ausgetauscht und die entstandene Suspension filtriert. Nach Abdestillieren des Lösungsmittels erhielt man 443 mg eines wachsartigen Feststoffs. Dieser wurde aus Hexan umkristallisiert und 291 mg (68%) analysenreines **126** als weißer Feststoff erhalten (Schmp. 116 °C). – ^{1}H-NMR (C_6D_6, 340 K): δ = 1.94 (s; 12 H, NMe$_2$), 2.23 (s; 6 H, NMe$_2$), 3.49, 3.70 (AB-System, $^2J_{AB}$ = 12 Hz; 4 H, CH$_2$N), 6.16 (s (d, $^1J_{SiH}$ = 237 Hz); 1 H, SiH), 6.89 (dd, ^3J = 7 Hz, ^3J = 6 Hz; 2 H, ar-H), 7.11–7.28 (m; 7 H, ar-H), 7.41 (d, ^3J = 7 Hz; 2 H, ar-H), 7.54 (d, ^3J = 8 Hz; 1 H, ar-H), 7.60–7.63 (m; 1 H, ar-H), 7.67 (d, ^3J = 8 Hz; 1 H, ar-H). – ^{13}C-NMR (C_6D_6, 340 K): δ = 45.0 (NMe$_2$), 47.3 (NMe$_2$) 65.1 (CH$_2$N), 118.7 (ar-CH), 127.8 (ar-CH), 126.3 (ar-CH), 126.5 (ar-CH), 128.3 (ar-CH), 128.9 (ar-CH), 130.1 (ar-CH), 131.9 (ar-C$_q$), 135.5 (ar-C$_q$), 136.0 (ar-C$_q$), 136.9 (ar-C$_q$), 139.3 (ar-CH), 140.2 (ar-C$_q$), 145.4 (ar-C$_q$), 153.4 (ar-C$_q$). – ^{29}Si-NMR (C_6D_6, 300 K): δ = –32.4 (d, $^1J_{SiH}$ = 250 Hz). – MS (EI, 70 eV), m/z (%): 466 (1) [M$^+$ – H], 422 (6) [M$^+$ – NMe$_2$ – H], 407 (12) [M$^+$ – NMe$_2$ – Me – H], 378 (25) [M$^+$ – 2 NMe$_2$ – H], 364 (33) [M$^+$ – 2 NMe$_2$ – Me – H], 333 (100) [M$^+$ – C$_6$H$_4$CH$_2$NMe$_2$], 317 (26) [M$^+$ – C$_6$H$_4$CH$_2$NMe$_2$ – Me – H], 297 (14) [M$^+$ – C$_{10}$H$_6$NMe$_2$]. – IR (KBr): $\tilde{v}$ = 2193 cm^{-1}. – C$_{30}$H$_{37}$N$_3$Si (467.73): ber. C 77.38, H 7.97, N 8.98; gef. C 77.46, H 7.94, N 8.84.

Bis[2-(dimethylaminomethyl)phenyl][2'-(trimethylhydrazino)phenyl]silan (**125**): Eine Suspension von 358 mg (0.80 mmol) **87-OTf** in 10 mL THF wurde bei 0 °C mit einer Suspension von 157 mg (0.73 mmol) **15** in 10 mL Et$_2$O versetzt. Nach vollendeter Zugabe wurde über Nacht bei Raumtemp. gerührt. Das Lösungsmittel wurde gegen 10 mL Hexan ausgetauscht und die entstandene Suspension filtriert. Nach Abdestillieren des Lösungsmittels i. Vak. erhielt man 354 mg eines wachsartigen Feststoffs. Dieser wurde bei 170 °C/10^{-3} Torr destilliert und 88 mg (27%) **125** als hellbrauner Feststoff erhalten. – ^{1}H-NMR (C$_6$D$_6$): δ = 1.82 (s; 6 H, NMe$_2$), 1.94 (s; 12 H, NMe$_2$), 2.31 (s; 3 H, NMe), 3.48, 3.67 (AB-System, $^2J_{AB}$ = 11 Hz; 4 H, CH$_2$N), 5.78 (s (d, $^1J_{SiH}$ =235 Hz); 1 H, SiH), 6.45 (d, ^3J = 8 Hz; 1 H, ar-H), 6.71 (dd, ^3J = 7 Hz, ^3J = 7 Hz; 1 H, ar-H), 7.05 (dd, ^3J = 7 Hz, ^3J = 7 Hz; 2 H, ar-H), 7.15–7.28 (m; 3 H, ar-H), 7.45–7.56 (m; 5 H, ar-H). – ^{13}C-NMR (C$_6$D$_6$): δ = 27.1 (NMe), 40.8 (NMe$_2$), 44.9 (NMe$_2$), 64.7 (CH$_2$N), 112.2 (ar-CH), 119.3 (ar-CH), 126.2 (ar-CH), 128.3 (ar-CH), 128.6 (ar-CH), 129.9 (ar-CH), 137.3 (ar-CH), 137.3 (ar-C$_q$), 139.6 (ar-CH), 139.9 (ar-C$_q$), 145.4 (ar-C$_q$), 155.5 (ar-C$_q$). – ^{29}Si-NMR (C$_6$D$_6$, 297 K): δ = –34.3 (d, $^1J_{SiH}$ =236 Hz). – MS (EI, 70 eV), m/z (%): 446 (11) [M$^+$], 402 (10) [M$^+$ – NMe$_2$], 388 (5) [M$^+$ – CH$_2$NMe$_2$], 371 (10) [M$^+$ – NMe$_2$ – 2 Me – H], 357 (32) [M$^+$ – 2 NMe$_2$ – H], 343 (39) [M$^+$ – 2 NMe$_2$ – Me], 328 (43) [M$^+$ – 2 NMe$_2$ – 2 Me], 312 (59) [M$^+$ – C$_6$H$_4$CH$_2$NMe$_2$], 297 (100) [M$^+$ – C$_6$H$_4$NMeNMe$_2$], 149 (8) [C$_6$H$_4$NMeNMe$_2$$^+$], 134 (10) [C$_6H_4CH_2NMe_2$$^+$], 58 (22) [CH$_2NMe_2$$^+$]. – C$_{27}H_{38}N_4$Si (446.2865): korrekte HRMS. – IR (KBr): $\tilde{v}$ = 2211 cm^{-1}.

[Bis[9-(dimethylamino)naphthyl]silyl]trifluorosulfonat (**123**): Eine Lösung von 602 mg (1.68 mmol) Bis[9-(dimethylamino)naphthyl]silan (**124**) in 30 mL Et$_2$O bei 0 °C wurde mit 0.3 mL (1.7 mmol) Trimethylsilyltriflat versetzt und 2 h bei Raumtemp. gerührt. Vom entstandenen Niederschlag wurde abfiltriert und durch Umkondenstion des Lösungsmittels der Filterrückstand gewaschen. Man erhielt 129 mg (15%) **123**. Das Lösungsmittel des Filtrats wurde gegen 10 mL Hexan ausgetauscht, erneut filtriert und dreimal durch Umkondensation gewaschen. Man erhielt weitere 366 mg (42%) **123** als weißen Feststoff (Schmp. 190–192 °C). – ^{1}H-NMR (CDCl$_3$): δ = 3.19 (s; 6 H, NMe), 3.23 (s; 6 H, NMe), 5.28 (s (d, $^1J_{SiH}$ =292 Hz); 1 H, SiH), 7.45 (dd, ^3J = 7 Hz, ^3J = 7 Hz; 2 H, ar-H), 7.65–7.88 (m; 8 H, ar-H), 7.93 (d, ^3J = 8 Hz; 2 H, ar-H). – ^{13}C-NMR (CDCl$_3$): δ = 47.1 (NMe), 51.7 (NMe), 115.8 (ar-CH), 121.0 (q, $^1J_{CF}$ = 321 Hz; CF$_3$), 123.4 (ar-C$_q$), 127.5 (ar-CH), 127.6 (ar-CH), 127.7 (ar-CH), 130.6 (ar-CH), 133.1 (ar-C$_q$), 133.6 (ar-C$_q$), 134.8 (ar-CH), 146.4 (ar-C$_q$). – ^{29}Si-NMR (CDCl$_3$): δ = –45.2 (d, $^1J_{SiH}$ =290 Hz). – C$_{25}$H$_{25}$N$_2$F$_3$O$_3$SSi (518.63): ber. C 57.90, H 4.86; gef. C 55.97, H 5.22. – IR (KBr): $\tilde{v}$ = 2152 cm^{-1}.

Bis[9-(dimethylamino)naphthyl][2'-(dimethylaminomethyl)phenyl]silan (**127**): Eine Suspension von 346 mg (0.67 mmol) **123** in 10 mL THF wurde bei 0 °C mit einer Suspension von 143 mg (0.67 mmol) **43** in 5 mL Et$_2$O versetzt. Es wurde 3 h bei Raumtemp. gerührt, das Lösungsmittel abkondensiert. Der Rückstand mit 1 mL 2 N HCl-Lösung und 5 mL H$_2$O versetzt und mit NaHCO$_3$ neutralisiert. Diese Lösung wurde zweimal mit je 10 mL Et$_2$O ausgeschüttelt, die vereinigten organischen Phasen über MgSO$_4$ getrocknet und das Lösungsmittel abkondensiert. Man erhielt 302 mg (90%) nahezu sauberes **127** als weißen Feststoff (Schmp. 181–182 °C). – ^{1}H-NMR (C$_6$D$_6$): δ = 1.58 (s; 3 H, NMe), 1.82 (s; 3 H, NMe), 2.07 (s; 6 H, NMe$_2$), 2.47 (s; 3 H, NMe), 2.69 (s; 3 H, NMe), 3.72, 3.93 (AB-System, $^2J_{AB}$ = 13 Hz; 2 H, CH$_2$N), 6.47 (s (d, $^1J_{SiH}$ = 255 Hz); 1 H, SiH), 6.76–6.82 (m; 2 H, ar-H), 7.09–7.31 (m; 8 H, ar-H), 7.51 (dd, ^3J = 6 Hz, ^4J = 2 Hz; 2 H, ar-H), 7.57–7.61 (m; 2 H, ar-H), 7.66–7.69 (m; 2 H, ar-H). – ^{13}C-NMR (C$_6$D$_6$): δ = 44.8 (NMe), 45.3 (NMe$_2$), 46.3 (NMe), 49.0 (NMe), 50.1 (NMe), 65.0 (CH$_2$N), 119.1 (ar-CH), 119.5 (ar-CH), 125.6 (ar-CH), 125.6 (ar-CH), 125.8 (ar-CH), 126.0 (ar-CH), 126.4 (ar-CH), 126.8 (ar-CH), 126.9 (ar-CH), 127.9 (ar-CH), 128.8 (ar-CH), 129.2 (ar-CH), 129.7 (ar-CH), 133.7 (ar-C$_q$), 135.4 (ar-C$_q$), 135.6 (ar-C$_q$), 135.9 (ar-C$_q$), 136.3 (ar-C$_q$), 136.4 (ar-C$_q$), 136.8 (ar-CH), 137.4 (ar-CH), 138.7 (ar-CH), 142.3 (ar-C$_q$), 145.2 (ar-C$_q$), 153.6 (ar-C$_q$). – ^{29}Si-NMR (C$_6$D$_6$): δ (300 K) = –31.3 (d, $^1J_{SiH}$ = 256 Hz); δ (340 K) = –31.0 (d, $^1J_{SiH}$ = 253 Hz). – MS (EI, 70 eV), *m/z* (%): 503 (6) [M$^+$], 459 (9) [M$^+$ – NMe$_2$], 414 (31) [M$^+$ – 2 NMe$_2$ – H], 369 (12) [M$^+$ – C$_6$H$_4$CH$_2$NMe$_2$], 353 (18) [M$^+$ – C$_6$H$_4$CH$_2$NMe$_2$ – Me – H], 333 (100) [M$^+$ – C$_{10}$H$_6$NMe$_2$], 317 (94) [M$^+$ – C$_{10}$H$_6$NMe$_2$ – Me – H], 289 (49) [M$^+$ – C$_{10}$H$_6$NMe$_2$ – NMe$_2$], 274 (49) [M$^+$ – C$_{10}$H$_6$NMe$_2$ – NMe$_2$ – Me]. – C$_{33}$H$_{37}$N$_3$Si (503.2757): korrekte HRMS. – IR (KBr): ṽ = 2230 cm^{-1}.

2.4 Reaktionen des Cyclotrisilans **11** in Halogen und halogenierten Kohlenstoffverbindungen

2.4.1 Reaktionen von **11** mit Halogenen

{Bis[2-(dimethylaminomethyl)phenyl]silyl}bromid (**87-Br**): a) Eine Lösung von 392 mg (0.44 mmol) **11** in 15 mL THF wurde portionsweise mit 141 mg (0.44 mmol) Pyridiniumperbromid versetzt. Nach vollendeter Zugabe wurde noch 2 h bei Raumtemp. gerührt. Nach Filtration wurde der Rückstand zweimal mit je 5 mL Et$_2$O gewaschen. Man erhielt 200 mg (40%) **87-Br** als weißen Feststoff.

b) Eine Lösung von 90 mg (0.10 mmol) **11** und 32 mg (0.10 mmol) Pyridiniumperbromid in 0.5 mL C$_6$D$_6$ wurde 10 h in einem Ultraschallbad behandelt. Dabei heizte sich das Bad auf 60 °C auf. Nach Entfernen des Lösungsmittels und Waschen des Rückstands mit 3 mL Et$_2$O erhielt man 100 mg (88%) **87-Br** als weißen Feststoff.

c) Eine Lösung von 202 mg (0.23 mmol) **11** und 109 mg (0.68 mmol) Pyridiniumbromid in 50 mL THF wurde 4 d bei Raumtemp. gerührt. Das Lösungsmittel wurde abdestilliert und der Rückstand zweimal mit je 10 mL Hexan gewaschen. Man erhielt 132 mg (51%) leicht verunreinigtes **87-Br**. Aus der Hexanphase ließen sich nach Destillation 95 mg (47%) **41** isolieren.

d) 202 mg (0.23 mmol) **11** in 10 mL Dioxan wurden bei Raumtemp. mit einer Lösung von 30 µL (0.58 mmol) Br_2 in 5 mL Dioxan versetzt. Nach vollendeter Zugabe wurde über Nacht bei Raumtemp. gerührt, das Dioxan vom sich bildenden Rückstand abgetrennt und der Rückstand zweimal mit je 5 mL Hexan gewaschen. Man erhielt 319 mg (73%) **87-Br** als weißen Feststoff (Schmp. 212°C). − ^{1}H-NMR (CDCl$_3$): δ = 2.35 (s; 6 H, NMe), 2.71 (s; 6 H, NMe), 4.42 (br. AB-System, $^2J_{AB}$ nicht aufgelöst; 4 H, CH$_2$N), 4.64 (s (d, $^1J_{SiH}$ = 273 Hz); 1 H, SiH), 7.35–7.50 (m; 6 H, ar-H), 7.80 (br. d, ^3J = 7 Hz; 2 H, ar-H). − ^{13}C-NMR (CDCl$_3$): δ = 44.9 (NMe), 47.4 (NMe), 64.7 (CH$_2$N), 127.1 (ar-CH), 127.9 (ar-C$_q$), 128.8 (ar-CH), 132.0 (ar-CH), 135.4 (ar-CH), 144.3 (ar-C$_q$).

{Bis[2-(dimethylaminomethyl)phenyl]silyl}iodid (**87-I**): Zu einer Lösung von 413 mg (0.46 mmol) **11** in 10 mL Dioxan wurde bei 0 °C langsam eine Lösung von 177 mg (0.70 mmol) Iod in 5 mL Dioxan getropft. Nach vollendeter Zugabe wurde 7 d bei Raumtemp. gerührt. Die überstehende Lösung wurde vom Niederschlag abgetrennt. Man erhielt 410 mg eines blaßgelben Rückstands, der sich als 1 : 1 Gemisch aus **87-I** und einer zweiten Verbindung (**131**) erwies. **87-I**: − ^{1}H-NMR (CDCl$_3$): δ = 2.71 (s; 6 H, NMe), 2.93 (s; 6 H, NMe), 4.41, 4.47 (AB-System, $^2J_{AB}$ = 15 Hz; 4 H, CH$_2$N), 4.74 (s (d, $^1J_{SiH}$ = 273 Hz); 1 H, SiH), 7.38–7.54 (m; 6 H, ar-H), 7.82 (br. d, ^3J = 7 Hz; 2 H, ar-H). **131**: − ^{1}H-NMR (CDCl$_3$): δ = 2.95 (s; 12 H, NMe), 4.63 (br. s; 4 H, CH$_2$N), 7.38–7.54 (m; 6 H, ar-H), 8.08 (d, ^3J = 7 Hz; 2 H, ar-H).

Aufarbeitung des Gemisches der Reaktion von **11** *mit Iod mittels MeMgCl*: Eine Suspension aus 253 mg des 1 : 1 Gemisches aus **87-I** und **131** in 10 mL THF wurde bei 0 °C mit 0.21 mL (0.59 mmol) 2.754 M MeMgCl/THF Lösung versetzt. Nach vollendeter Zugabe wurde über Nacht bei Raumtemp. gerührt, das Lösungsmittel gegen 10 mL Hexan ausgetauscht und abfiltriert. Nach Entfernen des Lösungsmittels erhielt man 118 mg eines öligen Rückstands der zu 71% aus **99** und zu 14% aus **39** bestand. Bezogen auf die Gesamtreaktion erhielt man 84 mg (46%) **99** und 17 mg (9%) **39**. **99**: − ^{1}H-NMR (C$_6$D$_6$): δ = 0.69 (d, ^3J = 4 Hz; 3 H, SiCH$_3$), 1.87 (s; 12 H, NMe$_2$), 3.25, 3.42 (AB-System, $^2J_{AB}$ = 13 Hz; 4 H, CH$_2$N), 5.23 (q, ^3J = 4 Hz (d, $^1J_{SiH}$ = 208 Hz); 1 H, SiH), 7.00–7.22 (m; 6 H, ar-H), 7.63 (dd, ^3J = 7 Hz, ^4J = 1 Hz; 2 H, ar-H).

Umsetzung von **132-Cl** *mit MeMgCl:* Eine Lösung von 475 mg (0.71 mmol) **132-Cl** in 10 mL Toluol wurde bei 0 °C mit 0.51 mL (1.42 mmol) 2.754 M MeMgCl/THF Lösung versetzt und über Nacht bei Raumtemp. gerührt. Das Lösungsmittel wurde gegen 10 mL Pentan ausgetauscht, filtriet und der Filtrierrückstand durch Umkondensation des Lösungsmittels gewaschen. Nach sorgfältigem Entfernen des Lösungsmittels i. Vak. erhielt man 220 mg (47%) **46**. Im Filtrierrückstand konnte verunreinigtes **132-Cl** nachgewiesen werden, jedoch wurde auf eine weitere Aufarbeitung verzichtet. **46**: – ^{1}H-NMR (CDCl$_3$): δ = 0.59 (s; 6 H, SiMe$_2$), 1.90 (s; 12 H, NMe$_2$), 3.17 (s; 4 H, CH$_2$N), 7.23 (ddd, ^3J = 7 Hz, ^3J = 7 Hz, ^4J = 2 Hz, 2 H, ar-H), 7.30 (ddd, ^3J = 7 Hz, ^3J = 7 Hz, ^4J = 1 Hz; 2 H, ar-H), 7.36 (d, ^3J = 7 Hz; 2 H, ar-H), 7.60 (d, ^3J = 7 Hz; 2 H, ar-H).

2.4.2 Reaktionen von **11** mit Alkylmonohalogeniden

{Bis[2-(dimethylaminomethyl)phenyl]methylsilyl}iodid (**106**): Eine Lösung von 206 mg (0.23 mmol) **11** und 44 µL (0.69 mmol) Methyliodid in 15 mL Toluol wurden 7 d bei Raumtemp. gerührt. Danach wurde abfiltriert und der Rückstand durch Umkondensation des Lösungsmittels gewaschen. Man erhielt als Rückstand 271 mg (90%) **106** als weißen Feststoff. – ^{1}H-NMR (CDCl$_3$): δ = 0.89 (s; 3 H, SiCH$_3$), 2.63 (s; 12 H, NMe$_2$), 4.39, 4.24 (AB-System, $^2J_{AB}$ = 14 Hz; 4 H, CH$_2$N), 7.34–7.55 (m; 6 H, ar-H), 7.88 (d, ^3J = 7 Hz; 2 H, ar-H). – ^{13}C-NMR (CDCl$_3$): δ = –3.4 (SiMe), 47.4 (NMe$_2$), 65.9 (CH$_2$N), 127.7 (ar-CH), 128.0 (ar-CH), 128.4 (ar-C$_q$), 132.0 (ar-CH), 135.9 (ar-CH), 144.3 (ar-C$_q$).

{Bis[2-(dimethylaminomethyl)phenyl]ethylsilyl}iodid (**134**): Eine Lösung von 935 mg (1.05 mmol) **11** und 256 µL (3.19 mmol) Ethyliodid in 10 mL Toluol wurden 6 d bei Raumtemp. gerührt. Der dabei entstandene Niederschlag wurde durch Filtration abgetrennt und mittels Chloroform vom Filter gewaschen. Nach Entfernen des Lösungsmittels erhielt man 1.236 g (87%) **134**. – ^{1}H-NMR (CDCl$_3$): δ = 1.10 (t, ^3J = 8 Hz; 3 H, CH$_3$), 1.61 (br. s; 2 H, CH$_2$Si), 2.69 (s; 12 H, NMe$_2$), 4.33 (br. s; 4 H, CH$_2$N), 7.45–7.51 (m; 4 H, ar-H), 7.61 (dd, ^3J = 7 Hz, ^3J = 7 Hz; 2 H, ar-H), 7.73 (d, ^3J = 7 Hz; 2 H, ar-H). – ^{13}C-NMR (CDCl$_3$): δ = 3.9 (CH$_3$), 5.8 (CH$_2$Si), 46.7 (NMe$_2$), 66.3 (CH$_2$N), 125.4 (ar-CH), 128.0 (ar-CH), 128.1 (ar-CH), 132.3 (ar-CH), 136.4 (ar-C$_q$), 143.8 (ar-C$_q$). – ^{29}Si-NMR (CDCl$_3$): δ = 31.3.

Bis[2-(dimethylaminomethyl)phenyl]ethylsilan (**136**): Eine Suspension von 1.24 g (2.78 mmol) **134** in 10 mL Et$_2$O wurde bei 0 °C mit 120 mg (3.16 mmol) LiAlH$_4$ versetzt und 1 h bei Raumtemp. gerührt. Danach wurde bei –75 °C durch Zugabe von 0.1 mL H$_2$O, 0.1 mL 15% NaOH und 0.3 mL H$_2$O hydrolysiert. Es wurde filtriert, Et$_2$O gegen 10 mL Hexan ausgetauscht, über MgSO$_4$ getrocknet und erneut filtriert. Nach Abkondensation des Lösungsmittels i. Vak. erhielt man 559 mg (62%) **136** als spektroskopisch sauberes Öl, das bei 145 °C/10^{-3} Torr destilliert wurde. Es wurden 324 mg (36%) analysenreines **136** isoliert. – ^{1}H-NMR (C$_6$D$_6$): δ = 1.20–1.45 (m; 5 H, CH$_2$CH$_3$), 1.92 (s; 12 H, NMe$_2$), 3.34, 3.41 (AB-System, $^2J_{AB}$ = 13 Hz; 4 H, CH$_2$N), 5.13 (t, ^3J = 3 Hz (d, $^1J_{SiH}$ = 203 Hz); 1 H, SiH), 7.13–7.28 (m; 6 H, ar-H), 7.71 (dd, ^3J = 7 Hz ,^4J = 2 Hz; 2 H, ar-H). – ^{13}C-NMR (C$_6$D$_6$): δ = 6.3 (CH$_2$), 9.6 (CH$_3$), 44.6 (NMe$_2$), 64.9 (CH$_2$N), 126.5 (ar-CH), 128.9 (ar-CH), 128.9 (ar-CH), 136.4 (ar-CH), 136.7 (ar-C$_q$), 145.9 (ar-C$_q$). – ^{29}Si-NMR (C$_6$D$_6$): δ = –19.5 (d, $^1J_{SiH}$ = 203 Hz). – IR (Film): ṽ = 2144 cm^{-1}. – MS (EI, 70 eV), *m/z* (%): 325 (1) [M$^+$ – H], 297 (8) [M$^+$ – Et], 281 (16) [M$^+$ – HNMe$_2$], 266 (72) [M$^+$ – NMe$_2$ – Me – H], 252 (32) [M$^+$ – NMe$_2$ – 2 Me], 238 (27) [M$^+$ – 2 NMe$_2$], 236 (21) [M$^+$ – 2 HNMe$_2$], 209 (34) [M$^+$ – CH$_2$NMe$_2$ – H], 192 (100) [M$^+$ – C$_6$H$_4$CH$_2$NMe$_2$], 134 (8) [C$_6$H$_4$CH$_2$NMe$_2$$^+$], 119 (23) [C$_6H_4CH_2NMe_2$$^+$ – Me], 105 (22) [C$_6$H$_4$CH$_2$NMe$_2$$^+$ – 2 Me + H], 91 (22) [C$_7$H$_7$$^+$], 58 (29) [CH$_2NMe_2$$^+$]. – C$_{20}H_{30}N_2$Si (326.21783): korrekte HRMS. – C$_{20}$H$_{30}$N$_2$Si (326.56): ber. C 73.56, H 9.26, N 8.58; gef. C 73.73, H 9.17, N 8.69.

1,1,3,3-Tetrakis[2-(dimethylaminomethyl)phenyl]-1,3-diethyl-1,3-disiloxan (**138**): 100 mg (0.11 mmol) **11** und 27 µL (0.33 mmol) Ethyliodid wurden in 0.5 mL C$_6$D$_6$ 2 d bei Raumtemp. stehengelassen und danach noch 5 h in dem Ultraschallbad behandelt. Dabei erreichte das Ultraschallbad eine Temperatur von 60 °C. Das Lösungsmittel wurde vom Niederschlag abgetrennt und dieser nach Lösen in 0.5 mL Chloroform in einen Kolben transferiert. Nach Entfernen des Lösungsmittels und Suspendieren in 2 mL Et$_2$O wurden 20 mg (0.53 mnol) LiAlH$_4$ zugesetzt und 1 h bei Raumtemp. gerührt. Danach wurde durch Zugabe vom 0.1 mL H$_2$O bei 0 °C hydrolysiert, das Lösungsmittel gegen 5 mL Hexan ausgetauscht, die Suspension filtriert und das Lösungsmittel abkondensiert. Das verbleibende Öl wurde bei 140 °C/10^{-3} Torr destilliert und 37 mg (33%) **138** als farbloses Öl isoliert.– ^{1}H-NMR (C$_6$D$_6$): δ = 1.33–1.38 (m; 10 H, CH$_2$CH$_3$), 1.83 (s; 24 H, NMe$_2$), 2.89, 3.37 (AB-System, $^2J_{AB}$ = 13 Hz; 8 H, CH$_2$N), 7.12–7.21 (m; 12 H, ar-H), 7.96–8.00 (m; 4 H, ar-H). – ^{13}C-NMR (C$_6$D$_6$): δ = 7.6 (CH$_3$), 7.8 (CH$_2$Si), 44.6 (NMe$_2$), 64.6 (CH$_2$N), 126.8 (ar-CH), 129.2 (ar-CH), 130.3 (ar-CH), 136.4 (ar-

CH), 139.7 (ar-C_q), 144.6 (ar-C_q). – ^{29}Si-NMR (C_6D_6): δ = –23.9. – MS (EI, 70 eV), m/z (%): 666 (1) [M$^+$], 636 (1) [M$^+$ – 2 Me], 622 (2) [M$^+$ – NMe$_2$], 549 (2) [M$^+$ – CH$_2$NMe$_2$ – NMe$_2$ – Me], 532 (8) [M$^+$ – C$_6$H$_4$CH$_2$NMe$_2$], 520 (61) [M$^+$ – 2 CH$_2$NMe$_2$ – 2 Me], 342 (2) [M$^+$ – (C$_6$H$_4$CH$_2$NMe$_2$)$_2$SiEt + H), 325 (33) [M$^+$ – (C$_6$H$_4$CH$_2$NMe$_2$)$_2$SiEtO], 208 (100) [(C$_7$H$_6$)$_2$Si$^+$], 134 (29) [C$_6$H$_4$CH$_2$NMe$_2$$^+$], 91 (28) [C$_7H_7$$^+$], 58 (69) [CH$_2NMe_2$$^+$], 44 (12) [NMe$_2$$^+$]. – C$_{40}H_{58}N_4Si_2$O (666.4149): korrekte HRMS.

{Bis[2-(dimethylaminomethyl)phenyl]-iso-propylsilyl}iodid (**135**): Eine Lösung von 501 mg (0.56 mmol) **11** und 170 µL (1.69 mmol) *iso*-Propyliodid in 10 mL Toluol wurde 5 d bei Raumtemp. gerührt. Der dabei entstandene Niederschlag wurde durch Filtration abgetrennt und mittels 10 mL Methylenchlorid vom Filter gewaschen. Nach Entfernen des Lösungsmittels erhielt man 573 mg (73%) **135**. – ^{1}H-NMR (CDCl$_3$): δ = 1.02 (d, ^3J = 7 Hz; 3 H, CH$_2$C*H*$_3$), 1.14 (d, ^3J = 7 Hz; 3 H, CH$_2$C*H*$_3$), 2.04 (sep, ^3J = 7 Hz; 1 H, C*H*CH$_3$), 2.73 (s; 12 H, NMe$_2$), 4.02, 4.67 (br. AB-System, $^2J_{AB}$ nicht aufgelöst; 4 H, CH$_2$N), 7.45–7.68 (m; 8 H, ar-H). – ^{13}C-NMR (CDCl$_3$): δ = 11.6 (*C*HCH$_3$), 16.8 (CH*C*H$_3$), 47.5 (NMe$_2$), 67.7 (CH$_2$N), 124.9 (ar-CH), 128.7 (ar-CH), 129.0 (ar-CH), 133.1 (ar-CH), 137.1 (ar-C_q), 144.3 (ar-C_q). – ^{29}Si-NMR (CDCl$_3$): δ = 38.9.

Bis[2-(dimethylaminomethyl)phenyl]-iso-propylsilan (**137**): Eine Suspension von 573 mg (1.23 mmol) **135** in 10 mL Et$_2$O wurde bei 0 °C mit 100 mg (2.6 mmol) LiAlH$_4$ versetzt und 45 min bei Raumtemp. gerührt. Danach wurde bei 0 °C durch Zugabe von 0.1 mL H$_2$O hydrolysiert. Es wurde filtriert, Et$_2$O gegen 10 mL Hexan ausgetauscht, über MgSO$_4$ getrocknet und erneut filtriert. Nach Abkondensation des Lösungsmittels erhielt man 322 mg (77%) eines Gemisches aus **137** und **41** im Verhältnis 4.5 : 1. Nach Abdestillation eines 3:1 Gemisches aus **137** und **41** bei 90 °C/10^{-3} Torr, konnte bei 145 °C/10^{-3} Torr **135** nahezu rein überdestilliert werden. Es wurden 125 mg (30%) analysenreines **137** isoliert. – ^{1}H-NMR (C$_6$D$_6$): δ = 1.24 (d, ^3J = 7 Hz; 6 H, CH(C*H*$_3$)$_2$), 1.77 (m; 1 H, CH), 1.87 (s; 12 H, NMe$_2$), 3.20, 3.41 (AB-System, $^2J_{AB}$ = 13 Hz; 4 H, CH$_2$N), 4.96 (d, ^3J = 5 Hz (d, $^1J_{SiH}$ = 196 Hz); 1 H, SiH), 7.12–7.22 (m; 4 H, ar-H), 7.29 (dd, ^3J = 7 Hz, ^4J = 2 Hz; 2 H, ar-H), 7.78 (dd, ^3J = 7 Hz, ^4J = 2 Hz; 2 H, ar-H). – ^{13}C-NMR (C$_6$D$_6$): δ = 12.7 (CH), 19.9 (CH$_3$), 44.7 (NMe$_2$), 64.8 (CH$_2$N), 126.3 (ar-CH), 129.1 (ar-CH), 129.1 (ar-CH), 135.8 (ar-C_q), 136.9 (ar-CH), 146.1 (ar-C_q). – ^{29}Si-NMR (C$_6$D$_6$): δ = –12.1 (d, $^1J_{SiH}$ = 197 Hz). – IR (Film): ṽ = 2138, 2107 cm^{-1}. – MS (EI, 70 eV), m/z (%): 339 (2) [M$^+$ – H], 297 (33) [M$^+$ – Pr], 288 (31) [M$^+$ – NMe$_2$ – Me – H], 252 (42) [M$^+$ – 2 NMe$_2$], 238 (56) [M$^+$ – CH$_2$NMe$_2$ – NMe$_2$], 206 (100)

[M$^+$ − C$_6$H$_4$CH$_2$NMe$_2$], 164 (23) [M$^+$ − C$_6$H$_4$CH$_2$NMe$_2$ − Pr + H], 134 (10) [C$_6$H$_4$CH$_2$NMe$_2$$^+$], 119 (15) [C$_6H_4CH_2NMe_2$$^+$ − Me], 105 (9) [C$_6$H$_4$CH$_2$NMe$_2$$^+$ − 2 Me + H], 91 (8) [C$_7$H$_7$$^+$], 58 (26) [CH$_2NMe_2$$^+$]. − C$_{21}H_{32}N_2$Si (340.2334): korrekte HRMS. − C$_{21}$H$_{32}$N$_2$Si (340.58): ber. C 74.06, H 9.47; gef. C 74.70, H 9.60.

Reaktion von **11** *mit tert-Butyliodid: Bis[2-(dimethylaminomethyl)phenyl]methylbenzylsilan* (**140**): Eine Lösung von 363 mg (0.41 mmol) **11** und 143 μL (1.22 mmol) *tert*-Butyliodid in 10 mL Toluol wurden 6 d bei Raumtemp. gerührt. Nach Abtrennen des Lösungsmittels erhielt man 601 mg eines blaßgelben Niederschlages. − ^{1}H-NMR (CDCl$_3$): δ = 2.64 (s; 12 H, NMe$_2$), 3.12, 3.22 (AB-System, $^2J_{AB}$ = 14 Hz; 2 H, CH$_2$Ph), 3.97, 4.51 (AB-System, $^2J_{AB}$ = 13 Hz; 4 H, CH$_2$N), 6.75–6.85 (m; 2 H, ar-H), 7.00-7.06 (m; 2 H, ar-H), 7.29–7.63 (m; 9 H, ar-H). Dieser Feststoff wurde in 10 mL THF gelöst, bei 0 °C mit 0.44 mL (1.2 mmol) 2.754 M MeMgCl/THF-Lösung versetzt und über Nacht bei Raumtemp. gerührt. Das Lösungsmittel wurde abkondensiert, der Rückstand mit 10 mL Et$_2$O gewaschen, in 10 mL THF suspendiert und filtriert. Man erhielt nach erneutem Abkondensieren des Lösungsmittels 191 mg eines Öls. Dieses wurde bei 110 °C/10^{-3} Torr destilliert und 25 mg (5%) **140** als ölige Flüssigkeit erhalten. − ^{1}H-NMR (C$_6$D$_6$): δ = 0.55 (s; 3 H, Me), 1.82 (s; 12 H, NMe$_2$), 2.88 (s; 2 H, CH$_2$Ph), 3.07, 3.24 (AB-System, $^2J_{AB}$ = 17 Hz; 4 H, CH$_2$N), 6.80–7.23 (m; 9 H, ar-H), 7.40 (d, ^3J = 8 Hz; 2 H, ar-H), 7.53 (d, ^3J = 8 Hz; 2 H, ar-H). − ^{13}C-NMR (C$_6$D$_6$): δ = −1.6 (SiMe), 26.1 (CH$_2$Ph), 45.0 (NMe$_2$), 64.6 (CH$_2$N), 124.5 (ar-CH), 126.6 (ar-CH), 128.0 (ar-CH), 129.4 (ar-CH), 129.5 (ar-CH), 129.7 (ar-CH), 136.1 (ar-CH), 137.3 (ar-C$_q$), 140.2 (ar-C$_q$), 145.7 (ar-C$_q$). − ^{29}Si-NMR (C$_6$D$_6$): δ = −10.7. − MS (EI, 70 eV), *m/z* (%): 402 (1) [M$^+$], 387 (1) [M$^+$ − Me], 342 (2) [M$^+$ − NMe$_2$ − Me − H], 311 (41) [M$^+$ − CH$_2$C$_6$H$_5$], 268 (100) [M$^+$ − C$_6$H$_4$CH$_2$NMe$_2$], 252 (20) [M$^+$ − C$_6$H$_4$CH$_2$NMe$_2$ − Me − H], 134 (22) [C$_6$H$_4$CH$_2$NMe$_2$$^+$], 91 (6) [C$_7H_7$$^+$], 58 (19) [CH$_2NMe_2$$^+$]. − C$_{26}H_{34}N_2$Si (402.2491): korrekte HRMS.

Reaktion von **11** *mit Benzylbromid: Bis[2-(dimethylaminomethyl)phenyl]benzylsilan* (**141**): Eine Lösung von 321 mg (0.36 mmol) **11** und 0.13 mL (1.1 mmol) Benzylbromid in 10 mL Toluol wurde 6 d bei Raumtemp. gerührt. Dabei entstanden 693 mg eines blassgelben Niederschlags, der durch Filtration vom Lösungsmittel getrennt wurde. Dieser Niederschlag wurde in 10 mL Et$_2$O suspendiert und bei 0 °C mit 64 mg (1.7 mmol) LiAlH$_4$ versetzt. Es wurde 1¼ h bei Raumtemp. gerührt und danach bei −70 °C durch Zugabe von 60 μL H$_2$O, 60 μL 15% NaOH-Lösung und 180 μL H$_2$O hydrolysiert. Nach Filtration, Austausch des

Lösungsmittels gegen 5 mL Hexan, Trocknen über MgSO$_4$, erneuter Filtration und Abkondensation des Lösungsmittels erhielt man 255 mg eines öligen Rückstands. Dieser wurde fraktionierend destilliert und bei 210 °C/10^{-3} Torr 137 mg eines 3 : 1 Gemisches aus **41** und **141** erhalten. Durch Kristallisation aus Hexan ließen sich aus diesem Gemisch 25 mg (6%) **141** als schwach gelber Feststoff isolieren (Schmp. 59 °C). – ^{1}H-NMR (C$_6$D$_6$): δ = 1.83 (s; 12 H, NMe$_2$), 2.83 (d, ^3J = 4 Hz; 2 H, CH$_2$Ph), 3.17, 3.25 (AB-System, $^2J_{AB}$ = 13 Hz; 4 H, CH$_2$N), 5.18 (t, ^3J = 4 Hz (d, $^1J_{SiH}$ = 214 Hz); 1 H, SiH), 7.00 (dd, ^3J = 7 Hz, ^3J = 7 Hz; 1 H, ar-H), 7.07–7.25 (m; 10 H, ar-H), 7.66 (dd, ^3J = 7 Hz, ^4J = 1 Hz; 2 H, ar-H). – ^{13}C-NMR (C$_6$D$_6$): δ = 16.8 (CH$_2$Ph), 36.6 (NMe$_2$), 56.9 (CH$_2$N), 116.3 (ar-CH), 118.4 (ar-CH), 120.4 (ar-CH), 120.9 (ar-CH), 120.9 (ar-CH), 121.2 (ar-CH), 128.2 (ar-C$_q$), 128.6 (ar-CH), 133.7 (ar-C$_q$), 137.8 (ar-C$_q$). – ^{29}Si-NMR (C$_6$D$_6$): δ = –21.8 (d, $^1J_{SiH}$ = 214 Hz). – IR (Film): $\tilde{\nu}$ = 2170 cm^{-1}. – MS (EI, 70 eV), m/z (%): 387 (2) [M$^+$ – H], 343 (15) [M$^+$ – NMe$_2$ – H], 328 (28) [M$^+$ – NMe$_2$ – Me – H], 297 (100) [M$^+$ – CH$_2$C$_6$H$_5$], 254 (99) [M$^+$ – C$_6$H$_4$CH$_2$NMe$_2$], 238 (38) [M$^+$ – C$_6$H$_4$CH$_2$NMe$_2$ – Me – H], 209 (32) [M$^+$ – C$_6$H$_4$CH$_2$NMe$_2$ – NMe$_2$ – H], 134 (9) [C$_6$H$_4$CH$_2$NMe$_2^+$], 119 (16) [C$_6$H$_4$CH$_2$NMe$_2$ – Me], 91 (8) [C$_7$H$_7^+$], 58 (22) [CH$_2$NMe$_2^+$]. – C$_{25}$H$_{31}$N$_2$Si (388. 2334): korrekte HRMS.

Bis-[2-(dimethylaminomethyl)phenyl]-tert-butylchlorsilan (**102**): Eine Lösung von 118 mg (0.13 mmol) **11** und 44 µL (0.40 mmol) *tert*-Butylchlorid in 0.5 mL C$_6$D$_6$ wurde 2.5 d auf 60 °C erhitzt. Nach Überführen in einen Kolben und Abkondensieren des Lösungsmittels wurden 140 mg (90%) **102** als leicht gelblicher Feststoff isoliert. – ^{1}H-NMR (CDCl$_3$): δ = 1.20 (s; 9 H, C(CH$_3$)$_3$), 1.88 (s; 12 H, NMe$_2$), 3.19 (s; 4 H, CH$_2$N), 7.23 (dd, ^3J = 7 Hz, ^3J = 7 Hz; 2 H, ar-H), 7.35 (ddd, ^3J = 8 Hz, ^3J = 7 Hz, ^4J = 1 Hz; 2 H, ar-H), 7.52 (d, ^3J = 8 Hz; 2 H, ar-H), 7.83 (dd, ^3J = 8 Hz, ^4J = 1 Hz; 2 H, ar-H). – ^{13}C-NMR (CDCl$_3$): δ = 22.1 (C*Me*$_3$), 27.8 (*C*Me$_3$), 45.2 (NMe$_2$), 63.6 (CH$_2$N), 125.8 (ar-CH), 128.9 (ar-CH), 130.3 (ar-CH), 132.6 (ar-C$_q$), 135.5 (ar-CH), 146.1 (ar-C$_q$).

2.4.3 Reaktionen von **11** mit polyhalogenierten Verbindungen

*Reaktion von **11** mit Diphenyldibrommethan*: Eine Lösung von 364 mg (0.41 mmol) **11** und 400 mg (1.23 mmol) Ph$_2$CBr$_2$ in 10 mL Toluol wurde 16 h bei Raumtemp. gerührt. Das Lösungsmittel wurde gegen 25 mL Et$_2$O ausgetauscht und filtriert. Nach Abtrennen des Lösungsmittels vom Filtrat erhielt man 250 mg eines leichtgelblichen Feststoffs, in dem sich neben Ph$_2$CBr$_2$ als Hauptkomponente (ca. 60%) Tetraphenylethen (**143**) identifizieren ließ (73%). – ^{1}H-NMR (C$_6$D$_6$): δ = 6.80–7.00 (m, 12 H, ar-H), 7.00–7.30 (m; 8 H, ar-H). – ^{13}C-

NMR (C_6D_6): δ = 126.8 (ar-CH), 127.6 (ar-CH), 128.0 (ar-CH), 128.0 (ar-CH), 128.4 (ar-CH), 132.2 (ar-CH), 141.5 (C_q), 144.2 (C_q). Der Filterrückstand wurde mit 25 mL THF gewaschen und nach Abkondensieren des Lösungsmittels 312 mg eines weißen Feststoffs erhalten, der als Hauptkomponente (ca. 80%) **144** enthielt (44%). – ^{1}H-NMR ($CDCl_3$): δ = 2.91 (br. s; 12 H, NMe_2), 4.66 (br. s; 4 H, CH_2N), 7.40–7.61 (m; 6 H, ar-H), 8.07 (d, ^3J = 7 Hz; 2 H, ar-H).

Reaktion von **11** *mit Diphenyldichlormethan*: Eine Lösung von 480 mg (0.54 mmol) **11** in 20 mL Toluol wurde bei –78 °C mit 0.31 mL (1.6 mmol) Ph_2CCl_2 versetzt. Die entstandene Lösung wurde auf Raumtemp. erwärmt und über Nacht bei dieser Temperatur gerührt. Aus dem Rohspektrum der Reaktion ließ sich als eine Komponente **10** erkennen (80%). Das Lösungsmittel wurde gegen 30 mL Hexan ausgetauscht, filtriert und durch Umkondensation gewaschen. Nach Entfernen des Lösungsmittels wurden durch Säulenchromatographie des Rückstandes (Petrolether/Et_2O = 4 : 1; R_f = 0.7) 195 mg (72%) **143** nahezu sauber isoliert. – ^{1}H-NMR (C_6D_6): δ = 6.80–7.00 (m; 12 H, ar-H), 7.00–7.30 (m; 8 H, ar-H). – ^{13}C-NMR (C_6D_6): δ = 126.8 (ar-CH), 127.6 (ar-CH), 128.0 (ar-CH), 128.0 (ar-CH), 128.4 (ar-CH), 132.2 (ar-CH), 141.5 (C_q), 144.2 (C_q).

Reaktion von **11** *mit 1,2-Dibromethan*: *Bis[2-(dimethylaminomethyl)phenyl]dibromsilan* (**144**): Eine Lösung von 117 mg (0.13 mmol) **11** und 34 µL (0.40 mmol) 1,2-Dibromethan in 0.5 mL C_6D_6 wurde 2½ h auf 60 °C erwärmt. Dabei bildete sich neben Ethen [^{1}H-NMR (C_6D_6): δ = 5.26 (s; 4 H, =CH_2). – ^{13}C-NMR (C_6D_6): δ = 122.4 (CH_2)] **144**, das nach Überführen in einen Kolben und Abtrennen des Lösungsmittels in einer Ausbeute von 130 mg (72%) isoliert werden konnte (Schmp. 176 °C). – ^{1}H-NMR (C_6D_6): δ = 1.76 (s; 12 H, NMe_2), 3.40 (s; 4 H, CH_2N), 7.13–7.17 (m; 6 H, ar-H), 8.48–8.51 (m; 2 H, ar-H). – ^{13}C-NMR (C_6D_6, 340 K): δ = 44.9 (NMe_2), 63.1 '(NMe_2), 126.7 (ar-CH), 127.5 (ar-CH), 130.2 (ar-CH), 134.8 (ar-C_q), 135.9 (ar-CH), 143.1 (ar-C_q). – ^{29}Si-NMR (C_6D_6, 296 K): δ = –41.1. – $C_{18}H_{24}N_2SiBr_2$: ber. C 47.38, H 5.30; gef. C 49.01, H 5.87.

Reaktion von **11** *mit Dichlormethan*: Eine Lösung von 265 mg (0.30 mmol) **11** in 5 mL CH_2Cl_2 wurde 4 d bei Raumtemp. gerührt. Nach Filtration und Abkondensieren des Lösungsmittels erhielt man 312 mg (85%) **10** als blaßgelben Feststoff.

Reaktion von **11** *mit Chloroform*: 89 mg (0.10 mmol) **11** wurden in 0.5 mL CDCl$_3$ gelöst und 5 d bei Raumtemp. stehengelassen. Dabei bildete sich ein Niederschlag. Aus der Lösung ließen sich nach Filtration 93 mg (84%) **10** als wachsartiger Feststoff isolieren.

Reaktion von **11** *mit Tetrachlorkohlenstoff*: 62 mg (0.07 mmol) **11** wurden in 0.5 mL CCl$_4$ gelöst und 4 d bei Raumtemp. stehengelassen. Dabei bildete sich ein Niederschlag, der abgetrennt wurde. Die Lösung erwies sich als Gemisch, aus dem NMR-spektroskopisch **10** als Hauptkomponente identifizierbar war (ca. 50%).

Reaktion des Dichlordisilans **132-Cl** *mit Chloroform*: 44.0 mg (0.07 mmol) **132-Cl** wurden in 0.5 mL CDCl$_3$ gelöst. Nach 25 min hatte sich **10** gebildet, das sich nach Abziehen des Lösungsmittels in 46 mg (95%) Ausbeute isolieren ließ.

2.4.4 Mechanistische Untersuchungen zur Reaktion von **11** mit halogenierten Verbindungen

Reaktion von **11** *mit Cyclopropylmethylbromid: Bis[2-(dimethylaminomethyl)phenyl] (cyclopropylmethyl)bromsilan* **(155)** *und Bis[2-(dimethylaminomethyl)phenyl] (homoallyl)bromsilan* **(154)**: Eine Lösung von 127 mg (0.14 mmol) **11** und 44 µL (0.46 mmol) Cyclopropylmethylbromid in 0.5 mL C$_6$D$_6$ wurde über Nacht bei Raumtemp. stehen gelassen und dann noch 5 h mit einem Ultraschallbad behandelt. Nach Überführen in einen Kolben und Entfernen des Lösungsmittels i. Vak. erhielt man 208 mg eines wachsartigen Feststoffs, der sich als ein 1 : 1 Gemisch aus **154** und **155** erwies. **154**: − ^{1}H-NMR (C$_6$D$_6$): δ = 1.69 (s; 12 H, NMe$_2$), 2.00–2.42 (m; 4 H, (CH$_2$)$_2$), 3.25 (br. s; 4 H, CH$_2$N), 4.95 (d, $^3J_{cis}$ = 12 Hz; 1 H, =CH$_{trans}$), 5.01 (d, $^3J_{trans}$ = 18 Hz; 1 H, =CH$_{cis}$), 5.93 (dd, $^3J_{trans}$ = 18 Hz, $^3J_{cis}$ = 12 Hz; 1 H, =CH$_{gem}$), 7.01–7.34 (m; 6 H, ar-H), 8.04–8.14 (m; 2 H, ar-H). **155**: − ^{1}H-NMR (C$_6$D$_6$): δ = 0.22–0.28 (m; 2 H, cyclprop-H), 0.41–0.46 (m; 2 H, cyclprop-H), 0.86–1.02 (m; 1 H, cyclprop-H$_{gem}$), 1.54 (d, ^3J = 7 Hz; 2 H, CH$_2$), 1.73 (s; 12 H, NMe$_2$), 3.08 (br. s; 4 H, CH$_2$N), 7.08–7.34 (m; 6 H, ar-H), 7.83–7.95 (m; 2 H, ar-H).

Aufarbeitung der Reaktion von **11** *mit Cyclopropylmethylbromid mit MeMgCl: Bis[2-(dimethylaminomethyl)phenyl](homoallyl)methylsilan* **(159)**: Von dem aus der Reaktion von **11** mit Cyclopropylmethylchlorid erhaltenen Gemisch wurden 208 mg in 5 mL THF suspendiert und mit 175 µL (0.48 mmol) 2.754 M MeMgCl/THF-Lösung versetzt. Nach Rühren bei Raumtemp. über Nacht wurde das Lösungsmittel gegen 5 mL Hexan ausgetauscht, filtriert und durch Umkondensation des Lösungsmittels gewaschen. Nach Entfernen des Lösungsmittels wurden 128 mg einer öligen Substanz isoliert, die sich als Gemisch erwies. Eindeutig identifizierbar war in diesem Gemisch **159** (ca 30%). – ^{1}H-NMR (C$_6$D$_6$): δ = 0.56 (s; 3 H, SiMe), 1.24–1.44 (m; 2 H, CH$_2$), 1.82 (s; 12 H, NMe$_2$), 2.01–2.10 (m; 2 H, CH$_2$), 3.17 (s; 4 H, CH$_2$N), 4.94 (d, $^3J_{cis}$ = 10 Hz; 1 H, =CH$_{trans}$), 5.02 (d, $^3J_{trans}$ = 17 Hz; 1 H, =CH$_{cis}$), 5.93 (ddt, $^3J_{trans}$ = 17 Hz, $^3J_{cis}$ = 10 Hz ,^3J = 6 Hz; 1 H, =CH$_{gem}$), 7.13–7.24 (m; 4 H, ar-H), 7.37 (d, ^3J = 7 Hz; 2 H, ar-H), 7.68 (d, ^3J = 7 Hz; 2 H, ar-H).

Bis[2-(dimethylaminomethyl)phenyl]methylchlorsilan (**158**) und *[2-(Dimethylaminomethyl)phenyl]methyldichlorsilan* (**238**): In 150 mL Et$_2$O wurden 10 mL (69 mmol) Dimethylbenzylamin und 30 mL (71 mmol) 2.36 M n-BuLi/Hexan Lösung 2 d bei Raumtemp. gerührt. Die entstandene Suspension wurde bei 0 °C zu einer Lösung von 4.2 mL (36 mmol) Methyltrichlorsilan in 50 mL Et$_2$O getropft und über Nacht bei Raumtemp. gerührt. Es wurde abfiltriert, durch Umkondensation des Lösungsmittels gewaschen und das Lösungsmittel i. Vak. abkondensiert. Das zurückbleibende Öl wurde fraktionierend destilliert. Man erhielt bei 110 °C/10^{-4} Torr eine Vorfraktion, aus der sich 553 mg (5%) **238** kristallisieren ließ. Bei 160 °C/10^{-4} Torr erhielt man 4.332 g (37%) **158** (Schmp. 43–44°C). **238**: ^{1}H-NMR (CDCl$_3$): δ = 1.04 (s; 3 H, SiMe), 2.29 (s; 6 H, NMe$_2$), 3.71 (s; 2 H, CH$_2$N), 7.16 (d, ^3J = 7 Hz; 1 H, ar-H), 7.32–7.43 (m; 2 H, ar-H), 8.28 (d, ^3J = 7 Hz; 1 H, ar-H). – ^{13}C-NMR (CDCl$_3$): δ = 9.4 (SiMe), 45.1 (NMe$_2$), 63.0 (CH$_2$N), 126.3 (ar-CH), 127.4 (ar-CH), 131.2 (ar-CH), 133.0 (ar-C$_q$), 138.8 (ar-CH), 144.3 (ar-C$_q$). – ^{29}Si-NMR (CDCl$_3$): δ = –21.8. **158**: ^{1}H-NMR (C$_6$D$_6$): δ = 0.97 (s; 3 H, SiMe), 1.70 (s; 12 H, NMe$_2$), 3.17, 3.33 (AB-System, $^2J_{AB}$ = 14 Hz; 4 H, CH$_2$N), 7.12–7.28 (m; 6 H, ar-H), 8.10–8.14 (m; 2 H, ar-H). – ^{13}C-NMR (C$_6$D$_6$): δ = 4.4 (SiMe), 45.1 (NMe$_2$), 64.1 (CH$_2$N), 126.8 (ar-CH), 128.2 (ar-CH), 129.7 (ar-CH), 136.1 (ar-CH), 136.2 (ar-C$_q$), 145.1 (ar-C$_q$). – ^{29}Si-NMR (C$_6$D$_6$): δ = –8.4. – MS (EI, 70 eV), m/z (%): 346 (1) [M$^+$], 311(8) [M$^+$ – Cl], 288/286 (2/6) [M$^+$ – NMe$_2$ – Me – H], 214/212 (27/79) [M$^+$ – C$_6$H$_4$CH$_2$NMe$_2$], 196/194 (22/72) [M$^+$ – C$_6$H$_4$CH$_2$NMe$_2$ – Me – 3 H], 178 (100) [M$^+$ – C$_6$H$_4$CH$_2$NMe$_2$ – Cl], 134 (17) [C$_6$H$_4$CH$_2$NMe$_2$$^+$], 91 (7) [C$_7H_7$$^+$], 58 (27) [CH$_2NMe_2$].

Bis[2-(dimethylaminomethyl)phenyl](homoallyl)methylsilan (**159**): Zu 60 mg (2.47 mmol) Magnesium in 5 mL Et$_2$O wurde eine Lösung von 218 µL (2.29 mmol) Cyclopropylmethylbromid in 10 mL Et$_2$O getropft und 1½ h unter Rückfluß erhitzt. Die entstandene Lösung wurde bei 0 °C zu einer Lösung von 794 mg (2.29 mmol) **158** in 10 mL Et$_2$O und 5 mL THF getropft. Nach vollendeter Zugabe wurde über Nacht bei Raumtemp. gerührt. Das Lösungsmittel wurde gegen 10 mL Hexan ausgetauscht und filtriert. Nach Entfernen des Lösungsmittels erhielt man 564 mg (67%) **159** als öligen Rückstand. – ^{1}H-NMR (C$_6$D$_6$): δ = 0.56 (s; 3 H, SiMe), 1.24–1.44 (m; 2 H, CH$_2$), 1.82 (s; 12 H, NMe$_2$), 2.01–2.10 (m; 2 H, CH$_2$), 3.17 (s; 4 H, CH$_2$N), 4.94 (d, $^3J_{cis}$ = 10 Hz; 1 H, =CH$_{trans}$), 5.02 (d, $^3J_{trans}$ = 17 Hz; 1 H, =CH$_{cis}$), 5.93 (ddt, $^3J_{trans}$ = 17 Hz ,$^3J_{cis}$ = 10 Hz ,^3J = 6 Hz; 1 H, =CH$_{gem}$), 7.13–7.24 (m; 4 H, ar-H), 7.37 (d, ^3J = 7 Hz; 2 H, ar-H), 7.68 (d, ^3J = 7 Hz; 2 H, ar-H). – ^{13}C-NMR (C$_6$D$_6$): δ = –1.1 (SiMe), 15.8 (CH$_2$), 28.9 (CH$_2$), 44.9 (NMe$_2$), 64.6 (CH$_2$N), 112.8 (=CH$_2$), 126.6 (ar-CH), 129.2 (ar-CH), 129.5 (ar-CH), 135.9 (ar-CH), 137.6 (ar-C$_q$), 142.1 (=CH), 145.7 (ar-C$_q$). – ^{29}Si-NMR (C$_6$D$_6$): δ = –8.7. – MS (EI, 70 eV), m/z (%): 366 (1) [M$^+$], 311 (9) [M$^+$ – CH$_2$CH$_2$CH=CH$_2$], 266 (2) [M$^+$ – CH$_2$CH$_2$CH=CH$_2$ – NMe$_2$ – H], 232 (100) [M$^+$ – C$_6$H$_4$CH$_2$NMe$_2$], 216 (14) [M$^+$ – C$_6$H$_4$CH$_2$NMe$_2$ – Me – H], 178 (14) [M$^+$ – C$_6$H$_4$CH$_2$NMe$_2$ – CH$_2$CH$_2$CH=CH$_2$ + H], 134 (20) [C$_6$H$_4$CH$_2$NMe$_2$$^+$], 58 (15) [CH$_2NMe_2$$^+$].

2.4.5 Reaktionen von **11** mit Vinylbromiden

Bis[2-(dimethylaminomethyl)phenyl]vinylbromsilan (**166**): Eine Lösung von 791 mg (0.89 mmol) **11** und 0.2 mL (2.7 mmol) Vinylbromid in 10 mL Toluol wurde 5 d auf 50 °C erhitzt. Dabei trat ein Niederschlag auf. Dieser wurde durch Filtration abgetrennt und 131 mg (12%) **166** als weißer Feststoff isoliert. Nach Einengen des Filtrats erhielt man weitere 569 mg (53%) **166** (Schmp. 142 °C). – ^{1}H-NMR (CDCl$_3$): δ = 2.68 (s; 12 H, NMe$_2$), 4.41 (s; 4 H, CH$_2$N), 5.67 (dd, $^3J_{trans}$ = 21 Hz, $^2J_{gem}$ = 3 Hz; 1 H, vinyl-H$_{cis}$), 6.30 (dd, $^3J_{cis}$ = 15 Hz, $^2J_{gem}$ = 3 Hz; 1 H, vinyl-H$_{trans}$), 6.58 (dd, $^3J_{trans}$ = 21 Hz, $^3J_{cis}$ = 15 Hz; 1 H, vinyl-H$_{gem}$), 7.40–7.49 (m; 6 H, ar-H), 8.01 (d, ^3J = 7 Hz; 2 H, ar-H). – ^{13}C-NMR (CDCl$_3$): δ = 46.7 (NMe$_2$), 64.4 (CH$_2$N), 126.8 (ar-C$_q$), 127.0 (ar-CH), 127.4 (ar-CH), 129.4 (=CH), 131.4 (ar-CH), 132.2 (=CH$_2$), 136.0 (ar-CH), 144.6 (ar-C$_q$). – ^{29}Si-NMR (CDCl$_3$): δ = –45.5. – C$_{20}$H$_{27}$N$_2$SiBr (403.44): ber: C 59.54, H 6.75; gef. C 59.58, H 6.79. Man konnte nur ein Massenspektrum des hydrolysierten Produktes, des 1,1,3,3-Tetrakis[2-(dimethylaminomethyl)-phenyl]-1,3-divinyl-1,3-disiloxans, erhalten. – MS (EI, 70 eV), m/z (%): 662 (1) [M$^+$], 636 (1) [M$^+$ – CH$_2$=CH + H], 602 (1) [M$^+$ – NMe$_2$ – Me – H], 528 (2) [M$^+$ – C$_6$H$_4$CH$_2$NMe$_2$], 502 (5) [M$^+$ – 2 CH$_2$NMe$_2$ – NMe$_2$], 206 (100) [(C$_6$H$_4$CH$_2$NMe$_2$)Si(CH=CH$_2$)O$^+$ + H], 91 (57) [C$_7$H$_7$$^+$].

Bis[2-(dimethylaminomethyl)phenyl]methylvinylsilan (**169**): Eine Suspension von 421 mg (1.04 mmol) **166** in 10 mL THF wurde bei 0 °C mit 379 µL (1.04 mmol) 2.754 M MeMgCl/THF-Lösung versetzt und über Nacht bei Raumtemp. gerührt. Danach wurde das Lösungsmittel gegen 10 mL Hexan ausgetauscht und filtriert. Nach Abkondensieren des Lösungsmittels erhielt man 186 mg (53%) **169** als farbloses Öl. – ^{1}H-NMR (CDCl$_3$): δ = 0.68 (s; 3 H, SiMe), 1.91 (s; 12 H, NMe$_2$), 3.20 (s; 4 H, CH$_2$N), 5.71 (dd, $^3J_{trans}$ = 20 Hz, $^2J_{gem}$ = 4 Hz; 1 H, vinyl-H$_{cis}$), 6.08 (dd, $^3J_{cis}$ = 15 Hz, $^2J_{gem}$ = 4 Hz; 1 H, vinyl-H$_{trans}$), 6.65 (dd, $^3J_{trans}$ = 20 Hz, $^3J_{cis}$ = 15 Hz; 1 H, vinyl-H$_{gem}$), 7.20–7.36 (m; 6 H, ar-H), 7.61 (d, ^3J = 7 Hz; 2 H, ar-H). – ^{29}Si-NMR (CDCl$_3$): δ = –16.4. – MS (EI, 70 eV), *m/z* (%): 338 (1) [M$^+$], 323 (2) [M$^+$ – Me], 311 (4) [M$^+$ – CH=CH$_2$], 293 (8) [M$^+$ – NMe$_2$ – H], 280 (10) [M$^+$ – CH$_2$NMe$_2$], 278 (22) [M$^+$ – NMe$_2$ – Me – H], 252 (13) [M$^+$ – 2 NMe$_2$], 204 (100) [M$^+$ – C$_6$H$_4$CH$_2$NMe$_2$], 188 (23) [M$^+$ – C$_6$H$_4$CH$_2$NMe$_2$ – Me – H], 134 (15) [C$_6$H$_4$CH$_2$NMe$_2$$^+$], 91 (6) [C$_7H_7$$^+$], 58 (26) [CH$_2NMe_2$]. – C$_{21}H_{30}N_2$Si (338.2178): korrekte HRMS.

Bis[2-(dimethylaminomethyl)phenyl]vinylfluorsilan (**181**): Eine Suspension von 98 mg (0.24 mmol) **166** und 37 mg (0.24 mmol) CsF in 10 mL THF wurde 3 d bei Raumtemp. gerührt. Danach wurde das Lösungsmittel abgetrennt, der Rückstand mit 10 mL Hexan aufgenommen und filtriert. Nach Abkondensieren des Lösungsmittels erhielt man 37 mg (45%) leicht verunreinigtes **181**. – ^{1}H-NMR (C$_6$D$_6$): δ = 1.84 (s; 12 H, NMe$_2$), 3.22, 3.39 (AB-System, $^2J_{AB}$ = 14 Hz; 4 H, CH$_2$N), 5.86 (dd, $^3J_{trans}$ = 20 Hz, $^2J_{gem}$ = 4 Hz; 1 H, vinyl-H$_{cis}$), 6.01 (dd, $^3J_{cis}$ = 15 Hz, $^2J_{gem}$ = 4 Hz; 1 H, vinyl-H$_{trans}$), 6.66 (dd, $^3J_{trans}$ = 20 Hz, $^3J_{cis}$ = 15 Hz; 1 H, vinyl-H$_{gem}$), 7.06–7.29 (m; 4 H, ar-H), 7.55 (d, ^3J = 7 Hz; 2 H, ar-H) 8.13 (dd, ^3J = 7 Hz, ^4J = 2 Hz; 2 H, ar-H).

Bis[2-(dimethylaminomethyl)phenyl](2'-propen)bromsilan (**172**): Eine Lösung von 130 mg (0.15 mmol) **11** und 39 µL (0.44 mmol) 2-Brompropen in 0.5 mL C$_6$D$_6$ wurde 7 d auf 70 °C erhitzt. Dabei bildete sich ein in C$_6$D$_6$ unlöslicher Niederschlag. Das Lösungsmittel wurde abgetrennt und 38 mg eines 2 : 1 Gemisches aus **87-Br** und **172** isoliert. – ^{1}H-NMR (CDCl$_3$): δ = 2.00 (s; 3 H, Me); 2.59 (s; 12 H, NMe$_2$), 4.27 (br. s; 4 H, CH$_2$N), 5.38 (s; 1 H, =CH), 5.94 (s; 1 H, =CH), 7.14–7.47 (m; 6 H, ar-H), 7.88 (d, ^3J = 7 Hz; 2 H, ar-H). Man konnte nur ein Massenspektrum des hydrolysierten Produktes, des Bis[2-(dimethylaminomethyl)phenyl](2'-propen)silanols, erhalten. – MS (EI, 70 eV), *m/z* (%): 354 (1) [M$^+$], 313 (6) [M$^+$ – CH$_2$=CCH$_3$], 294 (15) [M$^+$ – NMe$_2$ – Me – H], 252 (22) [M$^+$ – CH$_2$NMe$_2$ – NMe$_2$], 220 (100) [M$^+$ – C$_6$H$_4$CH$_2$NMe$_2$], 178 (65) [M$^+$ – C$_6$H$_4$CH$_2$NMe$_2$ – CH$_2$=CCH$_3$ + H], 134 (10)

[C$_6$H$_4$CH$_2$NMe$_2^+$], 91 (12) [C$_7$H$_7^+$], 58 (30) [CH$_2$NMe$_2^+$]. – C$_{21}$H$_{30}$N$_2$SiO (354. 2127): korrekte HRMS.

Umsetzung von **11** *mit 1-Brom-2-methyl-prop-1-en*: Eine Lösung von 121 mg (0.14 mmol) **11** und 40 µL (0.41 mmol) 1-Brom-2-methyl-prop-1-en in 0.5 mL C$_6$D$_6$ wurde 3 d auf 60 °C erhitzt. Dabei trat keine Reaktion ein. Erhöhte man die Temp. auf 100 °C so reagiert **11** unspezifisch ab, jedoch wurden dabei nur geringe Mengen 1-Brom-2-methylprop-1-en verbraucht.

Bis[2-(dimethylaminomethyl)phenyl](1'-trimethylsilylvinyl)bromsilan (**176**): Eine Lösung von 710 mg (0.80 mmol) **11** und 0.37 mL (2.4 mmol) Trimethyl-1-bromvinylsilan in 10 mL Toluol wurde 8 h auf 50 °C erhitzt und dann 18 h bei Raumtemp. gerührt. Das Reaktionsgemisch wurde filtriert und danach das Lösungsmittel abkondensiert. Man erhielt 940 mg (83%) **176** als blaßgelben Feststoff (Schmp. 92–93 °C). – ^{1}H-NMR (C$_6$D$_6$): δ = 0.28 (s; 9 H, SiMe$_3$), 1.91 (s; 12 H, NMe$_2$), 3.49, 3.56 (AB-System, $^2J_{AB}$ = 14 Hz; 4 H, CH$_2$N), 6.24 (d, ^2J = 4 Hz; 1 H, =CH), 6.44 (d, ^2J = 4 Hz; 1 H, =CH), 7.09 (dd, ^3J = 7 Hz, ^3J = 7 Hz; 2 H, ar-H), 7.24 (dd, ^3J = 8 Hz, ^3J = 7 Hz; 2 H, ar-H), 7.60 (d, ^3J = 8 Hz; 2 H, ar-H), 7.86 (d, ^3J = 7 Hz; 2 H, ar-H). – ^{13}C-NMR (C$_6$D$_6$): δ = 0.8 (SiMe$_3$), 45.2 (NMe$_2$), 64.1 (CH$_2$N), 126.1 (ar-CH), 128.9 (ar-CH), 130.6 (ar-CH), 132.8 (ar-C$_q$), 137.6 (ar-CH), 145.2 (=CH$_2$), 146.4 (ar-C$_q$), 150.4 (=C). – ^{29}Si-NMR (C$_6$D$_6$): δ = –0.1 (SiMe$_3$), –3.1 (SiAr$_2$Br).

Bis[2-(dimethylaminomethyl)phenyl](1'-trimethylsilylvinyl)methylsilan (**177**): Eine Lösung von 200 mg (0.42 mmol) **176** in 2 mL Et$_2$O wurden bei 0 °C mit 152 µL (0.42 mmol) 2.754 M MeMgCl/THF-Lösung versetzt und 1¼ h im Ultraschallbad behandelt. Das Lösungsmittel wurde abdestilliert und der Rückstand mit 5 mL Hexan aufgenommen und die entstandene Suspension filtriert. Nach Abkondensieren des Lösungsmittels i. Vak. wurde das verbleibende Öl bei 150 °C/10^{-3} Torr destilliert. Man erhielt 102 mg (59%) **177** als farbloses Öl. – ^{1}H-NMR (C$_6$D$_6$): δ = 0.16 (s; 9 H, SiMe$_3$), 0.94 (s; 3 H, SiMe), 2.00 (s; 12 H, NMe$_2$), 3.41, 3.49 (AB-System, $^2J_{AB}$ = 14 Hz; 4 H, CH$_2$N), 6.28 (d, ^2J = 5 Hz; 1 H, =CH), 6.54 (d, ^2J = 5 Hz; 1 H, =CH), 7.08 (ddd, ^3J = 7 Hz, ^3J = 7 Hz, ^4J = 1 Hz; 2 H, ar-H), 7.26 (ddd, ^3J = 8 Hz, ^3J = 7 Hz, ^4J = 1 Hz; 2 H, ar-H), 7.56 (dd, ^3J = 7 Hz, ^4J = 1 Hz; 2 H, ar-H), 7.71 (d, ^3J = 8 Hz; 2 H, ar-H). – ^{13}C-NMR (C$_6$D$_6$): δ = 0.5 (SiMe$_3$), 1.5 (SiMe), 45.3 (NMe$_2$), 64.9 (CH$_2$N), 126.2 (ar-CH), 129.2 (ar-CH), 129.6 (ar-CH), 136.5 (ar-C$_q$), 137.6 (ar-CH), 144.6 (=CH$_2$), 146.2 (ar-C$_q$), 152.6 (=C). – ^{29}Si-NMR (C$_6$D$_6$): δ = –2.9 (SiMe$_3$), –8.6 (SiAr$_2$Me). – MS (EI,

70 eV), m/z (%): 410 (2) [M+], 395 (5) [M+ – Me], 365 (16) [M+ – NMe$_2$ – H], 350 (11) [M+ – NMe$_2$ – Me – H], 276 (100) [M+ – C$_6$H$_4$CH$_2$NMe$_2$], 134 (20) [C$_6$H$_4$CH$_2$NMe$_2$+], 58 (15) [CH$_2$NMe$_2$+]. – C$_{24}$H$_{38}$N$_2$Si$_2$ (410.2573): korrekte HRMS. – C$_{24}$H$_{38}$N$_2$Si$_2$ (410.75): ber. C 70.18, H 9.32; gef. C 70.87, H 9.88.

Bis[2-(dimethylaminomethyl)phenyl](1'-trimethylsilylvinyl)fluorsilan (**182**): Eine Lösung von 397 mg (0.83 mmol) **176** in 10 mL THF wurde mit 127 mg (0.84 mmol) CsF versetzt und 3 d bei Raumtemp. gerührt. Das Lösungsmittel wurde abdestilliert, der Rückstand mit 10 mL Hexan aufgenommen und die entstandene Suspension filtriert. Nach Abkondensieren des Lösungsmittels erhielt man 291 mg öligen Rückstand. Dieser wurde bei 220 °C/10^{-3} Torr destilliert und man erhielt 120 mg (35%) verunreinigtes **182**. – ^{1}H-NMR (C$_6$D$_6$): δ = 0.34 (s; 9 H, SiMe$_3$), 1.99 (s; 12 H, NMe$_2$), 3.46, 3.61 (AB-System, $^2J_{AB}$ = 13 Hz; 4 H, CH$_2$N), 6.25 (d, ^2J = 5 Hz; 1 H, =CH), 6.57 (d, ^2J = 5 Hz; 1 H, =CH), 7.08 (ddd, ^3J = 7 Hz, ^3J = 7 Hz, ^4J = 1 Hz; 2 H, ar-H), 7.21 (ddd, ^3J = 7 Hz, ^3J = 7 Hz, ^4J = 2 Hz; 2 H, ar-H), 7.38 (d, ^3J = 7 Hz; 2 H, ar-H), 7.58 (dd, ^3J = 7 Hz, ^4J = 2 Hz; 2 H, ar-H). – MS (EI, 70 eV), m/z (%): 414 (1) [M+], 399 (6) [M+ – Me], 369 (15) [M+ – NMe$_2$ – H], 354 (15) [M+ – NMe$_2$ – Me – H], 315 (18) [M+ – H$_2$C=CSiMe$_3$], 280 (63) [M+ – C$_6$H$_4$CH$_2$NMe$_2$], 278 (100) [M+ – C$_6$H$_4$CH$_2$NMe$_2$ – 2 H].

{Bis[2-(dimethylaminomethyl)phenyl](1'-trimethylsilylvinyl)silyl}triflurosulfonat (**180**): Eine Lösung von 337 mg (0.708 mmol) **176** in 5 mL Toluol wurde mit 140 µL (0.71 mmol) Trimethylsilyltriflat versetzt. Nach Filtration und Entfernen des Lösungsmittels erhielt man 268 mg (69%) **180** als weißen Feststoff (Schmp. 141–142 °C). – ^{1}H-NMR (CDCl$_3$): δ = 0.06 (s; 9 H, SiMe$_3$), 2.51 (s; 12 H, NMe$_2$), 4.04, 4.27 (AB-System, $^2J_{AB}$ = 15 Hz; 4 H, CH$_2$N), 6.59 (d, ^2J = 3 Hz; 1 H, =CH), 6.81 (d, ^2J = 3 Hz; 1 H, =CH), 7.23–7.47 (m; 6 H, ar-H), 7.89 (d, ^3J = 7 Hz; 2 H, ar-H). – ^{13}C-NMR (CDCl$_3$): δ = 1.1 (SiMe$_3$), 47.8 (NMe$_2$), 65.2 (CH$_2$N), 127.5 (ar-CH), 127.8 (ar-CH), 128.0 (ar-C$_q$), 131.9 (ar-CH), 136.3 (ar-CH), 143.3 (=C), 144.7 (ar-C$_q$), 147.8 (=CH$_2$).

Umsetzung von **11** *mit Trimethyl-2-bromvinylsilan: {Bis[2-(dimethylaminomethyl)-phenyl]silyl}bromid* (**87-Br**): Eine Lösung von 366 mg (0.41 mmol) **11** und 0.20 mL (1.2 mmol) Trimethyl-2-bromvinylsilan in 5 mL THF wurde 5 d bei Raumtemp. gerührt. Die entstandene Suspension wurde filtriert und man erhielt 239 mg (51%) **87-Br** (Schmp. 212°C).

Im Filtrat befanden sich noch größere Mengen **87-Br**, die sich jedoch nicht rein isolieren ließen.
– ^{1}H-NMR (CDCl$_3$): δ = 2.35 (s; 6 H, NMe), 2.71 (s; 6 H, NMe), 4.42 (br. AB-System, $^2J_{AB}$ nicht aufgelöst; 4 H, CH$_2$N), 4.64 (s (d, $^1J_{SiH}$ = 273 Hz); 1 H, SiH), 7.35–7.50 (m; 6 H, ar-H), 7.80 (br. d, ^3J = 7 Hz; 2 H, ar-H). – ^{13}C-NMR (CDCl$_3$): δ = 44.9 (NMe), 47.4 (NMe), 64.7 (CH$_2$N), 127.1 (ar-CH), 127.9 (ar-C$_q$), 128.8 (ar-CH), 132.0 (ar-CH), 135.4 (ar-CH), 144.3 (ar-C$_q$).

2.4.6 Reaktionen von 11 mit Säurechloriden

Bis[2-(dimethylaminomethyl)phenyl]pivaloylchlorsilan (**183**): Eine Lösung von 106 mg (0.12 mmol) **11** in 0.6 mL C$_6$D$_6$ wurde mit 44 µL (0.36 mmol) Pivalylsäurechlorid versetzt und 2 d bei Raumtemp. stehengelassen. Danach wurde filtriert und das Lösungsmittel abkondensiert. Es wurde 118 mg (79%) **183** als wachsartiger Feststoff isoliert. – ^{1}H-NMR (C$_6$D$_6$): δ = 1.29 (s; 9 H, C(CH$_3$)$_3$), 1.77 (s; 12 H, NMe$_2$), 3.01, 3.41 (AB-System, $^2J_{AB}$ = 14 Hz; 4 H, CH$_2$N), 7.15–7.20 (m; 6 H, ar-H), 8.67–8.71 (m; 2 H, ar-H). – ^{13}C-NMR (C$_6$D$_6$): δ = 28.1 (C(*CH$_3$*)$_3$), 45.8 (NMe$_2$), 50.1 (*C*(CH$_3$)$_3$), 63.8 (CH$_2$N), 127.1 (ar-CH), 127.7 (ar-CH), 129.8 (ar-CH), 136.1 (ar-C$_q$), 136.8 (ar-CH), 144.4 (ar-C$_q$), 243.0 (C=O). – ^{29}Si-NMR (C$_6$D$_6$): δ = –64.3. – IR (Film): ṽ = 1627 cm^{-1}.

Reaktion von 11 mit Buttersäurechlorid: Eine Lösung von 102 mg (0.12 mmol) **11** und 36 µL (0.34 mmol) Buttersäurechlorid in 0.5 mL C$_6$D$_6$ wurde über Nacht bei Raumtemp. stehengelassen. Das Lösungsmittel wurde abdestilliert und der Rückstand mit 0.5 mL CDCl$_3$ aufgenommen. Im Produktgemisch ist **83** zu 20% enthalten, wie aus dem ^{1}H-NMR-Spektrum erkennbar ist. Mod. A: – ^{1}H-NMR (CDCl$_3$): δ = 2.16 (br. s; 12 H, NMe$_2$), 3.60, 3.74 (AB-System, $^2J_{AB}$ = 13 Hz; 4 H, CH$_2$N), 5.80 (s (d, $^1J_{SiH}$ = 289 Hz); 1 H, SiH), 7.15–7.55 (m; 6 H, ar-H), 7.81 (br. d, ^3J = 7 Hz; 2 H, ar-H). Mod. B: – ^{1}H-NMR (CDCl$_3$): δ = 2.69 (s; 6 H, NMe), 2.92 (s; 6 H, NMe), 4.35, 4.44 (AB-System, $^2J_{AB}$ = 14 Hz; 4 H, CH$_2$N), 4.63 (s (d, $^1J_{SiH}$ = 272 Hz); 1 H, SiH), 7.15–7.55 (m; 6 H, ar-H), 7.81 (br. d, ^3J = 7 Hz; 2 H, ar-H).

Reaktion von 11 mit iso-Buttersäurechlorid: Zu einer Lösung von 114 mg (0.13 mmol) **11** in 0.5 mL C$_6$D$_6$ wurden 41 µL (0.38 mmol) *iso*-Buttersäurechlorid addiert und über Nacht bei Raumtemp. stehengelassen. Das Lösungsmittel wurde i. Vak. abdestilliert und der Rückstand mit 0.5 mL CDCl$_3$ aufgenommen. Im Produktgemisch ist **83** zu 40% enthalten, wie aus dem ^{1}H-NMR-Spektrum erkennbar ist. Mod. A: – ^{1}H-NMR (CDCl$_3$): δ = 2.16 (br. s; 12 H, NMe$_2$),

3.60, 3.74 (AB-System, $^2J_{AB}$ = 13 Hz; 4 H, CH$_2$N), 5.80 (s (d, $^1J_{SiH}$ = 289 Hz); 1 H, SiH), 7.15–7.55 (m; 6 H, ar-H), 7.81 (br. d, ^3J = 7 Hz; 2 H, ar-H). – ^{29}Si-NMR (CDCl$_3$): δ = –57.5. Mod. B: – ^{1}H-NMR (CDCl$_3$): δ = 2.69 (s; 6 H, NMe), 2.92 (s; 6 H, NMe), 4.35, 4.44 (AB-System, $^2J_{AB}$ = 14 Hz; 4 H, CH$_2$N), 4.63 (s (d, $^1J_{SiH}$ = 272 Hz); 1 H, SiH), 7.15–7.55 (m; 6 H, ar-H), 7.81 (br. d, ^3J = 7 Hz; 2 H, ar-H). – ^{29}Si-NMR (CDCl$_3$): δ = –51.5.

Bis[2-(dimethylaminomethyl)phenyl]benzoylchlorsilan (**186**): Eine Lösung von 118 mg (0.13 mmol) **11** und 46 µL (0.40 mmol) Benzolychlorid in 0.5 mL C$_6$D$_6$ wurde über Nacht bei Raumtemp. stehengelassen. Dabei bildete sich in einer quantitativen Reaktion **186**, jedoch scheiterten alle Versuche, diese Verbindung zu isolieren. – ^{1}H-NMR (CDCl$_3$): δ = 1.76 (s; 12 H, NMe$_2$), 3.15, 3.38 (AB-System, $^2J_{AB}$ = 14 Hz; 4 H, CH$_2$N), 6.18 (ddd, ^3J = 8 Hz, ^3J = 7 Hz, ^4J = 1 Hz; 2 H, ar-H), 6.94–7.29 (m; 5 H, ar-H), 7.79 (dd; ^3J = 7 Hz, ^4J = 1 Hz; 2 H, ar-H), 8.21–8,25 (m; 2 H, ar-H), 8.96 (d, ^3J = 7 Hz; 2 H, ar-H).

2.5 Reaktionen des Cyclotrisilnes 11 mit Silanen

2.5.1 Reaktionen von 11 mit Methylsilanen

1,1-Bis[2-(dimethylaminomethyl)phenyl]-1-chlor-2,2,2-trimethyldisilan (**187**): 120 mg (0.136 mmol) **11** und 51 µL (0.40 mmol) Trimethylchlorsilan wurden in 0.5 mL C$_6$D$_6$ 4 h auf 50 °C erhitzt. Danach wurde das Lösungsmittel gegen 5 mL Hexan ausgetauscht, filtriert und das Lösungsmittel i. Vak. entfernt. Man erhielt 87 mg (54%) **187** als weißen Feststoff (Schmp. 92–93 °C). – ^{1}H-NMR (C$_6$D$_6$): δ = 0.36 (s; 9 H, SiMe$_3$), 1.78 (s; 12 H, NMe$_2$), 2.99, 3.42 (AB-System, $^2J_{AB}$ = 13 Hz; 4 H, CH$_2$N), 7.13–7.24 (m; 4 H, ar-H), 7.38 (dd, ^3J = 8 Hz, ^4J = 2 Hz; 2 H, ar-H), 8.07 (dd, ^3J = 6 Hz, ^4J = 2 Hz; 2 H, ar-H). – ^{13}C-NMR (C$_6$D$_6$): δ = –0.3 (SiMe$_3$), 45.3 (NMe$_2$), 64.2 (CH$_2$N), 126.6 (ar-CH), 128.7 (ar-CH), 129.9 (ar-CH), 135.6 (ar-C$_q$), 136.6 (ar-CH), 146.0 (ar-C$_q$). – ^{29}Si-NMR (C$_6$D$_6$): δ = –1.2 (SiMe$_3$), –13.3 (SiCl).

1,1-Bis[2-(dimethylaminomethyl)phenyl]-2,2,2-trimethyldisilan (**189**): a) Eine Suspension von 2.5 g (7.6 mmol) **83**, 626 mg (16.0 mmol) Kalium und 1.26 mL (9.97 mmol) Trimethylchlorsilan in 20 mL Toluol wurde 4 d bei Raumtemp. gerührt. Der entstandene Niederschlag wurde durch Filtration über eine Fritte entfernt und das Lösungsmittel abkondensiert. Der ölige Rückstand wurde bei 200 °C/10^{-3} Torr destilliert und man erhielt 1.34 g (49%) **189** als farbloses Öl.

b) 62 mg (0.15 mmol) **187** in 2 mL Et$_2$O wurden mit 10.0 mg (0.53 mmol) LiAlH$_4$ versetzt und 15 min bei Raumtemp. gerührt. Der Et$_2$O wurde i. Vak. destillativ entfernt und der Rückstand mit 5 mL feuchtem Hexan aufgenommen und filtriert. Nach Abdestillieren des Lösungsmittels blieben 28 mg (51%) **189** als farbloses Öl. – ^{1}H-NMR (C$_6$D$_6$): δ = 0.30 (s; 9 H, SiMe$_3$), 1.94 (s; 12 H, NMe$_2$), 3.35, 3.42 (AB-System, $^2J_{AB}$ = 13 Hz; 4 H, CH$_2$N), 5.27 (s (d, $^1J_{SiH}$ = 186 Hz); 1 H, SiH), 7.08–7.22 (m; 4 H, ar-H), 7.34 (d, ^3J = 7 Hz; 2 H, ar-H), 7.74 (dd, ^3J = 7 Hz, ^4J = 2 Hz; 2 H, ar-H). – ^{13}C-NMR (C$_6$D$_6$): δ = –0.1 (SiMe$_3$), 45.0 (NMe$_2$), 65.1 (CH$_2$N), 126.4 (ar-CH), 128.9 (ar-CH), 129.5 (ar-CH), 136.1 (ar-C$_q$), 137.4 (ar-CH), 146.0 (ar-C$_q$). – ^{29}Si-NMR (C$_6$D$_6$): δ = –17.6 (SiMe$_3$), –38.9 (d, $^1J_{SiH}$ = 186 Hz, SiAr$_2$H). – MS (EI, 70 eV), m/z (%): 369 (3) [M$^+$ – H], 355 (4) [M$^+$ – Me], 326 (10) [M$^+$ – NMe$_2$], 310 (11) [M$^+$ – NMe$_2$ – Me – H], 297 (100) [M$^+$ – SiMe$_3$], 281 (8) [M$^+$ – SiMe$_3$ – Me – H], 252 (32) [M$^+$ – SiMe$_3$ – NMe$_2$ – H], 236 (59) [M$^+$ – C$_6$H$_4$CH$_2$NMe$_2$], 209 (13) [M$^+$ – SiMe$_3$ – 2 NMe$_2$], 193 (8) [M$^+$ – C$_6$H$_4$CH$_2$NMe$_2$ – NMe$_2$ – H], 178 (9) [M$^+$ – C$_6$H$_4$CH$_2$NMe$_2$ – CH$_2$NMe$_2$], 162 (16) [M$^+$ – C$_6$H$_4$CH$_2$NMe$_2$ – SiMe$_3$ – H], 134 (7) [C$_6$H$_4$CH$_2$NMe$_2$$^+$], 119 (11) [C$_6H_4CH_2NMe^+$], 73 (14) [SiMe$_3$$^+$], 58 (12) [CH$_2NMe_2$$^+$]. – C$_{21}H_{34}N_2$Si (370.68): ber. C 68.23, H 9.00, N 7.58; gef. C 68.16, H 8.93, N 7.37. – IR (Film): ṽ = 2125 cm^{-1}.

1,1-Bis[2-(dimethylaminomethyl)phenyl]-1,2-dichlor-2,2-dimethyldisilan (**188**): 118 mg (0.13 mmol) **11** und 48 μL (0.40 mmol) Dimethyldichlorsilan wurden in 0.5 mL C$_6$D$_6$ 2.5 h auf 55 °C erhitzt. Die erhaltene Reaktionslösung wurde in einen Kolben überführt und 161 mg (95%) **188** isoliert. – ^{1}H-NMR (C$_6$D$_6$): δ = 0.75 (s; 6 H, SiMe$_2$), 1.86 (s; 12 H, NMe$_2$), 3.00, 3.46 (AB-System, $^2J_{AB}$ = 13 Hz; 4 H, CH$_2$N), 7.11–7.27 (m; 6 H, ar-H), 8.22–8.26 (m; 2 H, ar-H). – ^{13}C-NMR (C$_6$D$_6$): δ = 4.5 (SiMe$_2$), 45.5 (NMe$_2$), 64.3 (CH$_2$N), 126.9 (ar-CH), 128.2 (ar-CH), 130.1 (ar-CH), 135.3 (ar-C$_q$), 136.9 (ar-CH), 145.9 (ar-C$_q$). – ^{29}Si-NMR (C$_6$D$_6$): δ = 16.2 (SiMe$_2$Cl), –29.6 (SiAr$_2$Cl).

1,1-Bis[2-(dimethylaminomethyl)phenyl]-1-chlor-2,2-dimethyldisilan (**192**) und *1,1-Bis[2-(dimethylaminomethyl)phenyl]-2-chlor-2,2-dimethyldisilan* (**191**): Eine Lösung von 140 mg (0.16 mmol) **11** und 51 μL (0.47 mmol) Dimethylchlorsilan wurden 2 h auf 70 °C erhitzt. Dabei entstand eine Mischung aus **191** und **192** im Verhältnis 3 : 1. Nach Abdestillieren des Lösungsmittels i. Vak. erhielt man 154 mg (78%) dieses Gemisches als zähflüssiges Öl. **191**: – ^{1}H-NMR (C$_6$D$_6$): δ = 0.55 (s; 6 H, SiMe$_2$), 1.82 (s; 12 H, NMe$_2$), 3.27 (s; 4 H, CH$_2$N), 5.22 (s (d, $^1J_{SiH}$ = 202 Hz); 1 H, SiH), 7.06–7.21 (m; 6 H, ar-H), 7.84 (d, ^3J = 6 Hz; 2 H, ar-H). – ^{13}C-NMR (C$_6$D$_6$): δ = 4.4 (SiMe$_2$), 45.7 (NMe$_2$), 65.0 (CH$_2$N), 126.5 (ar-CH), 129.1 (ar-

CH), 129.4 (ar-CH), 134.2 (ar-C$_q$), 137.5 (ar-CH), 145.7 (ar-C$_q$). – ^{29}Si-NMR (C$_6$D$_6$): δ = 22.8 (SiMe$_2$Cl), –41.1 (d, $^1J_{SiH}$ = 202 Hz, SiAr$_2$H). – IR (Film): ṽ = 2114 cm^{-1}. **192**: – ^{1}H-NMR (C$_6$D$_6$): δ = 0.36 (d, ^3J = 4 Hz; 6 H, SiMe$_2$), 1.79 (s; 12 H, NMe$_2$), 3.05, 3.39 (AB-System, $^2J_{AB}$ = 14 Hz; 4 H, CH$_2$N), 4.26 (sep, ^3J = 4 Hz (d, $^1J_{SiH}$ = 182 Hz); 1 H, SiH), 7.06–7.21 (m; 4 H, ar-H), 7.28 (d, ^3J = 7 Hz; 2 H, ar-H), 8.10 (dd, ^3J = 6 Hz; ^4J = 2 Hz; 2 H, ar-H). – ^{13}C-NMR (C$_6$D$_6$): δ = –5.0 (SiMe$_2$), 45.2 (NMe$_2$), 64.1 (CH$_2$N), 126.7 (ar-CH), 128.1 (ar-CH), 129.7 (ar-CH), 135.7 (ar-C$_q$), 136.8 (ar-CH), 145.5 (ar-C$_q$). – ^{29}Si-NMR (C$_6$D$_6$): δ = –16.8 (SiAr$_2$Cl), –35.0 (dsep, $^1J_{SiH}$ = 182, $^2J_{SiH}$ = 7 Hz, SiMe$_2$H). – IR (Film): ṽ = 2114 cm^{-1}.

1,1-Bis[2-(dimethylaminomethyl)phenyl]-2,2-dimethyldisilan (**190**) *und 1,1-Bis[2-(dimethylaminomethyl)phenyl]-3,3-dimethyl-1,3-disiloxan* (**239**) *über 1,1-Bis[2-(dimethylaminomethyl)phenyl]-2,2-dimethyldisilan·AlH$_3$* (**193**): 436 mg (1.1 mmol) des obigen Gemisches aus **191** und **192** wurden in 10 mL Et$_2$O suspendiert und bei 0 °C zu einer Suspension von 73 mg (1.9 mmol) LiAlH$_4$ getropft. Nach beendeter Zugabe wurde noch 1 h bei Raumtemp. gerührt, das Lösungsmittel destillativ entfernt, der Rückstand mit 10 mL Hexan aufgenommen und über eine Fritte filtriert. Das Lösungsmittel wurde i. Vak. abdestilliert und man erhielt 342 mg (81%) **193** als öligen Rückstand. – ^{1}H-NMR (C$_6$D$_6$): δ = 0.25 (d, ^3J = 6 Hz; 6 H, SiMe$_2$), 2.03 (s; 12 H, NMe$_2$), 3.58, 3.76 (AB-System, $^2J_{AB}$ = 13 Hz; 4 H, CH$_2$N), 4.15 (br. s; 3 H, AlH$_3$), 4.32 (dsep, ^3J = 6 Hz, ^3J = 2 Hz; 1 H, SiMe$_2$*H*), 5.41 (d, ^3J = 2 Hz, $^1J_{SiH}$ = 191 Hz); 1 H, SiAr$_2$*H*), 7.05–7.21 (m; 6 H, ar-H), 7.62–7.80 (m; 2 H, ar-H). – ^{13}C-NMR (C$_6$D$_6$): δ = –4.7 (SiMe$_2$), 44.3 (NMe$_2$), 63.6 (CH$_2$N), 126.9 (ar-CH), 128.9 (ar-CH), 130.5 (ar-CH), 136.5 (ar-C$_q$), 137.7 (ar-CH), 143.7 (ar-C$_q$). Der Rückstand wurde mit feuchtem Et$_2$O in einen Destillationskolben überführt und bei 200 °C/10^{-3} Torr abdestilliert. Man erhielt 184 mg (47%) **190**. Hydrolytische Aufarbeitung des in Hexan unlöslichen Rückstandes und Destillation bei 200 °C/10^{-3} Torr lieferte 46 mg (12%) eines Gemisches aus **190** und **239** im Verhätnis 1.5:1. **190**: – ^{1}H-NMR (C$_6$D$_6$): δ = 0.28 (d, ^3J = 4 Hz; 6 H, SiMe$_2$), 1.90 (s; 12 H, NMe$_2$), 3.29, 3.39 (AB-System, $^2J_{AB}$ = 13 Hz; 4 H, CH$_2$N), 4.35 (dsep, ^3J = 4 Hz, ^3J = 2 Hz; 1 H, SiMe$_2$*H*), 5.23 (d, ^3J = 2 Hz (d, $^1J_{SiH}$ = 193 Hz); 1 H, SiAr$_2$*H*), 7.07–7.24 (m; 6 H, ar-H), 7.77 (dd, ^3J = 7 Hz, ^4J = 2 Hz; 2 H, ar-H). – ^{13}C-NMR (C$_6$D$_6$): δ = –4.6 (SiMe$_2$), 44.7 (NMe$_2$), 65.1 (CH$_2$N), 126.5 (ar-CH), 128.8 (ar-CH), 129.2 (ar-CH), 136.1 (ar-C$_q$), 137.5 (ar-CH), 145.9 (ar-C$_q$). – ^{29}Si-NMR (C$_6$D$_6$): δ = –37.1 (dsep, $^1J_{SiH}$ = 179, $^2J_{SiH}$ = 7 Hz, SiMe$_2$H), –35.0 (d, $^1J_{SiH}$ = 193 Hz, SiAr$_2$H). – MS (EI, 70 eV), *m/z* (%): 355 (1) [M$^+$ – H], 311 (8) [M$^+$ – NMe$_2$ – H], 297 (100) [M$^+$ – SiMe$_2$H], 252 (18) [M$^+$ – SiMe$_2$H – NMe$_2$ – H], 222 (19) [M$^+$ – C$_6$H$_4$CH$_2$NMe$_2$], 162 (4) [C$_6$H$_4$(CH$_2$NMe$_2$)Si$^+$], 134 (3) [C$_6$H$_4$CH$_2$NMe$_2$$^+$],

58 (5) [CH$_2$NMe$_2$]. – IR (Film): $\tilde{\nu}$ = 2108 cm^{-1}. – C$_{20}$H$_{32}$N$_2$Si$_2$ (356.2104): korrekte HRMS.
239: – ^{1}H-NMR (C$_6$D$_6$): δ = 0.35 (d, ^3J = 3 Hz; 6 H, SiMe$_2$), 1.91 (s; 12 H, NMe$_2$), 3.24, 3.45 (AB-System, $^2J_{AB}$ = 13 Hz; 4 H, CH$_2$N), 5.15 (sep, ^3J = 3 Hz; 1 H, SiMe$_2$*H*), 5.65 (s; 1 H, SiAr$_2$*H*), 7.07–7.24 (m; 6 H, ar-H), 7.86–7.95 (m; 2 H, ar-H). – MS (EI, 70 eV), *m/z* (%): 371 (2) [M$^+$ – H], 312 (12) [M$^+$ – SiMe$_2$H – H], 297 (100) [M$^+$ – SiMe$_2$HO], 281 (6) [M$^+$ – SiMe$_2$HO – Me – H], 252 (14) [M$^+$ – SiMe$_2$HO – NMe$_2$ – H], 238 (24) [M$^+$ – C$_6$H$_4$CH$_2$NMe$_2$], 222 (23) [M$^+$ – C$_6$H$_4$CH$_2$NMe$_2$ – Me – H], 178 (15) [M$^+$ – C$_6$H$_4$CH$_2$NMe$_2$ – NMe$_2$ – Me – H], 134 (12) [C$_6$H$_4$CH$_2$NMe$_2$$^+$], 91 (12) [C$_7H_7$$^+$], 58 (16) [CH$_2NMe_2$$^+$], 44 (37) [NMe$_2$$^+$]. – C$_{20}H_{32}N_2Si_2$O (372.2053): korrekte HRMS.

1,1,3,3-Tetrakis[2-(dimethylaminomethyl)phenyl]-2,2-dimethyltrisilan (**195**): Eine Lösung von 317 mg (0.53 mmol) **88** und 8 mg (1.2 mmol) Lithium in 5 mL THF wurde 3.5 h bei Raumtemp. gerührt, 1.5 h mit einem Ultraschallbad behandelt und danach noch 1 h bei Raumtemp. gerührt. Das Reaktionsgemisch wurde filtriert und das erhaltene Filtrat bei 0 °C zu einer Lösung von 0.2 mL (1.6 mmol) Dimethyldichlorsilan in 5 mL THF getropft. Nach beendeter Zugabe wurde 12 h bei Raumtemp. gerührt. Danach wurde das Lösungsmittel destillativ entfernt, der Rückstand mit 10 mL Hexan aufgenommen, filtriert und das Lösungsmittel abkondensiert. Man erhielt 334 mg (97%) **195** als öligen Rückstand. Dieser wurde bei 300 °C/10^{-4} Torr destilliert und man erhielt 151 mg (43%) **195**. – ^{1}H-NMR (C$_6$D$_6$): δ = 0.50 (s; 6 H, SiMe$_2$), 1.95 (s; 24 H, NMe$_2$), 3.39 (s; 8 H, CH$_2$N), 5.43 (s (d, $^1J_{SiH}$ = 191 Hz); 2 H, Ar$_2$SiH), 7.01 (dd, ^3J = 7 Hz, ^3J = 7 Hz; 4 H, ar-H), 7.14 (ddd, ^3J = 7 Hz, ^3J = 7 Hz, ^4J = 1 Hz; 4 H, ar-H), 7.35 (d, ^3J = 7 Hz; 4 H, ar-H), 7.67 (d, ^3J = 7 Hz; 4 H, ar-H). – ^{13}C-NMR (C$_6$D$_6$): δ = –2.7 (SiMe$_2$), 44.9 (NMe$_2$), 64.8 (CH$_2$N), 126.3 (ar-CH), 128.9 (ar-CH), 129.4 (ar-CH), 135.9 (ar-C$_q$), 137.8 (ar-CH), 145.6 (ar-C$_q$). – ^{29}Si-NMR (C$_6$D$_6$): δ = – 36.1 (d, $^1J_{SiH}$ = 191 Hz; Ar$_2$SiH), –44.2 (Me$_2$Si). – IR (Film): $\tilde{\nu}$ = 2124 cm^{-1}. – MS (EI, 70 eV), *m/z* (%): 650 (1) [M$^+$ – 2 H], 608 (1) [M$^+$ – NMe$_2$], 564 (1) [M$^+$ – 2 NMe$_2$], 355 (4) [M$^+$ – (C$_6$H$_4$CH$_2$NMe$_2$)$_2$SiH], 297 (100) [(C$_6$H$_4$CH$_2$NMe$_2$)$_2$SiH$^+$], 281 (4) [(C$_6$H$_4$CH$_2$NMe$_2$)$_2$SiH$^+$ – Me – H], 238 (5) [(C$_6$H$_4$CH$_2$NMe$_2$)$_2$SiH$^+$ – NMe$_2$ – Me], 209 (6) [(C$_6$H$_4$CH$_2$NMe$_2$)$_2$SiH$^+$ – 2 NMe$_2$], 134 (2) [C$_6$H$_4$CH$_2$NMe$_2$$^+$], 58 (4) [CH$_2NMe_2$$^+$].

2.5.2 Reaktionen von **11** mit Phenylsilanen

1,1-Bis[2-(dimethylaminomethyl)phenyl]-1,2-dichlor-2,2-diphenyldisilan (**196**): a) Zu einer Lösung von 120 mg (0.14 mmol) **11** in 0.5 mL C$_6$D$_6$ wurden 85 µL (0.40 mmol)

Diphenyldichlorsilan gegeben und 3 h auf 50 °C erhitzt. Nach Entfernen des Lösungsmittels wurden 206 mg (94%) **196** erhalten.

b) Eine Lösung von 476 mg (0.54 mmol) **11** und 338 µL (1.61 mmol) Diphenyldichlorsilan in 10 mL Toluol wurde 7 d bei Raumtemp. gerührt. Das Lösungsmittel wurde entfernt, der Rückstand mit 10 mL Hexan aufgenommen und filtriert. Als Filterrückstand erhielt man 491 mg (55%) **196** (Schmp. 105 °C). – ^{1}H-NMR (C_6D_6): δ = 1.82 (s; 12 H, NMe_2), 3.04, 3.42 (AB-System, $^2J_{AB}$ = 14 Hz; 4 H, CH_2N), 7.04–7.20 (m; 10 H, ar-H), 7.29 (d, ^3J = 8 Hz; 2 H, ar-H), 7.90–7.94 (m; 4 H, ar-H), 8.39 (dd, ^3J = 7 Hz, ^4J = 2 Hz; 2 H, ar-H). – ^{13}C-NMR (C_6D_6): δ = 45.4 (NMe_2), 64.0 (CH_2N), 126.5 (ar-CH), 127.9 (ar-CH), 128.3 (ar-CH), 130.2 (ar-CH), 130.3 (ar-CH), 134.0 (ar-C_q), 134.8 (ar-C_q), 135.8 (ar-CH), 137.5 (ar-CH), 146.0 (ar-C_q). – ^{29}Si-NMR (C_6D_6): δ = –2.3 ($SiPh_2Cl$), –21.7 ($SiAr_2Cl$). – MS (EI, 70 eV), m/z (%): 552/550/548 (1/3/4) [M$^+$], 418/416/414 (11/41/55) [M$^+$ – $C_6H_4CH_2NMe_2$], 333/331 (18/44) [M$^+$ – Ph_2SiCl], 288/286 (20/35) [M$^+$ – Ph_2SiCl – $HNMe_2$], 274/772 (18/47) [M$^+$ – Ph_2SiCl – NMe_2 – Me], 200/198 (14/39) [M$^+$ – Ph_2SiCl – $C_6H_4CH_2NMe_2$ + H], 134 (18) [$C_6H_4CH_2NMe_2^+$], 91 (19) [$C_7H_7^+$], 77 (21) [$C_6H_5^+$], 58 (49) [$CH_2NMe_2^+$]. – $C_{30}H_{34}N_2Si_2Cl_2$ (548.1637): korrekte HRMS. – $C_{30}H_{34}N_2Si_2Cl_2$: ber. 548 (100), 549 (44), 550 (79), 551 (31), 552 (20), 553 (7); gef. 548 (100), 549 (41), 550 (88), 551 (34), 552 (21), 553 (7).

1,1-Bis[2-(dimethylaminomethyl)phenyl]-2-chlor-2,2-diphenyldisilan (**197**) und *1,1-Bis[2-(dimethylaminomethyl)phenyl]-1-chlor-2,2-diphenyldisilan* (**198**): Eine Lösung von 123 mg (0.14 mmol) **11** in 0.5 mL C_6D_6 wurde mit 81 µL (0.42 mmol) Diphenylchlorsilan versetzt und 20 min auf 90 °C erhitzt. Dabei bildete sich ein Gemisch der beiden Isomere **197** und **198** im Verhältnis 2 : 1. Nach Entfernen des Lösungsmittel erhielt man 178 mg (83%) dieses Gemisches als farbloses Öl. **197**: – ^{1}H-NMR (C_6D_6): δ = 1.77 (s; 12 H, NMe_2), 3.18, 3.38 (AB-System, $^2J_{AB}$ = 13 Hz; 4 H, CH_2N), 5.72 (s (d, $^1J_{SiH}$ = 209 Hz); 1 H, SiH), 6.93–7.28 (m; 12 H, ar-H), 7.68–7.71 (m; 4 H, ar-H), 7.82 (d, ^3J = 7 Hz; 2 H, ar-H). – ^{13}C-NMR (C_6D_6): δ = 44.8 (NMe_2), 64.8 (CH_2N), 126.4 (ar-CH), 128.2 (ar-CH), 128.9 (ar-CH), 129.5 (ar-CH), 130.0 (ar-CH), 132.9 (ar-C_q), 135.2 (ar-CH), 136.7 (ar-C_q), 138.2 (ar-CH), 146.1 (ar-C_q). – ^{29}Si-NMR (C_6D_6): δ = 3.5 (Ph_2SiCl), –31.9 (dt, $^1J_{SiH}$ = 209 Hz, $^3J_{SiH}$ = 6 Hz; Ar_2SiH). **198**: – ^{1}H-NMR (C_6D_6): δ = 1.80 (s; 12 H, NMe_2), 3.13, 3.34 (AB-System, $^2J_{AB}$ = 13 Hz; 4 H, CH_2N), 5.46 (s (d, $^1J_{SiH}$ = 190 Hz); 1 H, SiH), 6.93–7.28 (m; 12 H, ar-H), 7.84–7.87 (m; 4 H, ar-H), 8.22 (d, ^3J = 7 Hz; 2 H, ar-H). – ^{13}C-NMR (C_6D_6): δ = 45.4 (NMe_2), 64.1 (CH_2N), 126.6 (ar-CH), 128.1 (ar-CH), 128.9 (ar-CH), 129.6 (ar-CH), 133.9

(ar-C_q), 134.8 (ar-CH), 135.3 (ar-C_q), 136.9 (ar-CH), 137.5 (ar-CH), 145.9 (ar-C_q). – ^{29}Si-NMR (C_6D_6): δ = –18.2 (Ar$_2$SiCl), –45.2 (dqin, $^1J_{SiH}$ = 189 Hz, $^3J_{SiH}$ = 5 Hz; Ph$_2$SiH).

1,1-Bis[2-(dimethylaminomethyl)phenyl]-2,2-diphenyldisilan (**199**): a) Eine Lösung von 148 mg (0.17 mmol) **11** und 93 µL (0.50 mmol) Diphenylsilan wurde 2 h auf 90 °C erhitzt. Nach Entfernen des Lösungsmittels und Abdestillation des nicht abreagierten Diphenylsilans wurden 188 mg (78%) **199** als farbloses Öl isoliert.
b) Eine Suspension von 187 mg (0.63 mmol) eines Gemisches aus **198** und **197** im Verhältnis 1 : 2 in 3 mL Et$_2$O wurde mit 56 mg (1.5 mmol) LiAlH$_4$ versetzt und 20 min bei Raumtemp. gerührt. Danach wurde das Lösungsmittel abdestilliert, der Rückstand mit 5 mL feuchtem Hexan aufgenommen, 1 h an der Luft gerührt und filtriert. Man erhielt nach Abkondensieren des Lösungsmittels 167 mg (96%) **199**. – ^{1}H-NMR (C_6D_6): δ = 1.83 (s; 12 H, NMe$_2$), 3.31 (s; 4 H, CH$_2$N), 5.45 (d, ^3J = 3 Hz (d, $^1J_{SiH}$ = 189 Hz); 1 H, SiH), 5.61 (d, ^3J = 3 Hz (d, $^1J_{SiH}$ = 200 Hz); 1 H, SiH), 6.99 (ddd, ^3J = 7 Hz, ^3J = 7 Hz, ^4J = 1 Hz; 2 H, ar-H), 7.08–7.22 (m; 10 H, ar-H), 7.64–7.68 (m; 4 H, ar-H), 7.77 (d, ^3J = 7 Hz; 2 H, ar-H). – ^{13}C-NMR (C_6D_6): δ = 44.7 (NMe$_2$), 65.0 (CH$_2$N), 126.5 (ar-CH), 128.2 (ar-CH), 129.1 (ar-CH), 129.1 (ar-CH), 129.1 (ar-CH), 135.1 (ar-C_q), 135.5 (ar-C_q), 136.5 (ar-CH), 138.1 (ar-CH), 146.0 (ar-C_q). – ^{29}Si-NMR (C_6D_6): δ = –30.8 (ddqin, $^1J_{SiH}$ = 189 Hz, $^2J_{SiH}$ = 5 Hz, $^3J_{SiH}$ = 4 Hz; SiPh$_2$H), –42.3 (ddt, $^1J_{SiH}$ = 200 Hz, $^2J_{SiH}$ = 5 Hz, $^3J_{SiH}$ = 6 Hz; SiAr$_2$H). – IR (Film): $\tilde{v}$ = 2128 cm^{-1}.
– MS (EI, 70 eV), m/z (%): 479 (1) [M$^+$ – H], 435 (8) [M$^+$ – NMe$_2$ – H], 420 (12) [M$^+$ – NMe$_2$ – Me – H], 346 (11) [M$^+$ – C$_6$H$_4$CH$_2$NMe$_2$], 297 (100) [M$^+$ – Ph$_2$SiH], 252 (10) [M$^+$ – Ph$_2$SiH – NMe$_2$ – H], 238 (13) [M$^+$ – Ph$_2$SiH – NMe$_2$ – Me], 209 (8) [M$^+$ – Ph$_2$SiH – 2 NMe$_2$], 182 (8) [Ph$_2$Si$^+$], 134 (2) [C$_6$H$_4$CH$_2$NMe$_2$$^+$], 105 (13) [PhSi$^+$], 91 (3) [C$_7H_7$$^+$], 58 (10) [CH$_2NMe_2$$^+$]. – C$_{30}H_{36}N_2Si_2$ (480.2417): korrekte HRMS. – C$_{30}$H$_{36}$N$_2$Si$_2$ (480.80): ber. C 74.94, H 7.55; gef. C 75.40, H 8.01.

1,1,3,3-Tetrakis[2-(dimethylaminomethyl)phenyl]-2,2-diphenyltrisilan (**222**): Eine Lösung von 33 µL (0.18 mmol) Ph$_2$SiH$_2$ und 106 mg (0.12 mmol) **11** in 0.5 mL C$_6$D$_6$ wurden 6 d auf 90 °C. Nach Abdestillation des Lösungsmittels erhielt man 125 mg (90%) **222** als farbloses Öl. – ^{1}H-NMR (C_6D_6): δ = 1.89 (s; 24 H, NMe$_2$), 3.31, 3.43 (AB-System, $^2J_{AB}$ = 14 Hz; 8 H, CH$_2$N), 5.85 (s (d, $^1J_{SiH}$ = 197 Hz); 2 H, SiH), 6.91 (dd, ^3J = 7 Hz, ^3J = 7 Hz; 4 H, ar-H), 7.03–7.16 (m; 10 H, ar-H), 7.45 (d, ^3J = 8 Hz; 4 H, ar-H), 7.57 (d, ^3J = 7 Hz; 4 H, ar-H), 7.63 (dd, ^3J = 7 Hz, ^4J = 2 Hz; 2 H, ar-H). – ^{13}C-NMR (C_6D_6): δ = 45.1 (NMe$_2$), 64.5 (CH$_2$N), 126.1 (ar-CH), 128.1 (ar-CH), 128.9 (ar-CH), 129.3 (ar-CH), 134.4 (ar-C_q), 135.9 (ar-C_q),

136.5 (ar-CH), 137.5 (ar-CH), 138.4 (ar-CH), 146.1 (ar-C$_q$). – ^{29}Si-NMR (C$_6$D$_6$): δ = –40.8 (dt, $^1J_{SiH}$ = 198 Hz, $^3J_{SiH}$ = 6 Hz; SiAr$_2$H), –41.4 (SiPh$_2$).

1,1-Bis[2-(dimethylaminomethyl)phenyl]-2-phenyl-1,2,2-trichlordisilan (**200**): 527 mg (0.60 mmol) **11** und 284 µL (1.78 mmol) Phenyltrichlorsilan wurden in 10 mL Toluol 7 d bei Raumtemp. gerührt. Danach wurde das Toluol abdestilliert, der Rückstand mit 10 mL Hexan aufgenommen und filtriert. Nach Abkondensation des Lösungsmittels erhielt man 768 mg (85%) **200** als wachsartigen Feststoff. – ^{1}H-NMR (C$_6$D$_6$): δ = 1.78 (s; 12 H, NMe$_2$), 2.90, 3.43 (AB-System, $^2J_{AB}$ = 13 Hz; 4 H, CH$_2$N), 6.97–7.16 (m; 9 H, ar-H), 7.89–7.97 (m; 2 H, ar-H), 8.29–8.33 (m; 2 H, ar-H). – ^{13}C-NMR (C$_6$D$_6$): δ = 45.5 (NMe$_2$), 64.3 (CH$_2$N), 127.0 (ar-CH), 128.1 (ar-CH), 128.7 (ar-CH), 130.6 (ar-CH), 131.0 (ar-CH), 132.9 (ar-C$_q$), 134.6 (ar-CH), 135.2 (ar-C$_q$), 137.2 (ar-CH), 146.0 (ar-C$_q$). – ^{29}Si-NMR (C$_6$D$_6$): δ = 9.5 (PhSiCl$_2$), –23.6 (Ar$_2$SiCl).

1,1-Bis[2-(dimethylaminomethyl)phenyl]-2-phenyldisilan (**201**): Eine Suspension von 656 mg (1.29 mmol) **200** in 10 mL Et$_2$O wurde bei 0 °C mit 70 mg (1.80 mmol) LiAlH$_4$ versetzt und 45 min bei Raumtemp. gerührt. Danach wurde das Lösungsmittel abdestilliert, der Rückstand in 10 mL feuchtem Hexan suspendiert, filtriert und das Lösungsmittel entfernt. Als Rückstand erhielt man 212 mg (41%) **201** als farbloses Öl. – ^{1}H-NMR (C$_6$D$_6$): δ = 1.82 (s; 12 H, NMe$_2$), 3.24, 3.32 (AB-System, $^2J_{AB}$ = 13 Hz; 4 H, CH$_2$N), 4.68 (d, ^3J = 2 Hz (d, $^1J_{SiH}$ = 186 Hz); 2 H, SiH$_2$), 5.37 (t, ^3J = 2 Hz (d, $^1J_{SiH}$ = 206 Hz); 1 H, SiH), 6.99–7.17 (m; 9 H, ar-H), 7.59–7.64 (m; 2 H, ar-H), 7.88 (dd, ^3J = 7 Hz, ^4J = 1 Hz; 2 H, ar-H). – ^{13}C-NMR (C$_6$D$_6$): δ = 44.6 (NMe$_2$), 65.2 (CH$_2$N), 126.6 (ar-CH), 128.0 (ar-CH), 128.9 (ar-CH), 128.9 (ar-CH), 128.9 (ar-CH), 133.4 (ar-C$_q$), 135.6 (ar-C$_q$), 136.5 (ar-CH), 137.6 (ar-CH), 146.7 (ar-C$_q$). – ^{29}Si-NMR (C$_6$D$_6$): δ = –42.1 (dtt, $^1J_{SiH}$ = 205 Hz, $^2J_{SiH}$ = 6 Hz, $^3J_{SiH}$ = 5 Hz; Ar$_2$SiH), –23.6 (tdt, $^1J_{SiH}$ = 186 Hz, $^2J_{SiH}$ = 6 Hz, $^3J_{SiH}$ = 5 Hz; PhSiH$_2$). – IR (Film): ṽ = 2134 cm^{-1}. – MS (EI, 70 eV), *m/z* (%): 403 (1) [M$^+$ – H], 359 (3) [M$^+$ – NMe$_2$ – H], 344 (4) [M$^+$ – NMe$_2$ – Me – H], 297 (34) [M$^+$ – PhSiH$_2$], 281 (8) [M$^+$ – PhSiH$_2$ – Me – H], 270 (6) [M$^+$ – C$_6$H$_4$CH$_2$NMe$_2$], 253 (57) [M$^+$ – PhSiH$_2$ – NMe$_2$], 238 (100) [M$^+$ – PhSiH$_2$ – CH$_2$NMe$_2$ – H], 208 (23) [M$^+$ – PhSiH$_2$ – 2 NMe$_2$ – H], 164 (62) [M$^+$ – PhSiH$_2$ – C$_6$H$_4$CH$_2$NMe$_2$ + H], 148 (7) [M$^+$ – PhSiH$_2$ – C$_6$H$_4$CH$_2$NMe$_2$ – Me], 134 (4) [C$_6$H$_4$CH$_2$NMe$_2$$^+$], 119 (16) [C$_6H_4CH_2NMe_2$$^+$ – Me], 105 (8) [C$_6$H$_4$CH$_2$NMe$_2$$^+$ – 2 Me + H], 91 (6) [C$_7$H$_7$$^+$], 58 (16) [CH$_2NMe_2$$^+$], 44 (4) [NMe$_2$$^+$]. – C$_{24}H_{32}N_2Si_2$ (404.2104): korrekte HRMS.

1,1,3,3-Tetrakis[2-(dimethylaminomethyl)phenyl]-2-phenyltrisilan (**221**): a) Eine Lösung von 100 mg (0.20 mmol) **200** und 58 mg (65 µmol) **11** in 0.6 mL C_6D_6 wurde 5 d bei Raumtemp. stehengelassen. Das Lösungsmittel wurde abdestilliert, der Rückstand mit 5 mL Et_2O aufgenommen und die erhaltene Suspension mit einer Spatelspitze $LiAlH_4$ versetzt. Es wurde 25 min bei Raumtemp. gerührt, das Lösungsmittel abkondensiert, der Rückstand in 5 mL feuchtem Et_2O aufgenommen und filtriert. Nach Entfernen des Lösungsmittels erhielt man 39 mg eines Gemisches aus **41**, **201** und **221** im Verhältnis 30 : 22 : 48.

b) Eine Lösung von 46 mg (51 µmol) **11** und 63 mg (0.16 mmol) **201** wurden in 0.5 mL C_6D_6 3½ h auf 90 °C erhitzt. Das Lösungsmittel wurde abdestilliert und der Rückstand mit 5 mL Hexan aufgenommen. Nach Filtration und Abkondensieren des Lösungsmittels erhielt man 65 mg (60%) **221** als wachsartigen Feststoff. – ^{1}H-NMR (C_6D_6): δ = 1.94 (s; 24 H, NMe_2), 3.27, 3.37 (AB-System, $^2J_{AB}$ = 13 Hz; 8 H, CH_2N), 4.92 (t, ^3J = 2 Hz (d, $^1J_{SiH}$ = 184 Hz); 1 H, PhSiH), 5.56 (d, ^3J = 2 Hz (d, $^1J_{SiH}$ = 200 Hz); 2 H, Ar_2SiH), 6.90–7.20 (m; 15 H, ar-H), 7.25 (d, ^3J = 7 Hz; 4 H, ar-H), 7.71 (d, ^3J = 7 Hz; 2 H, ar-H), 7.81 (d, ^3J = 7 Hz; 2 H, ar-H). – ^{29}Si-NMR (C_6D_6): δ = –37.9 (d, $^1J_{SiH}$ = 200 Hz; Ar_2SiH), –60.0 (d, $^1J_{SiH}$ = 184 Hz; PhSiH).

2.5.3 Reaktionen von **11** mit Tetra- und Trichlorsilan

*Reaktion von **11** mit $SiCl_4$*: Eine Lösung von 130 mg (0.15 mmol) **11** in 0.5 mL C_6D_6 wurde mit 0.3 mL (2.6 mmol) $SiCl_4$ versetzt, 1 h auf 50 °C erhitzt und danach 12 h bei Raumtemp. stehen gelassen. Dabei bildete sich ein öliger Niederschlag. Die überstehende Lösung wurde abdekantiert und nach Abkondensieren des Lösungsmittels vom Dekanat 116 mg (70%) **10** als wachsartiger Feststoff isoliert. – ^{1}H-NMR ($CDCl_3$): δ = 1.96 (s; 12 H, NMe_2), 3.62 (br. s; 4 H, CH_2N), 7.44 (br. s; 6 H ar-H), 8.22 (br. s; 2 H ar-H).

*Reaktion von **11** mit $HSiCl_3$*: Eine Lösung von 50 mg (56 µmol) **11** in 0.5 mL C_6D_6 wurde mit 0.1 mL (1.0 mmol) $HSiCl_3$ versetzt und 12 h bei Raumtemp. stehengelassen. Dabei ließ sich intermediär die Bildung von **202** erkennen.– ^{1}H-NMR (C_6D_6): δ = 1.83 (s; 12 H, NMe_2), 1.96 (s; 12 H, NMe_2), 3.31, 3.37 (AB-System, $^2J_{AB}$ = 13 Hz; 4 H, CH_2N), 3.39, 3.60 (AB-System, $^2J_{AB}$ = 14 Hz; 4 H, CH_2N), 5.90 (s (d, $^1J_{SiH}$ = 201 Hz); 1 H, SiH), 6.98 (dd, ^3J = 7 Hz, ^3J = 7 Hz; 2 H, ar-H), 7.05-7.23 (m; 6 H, ar-H), 7.40 (d, ^3J = 7 Hz; 2 H, ar-H), 7.44 (d, ^3J = 7 Hz; 2 H, ar-H), 8.04 (d, ^3J = 8 Hz; 2 H, ar-H), 8.28 (d, ^3J = 8 Hz; 2 H, ar-H). Ein Spektrum der gleichen Probe nach 2 d bei Raumtemp. zeigt, daß ein Gemisch aus **83** und **10** im Verhältnis 9 : 1 entstanden ist, von dem sich 49 mg (77%) isolieren ließen. **83**: – ^{1}H-NMR (C_6D_6): δ =

1.84 (s; 12 H, NMe$_2$), 3.37, 3.48 (AB-System, $^2J_{AB}$ = 14 Hz; 4 H, CH$_2$N), 5.98 (s (d, $^1J_{SiH}$ = 287 Hz); 1 H, SiH), 7.07–7.18 (m; 6 H,ar-H), 8.02 (d, ^3J = 6 Hz; 2 H, ar-H). **10**: – ^{1}H-NMR (C$_6$D$_6$): δ = 1.75 (s; 12 H, NMe$_2$), 3.37 (s; 4 H, CH$_2$N), 7.07–7.18 (m; 6 H,ar-H), 8.30–8.36 (m; 2 H, ar-H).

2.5.4 Reaktionen von 11 mit hochkoordinierten Silanen

1,1,2,2-Tetrakis[2-(dimethylaminomethyl)phenyl]-1,2-dichlordisilan (**132-Cl**): 50 mg (56 µmol) **11** und 62 mg (0.17 mmol) **10** wurden in 0.5 mL C$_6$D$_6$ 4.5 h auf 50 °C erhitzt. Anschließend wurde das Lösungsmittel abdestilliert und man erhielt 102 mg (91%) **132-Cl** als weißen Feststoff. – ^{1}H-NMR (C$_6$D$_6$): δ = 1.80 (s; 24 H, NMe$_2$), 3.20, 3.46 (AB-System, $^2J_{AB}$ = 14 Hz; 8 H, CH$_2$N), 6.83 (dd, ^3J = 7 Hz, ^3J = 7 Hz; 4 H, ar-H), 7.07 (ddd, ^3J = 7 Hz, ^3J = 7 Hz, ^4J = 1 Hz; 4 H, ar-H), 7.52 (d, ^3J = 7 Hz; 4 H, ar-H), 8.00 (d, ^3J = 7 Hz; 4 H, ar-H).

1,1,2,2-Tetrakis[2-(dimethylaminomethyl)phenyl]-1-chlordisilan (**202**): 85 mg (96 µmol) **11** und 95 mg (0.29 mmol) **83** wurden in 0.8 mL C$_6$D$_6$ 6 h auf 50 °C erhitzt. Die Reaktionslösung wurde in einen Kolben überführt und das Lösungsmittel abdestilliert. Es wurden 175 mg (97%) **202** als weißer Feststoff isoliert. – ^{1}H-NMR (C$_6$D$_6$): δ = 1.83 (s; 12 H, NMe$_2$), 1.96 (s; 12 H, NMe$_2$), 3.31, 3.37 (AB-System, $^2J_{AB}$ = 13 Hz; 4 H, CH$_2$N), 3.39, 3.60 (AB-System, $^2J_{AB}$ = 14 Hz; 4 H, CH$_2$N), 5.90 (s (d, $^1J_{SiH}$ = 201 Hz); 1 H, SiH), 6.98 (dd, ^3J = 7 Hz, ^3J = 7 Hz; 2 H, ar-H), 7.05-7.23 (m; 6 H, ar-H), 7.40 (d, ^3J = 7 Hz; 2 H, ar-H), 7.44 (d, ^3J = 7 Hz; 2 H, ar-H), 8.04 (d, ^3J = 8 Hz; 2 H, ar-H), 8.28 (d, ^3J = 8 Hz; 2 H, ar-H).

1,1,2,2-Tetrakis[2-(dimethylaminomethyl)phenyl]disilan (**88**): 110 mg (0.12 mmol) **11** und 112 mg (0.38 mmol) **41** wurden in 0.5 mL C$_6$D$_6$ zuerst 3 d auf 70 °C und danach 2 d auf 90 °C erhitzt. Die Reaktionslösung wurde in einen Kolben überführt. Nach Abdestillieren des Lösungsmittels erhielt man 223 mg (96%) **88**. – ^{1}H-NMR (C$_6$D$_6$): δ = 1.91 (s; 24 H, NMe$_2$), 3.35, 3.57 (AB-System, $^2J_{AB}$ = 14 Hz; 8 H, CH$_2$N), 5.51 (s (d, $^1J_{SiH}$ = 200 Hz); 1 H, SiH), 6.99 (ddd, ^3J = 7 Hz, ^3J = 7 Hz, ^4J = 1 Hz; 4 H, ar-H), 7.16 (ddd, ^3J = 7 Hz, ^3J = 7 Hz, ^4J = 1 Hz; 4 H, ar-H), 7.28 (d, ^3J = 7 Hz; 4 H, ar-H), 7.68 (dd, ^3J = 7 Hz, ^4J = 1 Hz; 4 H, ar-H). – IR (Film): ṽ = 2140 cm^{-1}.

Versuch der Darstellung von 1,2,2-Tris[2-(dimethylaminomethyl)phenyl]-1,1,2-trichlordisilan (**203**): Eine Lösung von 258 mg (0.29 mmol) **11** und 215 mg (0.80 mmol) **44** in 5 mL Toluol wurde 5 d bei Raumtemp. gerührt. Die Reaktionsmischung wurde filtriert und der Rückstand durch mehrmaliges Umkondensieren des Lösungsmittels gewaschen. Der Niederschlag erwies sich als 146 mg (93%) des Polymers **205**. Nach destillativem Entfernen des Lösungsmittels vom Filtrat erhielt man 293 mg (99%) **10**. **205**: – $C_9H_{12}NSiCl$ (197.74): ber. C 54.67, H 6.59, N 7.08; gef. C 51.65, H 6.59, N 6.09.

Bis[2-(dimethylaminomethyl)phenyl]diethoxysilan (**38**): Eine Lösung aus 12 mL (80 mmol) Dimethylbenzylamin und 56 mL (88 mmol) 1.54 M *n*-BuLi/Hexan Lösung in 80 mL Et_2O wurde 2 d bei Raumtemp. gerührt. Die entstandene Suspension wurde langsam bei 0 °C zu einer Lösung von 8.96 mL (40 mmol) $Si(OEt)_4$ in 50 mL Et_2O getropft und 2 d bei Raumtemp. gerührt. Die Reaktionslösung wurde über eine Fritte abfiltriert, der Rückstand durch mehrmaliges Umkondensieren des Lösungsmittels gewaschen und das Filtrat eingeengt. Das resultierende Öl wurde bei 140 °C/10^{-3} Torr destilliert und man erhielt 9.5 g (62%) **38** als farbloses Öl. – ^{1}H-NMR ($CDCl_3$): δ = 1.17 (t, ^3J = 7 Hz; 6 Hz, CH_3), 1.86 (s; 12 H, NMe_2), 3.33 (s; 4 H, CH_2N), 3.67 (q, ^3J = 7 Hz; 4 Hz, CH_2O), 7.22–7.39 (m; 6 H, ar-H), 7.95 (dd, ^3J = 8 Hz, ^4J = 1 Hz; 2 H, ar-H). – ^{13}C-NMR ($CDCl_3$): δ = 18.3 (Me), 45.0 (NMe_2), 58.3 (CH_2O), 63.5 (CH_2N), 125.8 (ar-CH), 127.8 (ar-CH), 129.6 (ar-CH), 134.0 (ar-C_q), 136.6 (ar-CH), 145.6 (ar-C_q). – ^{29}Si-NMR ($CDCl_3$): δ = –35.6. – MS (EI, 70 eV), *m/z* (%): 386 (5) [M$^+$], 341 (6) [M$^+$ – OEt], 326 (5) [M$^+$ – OEt – Me], 282 (9) [M$^+$ – OEt – Me – NMe_2], 252 (100) [M$^+$ – $C_6H_4CH_2NMe_2$], 178 (39) [$C_6H_4(CH_2NMe_2)SiO^+$], 162 (16) [$C_6H_4CH_2NMe_2Si^+$], 134 (16) [$C_6H_4CH_2NMe_2^+$]. – $C_{22}H_{34}N_2O_2Si$ (386.2389): korrekte HRMS. – $C_{22}H_{34}N_2O_2Si$ (386.61): ber. C 68.35, H 8.86, N 7.25; gef. C 68.86, H 9.13, N 7.29.

Bis[2-(dimethylaminomethyl)phenyl]difluorsilan (**86**): a) Zu einer Lösung von 9.53 g (24.6 mmol) **38** in 50 mL THF wurde bei 0 °C 2.1 mL (16.4 mmol) BF_3*Et_2O und 2.0 mL (21 mmol) Triethylamin zugesetzt und 8 d bei Raumtemp. gerührt. Das Lösungsmittel wurde abdestilliert, der Rückstand mit 50 mL Hexan aufgenommen und die entstandene Suspension filtriert. Nach destillativem Entfernen des Lösungsmittels i. Vak wurden durch Destillation bei 135 °C/10^{-3} Torr 5.842 g (71%) **86** als farbloses Öl erhalten.
b) Eine Lösung von 328 mg (0.37 mmol) **11** in 10 mL THF wurde bei –55 °C mit 162 mg (1.11 mmol) AgF_2 versetzt. Nach Rühren bei Raumtemp. für 4 d wurde das Lösungsmittel abdestilliert, der Rückstand mit 15 mL Hexan aufgenommen und filtriert. Nach Entfernen des

Lösungsmittels erhielt man 332 mg (89%) **86**. – ^{1}H-NMR (CDCl$_3$): δ = 1.90 (s; 12 H, NMe$_2$), 3.43 (s; 4 H, CH$_2$N), 7.21–7.40 (m; 6 H, ar-H), 7.87 (dd, ^3J = 7 Hz, ^4J = 1 Hz; 2 H, ar-H). – ^{13}C-NMR (C$_6$D$_6$): δ = 45.1 (NMe$_2$), 64.4 (CH$_2$N), 127.0 (ar-CH), 127.6 (ar-CH), 130.0 (ar-CH), 133.5 (t, ^2J = 20 Hz; C–1), 136.0 (t, ^3J = 2 Hz; C–6), 145.0 (C–2). – ^{29}Si-NMR (C$_6$D$_6$): δ = –50.8 (t, $^1J_{SiF}$ = 271 Hz; SiF$_2$). – MS (EI, 70 eV), m/z (%): 334 (2) [M$^+$], 315 (2) [M$^+$ – F], 274 (15) [M$^+$ – NMe$_2$ – Me – H], 238 (26) [M$^+$ – 2 F – NMe$_2$ – Me + H], 200 (100) [M$^+$ – C$_6$H$_4$CH$_2$NMe$_2$], 134 (11) [C$_6$H$_4$CH$_2$NMe$_2$$^+$], 91 (19) [C$_7H_7$$^+$], 58 (76) [CH$_2NMe_2$$^+$].

Umsetzungsversuch von **11** *mit* **86**: Eine Lösung von 50 mg (56 µmol) **11** und 56 mg (0.17 mmol) **86** in 0.5 mL C$_6$D$_6$ wurde 24 h auf 80 °C erhitzt, doch konnte kein Umsatz festgestellt werden. Der gleiche Ansatz mit THF als Lösungsmittel führte nach 12stdg. Erhitzen auf 40 °C ebenfalls zu keinem Umsatz.

Umsetzungsversuch von **11** *mit* **84**: Eine Lösung von 38 mg (43 µmol) **11** und 44 mg (0.13 mmol) **84** in 0.5 mL C$_6$D$_6$ wurde 24 h auf 50 °C erhitzt, doch konnte kein Umsatz festgestellt werden. Auch nach 8 stdg. Erhitzen bei 90 °C trat keine Reaktion ein. Wurde die Reaktionslösung für 3 d auf 90 °C erhitzt, wurde das **11** abgebaut, doch trat immer noch kein Umsatz von **84** ein. **84** konnte nach Enfernen des Lösungsmittels und Aufnehmen des Rückstandes mit 5 mL Pentan, Filtration und Abkondensieren des Lösungsmittels in 27 mg (61%) nahezu sauber reisoliert werden.

2.5.5 Konkurrenzreaktionen und mechanistische Untersuchungen

Konkurrenzreaktion zwischen Me$_2$SiCl$_2$ und Me$_2$SiHCl mit **11**: Eine Lösung von 20 bzw. 40 mg (22 bzw. 45 µmol) **11** in 0.5 mL C$_6$D$_6$ wurde mit jeweils 20 Äquiv. Me$_2$SiCl$_2$ und 20 Äquiv. Me$_2$SiHCl bzw. 3 Äquiv. Me$_2$SiCl$_2$ und 3 Äquiv. Me$_2$SiHCl für 20 min auf 90 °C erhitzt und die entstandenen Produktverhältnisse ^{1}H-NMR-spektroskopisch ermittelt.

Tabelle 34. Konkurrenzreaktion zwischen Me$_2$SiCl$_2$ und Me$_2$SiHCl mit **11**

	188	191 + 192
20 Äquiv.	8	92
3 Äquiv.	10	90

Konkurrenzreaktion zwischen den zweifach phenylsubstituierten Silanen mit 11: Es wurden jeweils 3 bzw. 20 Äquiv. von zwei der zweifach phenylsubstituierten Silane zu einer Lösung von 20 bzw. 60 mg (22 bzw. 67 µmol) **11** in 0.5 mL C$_6$D$_6$ für 30 min auf 90 °C erhitzt und die entstandenen Produktverhältnisse ^{1}H-NMR-spektroskopisch ermittelt.

Tabelle 35. Konkurrenzreaktion zwischen den zweifach phenylsubstituierten Silanen mit **11**

Ph$_2$SiH$_2$	Ph$_2$SiHCl	Ph$_2$SiCl$_2$	199	197 + 198	196
3 Äquiv.	3 Äquiv.		0	100	
20 Äquiv.	20 Äquiv.		0	100	
3 Äquiv.		3 Äquiv.	1		99
20 Äquiv.		20 Äquiv.	0		100
	3 Äquiv.	3 Äquiv.		95	5
	20 Äquiv.	20 Äquiv.		100	0

1,1-Bis[2-(dimethylaminomethyl)phenyl]-2,2-diphenyl-2-deuterodisilan (**212**) *und 1,1-Bis[2-(dimethylaminomethyl)phenyl]-2,2-diphenyl-1-deuterodisilan* (**213**): a) Eine Lösung von 120 mg (0.14 mmol) **11** und 76 µL (0.41 mmol) Ph$_2$SiHD in 0.5 mL C$_6$D$_6$ wurden 1½ h auf 90 °C erhitzt. Dabei bildete sich ein 1.2 : 1 Gemisch aus **212** und **213**, von dem nach destillativem Entfernen des Lösungsmittels 183 mg (94%) isoliert werden konnten.
b) Eine Lösung von 78 mg (87 µmol) **11** und 48 µL (0.26 mmol) Ph$_2$SiHD in 0.5 mL C$_6$D$_6$ wurden 5 h auf 50 °C erhitzt. Dabei bildete sich ein 1.3 : 1 Gemisch aus **212** und **213**, von dem nach Entfernen des Lösungsmittels 109 mg (87%) isoliert werden konnten. **213**: – ^{1}H-NMR (C$_6$D$_6$): δ = 1.85 (s; 12 H, NMe$_2$), 3.31 (s; 4 H, CH$_2$N), 5.42 (s (d, $^1J_{SiH}$ = 188 Hz); 1 H, SiH), 6.99 (ddd, ^3J = 7 Hz, ^3J = 7 Hz, ^4J = 1 Hz; 2 H, ar-H), 7.07–7.20 (m; 10 H, ar-H),

7.63–7.66 (m; 4 H, ar-H), 7.75 (d, ^3J = 7 Hz; 2 H, ar-H). – ^{29}Si-NMR (C$_6$D$_6$): δ = –30.9 (dqin, $^1J_{SiH}$ = 187 Hz, $^3J_{SiH}$ = 6 Hz; SiPh$_2$H), –42.8 (t, $^1J_{SiD}$ = 31 Hz; SiAr$_2$D). – C$_{18}$H$_{24}$DN$_2$Si (298.1849): korrekte HRMS. 212: – ^{1}H-NMR (C$_6$D$_6$): δ = 1.85 (s; 12 H, NMe$_2$), 3.31 (s; 4 H, CH$_2$N), 5.59 (s (d, $^1J_{SiH}$ = 201 Hz); 1 H, SiH), 6.99 (ddd, ^3J = 7 Hz, ^3J = 7 Hz, ^4J = 1 Hz; 2 H, ar-H), 7.07–7.20 (m; 10 H, ar-H), 7.63–7.66 (m; 4 H, ar-H), 7.75 (d, ^3J = 7 Hz; 2 H, ar-H). – ^{29}Si-NMR (C$_6$D$_6$): δ = –31.2 (t, $^1J_{SiD}$ = 29 Hz; SiPh$_2$D), –42.4 (dt, $^1J_{SiH}$ = 200 Hz, $^3J_{SiH}$ = 6 Hz; SiAr$_2$H). 212 + 213: – ^{13}C-NMR (C$_6$D$_6$): δ = 44.8 (NMe$_2$), 65.1 (CH$_2$N), 126.5 (ar-CH), 128.2 (ar-CH), 129.1 (ar-CH), 129.1 (ar-CH), 129.1 (ar-CH), 135.1 (ar-C$_q$), 135.5 (ar-C$_q$), 136.5 (ar-CH), 138.1 (ar-CH), 146.0 (ar-C$_q$). – IR (Film): $\tilde{v}$ = 2133 cm^{-1}. – MS (EI, 70 eV), m/z (%): 480 (1) [M$^+$ – H], 436 (5) [M$^+$ – NMe$_2$ – H], 421 (12) [M$^+$ – NMe$_2$ – Me – H], 347 (15) [M$^+$ – C$_6$H$_4$CH$_2$NMe$_2$], 298 (86) [M$^+$ – Ph$_2$SiH], 297 (79) [M$^+$ – Ph$_2$SiD], 252 (14) [M$^+$ – Ph$_2$SiD– NMe$_2$ – H], 238 (27) [M$^+$ – Ph$_2$SiH – NMe$_2$ – Me], 209 (8) [M$^+$ – Ph$_2$SiD – 2 NMe$_2$], 184 (35) [Ph$_2$SiD$^+$], 183 (35) [Ph$_2$SiH$^+$], 181 (43) [M$^+$ – Ph$_2$SiD – 2 CH$_2$NMe$_2$], 165 (25) [M$^+$ – Ph$_2$SiH – C$_6$H$_4$CH$_2$NMe$_2$ + H], 134 (9) [C$_6$H$_4$CH$_2$NMe$_2$$^+$], 119 (37) [C$_6H_4CH_2NMe_2$$^+$ – Me], 105 (100) [PhSi$^+$], 91 (22) [C$_7$H$_7$$^+$], 58 (54) [CH$_2NMe_2$$^+$]. – C$_{30}H_{36}N_2Si_2$ (480.2417): korrekte HRMS.

1,1-Bis[2-(dimethylaminomethyl)phenyl]-2,2-bis(4-chlorphenyl)-1,2-dichlordisilan (**214**): Eine Lösung von 340 mg (1.06 mmol) Bis(4-chlorphenyl)dichlorsilan und 313 mg (0.35 mmol) **11** wurde in 10 mL Toluol 2 h auf 90 °C erhitzt. Das Lösungsmittel wurde abkondensiert, und man erhielt 653 mg (100%) **214** als schwach gelben Feststoff. – ^{1}H-NMR (C$_6$D$_6$): δ = 1.81 (s; 12 H, NMe$_2$), 3.03, 3.40 (AB-System, $^2J_{AB}$ = 14 Hz; 4 H, CH$_2$N), 7.04 (d, ^3J = 8 Hz; 4 H, ar-H), 7.09–7.31 (m; 6 H, ar-H), 7.65 (d; ^3J = 8 Hz; 4 H, ar-H), 8.28 (dd, ^3J = 7 Hz, ^4J = 2 Hz; 2 H, ar-H). – ^{13}C-NMR (C$_6$D$_6$): δ = 45.5 (NMe$_2$), 64.1 (CH$_2$N), 126.8 (ar-CH), 128.4 (ar-CH), 130.5 (ar-CH), 133.2 (ar-C$_q$), 134.0 (ar-C$_q$), 135.6 (ar-CH), 137.0 (ar-C$_q$), 137.3 (ar-CH), 137.4 (ar-CH), 145.9 (ar-C$_q$). – ^{29}Si-NMR (C$_6$D$_6$): δ = –3.4 (SiPh$_2$Cl), –24.3 (SiAr$_2$Cl)

1,1-Bis[2-(dimethylaminomethyl)phenyl]-2,2-bis(4-chlorphenyl)disilan (**240**): Eine Suspension von 653 mg (1.06 mmol) **214** in 15 mL Et$_2$O wurde bei 0 °C mit 80.0 mg (2.12 mmol) LiAlH$_4$ versetzt und 1 h bei Raumtemp. gerührt. Danach wurde die Reaktionsmischung bei –78 °C durch Zugabe von 38 μL H$_2$O hydrolysiert, das Lösungsmittel abdestilliert, der Rückstand mit 10 mL Hexan aufgenommen und die Suspension filtriert. Nach Abdestillieren des Lösungsmittels erhielt man 377 mg (65%) **240** als farblosen wachsartigen Feststoff. – ^{1}H-NMR (C$_6$D$_6$): δ = 1.78 (s; 12 H, NMe$_2$), 3.25 (s; 4 H, CH$_2$N), 5.22 (d, ^3J = 3 Hz (d, $^1J_{SiH}$ =

190 Hz); 1 H, SiH), 5.47 (d, ^3J = 3 Hz (d, $^1J_{SiH}$ = 201 Hz); 1 H, SiH), 6.98 (ddd, ^3J = 7 Hz, ^3J = 7 Hz, ^4J = 2 Hz; 2 H, ar-H), 7.06–7.12 (m; 8 H, ar-H), 7.32 (d, ^3J = 8 Hz; 4 H, ar-H), 7.65 (dd, ^3J = 7 Hz, ^4J = 4 Hz; 2 H, ar-H). – ^{13}C-NMR (C$_6$D$_6$): δ = 44.6 (NMe$_2$), 65.0 (CH$_2$N), 126.5 (ar-CH), 128.5 (ar-CH), 129.3 (ar-CH), 133.7 (ar-C$_q$), 134.6 (ar-C$_q$), 135.8 (ar-C$_q$), 137.7 (ar-CH), 137.7 (ar-CH), 137.9 (ar-CH), 145.9 (ar-C$_q$). – MS (EI, 70 eV), m/z (%): 547 (1) [M$^+$ – H], 503 (2) [M$^+$ – NMe$_2$ – H], 488 (6) [M$^+$ – NMe$_2$ – Me – H], 414 (7) [M$^+$ – C$_6$H$_4$CH$_2$NMe$_2$], 297 (100) [M$^+$ – (ClC$_6$H$_4$)$_2$SiH], 253 (100) [M$^+$ – (ClC$_6$H$_4$)$_2$SiH – NMe$_2$ – H].

1,1-Bis[2-(dimethylaminomethyl)phenyl]-2,2-bis(4-methylphenyl)-1,2-dichlordisilan (**215**): Eine Lösung von 318 mg (1.13 mmol) Bis(4-methylphenyl)dichlorsilan und 335 mg (0.38 mmol) **11** wurde in 10 mL Toluol 2 h auf 90 °C erhitzt. Das Lösungsmittel wurde abkondensiert und der Rückstand bei 90 °C/10^{-4} Torr abdestilliert. Man erhielt 595 mg (91%) **215** als farblosen Feststoff. – ^{1}H-NMR (C$_6$D$_6$): δ = 1.85 (s; 12 H, NMe$_2$), 1.95 (s; 3 H, CH$_3$), 3.04, 3.43 (AB-System, $^2J_{AB}$ = 14 Hz; 4 H, CH$_2$N), 6.93 (d, ^3J = 8 Hz; 4 H, ar-H), 7.12–7.20 (m; 4 H, ar-H), 7.28–7.32 (m; 2 H, ar-H), 7.89 (d, ^3J = 8 H; 4 H, ar-H), 8.44–8.48 (m; 2 H, ar-H). – ^{13}C-NMR (C$_6$D$_6$): δ = 21.4 (CH$_3$), 45.5 (NMe$_2$), 64.1 (CH$_2$N), 126.6 (ar-CH), 128.4 (ar-CH), 129.0 (ar-CH), 130.4 (ar-CH), 131.6 (ar-C$_q$), 134.4 (ar-C$_q$), 136.0 (ar-CH), 137.7 (ar-CH), 140.2 (ar-C$_q$), 146.2 (ar-C$_q$). – ^{29}Si-NMR (C$_6$D$_6$): δ = –1.8 (SiPh$_2$Cl), –19.6 (SiAr$_2$Cl). – MS (EI, 70 eV), m/z (%): 578/576 (2/3) [M$^+$], 508/506 (3/5) [M$^+$ – NMe$_2$ – Me – H], 446/444/442 (8/33/48) [M$^+$ – C$_6$H$_4$CH$_2$NMe$_2$], 333/331 (19/57) [M$^+$ – (CH$_3$C$_6$H$_4$)$_2$SiCl], 274/272 (35/100) [M$^+$ – (CH$_3$C$_6$H$_4$)$_2$SiCl – NMe$_2$ – Me], 200/198 (31/100) [(C$_6$H$_4$CH$_2$NMe$_2$)SiClH].

1,1-Bis[2-(dimethylaminomethyl)phenyl]-2,2-bis(4-methylphenyl)disilan (**241**): Eine Suspension von 534 mg (0.98 mmol) **215** in 15 mL Et$_2$O wurde bei 0 °C mit 65 mg (1.71 mmol) LiAlH$_4$ versetzt und noch 1 h bei Raumtemp. gerührt. Danach wurde bei –78 °C durch Zugabe von 31 μL H$_2$O hydrolysiert, das Lösungsmittel gegen 10 mL Hexan ausgetauscht und die Suspension filtriert. Nach Abdestillieren des Lösungsmittels erhielt man 452 mg (91%) **241** als farblosen wachsartigen Feststoff. – ^{1}H-NMR (C$_6$D$_6$): δ = 1.87 (s; 12 H, NMe$_2$), 2.03 (s; 6 H, CH$_3$), 3.32, 3.34 (AB-System, $^2J_{AB}$ = 7 Hz; 4 H, CH$_2$N), 5.51 (d, ^3J = 3 Hz (d, $^1J_{SiH}$ = 188 Hz); 1 H, SiH), 5.65 (d, ^3J = 3 Hz (d, $^1J_{SiH}$ = 198 Hz); 1 H, SiH), 6.96 (d, ^3J = 7 Hz; 4 H, ar-H), 7.02–7.25 (m; 6 H, ar-H), 7.64 (d, ^3J = 8 Hz; 4 H, ar-H), 7.84 (dd, ^3J = 7 Hz, ^4J = 1 Hz; 2 H, ar-H). – ^{13}C-NMR (C$_6$D$_6$): δ = 21.4 (CH$_3$), 44.8 (NMe$_2$), 65.1 (CH$_2$N),

126.4 (ar-CH), 128.9 (ar-CH), 129.0 (ar-CH), 129.1 (ar-CH), 131.8 (ar-C$_q$), 135.3 (ar-C$_q$), 136.6 (ar-CH), 138.2 (ar-CH), 138.5 (ar-C$_q$), 146.0 (ar-C$_q$).– ^{29}Si-NMR (C$_6$D$_6$): δ = –31.5 (d, $^1J_{SiH}$ = 190 Hz; SiPh$_2$H), –42.2 (d, $^1J_{SiH}$ = 194 Hz; SiAr$_2$H). – MS (EI, 70 eV), m/z (%): 507 (1) [M$^+$ – H], 463 (8) [M$^+$ – NMe$_2$ – H], 448 (8) [M$^+$ – NMe$_2$ – Me – H], 374 (10) [M$^+$ – C$_6$H$_4$CH$_2$NMe$_2$], 297 (100) [M$^+$ – (MeC$_6$H$_4$)$_2$SiH], 253 (4) [M$^+$ – (MeC$_6$H$_4$)$_2$SiH – NMe$_2$ – H], 238 (8) [M$^+$ – (MeC$_6$H$_4$)$_2$SiH – NMe$_2$ Me].

Konkurrenzreaktionen zwischen Diphenyldichlorsilan und unterschiedlich parasubstituierten Diphenyldichlorsilanen: Eine Lösung von 30 mg (34 μmol) **11** wurde mit jeweils 3 Äquiv. zweier Dichlorsilane, bzw. 20 mg (22 μmol) **11** wurde mit jeweils 20 Äquiv. zweier Dichlorsilane 20 min auf 90 °C erhitzt. Dabei bildeten sich Produktgemische aus beiden Dichlordisilanen, deren Anteile spektroskopisch ermittelt wurden.

Tabelle 36. Konkurrenzreaktionen zwischen unterschiedlich *para*substituierten Diphenyldichlorsilanen mit **11**

H[a]	Me[a]	Cl[a]	**196**	**214**	**215**
3 Äquiv.	3 Äquiv.		73	27	
20 Äquiv.	20 Äquiv.		80	20	
3 Äquiv.		3 Äquiv.	26		74
20 Äquiv.		20 Äquiv.	18		82

[a] Substituent in *para*-Stellung des Phenylsubstituenten der eingesetzten Diphenyldichlorsilane

*Allgemeine Arbeitsvorschrift für die Reaktion von **11** mit para-substituierten Phenyltrichlorsilanen:* Eine Lösung von 100-120 mg (0.11–0.14 mmol) **11** wurden mit 3 Äquiv. des *para*-substituierten Phenyltrichlorsilans versetzt und 30 min auf 90 C erhitzt. Dabei erhielt man in einer glatten Reaktion die entsprechenden Trichlordisilane, die sich nach Entfernen des Lösungsmittels in 80–100% isolieren ließen.

1,1-Bis[2-(dimethylaminomethyl)phenyl]-2-(4-chlorphenyl)-1,2,2-trichlordisilan (**218**): – ^{1}H-NMR (C$_6$D$_6$): δ = 1.78 (s; 12 H, NMe$_2$), 2.89, 3.43 (AB-System, $^2J_{AB}$ = 13 Hz; 4 H, CH$_2$N),

7.03 (d, ^3J = 8 Hz; 2 H, ar-H), 7.08–7.19 (m; 6 H, ar-H), 7.73 (d, ^3J = 8 Hz; 2 H, ar-H), 8.25–8.30 (m; 2 H, ar-H). – ^{13}C-NMR (C_6D_6): δ = 45.0 (NMe_2), 64.3 (CH_2N), 127.1 (ar-CH), 128.4 (ar-CH), 128.7 (ar-CH), 130.7 (ar-CH), 132.8 (ar-C_q), 133.8 (ar-C_q), 136.1 (ar-CH), 137.1 (ar-CH), 137.6 (ar-C_q), 145.8 (ar-C_q). – ^{29}Si-NMR (C_6D_6): δ = 8.9 ($PhSiCl_2$), –24.5 (Ar_2SiCl).

1,1-Bis[2-(dimethylaminomethyl)phenyl]-2-(4-methylphenyl)-1,2,2-trichlordisilan (**217**): – ^{1}H-NMR (C_6D_6): δ = 1.81 (s; 12 H, NMe_2), 1.98 (s; 3 H, CH_3), 2.93, 3.45 (AB-System, $^2J_{AB}$ = 13 Hz; 4 H, CH_2N), 6.93 (d, ^3J = 8 Hz; 2 H, ar-H), 7.13–7.19 (m; 6 H, ar-H), 7.90 (d, ^3J = 8 Hz; 2 H, ar-H), 8.35–8.38 (m; 2 H, ar-H). – ^{13}C-NMR (C_6D_6): δ = 21.4 (CH_3), 45.4 (NMe_2), 64.3 (CH_2N), 127.0 (ar-CH), 128.6 (ar-CH), 129.0 (ar-CH), 130.6 (ar-CH), 131.7 (ar-C_q), 133.1 (ar-C_q), 134.8 (ar-CH), 137.4 (ar-CH), 141.2 (ar-C_q), 146.0 (ar-C_q). – ^{29}Si-NMR (C_6D_6): δ = 9.9 ($PhSiCl_2$), –23.1 (Ar_2SiCl).

1,1-Bis[2-(dimethylaminomethyl)phenyl]-2-(4-(dimethylamino)phenyl)-1,2,2-trichlordisilan (**216**): – ^{1}H-NMR (C_6D_6): δ = 1.84 (s; 12 H, NMe_2), 2.37 (s; 6 H, NMe_2), 2.96, 3.47 (AB-System, $^2J_{AB}$ = 13 Hz; 4 H, CH_2N), 6.41 (d, ^3J = 9 Hz; 2 H, ar-H), 7.15–7.27 (m; 6 H, ar-H), 7.91 (d, ^3J = 9 Hz; 2 H, ar-H), 8.42–8.45 (m; 2 H, ar-H). – ^{13}C-NMR (C_6D_6): δ = 39.4 (NMe_2), 45.5 (NMe_2), 64.3 (CH_2N), 111.7 (ar-CH), 119.0 (ar-C_q), 126.9 (ar-CH), 128.5 (ar-CH), 130.5 (ar-CH), 133.5 (ar-C_q), 136.0 (ar-CH), 137.4 (ar-CH), 146.1 (ar-C_q), 152.2 (ar-C_q). – ^{29}Si-NMR (C_6D_6): δ = 10.1 ($PhSiCl_2$), –20.6 (Ar_2SiCl).

Konkurrenzreaktionen zwischen Phenyltrichlorsilan und unterschiedlich parasubstituierten Phenyltrichlorsilanen: Eine Lösung von 30 mg (34 µmol) **11** wurde mit jeweils 3 Äquiv. zweier Trichlorsilane, bzw. 20 mg (22 µmol) **11** wurde mit jeweils 20 Äquiv. zweier Trichlorsilane 10 min auf 90 °C erhitzt. Dabei bildeten sich Produktgemische aus beiden Trichlordisilanen, deren Anteile spektroskopisch ermittelt wurden.

Tabelle 37. Konkurrenzreaktionen zwischen unterschiedlich *para*substituierten Phenyltrichlorsilanen mit **11**

H[a]	NMe$_2$[a]	Me[a]	Cl[a]	200	216	217	218
3 Äquiv.	3 Äquiv.			76	24		
20 Äquiv.	20 Äquiv.			88	12		
3 Äquiv.		3 Äquiv.		55		45	
20 Äquiv.		20 Äquiv.		57		43	
3 Äquiv.			3 Äquiv.	41			59
20 Äquiv.			20 Äquiv.	37			63

[a] Substituent in *para*-Stellung des Phenylsubstituenten der eingesetzten Diphenyldichlorsilane

2.6 Reaktionen von **11** *mit Stannanen*

Umsetzung von **11** *mit Tri-n-butylzinnhydrid*: 60 mg (67 µmol) **11** und 55 µL (0.20 mmol) Tri-*n*-butylzinnhydrid in 0.5 mL C$_6$D$_6$ wurden 12 h bei Raumtemp. stehengelassen. Es wurde eine Spatelspitze Azobisisobutyronitril zugesetzt und auf 40 °C erhitzt. Nach 10 d bei 40 °C war die Umsetzung von **11** immer noch unvollständig.

Bis[2-(dimethylaminomethyl)phenyl](tri-n-butylstannyl)chlorsilan (**229**): Eine Lösung von 76 mg (85 µmol) **11** und 70 µL (0.26 mmol) Tri-*n*-butylstannylchlorid wurde in 0.5 mL C$_6$D$_6$ 12 h auf 40 °C erhitzt. Nach Überführen in einen Kolben und Entfernen des Lösungsmittels erhielt man 151 mg (95%) **229** als farbloses Öl. – ^{1}H-NMR (C$_6$D$_6$): δ = 0.98 (t, ^3J = 7 Hz; 12 H, CH$_3$), 1.20–1.55 (m; 16 H, CH$_2$), 1.57–1.69 (m; 8 H, CH$_2$), 1.82 (s; 12 H, NMe$_2$), 2.88, 3.41 (AB-System, $^2J_{AB}$ = 12 Hz; 4 H, CH$_2$N), 7.08–7.22 (m; 4 H, ar-H), 7.24–7.28 (m; 2 H, ar-H), 7.98–8.05 (m; 2 H, ar-H). – ^{13}C-NMR (C$_6$D$_6$): δ = 11.2 (CH$_2$), 13.9 (CH$_3$), 28.0 (CH$_2$), 30.2 (CH$_2$), 45.4 (NMe$_2$), 64.3 (CH$_2$N), 126.8 (ar-CH), 128.3 (ar-CH), 129.8 (ar-CH), 136.8 (ar-CH), 137.7 (ar-C$_q$), 145.0 (ar-C$_q$). – ^{29}Si-NMR (C$_6$D$_6$): δ = –4.3 (s (dd, $^1J_{Si-Sn}$ = 769 Hz, $^1J_{Si-Sn}$ = 804 Hz); Ar$_2$SiSnBu$_3$).

Bis[2-(dimethylaminomethyl)phenyl](tributylstannyl)silanol (**228**): Eine Lösung von 151 mg (0.24 mmol) **229** wurde bei 0 °C mit 0.2 mL (0.6 mmol) 2.754 M MeMgCl/THF-Lösung versetzt. Die Reakionsmischung wurde 2 d bei Raumtemp. gerührt. Anschließend wurde das Lösungsmittel abkondensiert, der Rückstand in 5 mL Hexan suspendiert, filtriert und das Lösungsmittel erneut abkondensiert. Nach Destillation bei 220 °C/10^{-3} Torr konnten 35 mg (24%) **228** als viskoses Öl isoliert werden. – ^{1}H-NMR (C$_6$D$_6$): δ = 0.86–1.76 (m; 27 H, SnBu$_3$), 1.82 (s; 12 H, NMe$_2$), 2.92, 3.42 (AB-System, $^2J_{AB}$ = 13 Hz; 4 H, CH$_2$N), 7.03–7.24 (m; 6 H, ar-H), 7.98–8.03 (m; 2 H,ar-H), 8.07 (s; 1 H, OH). – ^{13}C-NMR (C$_6$D$_6$): δ = 10.5 (CH$_2$), 13.9 (CH$_3$), 27.9 (CH$_2$), 31.2 (CH$_2$), 44.4 (NMe$_2$), 64.7 (CH$_2$N), 126.9 (ar-CH), 129.2 (ar-CH), 130.2 (ar-CH), 136.2 (ar-CH), 140.6 (ar-C$_q$), 144.5 (ar-CH). – ^{29}Si-NMR (C$_6$D$_6$): δ = –5.5. – MS (EI, 70 eV), m/z (%): 604 (1) [M$^+$], 315 (4) [M$^+$ – SnBu$_3$], 269 (96) [M$^+$ – 3 Bu – C$_6$H$_4$CH$_2$NMe$_2$ – 2 Me], 213 (27) [M$^+$ – SnBu$_3$ – CH$_2$NMe$_2$ – NMe$_2$], 194 (100) [(C$_6$H$_4$CH$_2$NMe$_2$)SiO$^+$ + O], 178 (55) [(C$_6$H$_4$CH$_2$NMe$_2$)SiO$^+$].

2.7 Reaktionen von **11** *mit nucleophilen Carbenen und Heterocyclen*

4-{Bis[2-(dimethylaminomethyl)phenyl]silyl}-1,3-dimethylimidazol-2-yliden (**233**): 23 mg (0.24 mmol) **232** und 67 mg (75 µmol) **11** wurden in 0.5 mL C$_6$D$_6$ 20 h bei Raumtemp. stehen gelassen. Nach Abziehen des Lösungsmittels erhielt man 94 mg (100%) **233** als Öl. – ^{1}H-NMR (C$_6$D$_6$): δ = 1.80 (s; 12 H, NMe$_2$), 3.38 (s; 6 H, NMe), 3.76 (s; 4 H, CH$_2$N), 5.63 (s (d, $^1J_{SiH}$ = 230 Hz); 1 H, SiH), 6.38 (s; 1 H, CH), 7.03 (ddd, ^3J = 7 Hz, ^3J = 7 Hz, ^4J = 2 Hz; 2 H, ar-H), 7.10–7.23 (m; 4 H, ar-H), 4.47 (dd, ^3J = 7 Hz, ^4J = 1 Hz; 2 H, ar-H). – ^{13}C-NMR (C$_6$D$_6$): δ = 37.0 (NMe), 38.1 (NMe), 44.4 (NMe$_2$), 64.6 (CH$_2$N), 119.6 (C–5), 126.8 (ar-CH), 129.2 (ar-CH), 130.3 (ar-CH), 135.4 (ar-C$_q$), 136.9 (ar-CH), 145.6 (ar-C$_q$), 151.5 (C–4), 219.2 (C–2). – ^{29}Si-NMR (C$_6$D$_6$): δ = –47.0 (d, $^1J_{SiH}$ = 227 Hz; SiH).

Umsetzung von **236** *mit* **11**: Eine Lösung von 525 mg (0.59 mmol) **11** in 15 mL Et$_2$O wurde bei –75 °C mit einer Lösung von 220 mg (1.77 mmol) **236** in 15 mL Et$_2$O versetzt und über Nacht auf Raumtemp. erwärmt. Dabei bildete sich ein rotoranger Niederschlag. Es ließ sich jedoch weder aus dem Niederschlag noch aus der Lösung ein eindeutiges Produkt isolieren. In NMR-Spektren war immer nur leicht verunreinigtes **236** sichtbar. – ^{1}H-NMR (C$_6$D$_6$): δ = 1.60 (s; 6 H, CH$_3$), 3.37 (s; 6 H, NCH$_3$).

Allgemeine Arbeitsvorschrift für die Reaktion von **11** *mit Heterocyclen*: Eine Lösung von 80–130 mg (0.09–0.15 mmol) **11** in 0.5 mL C$_6$D$_6$ wurde zunächst bei Raumtemp. stehengelassen, wenn dabei keine Reaktion auftrat, wurde die Reaktionslösung erhitzt

Tabelle 38. Reaktionen von **11** mit Heterocyclen

Edukt	Reaktionsbedingungen	Ergebnis
N-Methylimidazol	RT/C$_6$D$_6$[a]/7 h	Insertion in C(2)-H
1,2-Dimethylimidazol	RT/C$_6$D$_6$/2 d	Gemisch (Insertionsprodukt)
Thiooxazol	RT/C$_6$D$_6$/3 d	Gemisch (Insertionsprodukt)
N-Methylpyrazol	80 °C/C$_6$D$_6$/24 h	keine Reaktion
Pyridazin	60 °C/C$_6$D$_6$/2½ h	Zersetzung[b]
2-Methylpyrazin	RT/C$_6$D$_6$/8 d	Zersetzung[b]

[a] RT = Raumtemp.; C$_6$D$_6$ = [D6]-Benzol. − [b] Von Zersetzung wurde gesprochen, wenn **11** abgebaut wurde und sich die Menge an Heterocyclus nur unwesentlich veränderte.

2-{Bis[2-(dimethylaminomethyl)phenyl]silyl}-1-methylimidazol (**235**): Eine Lösung von 120 mg (0.14 mmol) **11** und 32 mg (0.40 mmol) N-Methylimidazol wurde 7 h bei Raumtemp. stehengelassen. Nach Abziehen des Lösungsmittels verblieben 143 mg (95%) **235** als farbloses Öl. − ^{1}H-NMR (C$_6$D$_6$): δ = 1.79 (s; 12 H, NMe$_2$), 3.18 (s; 3 H, CH$_3$), 3.42, 3.49 (AB-System, $^2J_{AB}$ = 13 Hz; 4 H, CH$_2$N), 5.73 (s (d, $^1J_{SiH}$ = 229 Hz); 1 H, SiH), 6.64 (s; 1 H, im-H), 7.02 (ddd, ^3J = 7 Hz, ^3J = 7 Hz, ^4J = 1 Hz; 2 H, ar-H), 7.09–7.23 (m; 4 H, ar-H), 7.37 (s; 1 H, im-H), 7.64 (d, ^3J = 8 Hz; 2 H, ar-H). − ^{13}C-NMR (C$_6$D$_6$): δ = 33.8 (CH$_3$), 44.3 (NMe$_2$), 64.6 (CH$_2$N), 121.6 (im-CH), 126.5 (ar-CH), 128.0 (ar-CH), 129.0 (ar-CH), 130.1 (im-CH), 135.4 (ar-C$_q$), 137.7 (ar-CH), 145.8 (ar-C$_q$), 151.7 (im-C2). − ^{29}Si-NMR (C$_6$D$_6$): δ = −46.2 (dt, $^1J_{SiH}$ = 229 Hz, $^3J_{SiH}$ = 6 Hz).

IV. Zusammenfassung

Der erste Teil dieser Arbeit befaßte sich mit 2-(Trimethylhydrazino)phenyl(PTMH)-substituierten Siliciumverbindungen. Diese wurden durch Reaktion des Anions **15** mit Chlorsilanen erhalten. **15** war dabei unter Ausnutzung der bisher nicht untersuchten *ortho*-dirigierenden Wirkung der Hydrazino-Gruppe zugänglich. Es konnte gezeigt werden, daß **15** im Festkörper eine dimere Struktur unter Einbau eines Tetramethylethylendiamin-Moleküls ausbildet. In Lösung besitzt **15** die typische ^{7}Li-^{13}C-Kopplungskonstante einer 2-Elektronen-3-Zentrenbindung, was mit einem dimeren oder einer trimeren Aggregat vereinbar ist.

Die PTMH-substituierten Siliciumverbindungen besitzen hochkoordinierte Siliciumzentren, wobei jedoch der dabei diagnostische ^{29}Si-NMR-Hochfeldshift im Vergleich zu analogen Phenylsilanen geringer ausfällt als bei den entsprechenden 2-(Dimethylaminomethyl)phenyl(DMBA)-substituierten Siliciumverbindungen. Es konnte gezeigt werden, daß zweifach PTMH-substituierte Siliciumverbindungen sowohl in Lösung als auch im Festkörper hexakoordinierte Siliciumzentren besitzen. In Verbindungen, die sowohl einen PTMH- als auch einen DMBA-Substituenten am Silicium tragen, konnte durch die Untersuchung der Festkörperstruktur von **47** gezeigt werden, daß dabei nur der PTMH-Substituent eine Si⋯N-Wechselwirkung ausbildet. Aufgrund des erhaltenen Datenmaterials ist es jedoch nicht möglich, zu entscheiden, ob die Koordinationsfähigkeit des PTMH-Substituenten aufgrund des α-Effekts größer als die des DMBA-Substituenten ist.

Die Instabilität PTMH-substituierter kationischer Komplexe **75** und **76** sowie die Kupplungsversuche von **16**, die zur Darstellung PTMH-substituierter Oligosilane unternommen wurden, zeigen, daß durch die leichte Spaltbarkeit der N-N-Bindung der Hydrazin-Gruppe die Verwendbarkeit des PTMH-Substituenten zur Stabilisierung Lewis-saurer Zentren stark eingeengt wird.

Im zweiten Teil dieser Arbeit wurde die S_N-Reaktion am Silicium untersucht und durch Variation der Abgangsgruppe sowie Aryl-Substituenten eine Festkörperstruktur-Korrelation für die S_N-Reaktion am Silicium durchgeführt. Dabei stellen die Strukturen von **47**>**83**>**94-OTf**>**87-OTf** Punkte auf der Reaktionskoordinaten des immer weiter fortschreitenden nucleophilen Angriffs eines Stickstoff-Nucleophils auf das Siliciumzentrum dar. Auch in Lösung ist das Fortschreiten des nucleophilen Angriffs auf das Siliciumzentrum in der Reihe **85**>**83**>**87-Br**,**87-I** verfolgbar: Während **85** eine eindeutig kovalente und **87-Br** sowie **87-I** eindeutig ionische Verbindungen sind, liegt **83** in Lösung sowohl in ionischer als auch kovalenter Form vor. Dabei ist **83** die erste Verbindung, in der es möglich ist, beide Modifikationen direkt nebeneinander im NMR- bzw. IR-Spektrum zu beobachten.

Der letzte Teil dieser Arbeit beschäftigte sich mit den Reaktionen des Cyclotrisilans **11** gegenüber halogenierten Verbindungen. Dabei führt die Reaktion mit Brom zu dem kationischen Komplex

87-Br. Es war dabei jedoch nicht möglich, die Herkunft des eingebauten Protons zweifelsfrei zu klären. Die Reaktion von **11** mit Iod führt zu einem Gemisch aus zwei Verbindungen, von denen eine als der kationsche Komplex **87-I** identifiziert werden konnte. Die Reaktion von **11** mit Alkylmonoiodiden, Benzylbromid und *tert*-Butylchlorid führt zu den formalen Insertionsprodukten des Silandiyls **13** in die C-Hal-Bindung (**106, 134, 135, 139-Br** und **102**). Bei der Reaktion von **11** mit vicinalen und geminalen polyhalogenierten Alkanen erhält man nicht die entsprechenden formalen Insertionsprodukte, sondern unter Übertragung zweier Halogene auf das Siliciumzentrum die Dihalogenide **10** bzw. **144**. Im Fall der Diphenyldihalogenmethane wird dabei die Bildung von Tetraphenylethen und im Fall von Dibromethan die Bildung von Ethen nachgewiesen.

Bei der Reaktion von **11** mit Cyclopropylmethylbromid beobachtet man, daß im Gegensatz zu den Reaktionen rein elektrophil reagierender Silandiyle, die unter Erhalt des Cyclopropanrings zu dem formalen Insertionsprodukt **155** führt, auch das Ringöffnungsprodukt **154** gebildet wurde.

Die Umsetzung von **11** mit Vinylbromiden führen ebenfalls zu den formalen Insertionsprodukten **166, 172** und **176**. Ob bei dieser Reaktion intermediär Silacyclopropane gebildet werden, konnte nicht geklärt werden. Doch spricht das Ausbleiben der Reaktion von **11** mit 1-Brom-2-methyl-prop-1-en für die intermediäre Bildung eines Silacyclopropans.

Bei der Reaktion von **11** mit Pivaloylchlorid erhält man ebenfalls das formale Insertionsprodukt in die C-Cl-Bindung **183**. In Analogie zur Reaktion nucleophiler Germandiyle und Stannandiyle mit Säurechloriden sollte diese Reaktion über einem nucleophilen Angriff auf die Carbonylgruppe ablaufen. Säurechloride, die in α-Position zur Carbonylgruppe ein Wasserstoffatom besitzen, führen bei der Umsetzung mit **11** zu Gemischen, in denen sich eindeutig das HCl-Abstraktionsprodukt **83** identifizieren ließ. Die Reaktion mit Benzoylchlorid scheint ebenfalls zum Insertionsprodukt **186** zu führen, jedoch erweist sich das Produkt als instabil und zersetzt sich schnell in einer unselektiven Reaktion.

Die Reaktion von **11** mit Silanen eröffnet einen einfachen Weg zu DMBA-substituierten Oligosilanen, wie z. B. **132-Cl, 188** und **199**, sowie **200, 216** und **218**. Dabei findet sowohl Insertion in Si-H- als auch in Si-Cl-Bindungen statt; Si-F und Si-O-Bindungen werden nicht angegriffen. Bietet man dem Silandiyl **13** ein Silan an, das sowohl Wasserstoff als auch Chlor auf das Silandiyl übertragen kann, so wird bevorzugt der Wasserstoff übertragen (z. B.: **191** vs **192**). Dabei sollten zwei konkurrierende Mechanismen ablaufen: Die Wasserstoffübertragung könnte über die Abstraktion des aciden Protons verlaufen, während das Chlor durch einen nucleophilen Angriff auf das Siliciumzentrum übertragen wird. Durch die Reaktion von **13** mit Phenylchlorsilanen unterschiedlicher Elektophilie konnte gezeigt werden, daß **13** bevorzugt mit elektronen ärmeren Siliciumzentren reagiert. Dies zeigt, daß es sich bei dem Angriff von **13** auf Chlorsilane um einen nucleophilen Angriff handelt. In der Reaktion von **11** mit monodeuteriertem

Diphenylsilan zeigt sich ein relativ geringer Isotopieeffekt von 1.2-1.3. Dieses Ergebnis steht in Einklang mit einem Mechanismus, in dem nach einem nucleophilen Angriff des Silandiyls **13** auf das Siliciumzentrum ein Wasserstoff- oder Deuteriumatom in einem [1,2-H]-Shift auf das nun positive Silandilyzentrum übertragen wird.

Die dominierende nucleophile Reaktivität des Silandiyls **13** ist dadurch erklärbar, daß die Stickstoffbasen des Substituenten durch intramolekulare Koordination die Elektronenlücke am Silicium absättigen und so der elektrophile Charakter des Silandiyls **13** zugunsten des nucleophilen Charakters abgeschwächt wird. Die Abschwächung des elektrophilen Charakters geht so weit, daß **13** mit den nucleophilen Carbenen vom Arduengo-Typ keine Si=C-Doppelbindung ausbildet und unter Erhalt des carbenoiden Zentrums in eine C-H-Bindung des Imidazolrings unter Bildung von **233** insertiert.

[17] Ein Modell für eine derartige "schnappschußartige" Darstellung der S_N2-Reaktion gibt z. B.: A. A. Macharashvili, V. E. Shklover, Y. T. Struchkov, G. I. Oleneva, E. P. Kramarova, A. G. Shipov, Y. I. Baukov, *J. Chem. Soc., Chem. Commun.* **1988**, 683–685.

[18] R. J. P. Corriu, G. Guerin, *Adv. Organomet. Chem.* **1982**, *20*, 265–312.

[19] A. G. Brook, F. Abdesaken, B. Gutekunst, G. Gutekunst, R. K. Kallury, *J. Chem. Soc., Chem. Commun.* **1981**, 191–192.

[20] R. West, M. J. Fink, J. Michl, *Science* **1981**, 1343–1344.

[21] [21a] W. Kutzelnigg, *Angew. Chem.* **1984**, *96*, 262–286; *Angew. Chem. Int. Ed. Eng.* **1984**, *23*, 272. – [21b] J. Goubeau, *Angew. Chem.* **1986**, *98*, 944–944; *Angew. Chem. Int. Ed. Eng.* **1986**, *45*, 1038.

[22] G. E. Miracle, J. I. Ball, D. R. Powell, R. West, *J. Am. Chem. Soc.* **1993**, *115*, 11598–11599.

[23] [23a] N. Wiberg, K. Schurz, G. Fischer, *Angew. Chem.* **1985**, *97*, 1058–1059; *Angew. Chem. Int. Ed. Eng.* **1985**, *24*, 1053. – [23b] M. Hesse, U. Klingebiel, *Angew. Chem.* **1986**, *98*, 638–639; *Angew. Chem. Int. Ed. Eng.* **1986**, *25*, 649.

[24] H. Suzuki, N. Tokitoh, S. Nagase, R. Okazaki, *J. Am. Chem. Soc.* **1994**, *116*, 11578–11579.

[25] [25a] C. N. Smit, F. Bickelhaupt, *Organometallics* **1987**, *6*, 1156–1163. – [25b] M. Drieß, *Angew. Chem.* **1991**, *103*, 979–981; *Angew. Chem. Int. Ed. Eng.* **1991**, *30*, 1022.

[26] M. Drieß, H. Pritzkow, *Angew. Chem.* **1992**, *104*, 350–353; *Angew. Chem. Int. Ed. Eng.* **1992**, *31*, 316.

[27] Eine lesenswerte Übersicht dazu: E. Hengge, R. Janoschek, *Chem. Rev.* **1995**, *95*, 1495–1526.

[28] M. Weidenbruch, *Chem. Rev.* **1995**, *95*, 1479–1493 und dort zit. Lit..

[29] N. Wiberg, C. M. M. Finger, K. Polborn, *Angew. Chem.* **1993**, *105*, 1140–1143; *Angew. Chem. Int. Ed. Eng.* **1993**, *31*, 1054.

[30] A. Sekiguchi, T. Yatabe, C. Kabuto, H. Sakurai, *J. Am. Chem. Soc.* **1993**, *115*, 5853–5854.

[31] [31a] H. Matsumo, K. Higuchi, Y. Hoshino, H. Koike, Y. Naoi, Y. Nagai, *J. Chem. Soc., Chem. Commun.* **1988**, 1083–1084. – [31b] H. Matsumo, K. Higuchi, S. Kyushin, M.Goto, *Angew. Chem.* **1992**, *104*, 1410–1412; *Angew.Chem. Int. Ed. Eng.* **1992**, *31*, 1354. – [31c] A. Sekiguchi, T. Yatabe, H. Kamatani, C. Kabutubo, H. Sakurai, *J. Am. Chem. Soc.* **1992**, *114*, 6260–6262.

[32] N. Wiberg, K.-S. Joo, K. Polborn, *Chem. Ber.* **1993**, *126*, 67–69.

[33] [33a] M. Denk, R. K. Hayashi, R. West, *J. Am. Chem. Soc.* **1994**, *116*, 10813–10814. – [33b] R. Corriu, G. Lanneau, C. Priou, *Angew. Chem.* **1991**, *103*, 1153–1155; *Angew. Chem. Int. Ed. Eng.* **1991**, *30*, 1130.

[34] P. Arya, J. Boyer, F. Carré, R. Corriu, G. Lanneau, J. Lapasset, M. Perrot, C. Priou, *Angew. Chem.* **1989**, *1041*, 1069–1071; *Angew. Chem. Int. Ed. Eng.* **1989**, *28*, 1016.

[35] [35a] H. Handwerker, C. Leis, R. Probst, P. Bissinger, A. Grohmann, P. Kiprof, E. Herdtweck, J. Blümel, N. Auner, C. Zybill, *Organometallics* **1993**, *12*, 2162–2176 und dort zit. Lit.. − [35b] R. J. P. Corriu, B. P. S. Chauhan, G. F. Lanneau, *Organometallics* **1995**, *14*, 1646–1656 und dort zit. Lit.. − [35c] B. P. S. Chauhan, R. J. P. Corriu, G. F. Lanneau, C. Priou, *Organometallics* **1995**, *14*, 1657–1666 und dort zit. Lit..

[36] [36a] P. P. Gasper in *Reactive Intermediates* (Hrsg.: M. Jones, Jr., R. A. Moss), Wiley, New York, **1985**, Vol. 3, 333–417 und dort zit. Lit.. − [36b] M. Jones, Jr., R. A. Moss in *Reactive Intermediates* (Hrsg.: M. Jones, Jr., R. A. Moss), Wiley, New York, **1985**, Vol. 3, 45–108 und dort zit. Lit..

[37] M. Denk, R. Lennon, R. Hayashi, R. West, A. V. Belyakov, H. P. Verne, A. Haaland, M. Wagner, N. Metzler, *J. Am. Chem. Soc.* **1994**, *116*, 2691–2692.

[38] A. J. Arduengo, III., H. V. R. Dias, R. L. Harlow, M. Kline, *J. Am. Chem. Soc.* **1992**, *114*, 5530–5534.

[39] K. P. Steele, W. P. Weber, *J. Am. Chem. Soc.* **1980**, *102*, 6095–6097.

[40] [40a] R. T. Conlin, D. Laakso, P. Marshall, *Organometallics* **1994**, *13*, 838–842. − [40b] K. Raghavachari, J. Chandrasekhar, M. S. Gordon, K. J. Dykema, *J. Am. Chem. Soc.* **1984**, *106*, 5853–5859.

[41] W. W. Schröder in *Houben-Weyl, Methoden der Organischen Chemie E19b*, (Hrsg.: M. Regitz), Thieme, Stuttgart, **1989** und dort zit. Lit..

[42] [42a] D. H. Pae, M. Xiao, M. Y. Chiang, P. P. Gasper, *J. Am. Chem. Soc.* **1991**, *113*, 1281–1288. − [42b] M. E. Colvin, J. Breulet, H. F. Schaefer, III., *Tetrahedron* **1985**, *41*, 1429–1434.

[43] [43a] A. J. Arduengo, III., H. Bock, H. Chen, M. Denk, D. A. Dixon, J. C. Green, W. A. Herrmann, N. C. L. Jones, M. Wagner, R. West, *J. Am. Chem. Soc.* **1994**, *116*, 6641–6649. − [43b] M. Denk, R. K. Hayashi, R. West, *J. Chem. Soc., Chem. Commun.* **1994**, 33–34.

[44] J. E. Bagott, M. A. Blitz, H. M. Frey, P. D. Lightfoot, R. Walsh, *J. Chem. Soc., Faraday Trans.* **1988**, *84*, 515–526.

[45] J. Belzner, *J. Organomet. Chem.* **1992**, *430*, C51–C55.

[46] Siehe z. B.: R. J. P. Corriu, A. Kpoton, M. Poirier, G. Royo, A. de Saxcé, J. C. Young, *J. Organomet. Chem.* **1990**, *395*, 1–26 und dort zit. Lit..

[47] Siehe z. B.: [47a] M. Weidenbruch, A. Schäfer, *J. Organomet. Chem.* **1984**, *269*, 231–234. − [47b] M. Weidenbruch, B. Blintjer, K. Peters, H. G. von Schnerling, *Angew. Chem.* **1986**, *98*, 1090–1091; *Angew. Chem. Int. Ed. Eng.* **1986**, *25*, 1129.

[48] Siehe z. B.: S. Masamune, H. Tobati, S. Murakami, *J. Am. Chem. Soc.* **1983**, *105*, 6524–6525.

[49] Es ist auch gelungen das Silandiyl **13** auf anderen Wegen darzustellen und abzufangen: R. Corriu, G. Lanneau, C. Priou, F. Soulairol, N. Auner, R. Probst, R. Conlin, C. Tan, *J. Organomet. Chem.* **1994**, *466*, 55–68.

[50] J. Belzner, H. Ihmels, B. O. Gould, B. O. Kneisel, R. Herbst–Irmer, *Organometallics* **1995**, *14*, 305–311.

[51] J. Belzner, persönliche Mitteilung.

[52] D. Schär, *Diplomarbeit*, Göttingen, **1992**.

[53] J. March, *Advanced Organic Chemistry*, Wiley, New-York, Chichester, **1985**, 309–310.

[54] J. Belzner, N. Detomi, H. Ihmels, M. Noltemeyer, *Angew. Chem.* **1994**, *106*, 1949–1950; *Angew. Chem. Int. Ed. Eng.* **1994**, *33*, 1854.

[55] V. Snieckus, *Chem. Rev.* **1990**, *90*, 879–933.

[56] H. W. Gschwend, H. R. Rodriguez, *Org. React.* **1976**, *26*, 1–360.

[57] S. Iwata, C.-P. Qian, K. Tanaka, *Chem. Lett.* **1992**, *3*, 357–360.

[58] W. N. Setzer, P. von R. Schleyer, *Adv. Organomet. Chem.* **1985**, *24*, 353–451.

[59] E. Wehman, G. van Koten, J. T. B. H. Jastrzebski, M. A. Rotteveel, C. H. Stam, *Organometallics* **1988**, *7*, 1477–1485.

[60] S. Harder, J. Boersma, L. Brandsma, J. A. Kanters, W. Bauer, P. von R. Schleyer, *Organometallics* **1989**, *8*, 1696–1700.

[61] [61a] E. Wehman, J. T. B. H. Jastrzebski, J.-B. Ernsting, D. M. Grove, G. van Koten, *J. Orgmet. Chem.* **1988**, *353*, 133–143. – [61b] E. Wehman, J. T. B. H. Jastrzebski, J.-B. Ernsting, D. M. Grove, G. van Koten, *J. Orgmet. Chem.* **1988**, *353*, 145–155.

[62] P. A. Scheer, R. J. Hogen, J. P. Oliver, *J. Am. Chem. Soc.* **1974**, *96*, 6055–6059.

[63] J. T. B. H. Jastrzebski, G. van Koten, K. Goubitz, C. Arlen, M. Pfeffer, *J. Organomet. Chem.* **1983**, *246*, C75–C79.

[64] A. Steiner, D. Stalke, *Angew. Chem.* **1995**, *107*, 1908–1910; *Angew. Chem. Int. Ed. Eng.* **1995**, *34*, 1752.

[65] U. Dehnert, persönliche Mitteilung.

[66] A. A. H. van der Zeijelen, G. van Koten, *Recl. Trav. Chim. Pay-Bas* **1988**, *107*, 431–433.

[67] M. H. P. Pietveld, I. C. M. Wehman-Ooyevaar, G. M. Kapteijn, D. M. Grove, W. J. J. Jmeets, H. Kooijman, A. L. Spek, G. van Koten, *Organometallics* **1994**, *13*, 3782–3787.

[68] D. Thoennes, E. Weiss, *Chem. Ber.* **1978**, *111*, 3157–3161.

[69] M. A. Beno, H. Hope, M. M. Olnstead, P. P. Power, *Organometallics* **1985**, *4*, 2117–2121.

[70] [70a] J. F. Malone, W. S. Mc Donald, *J. Chem. Soc., Dolton Trans.* **1972**, 2646–2648. – [70b] J. F. Malone, W. S. Mc Donald, *J. Chem. Soc., Dolton Trans.* **1972**, 2649–2652.

[71] U. Jensen-Korte in *Hoeben-Weyl, Methoden der Organischen Chemie*, *E16a* (Hrsg.: D. Klamann), Thieme, Stuttgart, **1990**, 421–424.

[72] W. E. Beamer, *J. Am. Chem. Soc.* **1948**, *70*, 2979–2982.

[73] [73a] N. Auner, R. Probst, F. Hahn, E. Herdtweck, *J. Organomet. Chem.* **1993**, *459*, 25–41. – [73b] C. Zybill, H. Handwerker, H. Friedrich, *Adv. Organomet. Chem.* **1994**, *36*, 229–281 und dort zit. Lit..

[74] F. N. Jones, M. F. Zinn, C. R. Hauser, *J. Org. Chem.* **1963**, *28*, 663–665.

[75] Die Verbindung 44 wird zwar auch schon von Auner et al. erwähnt, jedoch gibt dieser weder die Synthsevorschrift noch die vollständigen NMR-Daten wieder, siehe dazu z. B. [22a] und [31].

[76] [76a] J. A. Cella, J. D. Cargioli, E. W. Williams, *J. Organomet. Chem.* **1980**, *186*, 13–17. – [76b] R. K. Harris, J. Jones, S. Ng, *J. Magn. Resonace* **1978**, *30*, 521–535.

[77] B. J. Helmer, R. West, R. J. P. Corriu, M. Poirier, G. Royo, A. de Saxce, *J. Organomet. Chem.* **1983**, *251*, 295–298.

[78] J. Belzner, *Habilitationsschrift*, Göttingen **1995**.

[79] J. Boyer, C. Belière, F. Carré, R. J. P. Corriu, A. Kpoton, M. Poirier, G. Royo, J. C. Young, *J. Chem. Soc., Dalton Trans.* **1989**, 43–51.

[80] R. Probst, C. Leis, S. Gamper, E. Herdtweck, C. Zybill, N. Auner, *Angew. Chem.* **1991**, *103*, 1155–1157; *Angew. Chem. Int. Ed. Eng.* **1991**, *30*, 1132.

[81] H. Marsmann in *NMR Basic Priciples and Progress* (Hrsg.: P. Diehl, E. Fluck, R. Kosfeld), Springer, Berlin, **1981**, *Vol 17*, 65–235.

[82] R. J. P. Corriu, G. Royo, A. de Saxce, *J. Chem. Soc., Chem. Commun.* **1980**, 892–894.

[83] [83a] A. Bondi, *J. Phys. Chem.* **1964**, *68*, 441–451. – [83b] M. Dräger, *Z. Anorg. Allg. Chem.* **1976**, *423*, 53–66.

[84] G. Klebe, K. Hensen, H. Fuess, *Chem. Ber.* **1983**, *116*, 3125–3132.

[85] W. S. Sheldrick in *The Chemistry of Organic Silicon Compounds* (Hrsg.: S. Patai, Z. Rappoport), Wiley, Chichester, **1989**, 263.

[86] D. Britton, J. D. Dunitz, *J. Am. Chem. Soc.* **1981**, *103*, 2971–2979.

[87] Siehe z. B.: U. Dehnert, *Diplomarbeit*, Göttingen, **1994**.

[88] A. R. Bassindale, J. Jiang, *J. Organomet. Chem.* **1993**, *446*, C3–C5.

[89] N. Detomi, *Abschlußbericht des Projektes im Rahmen des Erasmus-Programms*, Göttingen, **1993**.

[90] N. Auner, R. Probst, C.-R. Heikenwälder, E. Herdtweck, S. Gamper, G. Müller, *Z. Naturforsch.* **1993**, *48b*, 1625–1634.

[91] B. O. Kneisel, *Diplomarbeit*, Göttingen, **1995**.

[92] R. Blom, A. Haaland, *J. Mol. Struct.* **1985**, *128*, 21–27.

[93] [93a] H. B. Yokelson, A. J. Millevolte, B. R. Adams, R. West, *J. Am. Chem. Soc.* **1987**, *109*, 4116–4118. – [93b] K. L. McKillop, G. P. Gillette, D. R. Powell, R. West, *J. Am. Chem. Soc.* **1992**, *114*, 5203–5208.

[94] H. Ihmels, *Dissertation*, Göttingen, **1995**.

[95] H. Sohn, R. P. Tan, D. R. Powell, R. West, *Organometallics* **1994**, *13*, 1390–1394 und dort zit. Lit..

[96] D. Lenoir, H.-U. Siehl in in *Houben-Weyl, Methoden der Organischen Chemie E19a*, (Hrsg.: M. Hanack), Thieme, Stuttgart, **1990** und dort zit. Lit..

[97] Siehe z. B. für eine neue Übersicht: J. B. Lappert, L. Kania, S. Zhang, *Chem. Rev.* **1995**, *95*, 1191–1202.

[98] H. Schwarz in *The Chemistry of Organic Silicon Compounds* (Hrsg.: S. Patai, Z. Rappoport), Wiley, Chichester, **1989**, 446–450 und dort zit. Lit..

[99] J. B. Lambert, S. Zhang, S. M. Ciro, *Organometallics* **1994**, *13*, 2430–2443 und dort zit. Lit..

[100] N. C. Baenziger, A. D. Nelson, *J. Am. Chem. Soc.* **1968**, *90*, 6602–6607.

[101] P. von. R. Schleyer, P. Buzak, T. Müller, Y. Apeloig, H.-U. Siehl, *Angew. Chem.* **1993**, *105*, 1558–1561; *Angew. Chem. Int. Ed. Eng.* **1993**, *32*, 1471.

[102] Z. Xie, D. J. Lisron, T. Jelínek, V. Mitro, R. Bau, C. A. Reed, *J. Chem. Soc., Chem. Commun.* **1993**, 384–386.

[103] M. D. Harmony, M. R. Strand, *J. Mol. Spectrosc.* **1980**, *81*, 308.

[104] A. R. Bassindale, T. Stout, *Tetrahedron Lett.* **1985**, *26*, 3403–3406 und dort zit. Lit..

[105] K. Hensen, T. Zengerly, P. Pickel, G. Klebe, *Angew. Chem.* **1983**, *95*, 739–739; *Angew. Chem. Int. Ed. Eng.* **1983**, *22*, 725.

[106] K. Hensen, T. Zengerly, T. Müller, P. Pickel, *Z. Anorg. Allgem. Chem.* **1988**, *558*, 21–27.

[107] F. Carré, C. Chuit, R. J. P. Corriu, A. Mehdi, C. Reyé, *Angew. Chem.* **1994**, *106*, 1152–1154; *Angew. Chem. Int. Ed. Eng.* **1994**, *33*, 1097.

[108] [108a] J. Mason, *Chem. Rev.* **1981**, *81*, 205–227. – [108b] Vergleiche hierzu auch: E. E. Liepin'sh, I. S. Birgele, G. I. Zelchan, E. Lukevits, *J. General Chem. USSR* **1979**, *49*, 1340–1342.

[109] G. van Koten, J. T. B. H. Jastrabski, J. G. Noltes, A. L. Spek, J. C. Schoone, *J. Organomet. Chem.* **1978**, *148*, 233–245.

[110] C. Chuit, R. J. P. Corriu, A. Mehdi, C. Reyé, *Angew. Chem.* **1993**, *105*, 1372–1375; *Angew. Chem. Int. Ed. Eng.* **1993**, *32*, 1311–1314.

[111] V. A. Benin, J. C. Martin, M. R. Willcott, *Tetrahedron Lett.* **1994**, *35*, 2133–2136.

[112] P. Jutzi, E.-A. Bunte, *Angew. Chem.* **1992**, *104*, 1636–1638; *Angew. Chem. Int. Ed. Eng.* **1992**, *31*, 1605.

[113] W. Uhlig, A. Tzschach, *J. Organomet. Chem.* **1989**, *378*, C1–C5.

[114] P. D. Lickiss, *J. Chem. Soc., Dalton Trans.* **1992**, 1333–1338.

[115] P. Jutzi, D. Kanne, M. Hursthouse, A. J. Howes, *Chem. Ber.* **1988**, *121*, 1299–1305.

[116] J. Belzner, U. Dehnert, D. Stalke, *Angew. Chem.* **1994**, *106*, 2580–2582; *Angew. Chem. Int. Ed. Eng.* **1994**, *33*, 2450.

[117] D. D. Davis, C. E. Gray, *Organomet. Chem. Rev.* **1970**, *6*, 283–318 und dort zit. Lit..

[118] M. V. George, D. J. Peterson, H. Gilman, *J. Am. Chem. Soc.* **1960**, *82*, 403–406.

[119] [119a] A. C. Hopkinson, M. H. Lien, *Tetrahedron* **1981**, *37*, 1105–1112. – [119b] E. Magnusson, *Tetrahedron* **1985**, *41*, 2945–2948.

[120] L. E. Manzer, *J. Am. Chem. Soc.* **1978**, *100*, 8068–8073 und dort zit. Lit..

[121] Diese Verbindung wurde bereits beschrieben, jedoch erfolgte keine weitere Untesuchung: N. Auner, R. Probst, F. Hahn, E. Herdtweck, *J. Organomet. Chem.* **1993**, *459*, 25–41.

[122] R. J. P. Corriu, A. Kpoton, M. Poirier, G. Royo, A. de Saxcé, J. C. Young, *J. Organomet. Chem.* **1990**, *395*, 1–26.

[123] C. Brelière, R. J. P. Corriu, G. Royo, W. W. C. Wong Chi Man, J. Zwecker, *Organometallics* **1990**, *9*, 2633–2635.

[124] A. R. Bassindale, T. Stout, *Tetrahedron Lett.* **1984**, *25*, 1631–1632.

[125] B. Becker, R. J. P. Corriu, G. Guèrin, B. J. L. Henner, *J. Organomt. Chem.* **1989**, *369*, 147–154.

[126] Während des Beweises für das tatsächliche Vorliegen einer kovalenten Modifikation wird die Mod. A bereits als kovalente Modifikation bezeichnet werden, um dem Leser das Nachvollziehen der Argumentation zu vereinfachen.

[127] siehe hierzu als eines der frühen Beispiele Chlortropyliumchlorid: M. Feigel, H. Kessler, *Tetrahedron* **1978**, *32*, 1575–1579.

[128] H. Kessler, M. Feigel, *Acc. Chem. Res.* **1982**, *15*, 2–8.

[129] H. R. Christen, *Grundlagen der allgemeinen und anorganischen Chemie*, Salle+Sauerländer, Frankfurt/M., **1985**, 307 sowie 728–729.

[130] J. F. McGarrity, C. A. Ogle, *J. Am. Chem. Soc.* **1984**, *107*, 1805–1815.

[131] Prof. Dr. H. Schneider, Max-Plank-Institut für Biophysikalische Chemie, Göttingen

[132] C. Brelière, F. Carrè, R. Corriu, M. Wong Chi Man, *J. Chem. Soc., Chem. Commun.* **1994**, 2333–2334.

[133] A. Niklaus, Institut für Pysikalische Chemie der Georg-August-Universität, Göttingen, Arbeitskreis Prof. Dr. M. Buback.

[134] Für die Lage der IR-Schwingungsbanden von Silanen siehe z. B.: R. N. Kniseley, V. A. Fassel, E. E. Conrad, *Spektrochim. Acta* **1959**, *13*, 651–655.

[135] M. Hesse, H. Meier, B. Zeeh, *Spektroskopische Methoden in der organischen Chemie* **1991**, Georg Thieme Verlag, Stuttgart, New York, 32-33.

[136] [136a] P. Jouve, *C. R. Acad. Sci., Paris* **1966**, *262*, 815. – [136b] H. Bürger, W. Kilian, *J. Organomet. Chem.* **1969**, *18*, 299-306.

[137] Die ^{29}Si-Festkörper-NMR-Messung wurde von Prof. Dr. B. Wrackmeyer durchgeführt.

[138] E. A. V. Ebsworth, D. W. H. Rankin, S. Cradock, *Structural Methods in Inorganic Chemistry* **1987**, Blackwell Scientific Publications, Chichester 81-87 und dort zitierte Lit.

[139] J. D. Dunitz, *X-Ray Analysis and the Structure of Organic Molecules*, Cornell, Ithaca, New York, **1979**.

[140] A. O. Mozzhukhin, M. Y. Antipin, Y. T. Struchkov, A. G. Shipov, E. P. Kramarova, Y. I. Baukov, *Organomet. Chem. USSR* **1992**, *5*, 445–449; *Metalloorg. Khim.* **1992**, *5*, 917–924.

[141] G. Klebe, *J. Organomet. Chem.* **1987**, *332*, 35–46.

[142] [142a] C. L. Lerman, F. H. Westheimer, *J. Am. Chem. Soc.* **1976**, *98*, 179–184. – [142b] D. I. Phillips, I. Szele, F. H. Westheimer, *J. Am. Chem. Soc.* **1976**, *98*, 184–189.

[143] D. Kummer, S. C. Chaudhry, J. Seifert, B. Deppisch, G. Mattern, *J. Organomet. Chem.* **1990**, *382*, 345-359.

[144] W. S. Sheldrick in *The Chemistry of Organic Silicon Compounds* (Hrsg.: S. Patai, Z. Rappoport), Wiley, Chichester, **1989**, 227–303.

[145] D. A. Straus, C. Zhang, G. E. Quimbita, S. D. Grumbine, R. H. Heyn, D. Tilley, A. L. Rheingold, S. J. Geib, *J. Am. Chem. Soc.* **1990**, *112*, 2673–2681.

[146] A. O. Mozzhukhin, M. Y. Antipin, Y. T. Struchkov, A. G. Shipov, E. P. Krmerova, Y. I. Baukov, *Organometallic Chemistry in the USSR* **1992**, *5*, 439–445; *Metalloorg. Khim.* **1992**, *5*, 906.

[147] Z. Xie, R. Bau, C. A. Reed, *J. Chem Soc., Chem. Commun.* **1994**, 2519–2520.

[148] G. Klebe, *J. Organomet. Chem.* **1987**, *332*, 35–46.

[149] Derartige Angriffe in äquatorialer Position sind durchaus bekannt; siehe dazu: R. J. P. Corriu, C. Guerin, *J. Organomet. Chem.* **1980**, *198*, 231-312.

[150] [150a] C. Glidewell, D. C. Liles, *J. Chem. Soc., Chem. Commun.* **1977**, 632–633 und dort zit. Lit.. – [150b] K. Suwinska, G. J. Palenik, R. Gerdil, *Acta. Cryst.* **1986**, *C42*, 615–620. – [150c] I. L. Karle, *Acta. Cryst.* **1986**, *C42*, 64–67. – [150d] J. He, J. F. Harrod, R. Hynes, *Organometallics* **1994**, *13*, 2496–4499 und dort zit. Lit..

[151] W. Wojnowski, B. Becker, K. Peters, E.-M. Peters, H. G. v. Schnering, *Z. Anorg. Allg. Chem.* **1988**, *562*, 17–22.

[152] siehe z. B.: M. Hesse, H. Meier, B. Zeeh, *Spektroskopische Methoden in der organischen Chemie*, Thieme, Stuttgart, **1984**, 2. Auflage, 170–171.

[153] siehe z. B.: J. Belzner, *Habilitationsschrift*, Göttingen, **1995**, 13.
[154] C. Brelière, F. Carrè, R. J. P. Corriu, G. Royo, M. W. Chi Man, *Organometallics* **1994**, *13*, 307–314.
[155] E. W. Della, J. Tsanaktsidis, *Synthesis* **1988**, 407–407.
[156] Siehe z. B.: J. A. Deiters, R. R. Holmes, *J. Am. Chem. Soc.* **1990**, *112*, 7197–7202 und dort zit. Lit..
[157] R. R. Holmes, *Chem. Rev.* **1990**, *90*, 17–31 und dort zit. Lit..
[158] C. Brelière, F. Carrè, R. J. P. Corriu, M. Poirier, G. Royo, J. Zwecker, *Organometallics* **1989**, *8*, 1831–1833.
[159] F. N. Zinn, C. H. Hauser, *J. Org. Chem.* **1963**, *28*, 663–665.
[160] N. Smit, F. Bickelhaupt, *Organometallics* **1987**, *6*, 1156–1163.
[161] S. E. Johnson, R. O. Day, R. R. Holmes, *Inorg. Chem.* **1989**, *28*, 3183–3189.
[162] R. West in The *Chemistry of Inorganic Ring Systems* (Hrsg.: R. Steudel), Elsevier, Amsterdam, **1992**, 35–50 und dort zit. Lit.
[163] M. J. Almond, *Short-lived molecules*, Ellis, Harwood, New York, **1990**, 93–120.
[164] T. Tsumuraya, S. A. Batcheller, S. Masamune, *Angew. Chem.* **1991**, *103*, 916–944; *Angew. Chem. Int. Ed. Eng.* **1991**, *30*, 902 und dort zit. Lit..
[165] R. West, *Angew. Chem.* **1987**, *99*, 1231–1336; *Angew. Chem. Int. Ed. Eng.* **1987**, *26*, 1201 und dort zit. Lit..
[166] [166a] S. Maasamune, Y. Hanazawa, S. Murakami, T. Bally, J. F. Blount, *J. Am. Chem. Soc.* **1982**, *104*, 1150–1153. – [166b] D. J. De Young, M. J. Fink, J. Michl, R. West, *Main Group Met. Chem.* **1987**, *1*, 19–43.
[167] M. Weidenbruch, B. Flintjer, A. Schäfer, *Silicon, Germanium, Tin, Lead Compd.* **1986**, *9*, 19–23.
[168] P. Jutzi in *Frontiers of Organosilicon Chemistry* (Hrsg.: A. R. Bassindale, P. P. Gaspar), Royal Society of Chemistry, Cambridge, **1991**, 307–318.
[169] [169a] K. Oka, R. Nakao, *J. Organomet. Chem.* **1990**, *390*, 7–18 und dort zit. Lit.. – [169b] M. Lehnig, F. Reininghaus, *Chem. Ber.* **1990**, *123*, 1927–1928 und dort zit Lit..
[170] M. Ishikawa, K.-I. Nakagawa, S. Katayama, M. Kumada, *J. Organomet. Chem.* **1981**, *216*, C48–C50.
[171] P. C. Wong,. D. Griller, J. C. Scaiano, *J. Am. Chem. Soc.* **1981**, *103*, 5934–5935.
[172] Siehe z. B. die Untersuchungen über die Grignard-Reaktion: D. J. Patel, C. L. Hamilton, J. D. Roberts, *J. Am.Chem. Soc.* **1965**, *87*, 5144–5148.
[173] Eine gute Übersicht über freie Radikale gibt: J. W. Wilt in *Free Radikals* (Hrsg.: J. Kochi), Wiley, New York, **1973**, Vol. I, 398.

[174] A. Effico, D. Griller, K. U. Ingold, A. L. J. Beckwith, A. K. Serelis, *J. Am. Chem. Soc.* **1980**, *102*, 1734–1736.

[175] M. S. Alajjar, G. F. Smith, H. G. Kuivilan, *J. Org. Chem.* **1984**, *49*, 1271–1276.

[176] J. Belzner, H. Ihmels in *Organosilicon Chemistry, II.* (Hrsg.: N. Auner, J. Weis) VCH, Weinheim, **1996**, 75–79.

[177] M. Ishikawa, K.-i. Nakagawa, Seiji Katayama, M. Kumada, *J. Am Chem. Soc.* **1981**, *103*, 4170–4174.

[178] A. D. Fanta, J. Belzner, D. R. Powell, R. West, *Organometallics* **1993**, *12*, 2177–2181.

[179] M. F. Lappert, M. C. Misra, M. Onyszchuk, R. S. Rowe, P. P. Power, M. J. Slade, *J. Organomet. Chem.* **1987**, *330*, 31–46.

[180] R. Tacke, H. Hengelsberg, E. Klingner, H. Henke, *Chem. Ber.* **1992**, *125*, 607–612.

[181] persönliche Mitteilung U. Dehnert.

[182] M. F. Lappert, M. C. Misra, M. Onyszchuk, R. S. Rowe, P. P. Power, M. J. Slade, *J. Organomet. Chem.* **1987**, *330*, 31–46.

[183] M. S. Gordon, D. R. Gano, *J. Am. Chem. Soc.* **1984**, *106*, 5421–5425.

[184] N. Kuhn, T. Kratz, R. Boese, *Chem. Ber.* **1995**, *128*, 245-250.

[185] Siehe dazu: J. Belzner, *Habiltationsschrift*, Göttingen **1995**, 13–14.

[186] U. Dehnert, geplante Dissertation, Göttingen, **1997**.

[187] [187a] R. A. Benkeser, *Acc. Chem. Res.* **1971**, *94*, 94–100. – [187b] H. H. Karsch, F. Bienlein, A. Sladek, M. Henkel, K. Burger, *J. Am. Chem. Soc.* **1995**, *117*, 5160–5161.

[188] R. W. Alder, P. R. Allen, S. J. Williams, *J. Chem. Soc., Chem. Commun.* **1995**, 1267–1268.

[189] H. R. Christen *Grundlagen der Organischen Chemie*, Salle+Sauerländer, Frankfurt/M, **1985**, 441–442.

[190] P. Sykes, *Reaktionsmechanismen der Organischen Chemie*, VCH, Weinheim, **1988**, 317–320.

[191] Für den Vergleich von Ph_3SiH mit Et_3SiH siehe: W. P. Weber, *Silicon Reagents for Organometallic Synthesis*, Springer, Berlin **1983**, 275.

[192] R. Corriu, G. Lanneau, C. Priou, F. Soulairol, N. Auner, R. Probst, R. Conlin, C. Tan, *J. Organomet. Chem.* **1994**, *466*, 55–68.

[193] E. Scharrer, M. Brookhart, *J. Organomet. Chem.* **1995**, *497*, 61–71.

[194] R. A. M. O'Ferrel, *J. Chem. Soc. B* **1970**, 785–790.

[195] T. Mitsuhashi, O. Simamura, *J. Chem. Soc. (B)* **1970**, 705–711.

[196] C. Hansch, A. Leo, R. W. Taft, *Chem. Rew.* **1991**, *91*, 165–195.

[197] [197a] S. Masamune, Y. Kabe, S. Collins, *J. Am Chem. Soc.* **1985**, *107*, 5552–5553. – [197b] S. Collins, J. A. Duncan, Y. Kabe, S, Murakami, S. Masamune, *Tetrahedron Lett.* **1985**, *26*, 2837–2840.

[198] A. J. Arduengo, III., H. V. R. Dias, R. L. Harlow, M. Kline, *J. Am. Chem. Soc.* **1992**, *114*, 5530–5534.
[199] F. Effenberger, M. Roos, R. Ahmach, A. Krebs, *Chem. Ber.* **1991**, *124*, 1639–1650.
[200] N. Kuhn, T. Kratz, *Synthesis* **1993**, 561–562.
[201] S. D. Rosenberg, J. J. Walburn, H. E. Ramsden, *J. Org. Chem.* **1957**, *22*, 1606–1607.
[202] MM. C. Friedel, M. Balsohn, *Bull. Soc. Chim. Paris* **1880**, 337–342.

VI. Kristallografischer Teil

Die im folgenden gezeilten Auslenkungsellipsoide der Strukturbilder repräsentieren 50% der Aufenthaltswahrscheinlichkeit der Atome für eine asymmetrische Einheit der Elementarzelle des Kristallgitters

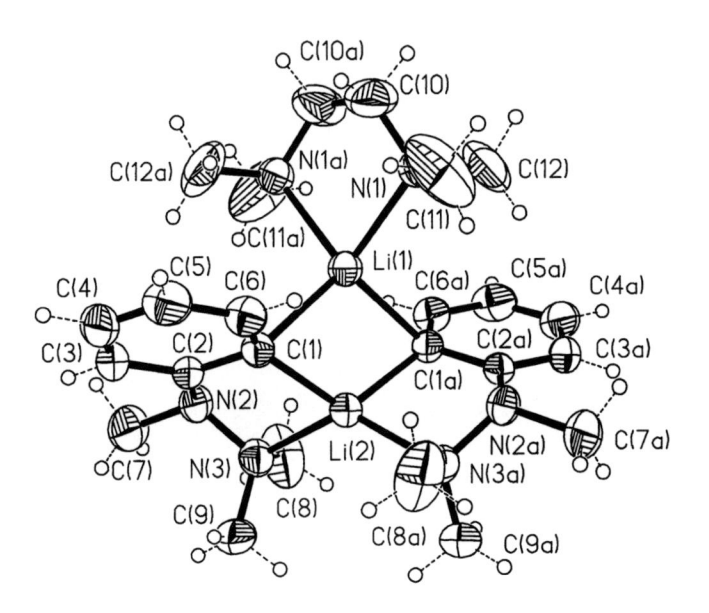

1. ADP-Plot und kristallographische Daten von 15

Summenformel	$C_{24}H_{42}Li_2N_6$
Molmasse (g × mol^{-1})	428.52
Kristallgröße (mm)	153(2) K
Meßtemperatur [K]	71.073 pm
Kristallsystem	Monoklin
Raumgruppe	C2/c
a (pm)	1210.6(2)
b (pm)	1365.4(3)
c (pm)	1718.9(3)

α (°)	90
β (°)	110.22(2)
γ (°)	90
V (nm^3)	2.666(9)
Formeleinheiten/Zelle Z	4
D_x (g cm^{-3})	1.068
μ (mm^{-1})	0.064
F(000)	936
Vermessener 2θ Bereich (°)	3.59≤ 2θ ≤22.50
Indexbereich h, k, l	≤ h ≤
	-14≤ k ≤14
	-18≤ l ≤18
Reflexe (gesammelt)	3052
Reflexe (unabhängig)	1732
R (int)	0.0388
Daten	1728
Parameter	151
S	—
g_1	—
g_2	—
$R1$ (F>4σ(F))	0.0619
$wR2$ (alle Daten)	0.1794
Extinktionskoeffizient x	—
Max. Differenzpeak (e nm^{-3})	221
Min. Differenzpeak (e nm^{-3})	-238

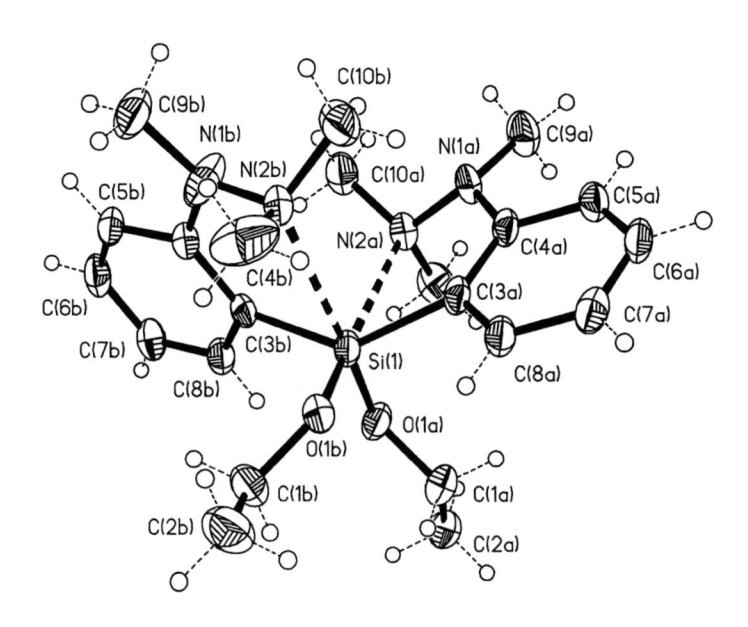

2. ADP-Plot und kristallographische Daten von 34

Summenformel	$C_{22}H_{36}N_4O_2Si$
Molmasse (g × mol^{-1})	416.64
Kristallgröße (mm)	
Meßtemperatur [K]	293(2)
Kristallsystem	monoklin
Raumgruppe	P2$_1$/n
a (pm)	1016.0(2)
b (pm)	1559.2(3)
c (pm)	1473.3(3)
α (°)	90
β (°)	97.28(3)
γ (°)	90
V (nm^3)	2.3151(8)
Formeleinheiten/Zelle Z	4
D$_x$ (g cm^{-3})	1.195
μ (mm^{-1})	0.126
F(000)	904
Vermessener 2θ Bereich (°)	3.68 ≤ 2θ ≤ 22.51

Indexbereich h, k, l	$-10 \leq h \leq 10$
	$0 \leq k \leq 16$
	$-8 \leq l \leq 15$
Reflexe (gesammelt)	3015
Reflexe (unabhängig)	3008
R (int)	0.0439
Daten	2993
Parameter	262
S	1.035
g_1	
g_2	
$R1$ (I>2σ(I))	0.0572
$wR2$ (alle Daten)	0.1572
Extinktionskoeffizient x	–
Max. Differenzpeak (e nm^{-3})	+599
Min. Differenzpeak (e nm^{-3})	–407

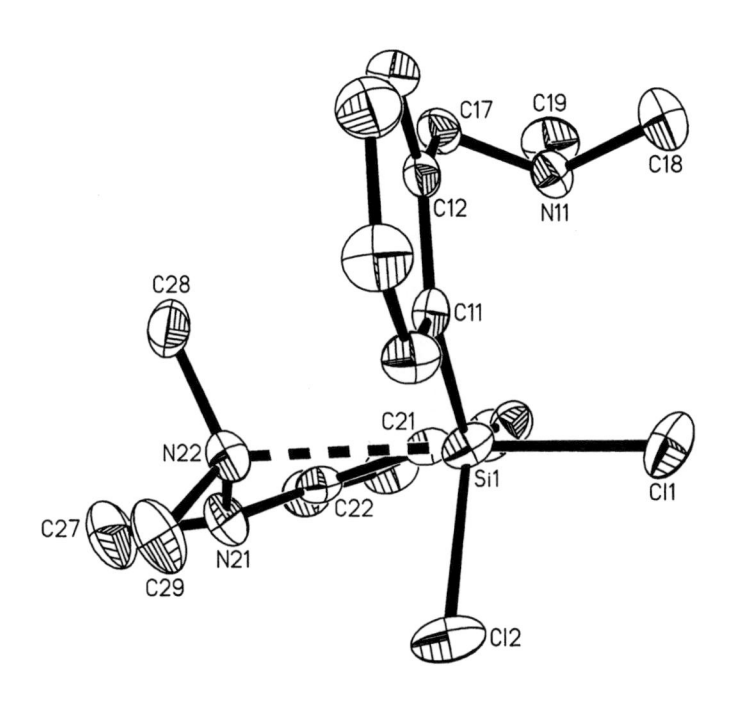

3. ADP-Plot und kristallographische Daten von 47

Summenformel	$C_{18}H_{25}N_3SiCl_2$
Molmasse (g × mol^{-1})	382.40
Kristallgröße (mm)	0.8 × 0.7 × 0.7
Meßtemperatur [K]	153(2)
Kristallsystem	orthorhombisch
Raumgruppe	$P2_12_12_1$
a (pm)	1067.3(2)
b (pm)	1190.8(2)
c (pm)	1496.6(3)
α (°)	90
β (°)	90
γ (°)	90
V (nm^3)	1.9021(6)
Formeleinheiten/Zelle Z	4
D_x (g cm^{-3})	1.335
μ (mm^{-1})	0.410

F(000)	808
Vermessener 2θ Bereich (°)	$8 \leq 2\theta \leq 45$
Indexbereich h, k, l	$-4 \leq h \leq 11$
	$-12 \leq k \leq 12$
	$-16 \leq l \leq 16$
Reflexe (gesammelt)	2149
Reflexe (unabhängig)	1896
R (int)	0.0210
Daten	1896
Parameter	223
S	1.039
g_1	0.0458
g_2	0.4738
$R1$ (I>2σ(I))	0.0232
$wR2$ (alle Daten)	0.0626
Extinktionskoeffizient x	0.0061(13)
Max. Differenzpeak (e nm^{-3})	+223
Min. Differenzpeak (e nm^{-3})	−255

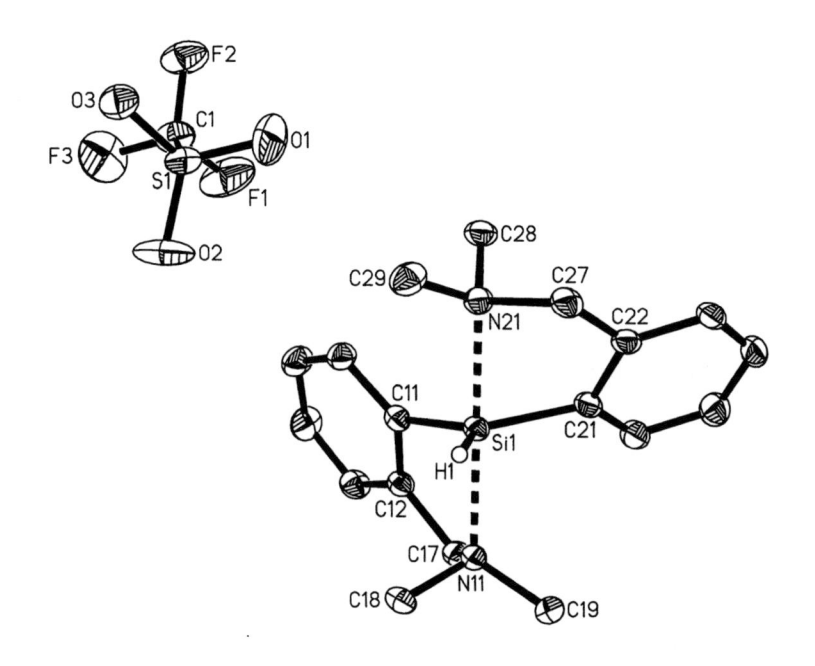

4. ADP-Plot und kristallographische Daten von 87-OTf

Summenformel	$C_{19}H_{25}F_3N_2O_3SSi$
Molmasse (g × mol^{-1})	446.56
Kristallgröße (mm)	0.7 × 0.6 × 0.6
Meßtemperatur [K]	153(2)
Kristallsystem	triklin
Raumgruppe	P1
a (pm)	8.421(2)
b (pm)	9.892(3)
c (pm)	13.183(4)
α (°)	82.78(2)
β (°)	74.000(10)
γ (°)	75.84(2)
V (nm^3)	1.0215(5)
Formeleinheiten/Zelle Z	2
D_x (g cm^{-3})	1.452
μ (mm^{-1})	0.268

F(000)	468
Vermessener 2θ Bereich (°)	$4.23 \leq 2\theta \leq 25.07$
Indexbereich h, k, l	$-9 \leq h \leq 10$
	$-11 \leq k \leq 11$
	$-14 \leq l \leq 15$
Reflexe (gesammelt)	6274
Reflexe (unabhängig)	3598
R (int)	0.0668
Daten	3598
Parameter	270
S	1.035
g_1	0.0335
g_2	0.6542
$R1$ ($I > 2\sigma(I)$)	0.0404
$wR2$ (alle Daten)	0.1089
Extinktionskoeffizient x	–
Max. Differenzpeak (e nm^{-3})	+268
Min. Differenzpeak (e nm^{-3})	–406

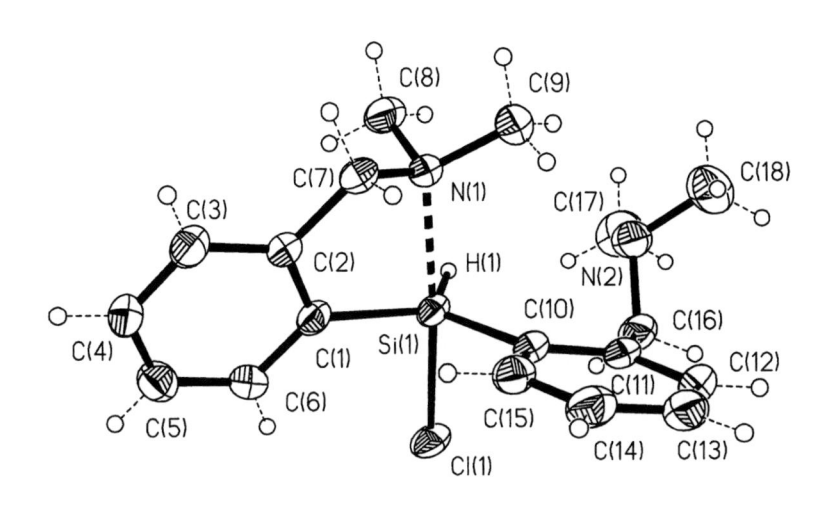

5. ADP-Plot und kristallographische Daten von 83

Summenformel	$C_{18}H_{25}ClN_2Si$
Molmasse (g × mol^{-1})	332.94
Kristallgröße (mm)	0.70 × 0.70 × 0.50
Meßtemperatur [K]	153(2) K
Kristallsystem	Monoklin
Raumgruppe	$P2_1$
a (pm)	858.60(10)
b (pm)	869.30(10)
c (pm)	2484(2)
α (°)	90
β (°)	90.03(5)
γ (°)	90
V (nm^3)	1.854(2)
Formeleinheiten/Zelle Z	4
D_x (g cm^{-3})	1.193
μ (mm^{-1})	0.270
F(000)	712
Vermessener 2θ Bereich (°)	3.72≤ 2θ ≤22.54

Indexbereich h, k, l	$-9 \leq h \leq 9$
	$-9 \leq k \leq 9$
	$-26 \leq l \leq 26$
Reflexe (gesammelt)	4071
Reflexe (unabhängig)	3855
R (int)	0.0687
Daten	3853
Parameter	413
S	
g_1	
g_2	
$R1$ (F>4σ(F))	0.0616
$wR2$ (alle Daten)	0.1780
Extinktionskoeffizient x	
Max. Differenzpeak (e nm^{-3})	326
Min. Differenzpeak (e nm^{-3})	-226

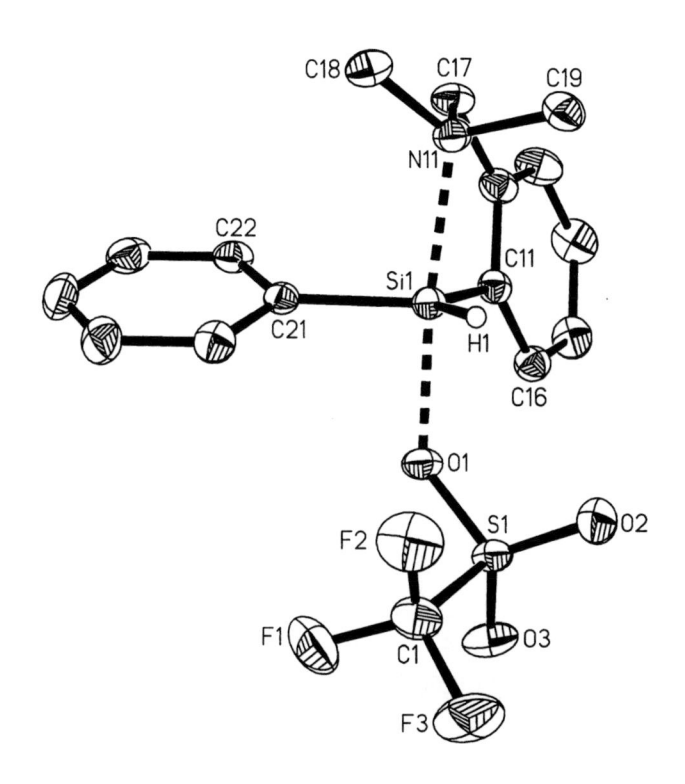

6. ADP-Plot und kristallographische Daten von 94-OTf

Summenformel	$C_{16}H_{18}F_3NO_3SSi$
Molmasse (g × mol^{-1})	389.46
Kristallgröße (mm)	0.9 × 0.8 × 0.8
Meßtemperatur [K]	153(2)
Kristallsystem	monoklin
Raumgruppe	P2$_1$/n
a (pm)	0.8923(2)
b (pm)	0.9957(2)
c (pm)	2.0132(3)
α (°)	90
β (°)	98.740(10)
γ (°)	90
V (nm^3)	1.7679(6)

Formeleinheiten/Zelle Z	4
D_x (g cm^{-3})	1.463
μ (mm^{-1})	0.296
F(000)	808
Vermessener 2θ Bereich (°)	$4.09 \leq 2\theta \leq 25.08$
Indexbereich h, k, l	$-10 \leq h \leq 10$
	$-11 \leq k \leq 11$
	$-24 \leq l \leq 15$
Reflexe (gesammelt)	6440
Reflexe (unabhängig)	3114
R (int)	0.0674
Daten	3106
Parameter	232
S	1.063
g_1	0.0389
g_2	0.7821
$R1$ (I>2σ(I))	0.0425
$wR2$ (alle Daten)	0.0933
Extinktionskoeffizient x	-
Max. Differenzpeak (e nm^{-3})	+539
Min. Differenzpeak (e nm^{-3})	−322

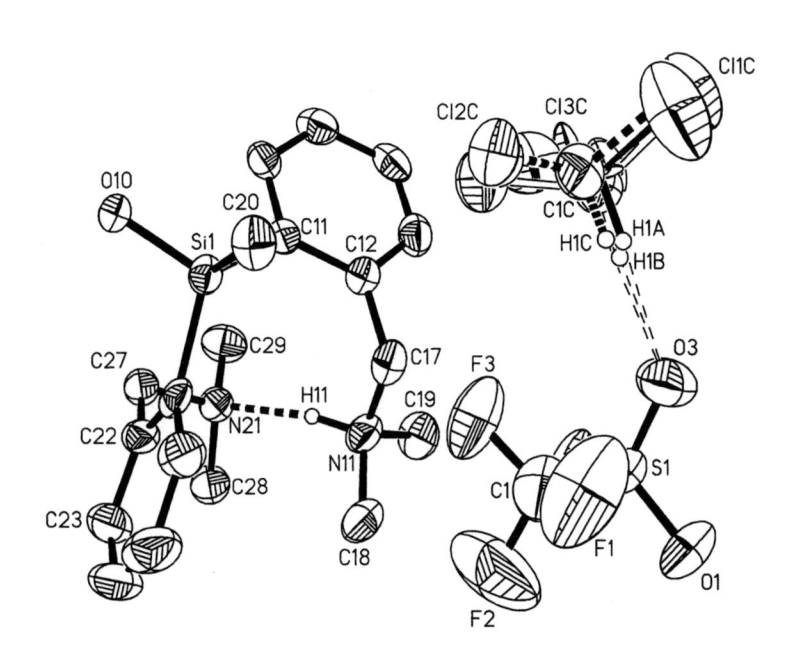

7. ADP-Plot und kristallographische Daten von 107

Summenformel	$C_{21}H_{29}N_2O_{3.5}F_3SiSCl_3$
Molmasse (g × mol^{-1})	588.96
Kristallgröße (mm)	0.3 × 0.3 × 0.3
Meßtemperatur [K]	153(2)
Kristallsystem	monoklin
Raumgruppe	C2/c
a (pm)	2264.7(3)
b (pm)	982.8(2)
c (pm)	2507.3(4)
α (°)	90
β (°)	99.25(2)
γ (°)	90
V (nm^3)	5.508(2)
Formeleinheiten/Zelle Z	8
D_x (g cm^{-3})	1.420
μ (mm^{-1})	0.500
F(000)	2440

Vermessener 2θ Bereich (°)	$8 \le 2\theta \le 45$
Indexbereich h, k, l	$-24 \le h \le 24$
	$-6 \le k \le 10$
	$-17 \le l \le 27$
Reflexe (gesammelt)	3881
Reflexe (unabhängig)	3613
R (int)	0.0838
Daten	3610
Parameter	392
S	1.026
g_1	0.0430
g_2	10.6658
$R1$ (I>2σ(I))	0.0567
$wR2$ (alle Daten)	0.1926
Extinktionskoeffizient x	–
Max. Differenzpeak (e nm^{-3})	+342
Min. Differenzpeak (e nm^{-3})	−268

Publikationen

1. J. Belzner, D. Schär, B.-O. Kneisel, R. Herbst-Irmer, "Synthesis and X-ray Structure of Intramolekularly Coordinated Silyl Cations", *Organometallics* **1995**, *14*, 1840–1843.

2. J. Belzner, D. Schär, "Highly Coordinated Silicon Compounds - Hydrazino Groups as Intramolekular Donors", in *Organosilicon Chemistry II*. [Hrsg.: N. Auner, J. Weis], VCH, Weinheim, **1996**, 459–465.

Danksagungen

Mein ganz besonderer Dank gilt dem Team, daß die endgültige Fertigstellung dieser Arbeit überhaupt erst ermöglicht hat, Katrin Ernst, Jörg Hellwig und Uwe Dehnert, die auch, wenn die Rechner überhaupt keine Lust mehr hatten, irgendwelche Korrekturen anzunehmen, den Mut nie sinken ließen. Weiter sei Heike Becker, Claudia Bremer, Ute Heinke und Peter Prinz gedankt, die sich mutig dem Wagnis des experimentellen Teils dieser Arbeit gestellt haben. Peter Axmann möchte dafür danken, daß er als Unparteiischer seine Meinung und seine Korrekturvorschläge zu dieser Arbeit begetragen hat. Johannes Belzner möchte ich dafür danken, daß er trotz der vielen eigenen Arbeit noch die Zeit gefunden hat, meine Arbeit korrekturzulesen.

Herrn Prof. A. de Meijere und Dr. J. Belzner danke ich für die Betreuung dieser Arbeit. Besonders dankbar bin ich Herrn Prof. A. de Meijere für die Zurverfügungstellung der guten Ausstattung, ohne die so manches Ergebnis dieser Arbeit nicht möglich gewesen wäre. Herrn Dr. Belzner danke ich für die gute Betreuung und stete Diskussionsbereitschaft bei der Erstellung dieser Arbeit. Für den wissenschaftlichen Unterricht möchte ich mich bei allen Dozenten, Assistentinnen und Assistenten der Georg-August-Universität Göttingen bedanken.

Dr. B. Knieriem, U. Jakobi und S. Beußhausen danke ich für die Hilfe beim Lösen der zahlreichen Computerprobleme. Herrn R. Machinek danke ich für die stete Diskussionsbereitschaft, sowie die Unterstützung bei Lösen der zahlreichen NMR-Probleme. Auch seinem unermüdlichem Team, ganz besonders A. Godawa (Ist Donnerstag noch ein Termin frei?) und C. Zolke (Ich hätte da noch eine Tieftemperatur zu messen!) danke ich vielmals. Dr. Remberg, Frau G. Udvarnoki und Herrn Kohl (Massenspektromerie), sowie Herrn Beller (Elementaranalysen) danke ich dafür, daß es trotz der Hydrolyseempfindlichkeit der von mir dargestellten Verbindungen oft zu guten Ergebnissen gekommen ist. Für die Durchführung der zahleichen Röntgenstrukturanalysen sei B. O. Kneisel, R. Herbst-Irmer, M. Noltemeyer und nicht zuletzt H. G. Schmidt (Nochmals vielen Dank für die erfolgreiche Festkörperstrukturanalyse von **15**) gedankt.

Mein ganz besonderer Dank gilt auch der Laborgemeinschaft: Johannes Belzner, Heiko Ihmels, Uwe Dehnert und Volker Ronneberger. Es hat mir sehr viel Freude bereitet, die letzten vier Jahre mit Euch zusammenzuarbeiten. An dieser Stelle sei auch den vielen ERASMUS-Studenten, die unseren Laboralltag aufgelockert haben, gedankt: Nicola Detomi, Barbara Gallina, Lara Pauletto, Maria-Luisa Martini und Silvia Gross. Silivia Gross und Nicola Detomi, deren Ergebnisse auch teilweise in diese Arbeit eingeflossen sind, sei ganz besonders gedankt. Den zahlreichen F-Praktikanten, die etliche Ausgangsverbindungen dargestellt haben, aber auch ganze Projekt bearbeiteten sei ebenfalls gedankt. Bernhard (Barney) Rohde möchte ich an dieser Stelle besonders hervorheben, da seine Ergenisse das Bild des nucleophilen Charakters des Silandiyls **13** sehr schön abgerundet haben. Den Mitgliedern des Arbeitskreises von Prof. A. de Meijere und der Arbeitsgruppe von Dr. O. Reiser möchte ich für das angenehme Arbeitsklima danken. Besonders wären an dieser Stelle die vielen ehemaligen Mitarbeiter und Postdoktoranden zu nennen (Dr. K. Ang, S. Kohlstruck, S. Michalski, F. Stein, usw.), die mir mit Rat und Tat zur Seite gestanden haben und mir das Gefühl geben haben, von Anfang an dazuzugehören. Nicht zuletzt möchte ich der Seele der ganzen Abteilung Frau H. Langerfeld danken.

Dem Land Niedersachsen danke ich für die Gewährung eines Graduiertenstipendiums.

Danken möchte ich auch ganz besonders meinen Eltern und meiner Schwester Stefanie für ihre Liebe und Unterstützung im Laufe der Jahre. Weiterin sei großer Dank Uwe, Wenzel und Stella, Silvia, Kia, Carola und Carsten, Astrid und Peter, Peter und Frauke (sowie der ganzen Rasselbande), Ulf und Angela, Mark (Otze), Claudia, Nicola, Alberto und Judith, Dirk und so weiter und so weiter für die erwiesene Freundschaft. Schließlich und endlich möchte ich Katrin Ernst für all das danken, für das alle Worte zu klein wären.

Lebenslauf

Am 11. Juli 1967 wurde ich als Sohn des Rechtspflegers Friedhelm Schär und seiner Ehefrau Heidrun Schär, geb. Eckert, in Rotenburg a. d. F. geboren.

Von August 1973 bis Juli 1977 besuchte ich die Grundschule in Bebra und wechselte anschließend zum Jakob-Grimm-Gymnasium in Rotenburg a. d. F.; dort erlangte ich im Juni 1986 die Allgemeine Hochschulreife.

Ab Juli 1986 leistete ich in Sontra meinen Wehrdienst ab und verpflichtete mich im Oktober 1986 als Soldat auf Zeit für zwei Jahre. Am 01. Juli 1989 wurde ich zum Leutnant der Rerserve befördert.

Zum Wintersemester 1988/89 nahm ich mein Chemiestudium an der Georg-August-Universität in Göttingen auf und legte dort am 18. April 1991 das Vordiplom ab.
In der Zeit von Dezember 1991 bis September 1992 fertigte ich im Arbeitskreis von Herrn Prof. Dr. A. de Meijere meine Diplomarbeit mit dem Thema "Synthese und Eigenschaften von intramolekular mit Hydrazino-Gruppen substituierten Siliciumverbindungen" an. Am 27. Oktober 1992 legte ich meine letzte Diplomprüfung ab. Von Mai bis August sowie von Oktober bis Dezember 1992 betreute ich als studentische Hilfskraft das chemische Praktikum für Mediziner. Seitdem arbeite ich im selben Arbeitskreis an meiner Dissertation über "Untersuchungen zu Struktur und Reaktionsverhalten hochkoordinierter Organosiliciumverbindungen".
In der Zeit von Januar 1993 bis Juni 1993 war ich als wissenschaftlicher Mitarbeiter im Rahmen eines von der Deutschen Forschungsgemeinschaft geförderten Projektes bei Herrn Dr. J. Belzner beschäftigt. Von Juli 1993 bis Juni 1995 erhielt ich ein Promotionsstipendium aufgrund des niedersächsischen Graduiertenförderungsgesetzes. Seit Juli 1995 bin ich als wissenschaftliche Hilfskraft im Institut für Organische Chemie zur Betreuung des Chemischen Praktikums für Mediziner angestellt.

In der Zeit von April bis Mai 1994 absolvierte ich erfolgreich einen fünfwöchigen Intensivkurs in Pharmakologie und Toxikologie.